高职高专计算机类“十二五”规划教材

计算机应用基础项目化教程（2）

梁　艳　袁凤玲　刘慧宇　主　编
高　艳　陆艳芬　刘永波　副主编

化学工业出版社
·北京·

本书针对目前应用最广泛的Flash动画制作、Photoshop图像处理、Dreamweaver网页制作三款软件，通过大量的案例，按照项目化的方式进行讲解。Flash部分共有基本绘图、逐帧动画、基本补间动画、特殊补间动画、动画中的声音、基本交互动画、综合案例7个项目，具体包括38个任务。Photoshop部分共有简单图形绘制、立体图形绘制、照片处理、图层应用、路径运用、通道蒙版6个项目，具体包括18个任务。Dreamweaver部分共有班级主页建立、企业主页制作、校园网页面制作、建立管理站点4个项目，具体包括6个任务。本书各个项目都遵循由浅入深的原则，通过大量精心设计的任务案例讲解，在完成具体任务的过程中掌握项目内容，便于读者逐步掌握这三款软件的功能和操作，最终达到能够熟练运用软件完成具体工作任务的目的。

本书适合高职高专非计算机专业的学生使用，同时也适合学习这三种软件的初学者自学使用。

图书在版编目（CIP）数据

计算机应用基础项目化教程（2）/梁艳，袁凤玲，刘慧宇主编. —北京：化学工业出版社，2013.1（2018.2重印）
高职高专计算机类“十二五”规划教材
ISBN 978-7-122-16065-2

Ⅰ. 计… Ⅱ. ①梁… ②袁… ③刘… Ⅲ. 电子计算机-高等职业教育-教材 Ⅳ. TP3

中国版本图书馆CIP数据核字（2012）第303384号

责任编辑：王听讲　　　　装帧设计：刘丽华
责任校对：吴　静

出版发行：化学工业出版社（北京市东城区青年湖南街13号　邮政编码100011）
印　　装：大厂聚鑫印刷有限责任公司
787mm×1092mm　1/16　印张16¼　字数　406　千字　　2018年2月北京第1版第3次印刷

购书咨询：010-64518888（传真：010-64519686）　售后服务：010-64518899
网　　址：http: // www. cip. com. cn
凡购买本书，如有缺损质量问题，本社销售中心负责调换。

定　　价：38.00元

前　言

高等职业教育以培养应用型人才为根本任务，以适应社会需要为目标，以培养技术应用能力为主线来设计学生的知识、能力和素质结构。为了适应我国高职高专教育发展及教育改革的需要，并结合高职高专学生的特点，我们编写了《计算机应用基础项目化教程》，本教程共分为两部分，第一部分主要介绍Office办公软件；本书为第二部分，主要介绍Photoshop、Dreamweaver、Flash三个软件的使用。

本书将当前制作网页最流行的Photoshop、Flash和Dreamweaver三个核心软件结合起来，通过大量的案例，由浅入深地讲解了Flash动画制作、Photoshop图像处理、Dreamweaver网页制作等多个方面的知识。本书以“典型案例+基础知识拓展”的组织形式，以项目、任务为引导，按照CDIO的教学理念组织教材的内容，改变了传统教材中的以介绍软件菜单命令功能为主线的讲述方法，而是通过各种案例的制作过程，来引导学生学习、理解、掌握软件的操作命令、使用方法，通过任务驱动的教学方式，实现“做中学、学中做”的教学方法。本书所有任务采用一体化设计，即前面设计的作品，会为后续项目和作品使用，各项目和任务前后呼应，知识点融会贯通。

本书内容丰富全面，编排图文并茂，讲解深入浅出，主要面向网页设计初学者以及希望提高网页设计水平的读者，适用于应用型本科和高职高专计算机基础教学使用，也可供网页设计初学者自学使用。

我们将为使用本书的教师免费提供电子教案和教学资源，需要者可以到化学工业出版社教学资源网站http://www.cipedu.com.cn免费下载使用。

本书基于辽宁科技学院计算机基础教学改革的实践成果，参与本书编写的都是专业教师，他们在长期的教学和实践工作中积累了丰富的教学经验。本教材由梁艳、袁凤玲、刘慧宇担任主编，高艳、陆艳芬、刘永波担任副主编，全书由梁艳统稿，张桂云、刘淑梅也参与了本书的编写，并负责全书的审校工作。

由于作者水平有限，书中如有不足之处，恳请各位读者提出宝贵意见和建议，我们将不胜感激。

编　者

2012年12月

目　录

第一部分　动画设计软件 Flash

Flash 是制作动画的流行软件，起初由美国的 Macromedia 公司开发，到 Flash 8.0 版本以后该公司被 Adobe 公司并购，Flash 也就由 Adobe 公司进行开发。Flash 使用矢量图形和流式播放技术。矢量图形可以任意缩放尺寸而不影响图形的质量；流式播放技术使得动画可以边下载边播放，通过使用关键帧和图符使得所生成的动画文件(.swf)非常小，几 K 字节的动画文件已经可以实现许多令人心动的动画效果，把音乐，动画，声效，交互方式融合在一起，越来越多的人已经把 Flash 作为网页动画设计的首选工具。强大的动画编辑功能使得设计者可以随心所欲地设计出高品质的动画，通过 Action 和 Fs Command 可以实现交互性，使 Flash 具有更大的设计自由度，另外，Flash 与当今最流行的网页设计工具 Dreamweaver 配合默契，可以直接嵌入网页的任一位置，非常方便。

Flash 的文件类型有源文件（.fla）、播放文件(.swf)、可执行文件(.exe)。

启动 Flash 后，出现了主界面，包括工具箱、时间轴、属性面板、属性栏和场景，如图 1-1 所示。

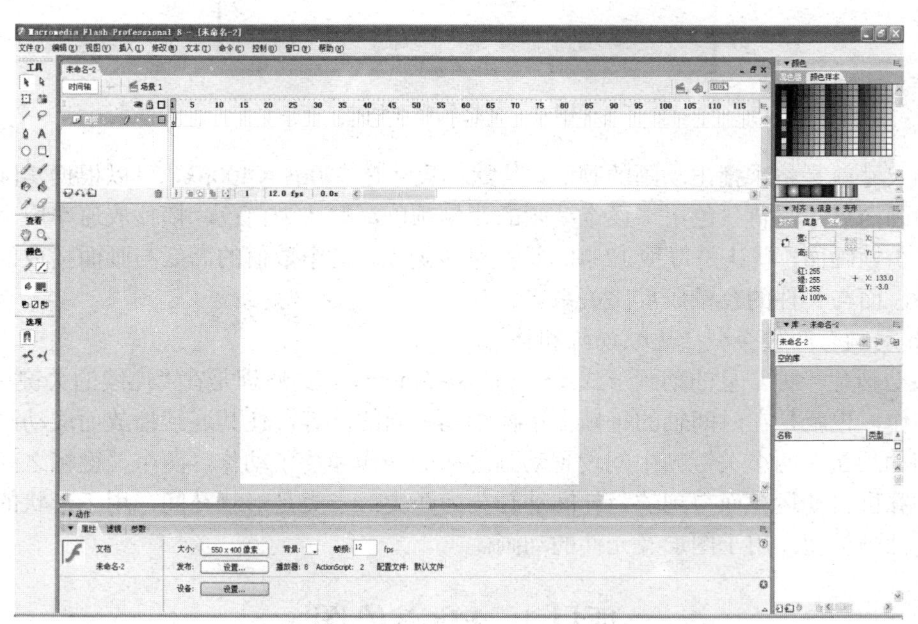

图 1-1　Flash 的主界面窗口

工具箱放置了可供图形和文本编辑的各种工具，用这些工具可以绘图、选取、喷涂、修改以及编排文字。在选择了某一工具后，其所对应的修改器(Modifier)也会在工具条下面的位置出现，修改器的作用是改变相应工具对图形处理的效果。

时间轴可以调整电影的播放速度，并把不同的图形作品放在不同图层的相应帧里，以安排电影内容播放的顺序。

属性栏位于工作区的下面。属性栏用来设置工具、帧、符号的各种属性，动作栏用来填写相应的命令、编制各种程序以实现对动画的控制。

属性面板位于工作区的右边，由多个功能面板组成。单击某个面板的名称，即可将这个面板打开，再次单击这个面板的名称，又可以将这个面板收起。

场景/舞台(Stage)就是工作区，是主要的可编辑区域。在这里可以直接绘图，或者导入外部图形文件进行编辑，最后生成电影作品。

在设计动画时需要进行一些设置，如动画尺寸、动画背景色和帧播放速率等。单击【修改】【文档】弹出对话框，如图 1-2 所示。

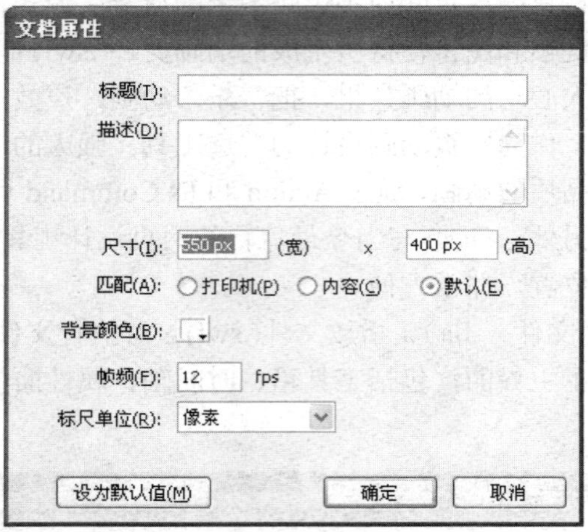

图 1-2　文档属性对话框

动画尺寸就是将来播出动画的画面，其默认尺寸是 550px×400px，可以根据实际需要设定相应的画面尺寸。背景色用来设定动画的背景颜色，默认为白色。帧播放速率用来确定每秒播放多少帧画面，默认是每秒 12 帧，这是基本速率。这个数值的高低与画面播放的质量成正比关系，而与文件的容量成反比关系。

Flash 动画有两种类型：逐帧动画和补间动画。

逐帧动画是一种常见的动画形式（Frame By Frame），其原理是在“连续的关键帧中“分解动画动作，也就是在时间轴的每帧上逐帧绘制不同的内容，使其连续播放而成动画。

补间动画是在两个关键帧中间设置动画的初始动作和终了动作，两个关键帧之间的插补帧是由计算机自动运算而得到的。补间动画分为两类：一类是形状补间，用于形状的动画；另一类是动画补间，用于图形及元件的动画。

项目 1　Flash 绘图

在 Flash 动画的制作过程中会用到大量的矢量图，因此，绘图是 Flash 动画制作的前提，是重要的素材准备工作。虽然现在流行许多矢量绘图工具，但是 Flash 自身的绘图功能更方便、更快捷，掌握绘图工具的使用对绘制出好的 Flash 作品是至关重要的。

【能力目标】

（1）掌握设置形状补间动画的基本步骤。

（2）熟悉动画图形的绘制及参数的设置。

（3）熟悉 Flash 的操作界面。

（4）掌握选取工具、变形工具、涂色工具及查看工具的使用方法。

任务 1　去除大拇指吉祥物的白色背景

【任务描述】

在制作动画中，时常需要有透明背景的图像，本次任务通过擦除大拇指吉祥物的白色背景，使其变成透明背景，使读者掌握 Flash 中对位图进行部分抠取和擦除的常用方法。

【任务设计】

（1）使用修改—分离命令将位图分离。

（2）使用锁套工具和擦除工具去除背景。

【实施方案】

步骤 1：设置 Flash 的背景色为黑色，如图 1-1-1 所示。

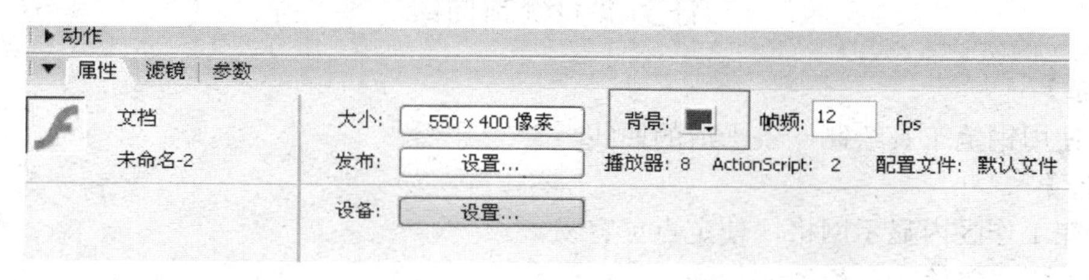

图 1-1-1　设置背景色

步骤 2：导入一张位图图像，执行【修改】|【分离】命令，或者按 Ctrl+B 组合键将其打散，如图 1-1-2 所示。

步骤 3：选择锁套工具，在选项栏上设置魔术棒阀值为 10，设置如图 1-1-3 所示。选择魔术棒工具，单击背景色部分，然后按 Delete 键将背景删除，效果如图 1-1-4 所示。

图 1-1-2　位图打散图

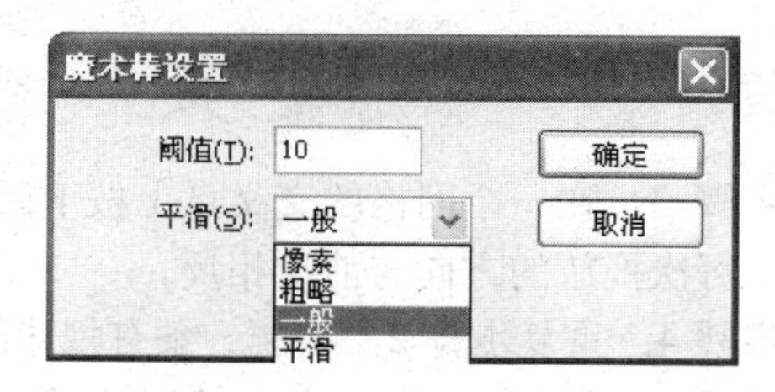

图 1-1-3　魔术棒

步骤 4：使用橡皮擦工具擦除多余部分，最终效果如图 1-1-5 所示。

步骤 5：测试动画，导出并保存文件。

（1）执行【控制】|【测试影片】命令，对该任务进行测试。

（2）测试合格后，执行【文件】|【导出】|【导出影片】命令，为要导出的.swf 文件命名，单击【保存】按钮，打开导出对话框，进行设置，单击【确定】按钮。

（3）执行【文件】|【另存为】命令，存储为.fla 格式文件。

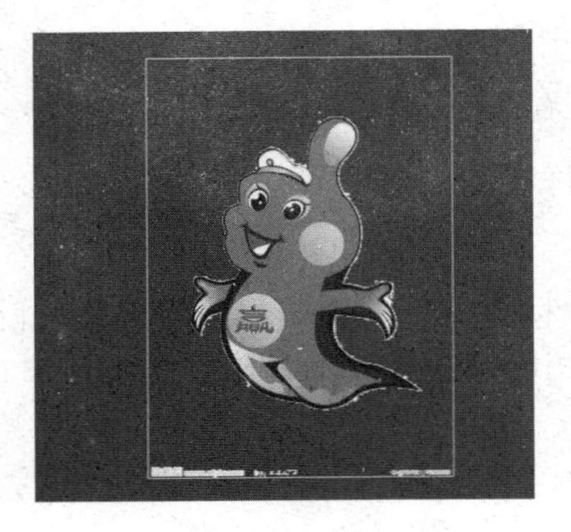

图 1-1-4　删除背景

图 1-1-5　最终效果图

任务 2　绘制曲线

【任务描述】

学习使用钢笔工具绘制一条平滑的曲线

【任务设计】

（1）在工作区内显示网格，使定点更容易。

（2）使用“钢笔工具”绘制折线。

（3）使用“转折点工具”将角点转换成平滑点。

（4）拖动节点，改变曲线形状。

【实施方案】

步骤 1：执行【视图】|【网格】|【显示网格】命令。

步骤 2：选择钢笔工具，设置笔触颜色为“红色”，线条粗细为“3”，如图 1-1-6 所示。

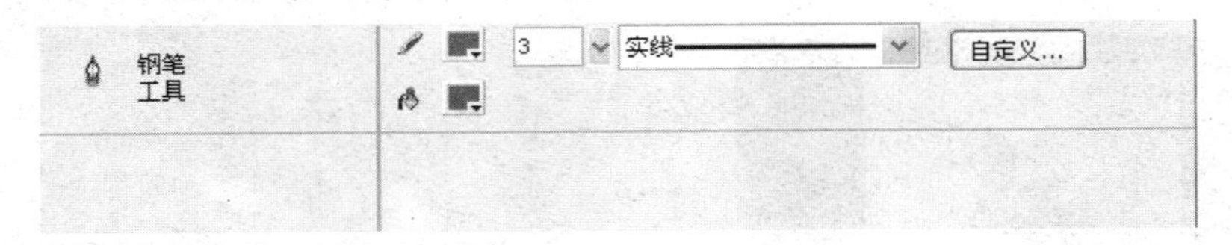

图 1-1-6　设置钢笔工具的参数

步骤 3：在一个网格的交叉点上按下鼠标左键，并将鼠标向上拖动，每隔两个网格进行拖放，每次拖放的方向与前次相反。

步骤 4：重复步骤 2，绘制一条有规律的波浪线，如图 1-1-7 所示。

步骤 5：单击“部分选取工具”，调整曲线如图 1-1-8 所示。

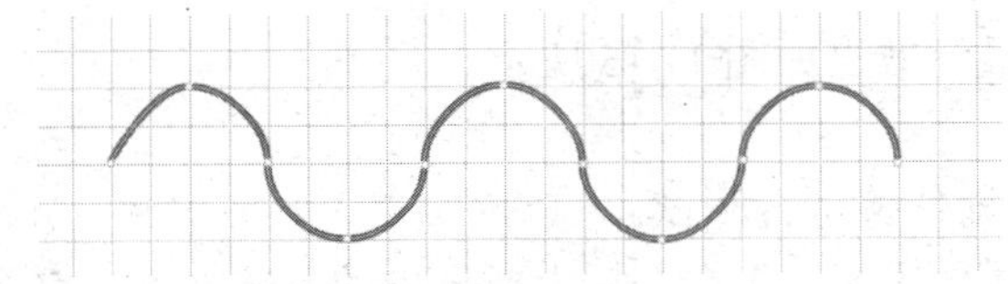

图 1-1-7　绘制的曲线

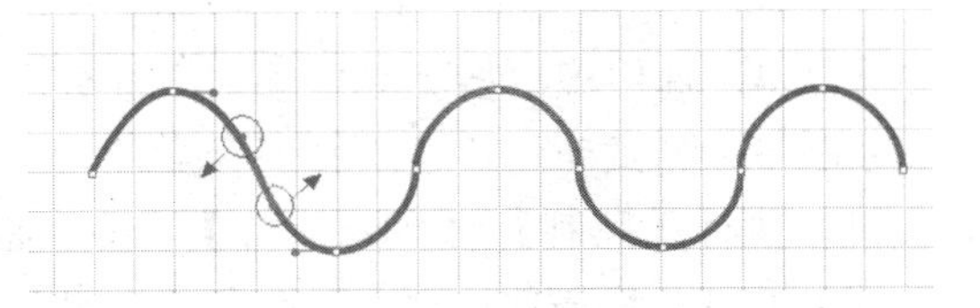

图 1-1-8　调整曲线

步骤 6：重复步骤 5，调整曲线使其平滑，效果如图 1-1-9 所示。

步骤 7：用钢笔工具在各个网格上单击（不拖到），绘制一条折线，进一步学习钢笔工具的使用，如图 1-1-10 所示。

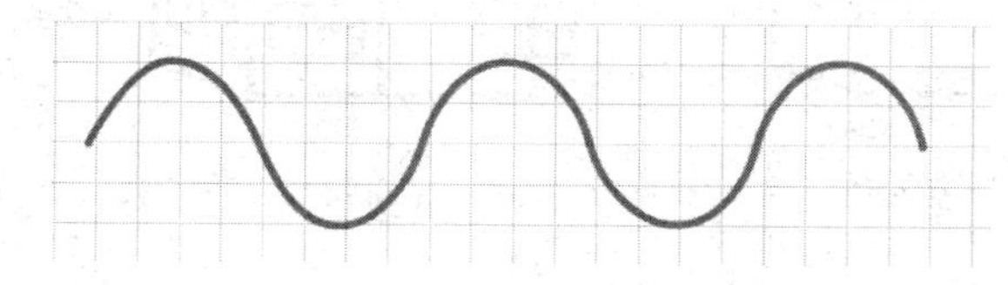

图 1-1-9　调整后的曲线

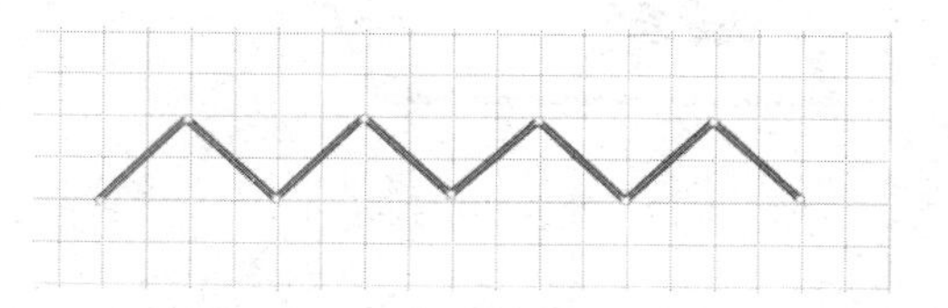

图 1-1-10　绘制的折线

步骤 8：测试动画，导出并保存文件。

（1）执行【控制】|【测试影片】命令，对该任务进行测试。

（2）测试合格后，执行【文件】|【导出】|【导出影片】命令，为要导出的.swf 文件命名，单击【保存】按钮，打开导出对话框，进行设置，单击【确定】按钮。

（3）执行【文件】|【另存为】命令，存储为.fla 格式文件。

任务 3　绘制房子

【任务描述】

绘制漂亮的卡通房子，房顶为平行四边形，窗户和门为相似矩形。

【任务设计】

（1）使用“矩形工具”绘制矩形，并使用任意“变形工具”改变图形的形状。

（2）使用“线条工具”绘制所需线条。

（3）使用“选择工具”将直线调整为曲线。

（4）为图形填充颜色。

【实施方案】

步骤 1：选择矩形工具，在属性面板上设置线条的笔触颜色为“黑色”，笔触高度为“6”，笔触样式为实线，无填充颜色，绘制矩形。

步骤 2：使用任意变形工具，将矩形倾斜为平行四边形，如图 1-1-11 所示。

步骤 3：绘制多个平行四边形，将其组合为如图 1-1-12 所示的几何图形。

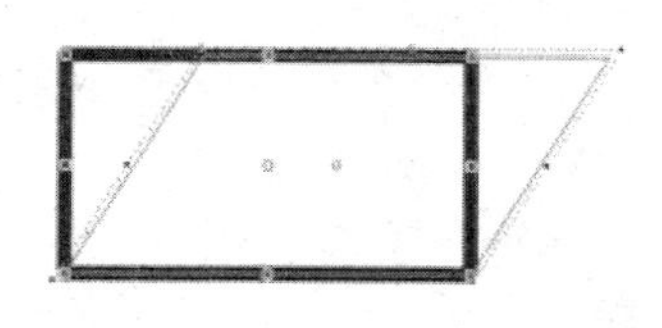

图 1-1-11　矩形变形为平行四边形

图 1-1-12　绘制的烟囱

步骤 4：使用矩形工具绘制房顶，如图 1-1-13 所示。

步骤 5：使用矩形工具绘制房子的外形，如图 1-1-14 所示。

步骤 6：使用矩形和线条工具绘制窗户和门，如图 1-1-15 所示。

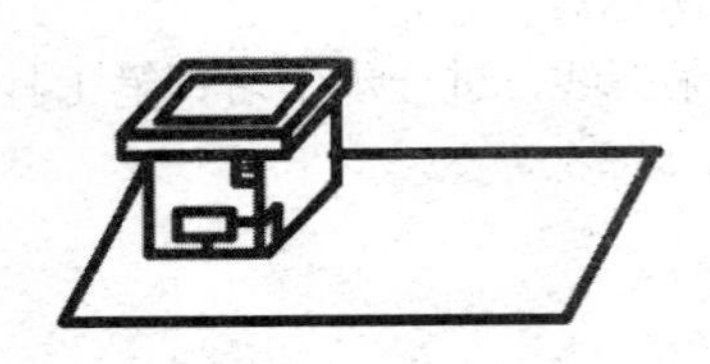

图 1-1-13 绘制的房顶

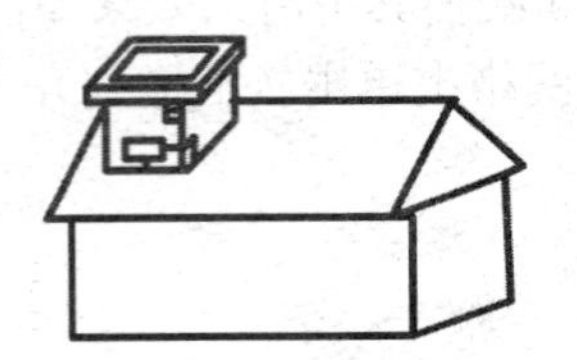

图 1-1-14 绘制的房子轮廓

图 1-1-15 绘制的窗户和门

步骤 7：使用选择工具调整房子的线条，如图 1-1-16 所示。

步骤 8：使用填充工具为房子填充颜色，如图 1-1-17 所示。

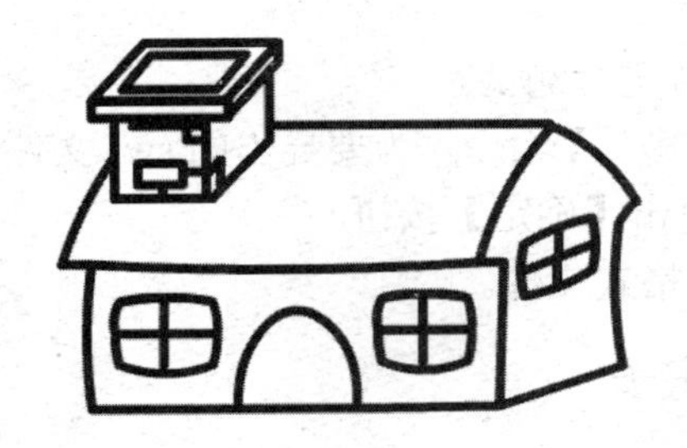

图 1-1-16 调整房子轮廓

图 1-1-17 填上颜色的房子

步骤 9：测试动画，导出并保存文件。

（1）执行【控制】|【测试影片】命令，对该任务进行测试。

（2）测试合格后，执行【文件】|【导出】|【导出影片】命令，为要导出的.swf 文件命名，单击【保存】按钮，打开导出对话框，进行设置，单击【确定】按钮。

（3）执行【文件】|【另存为】命令，存储为.fla 格式文件。

任务 4 制作仙人掌文字

【任务描述】

制作漂亮的“毛刺字”，即文字的边缘线条形式为彩色的“斑马线”，文字的填充颜色为白色，舞台背景为黑色。

【任务设计】

（1）使用“文本工具”输入文本。

（2）使用“墨水瓶”工具制作“毛刺”效果。

（3）设置笔触的渐变颜色。

【实施方案】

步骤 1：设置舞台背景颜色为黑色，填充颜色为白色。

步骤 2：用文本工具输入静态文本“仙人掌”，设置字体为“行楷”，字号为“150”，颜色为“#00FF00”，设置如图 1-1-18 所示。

步骤 3：选中文字，按 Ctrl+B 键两次将其打散，效果如图 1-1-19 所示。

步骤 4：选中被打散的文字，执行【修改】|【形状】|【将线条转换为填充】命令。

步骤 5：选择“墨水瓶”工具，打开属性面板，设置笔触颜色为彩虹色，打开“笔触面板”，设置笔触样式，高为 6 px，类型为“斑马线”，如图 1-1-20 所示。

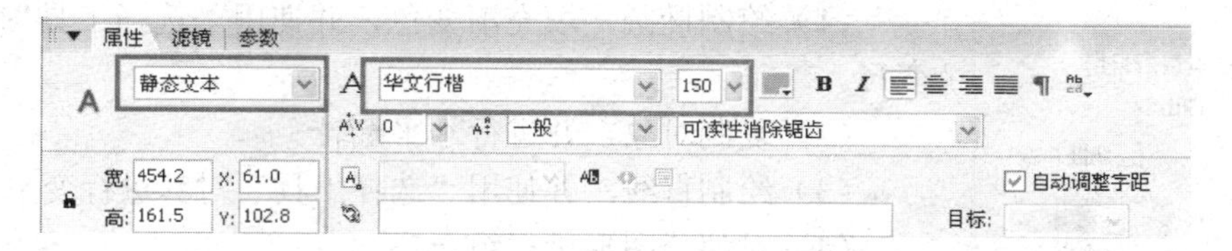

图 1-1-18　设置文字属性

图 1-1-19　打散文字

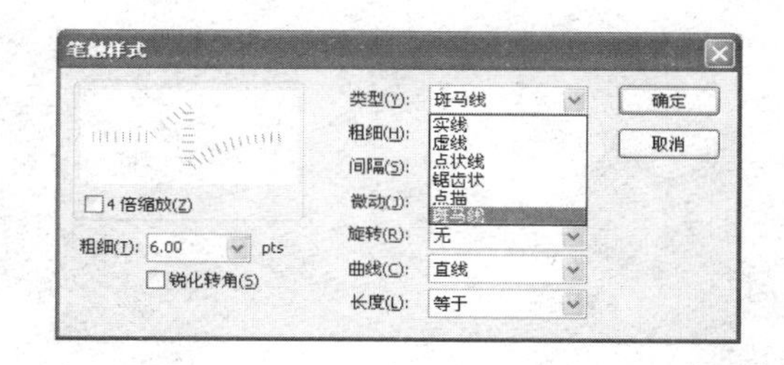

图 1-1-20　设置笔触样式

步骤 6：用“墨水瓶”工具单击文字，给文体添加上边框，最终效果如图 1-1-21 所示。

图 1-1-21　添加边框的文字

步骤 7：测试动画，导出并保存文件。

（1）执行【控制】|【测试影片】命令，对该任务进行测试。

（2）测试合格后，执行【文件】|【导出】|【导出影片】命令，为要导出的.swf 文件命名，单击【保存】按钮，打开导出对话框，进行设置，单击【确定】按钮。

（3）执行【文件】|【另存为】命令，存储为.fla 格式文件。

任务 5　绘制蝴蝶

【任务描述】

绘制漂亮的卡通蝴蝶，蝴蝶翅膀填充为渐变色，花斑为圆形和彩色线条。

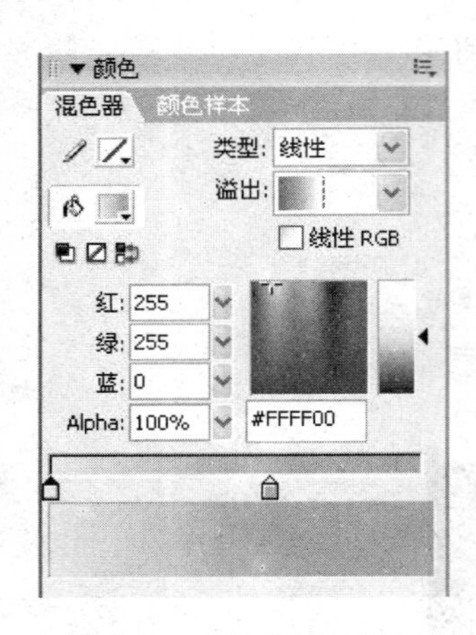

图 1-1-22 填充颜色面板

【任务设计】

（1）绘制椭圆，填充渐变色，并使用“选择工具”对其进行变形。

（2）复制对象，并进行水平翻转。

（3）绘制直线，并使用“选择工具”对其进行变形。

（4）对部分图形进行组合。

【实施方案】

步骤 1：选择椭圆工具，笔触颜色设为“无”，填充颜色设为渐变色，左侧设置颜色为“#FFFF00”，右侧颜色设置为“#FF9900”，设置如图 1-1-22 所示。

步骤 2：用“选择工具”拖动椭圆的边界，调整效果如图 1-1-23 所示。

步骤 3：重复步骤 1、步骤 2，绘制一个小椭圆，调整形状，将两个图形摆放在适当的位置，形成蝴蝶的一个翅膀，如图 1-1-24 所示。

图 1-1-23 调整后的椭圆图形

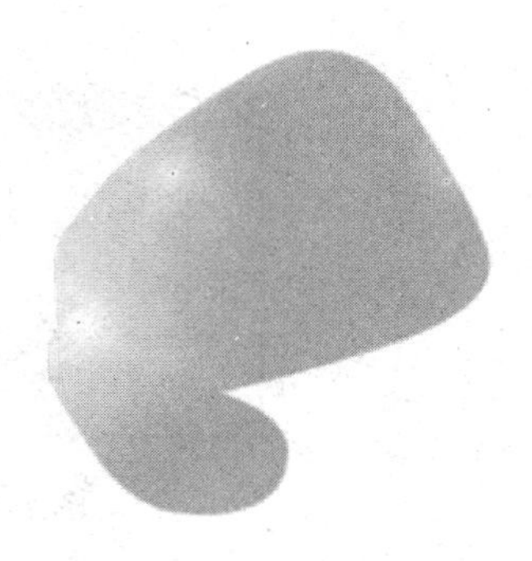

图 1-1-24 绘制一只蝴蝶翅膀

步骤 4：复制翅膀，选择刚刚复制的翅膀，执行【修改】|【变形】|【水平翻转】命令，效果如图 1-1-25 所示。

步骤 5：选择椭圆工具，绘制蝴蝶的身体，选择“线条工具”，绘制蝴蝶的触须和身体的花纹，效果如图 1-1-26 所示。

图 1-1-25 绘制一对蝴蝶翅膀

图 1-1-26 绘制的蝴蝶

步骤 6：至此，一只美丽的蝴蝶就绘制完了，测试动画，导出并保存文件。

（1）执行【控制】|【测试影片】命令，对该任务进行测试。

（2）测试合格后，执行【文件】|【导出】|【导出影片】命令，为要导出的.swf 文件命名，

单击【保存】按钮，打开导出对话框，进行设置，单击【确定】按钮。

（3）执行【文件】|【另存为】命令，存储为.fla 格式文件。

任务 6　绘制 T 恤衫

【任务描述】

绘制漂亮的 T 恤衫，并选择位图填充 T 恤衫。

【任务设计】

（1）使用【钢笔】工具绘制 T 恤衫。

（2）使用位图填充 T 恤衫。

（3）使用【渐变变形工具】调整填充位图的位置和大小。

【实施方案】

步骤 1：选择【钢笔】工具，笔触颜色选择“#996600”，高度选择“2px”，在场景中绘制出 T 恤衫的外形，如图 1-1-27 所示。

步骤 2：执行【文件】|【导入】|【导入到库】命令，导入一张位图。

步骤 3：打开混色器面板，选择填充类型为“位图”，如图 1-1-28 所示。

图 1-1-27　绘制的 T 恤衫的外形

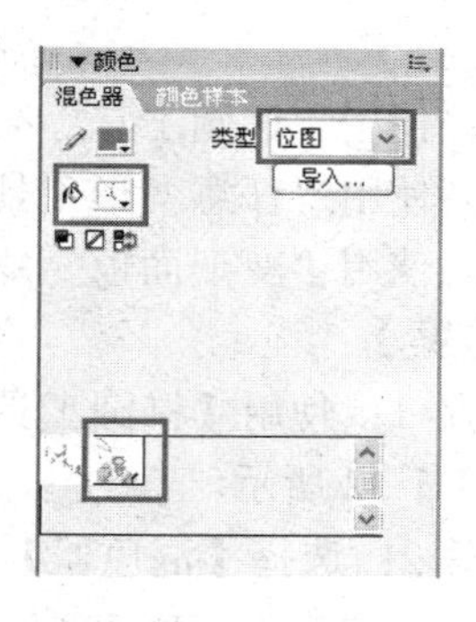

图 1-1-28　位图填充

步骤 4：单击【颜料桶】工具进行填充，效果如图 1-1-29 所示。

步骤 5：选择【填充变形】工具，拖动矩形手柄，调整填充位图的大小，如图 1-1-30 所示。

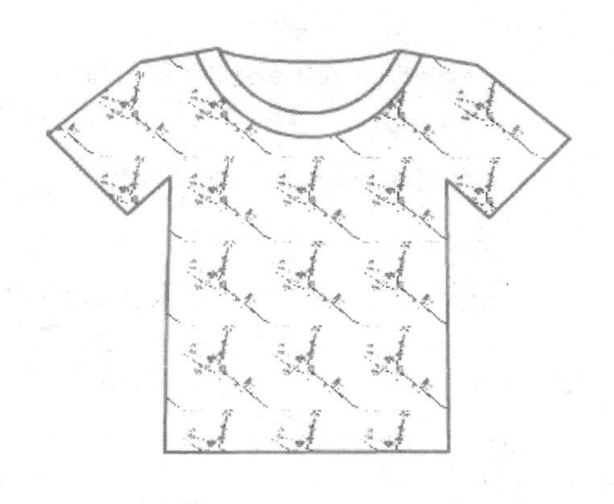

图 1-1-29　填充位图的效果

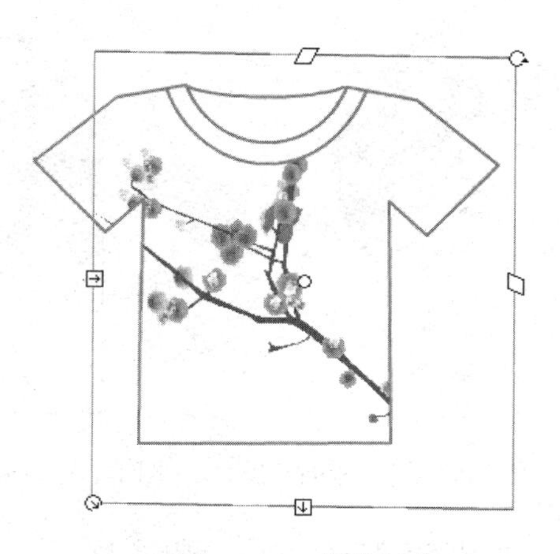

图 1-1-30　调整填充

图 1-1-31　改变填充效果

步骤 6：可以根据个人的喜好，选择多张位图任意改变其填充的效果，直到满意为止，如图 1-1-31 所示为改变了填充位图式样的效果。

步骤 7：测试动画，导出并保存文件。

（1）执行【控制】|【测试影片】命令，对该任务进行测试。

（2）测试合格后，执行【文件】|【导出】|【导出影片】命令，为要导出的.swf 文件命名，单击【保存】按钮，打开导出对话框，进行设置，单击【确定】按钮。

（3）执行【文件】|【另存为】命令，存储为.fla 格式文件。

任务 7　绘制花朵

【任务描述】

绘制漂亮的花朵。花朵共有 8 个花瓣，每个花瓣的形状和颜色相同。

【任务设计】

（1）使用“椭圆工具”绘制一个花瓣。

（2）使用“任意变形工具”改变中心点的位置。

（3）使用“变形面板”复制花瓣制作花朵。

【实施方案】

步骤 1：使用【椭圆工具】绘制一个椭圆，用【选择工具】调整其形状为一个花瓣，效果如图 1-1-32 所示。

步骤 2：选择【混色器】面板，设置填充颜色为渐变色，左侧设置颜色为“#FFFF00”，右侧颜色设置为“#FF9900”，为花瓣填充颜色。

步骤 3：选择【任意变形工具】，将花瓣的中心点调到底端，效果如图 1-1-33 所示。

步骤 4：执行【窗口】|【变形面板】命令，调整旋转角度为 45 度（图 1-1-34），并连续单击面板右下角的“复制并应用变形”按钮，复制花瓣，效果如图 1-1-35 所示。

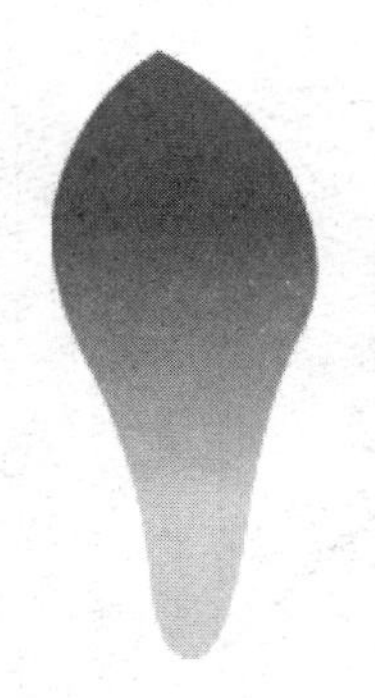

图 1-1-32　绘制的花瓣

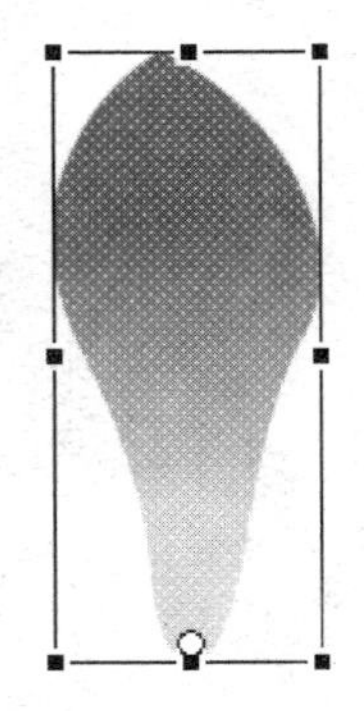

图 1-1-33　调整中心点

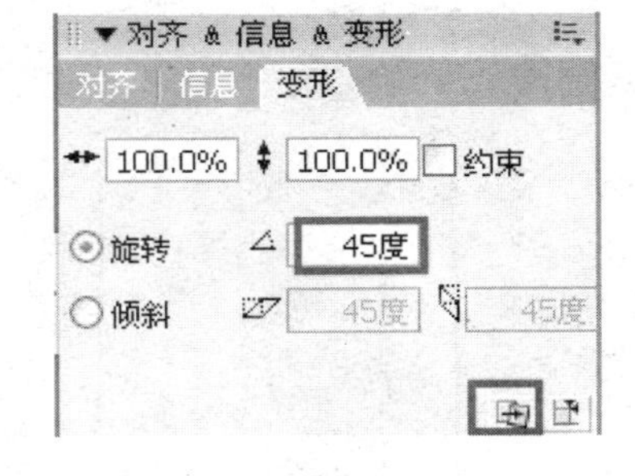

图 1-1-34　设置变形面板

步骤 5：测试动画，导出并保存文件。

（1）执行【控制】|【测试影片】命令，对该任务进行测试。

（2）测试合格后，执行【文件】|【导出】|【导出影片】命令，为要导出的.swf文件命名，单击【保存】按钮，打开导出对话框，进行设置，单击【确定】按钮。

（3）执行【文件】|【另存为】命令，存储为.fla格式文件。

拓展与提高

任务1 绘制高尔夫球，效果如图1-1-36所示。

图1-1-35 最终的效果

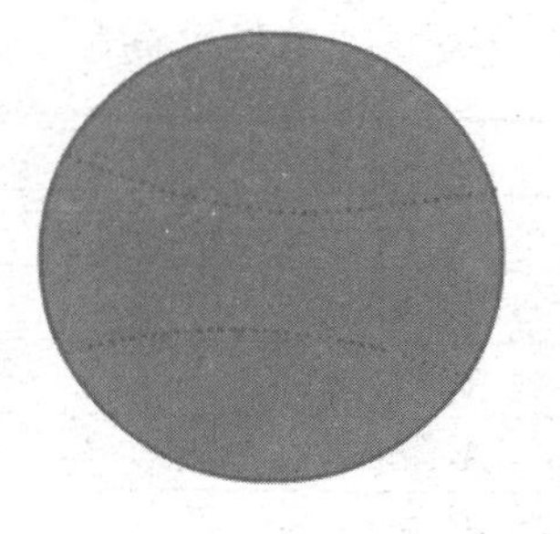

图1-1-36 高尔夫球的效果图

在本任务的完成过程中，将练习以下内容：

① 椭圆工具的使用；

② 线条工具的使用；

③ 选择工具的使用；

④ 颜料桶工具的使用。

任务2 制作立体字效果，效果如图1-1-37所示。

在本任务的完成过程中，将练习以下内容：

① 文字工具的使用；

② 直线工具的使用；

③ 对象的复制；

④ 颜料桶工具的使用；

⑤ 选择工具的使用。

任务3 绘制丘比特的神箭，效果如图1-1-38所示。

图1-1-37 立体字的效果图

图1-1-38 丘比特的神箭的效果图

在本任务的完成过程中，将练习以下内容：

① 椭圆工具的使用；

② 选择工具的使用；

③ 对象的复制；
④ 直线工具的使用；
⑤ 铅笔工具的使用。

知识链接

Flash 提供了多种绘图工具用来绘制线条、几何图形以及色彩图形。Flash 的绘图工具包括选取工具、变形工具、绘图工具、涂色工具、擦除工具以及查看工具等。选择不同的工具，在选项栏上以及属性面板上会显示该工具的参数选项。

	选择工具，用来选择对象		部分选取工具，移动路径上锚点和控制点的位置
	任意变形工具，改变元件的形状		填充变形工具，改变填充效果
	线条工具，画直线		套索工具，和 Photoshop 类似
	钢笔工具，画矢量路径	A	文本工具，用来写上各种矢量字体
	画圆工具，画圆和椭圆		矩形工具与椭圆工具，画各种矩形
	画笔工具，画曲线和折线		刷子工具，和 Photoshop 的 brush 类似
	墨水瓶，为实心图形的边界上色		填充工具，用当前色填充实心图形
	吸管，选择当前颜色		橡皮擦，擦除画错的图形
	移动工具，用来移动工作区		放大镜，放大缩小画面

1）选择工具

选择工具不仅可以用来选取和移动对象，还可以用来修改线条和图形的形状。选择工具选取对象有 3 种方法。

方法一：单击要选取的对象。可以选取边线或填充色，如图 1-1-39 和图 1-1-40 所示。

方法二：双击，可以选取带有拐角的边线，如图 1-1-41 所示。

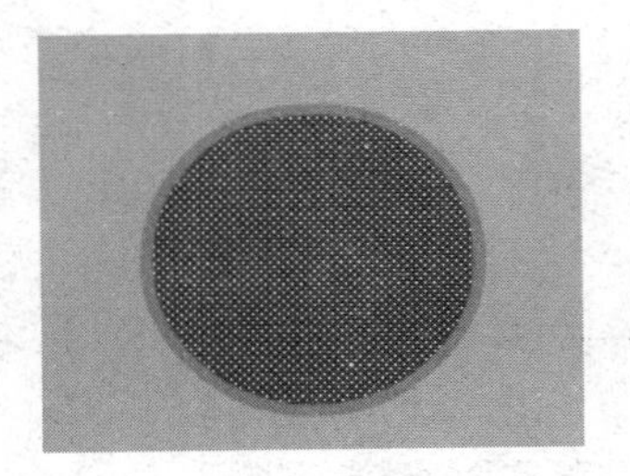

图 1-1-39　选取填充

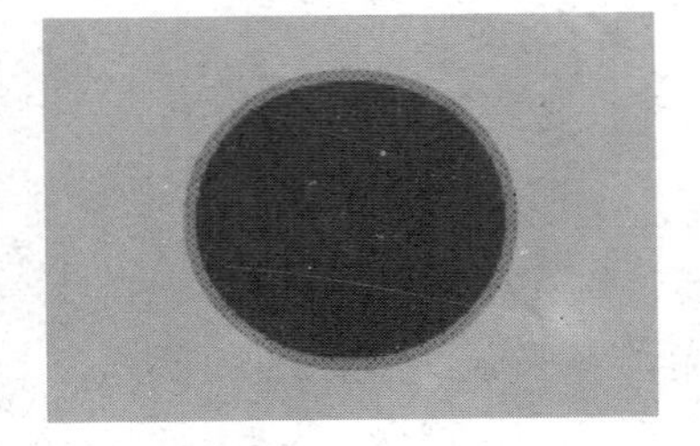

图 1-1-40　选取边线

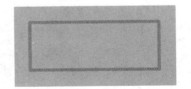

图 1-1-41　双击选取边线

方法三：用鼠标拖动出一个矩形区域，被矩形区域所套住的区域即为所选择的区域，如图 1-1-42 所示。

使用选择工具来修改线条或图形的形状是非常常用和方便的。当选中选择工具后，将鼠标放置在需要修改的线条的边缘，在鼠标下方会出现一个圆弧，如图 1-1-43 所示，此时按住鼠标左键拖动线条即可修改线条的形状；当鼠标下方出现一个直角，如图 1-1-44 所示，拖动顶点可以改变顶点的位置。

2）部分选取工具

部分选取工具的功能是移动图形轮廓线上锚点和控制点的位置，修改图形大小和形状，也可以选中需转换类型的单个拐角节点(空心变成实心)后，按 Alt 键，然后用部分选取工具移动该节点，移动路径上锚点和控制点的位置，修改路径。

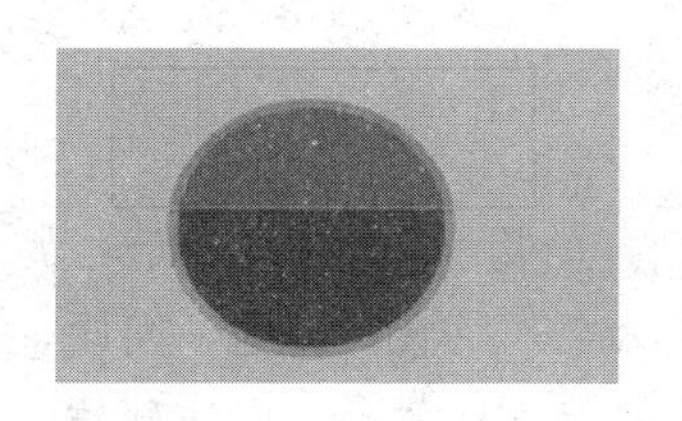

图 1-1-42　选择部分区域

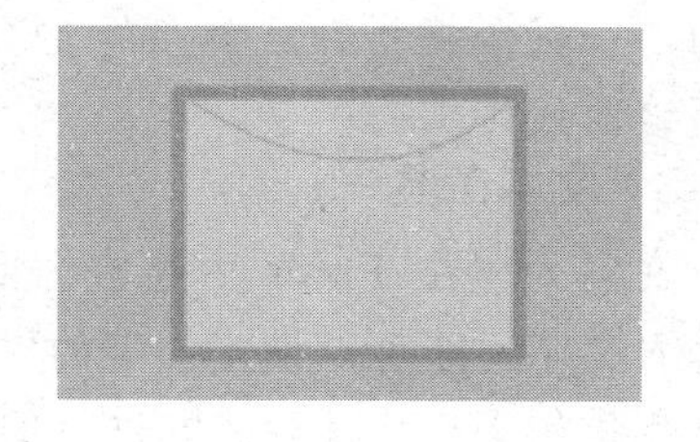
图 1-1-43　调整边线

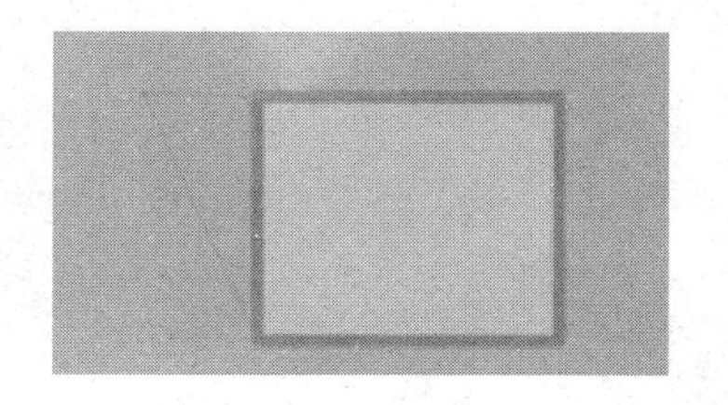
图 1-1-44　改变顶点位置

3）套索工具

套索工具用于选取任何形状范围内的对象，其作用是选择工具所无法替代的。选中套索工具，鼠标会变成套索的形状，用鼠标在要选取的对象上拖动出一个选取区域，该区域可以封闭也可以不封闭。无论是否封闭，Flash 都会自动完成一个封闭区域的选区。选中套索工具后，在工具栏下方的面板上有 3 个选项按钮，分别是“魔术棒”、“魔术棒属性”和“多边形模式”。

4）魔术棒工具

魔术棒工具主要是对位图进行操作。如果要选取位图中同一色彩，可以先设置魔术棒属性，如图 1-1-45 所示，一个是“阈值”，输入一个介于 1 和 200 之间的值，用于定义将相邻像素包含在所选区域内必须达到的颜色接近程度，数值越大，可选范围越大，否则可选范围越小。另一个是“平滑度”，用于定义位图边缘的平滑程度。多边形模式可以绘制出边为直线的多边形区域。

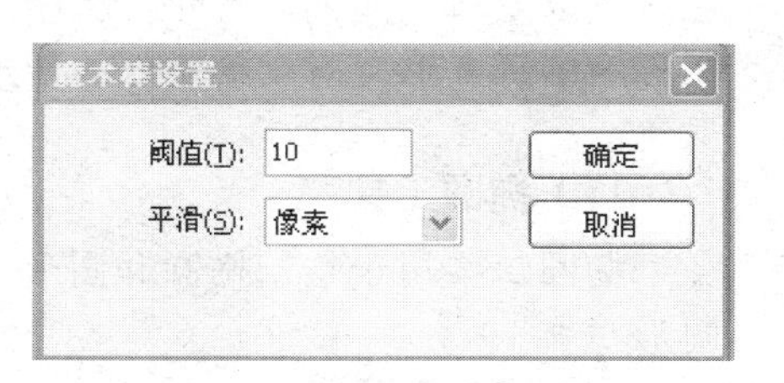

图 1-1-45　魔术棒属性

5）任意变形工具

任意变形工具，用于移动、旋转、缩放和变形对象。任意变形工具选定一个对象后，四周出现 8 个控制手柄和一个变换中心点。使用任意变形工具可以实现的变形有放大、缩小、旋转等。

6）填充变形工具

填充变形工具是对颜料桶工具所填充的渐变色和位图的范围、方向等进行修改，从而获得颜料桶工具所无法实现的特殊效果。选中填充变形工具后，单击填充色，在图形的边缘会出现可供调整的手柄，选中圆形的手柄，可以调整填充色的方向；选中方形的手柄，可以调整填充色的范围。

7）钢笔工具

用钢笔工具画直线段时，首先将指针定位在舞台上线段开始的地方单击，然后在线段结束的位置再次单击即可，继续单击可以创建其他的直线线段，如果希望就此结束，双击最后一个点。用钢笔工具画曲线时，将钢笔工具放置在舞台上想要曲线开始的地方，然后按下鼠标按键。此时出现第一个锚记点，并且钢笔尖变为箭头。拖动鼠标，按 Shift 键拖动可以将该工具限制为绘制 45° 的倍数。随着拖动，将会出现曲线的切线手柄。释放鼠标按键。切线手柄的长度和斜率决定了曲线段的形状。可以在以后移动切线手柄来调整曲线。将指针放在想要结束曲线段的地方，按下鼠标按键，然后朝相反的方向拖动来完成线段。按 Shift 键拖动会

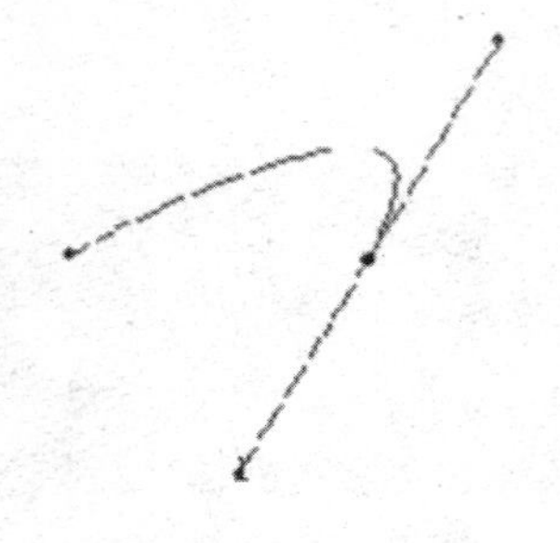

图 1-1-46 用钢笔工具绘制曲线

将该线段限制为倾斜 45° 的倍数，如图 1-1-46 所示。要绘制曲线的下一段，将指针放置在想要下一线段结束的位置上，然后拖离该曲线。

8）文本工具

文字处理在 Flash 中经常会用到。使用文本工具可以给动画加入文字，并可以设定文字的字体大小、字样、类型、间距、颜色和排列等。可以对文本进行像对象那样的变形，包括旋转、缩放、倾斜、翻转等，还可以对字符进行编辑。另外，Flash 还可以实现用户信息的交互性，也就是说可以接受用户端输入的文字符号。

9）线条工具

选中线条工具后，鼠标在场景中会变成十字花形，按住鼠标左键拖动，便可以在舞台上绘制一条直线。如果要绘制水平线、垂直线或倾斜 45° 的直线，按 Shift 键的同时拖动鼠标即可。

10）矩形工具

矩形工具用来绘制矩形和正方形。选中矩形工具，可以在颜色栏上选择所绘制图形的笔触颜色以及填充颜色，还可以设置圆角矩形的圆角半径。和线条工具类似，按 Shift 键可以绘制标准的正方形。对于绘制好的图形，可以通过属性面板修改其笔触颜色、笔触高度和填充颜色。

11）椭圆工具

椭圆工具用于绘制椭圆和圆形，使用方法跟矩形工具基本类似，按 Shift 键可以绘制正圆形。

12）铅笔工具

使用铅笔工具绘图时，会感觉跟使用真正的铅笔差不多。选择铅笔工具，选项栏上会出现该工具的 3 种模式：伸直、平滑和墨水。伸直模式绘制的曲线通常是有棱角的，它把线条转成接近形状的直线。平滑模式可以绘制出平滑的曲线，它把线条转换成接近形状的曲线。墨水模式可以绘制出近似手绘的任意形状的线条，不加修饰，完全保持鼠标轨迹的形状。

13）刷子工具

刷子工具可以直接用来绘图，也可以为图形或图形的某个区域着色。选择刷子工具后，在选项栏上显示刷子工具的选项设置，可以设置刷子为图像着色的方式。

14）墨水瓶工具

墨水瓶工具是 Flash 特有的工具。墨水瓶工具主要是用于改变图形笔触的颜色，而不能用于改变图形的填充色。墨水瓶工具填充的笔触色只能是单色的，不能填充为渐变色或位图。

15）颜料桶工具

选择颜料桶工具后，执行【窗口】|【颜色】命令，打开混色器面板，可以为图形填充“纯色”，“线性”，“放射状”和“位图”。纯色填充就是为图形填充单色，线性填充就是为图形填充按直线均匀渐变的颜色，放射状填充就是为图形填充向外发散的均匀渐变的颜色，位图填充是使用事先导入的位图进行填充。

16）滴管工具

滴管工具的作用是拾取工作区中已经存在的颜色及样式属性并将其应用于别的对象中。这个工具没有参数的设置，使用也非常简单，只需把滴管移动到需要取色的线条或图形中单击即可。

17）橡皮擦工具

橡皮擦工具的作用是擦除涂层上的对象。双击该按钮会擦除掉工作区中所有的图形。当选中该按钮后，就可以有选择地擦除画面中部分图形，橡皮擦工具的擦除模式分别为“标准擦除”、“擦除填色”、“擦除线条”、“擦除所选填充”以及“内部擦除”，与笔刷工具的相应选项类似，因此不再赘述。但是要注意的鼠标起始点的位置，例如在内部擦除模式下，如果起始点在空白区域，则任何图形都不会被擦除。

18）移动工具

选择手形工具后，按下鼠标左键进行拖动，可以移动场景工作区。

项目 2　Flash 逐帧动画

逐帧动画是一种常见的动画形式（Frame By Frame），其原理是在“连续的关键帧”中分解动画动作，也就是在时间轴的每帧上逐帧绘制不同的内容，使其连续播放而成动画。本项目主要介绍逐帧动画的制作，通过几个由浅入深，各具代表性的案例的创建，使初学者掌握 Flash 逐帧动画的制作。

【能力目标】

（1）掌握逐帧动画制作的方法。

（2）进一步熟练运用各种工具绘制图形。

任务 1　变色的七星瓢虫

【任务描述】

本次任务通过制作一个身体颜色不断变化的七星瓢虫，即在每一个关键帧位置上改变七星瓢虫的填充色，以实现逐帧动画的效果。

【任务设计】

（1）用圆形工具、线条工具、刷子工具绘制七星瓢虫。

（2）复制多个关键帧。

（3）为各个关键帧时刻的七星瓢虫填充放射性颜色。

【实施方案】

步骤 1：新建文件，设置场景的背景色。

步骤 2：单击工具箱中的圆形工具，在属性面板中设置填充色为放射、红色，边线为黑色，宽度为 2、实线，在场景画出一个椭圆，如图 1-2-1 所示。

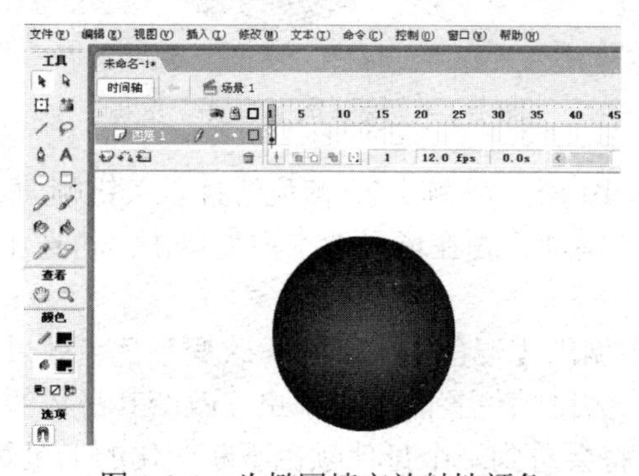

图 1-2-1　为椭圆填充放射性颜色

步骤 3：单击工具箱中的直线工具，选择颜色为黑色，在刚刚画好的圆上画一条直线，将圆分割成上下两部分。选中上部分，改变其填充色为黑色，如图 1-2-2 所示。

步骤 4：用刷子工具（图 1-2-3）画出其他部分，选择不同的大小，画出七星瓢虫的身体的不同部分。

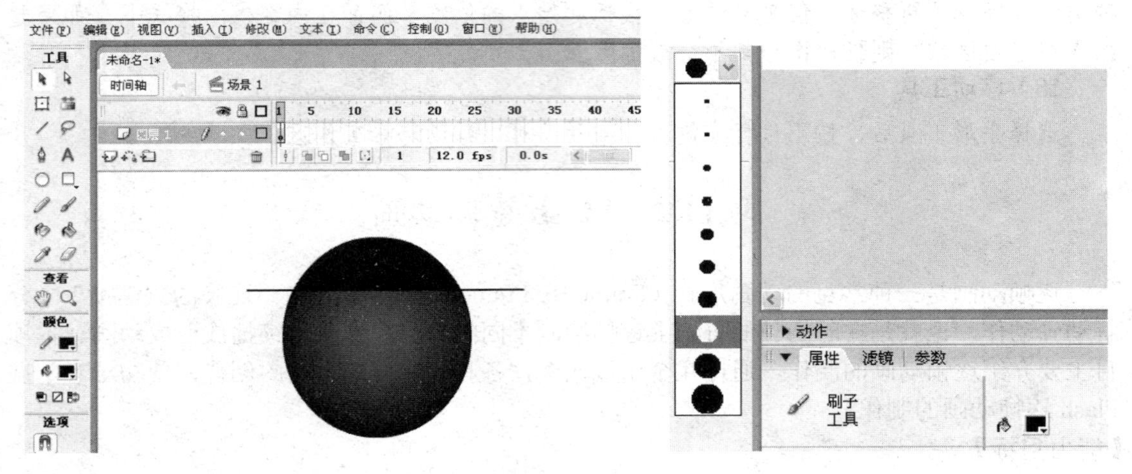

图 1-2-2　将椭圆上部填充为黑色　　　　图 1-2-3　刷子工具

步骤 5：删除分割线，调整图形，最终效果如图 1-2-4 所示。

图 1-2-4　绘制瓢虫的最终效果

步骤 6：分别在 5 帧、10 帧、15 帧、20 帧位置插入关键帧。

步骤 7：选中第二个关键帧，先在场景的空白处单击，再选中七星瓢虫的身体部分，如图 1-2-5 所示。

步骤 8：在窗口菜单中调出【混色器】面板，改变颜色，效果如图 1-2-6 所示。

步骤 9：选中其余每一关键帧位置的七星瓢虫，改变其身体的填充色。

步骤 10：测试影片，将会看到一个身体颜色不断变化的七星瓢虫，导出并保存文件。

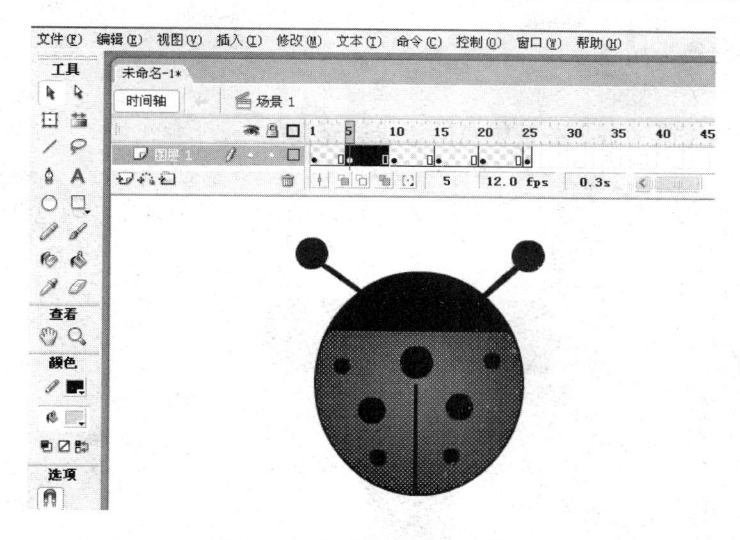

图 1-2-5　选中瓢虫的身体部分

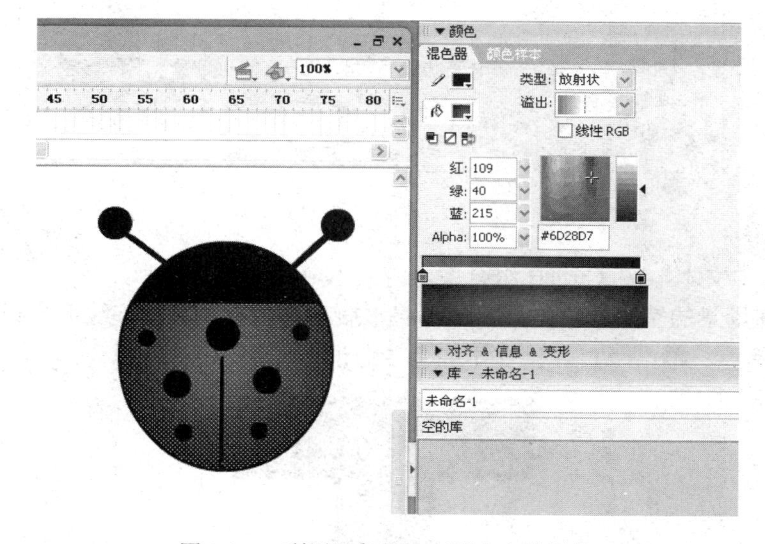

图 1-2-6　利用混色器改变瓢虫身体颜色

（1）执行【文件】|【另存为】命令，存储为.fla 格式文件。

（2）执行【控制】|【测试影片】命令，对该任务进行测试。

（3）测试合格后，执行【文件】|【导出】|【导出影片】命令，为要导出的.swf 文件命名，单击【保存】按钮，打开导出对话框，进行设置，单击【确定】按钮。

任务 2　闪烁的灯

【任务描述】

本任务运用逐帧动画的制作方法制作一盏不断闪烁的霓虹灯。

【任务设计】

（1）用文本工具输入文字。

（2）将文本分离，用墨水瓶工具为其描边。

（3）将线条转换为填充。

（4）复制多个关键帧。

（5）用油漆桶工具为各个关键帧点的边线填充亮色。

【实施方案】

步骤 1：输入文本。选文本工具，属性选 Arial Black，字号 400，颜色红，输入 T，如图 1-2-7 所示。

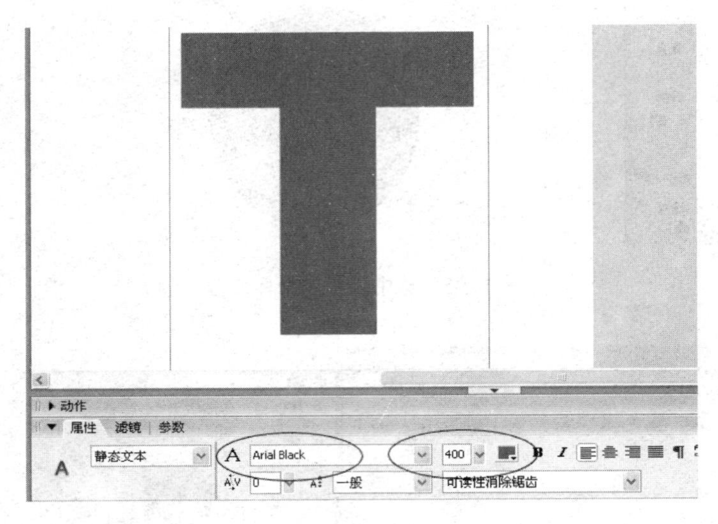

图 1-2-7 输入文本“T”

步骤 2：选中文本，按 Ctrl+B 组合键，将文本分离转换为图形。

步骤 3：在场景的空白处单击后，选择墨水瓶工具，设置属性，线形为圆点虚线，宽度为 10，颜色为黑色，单击“T”，给文本加上了边框，如图 1-2-8 所示。

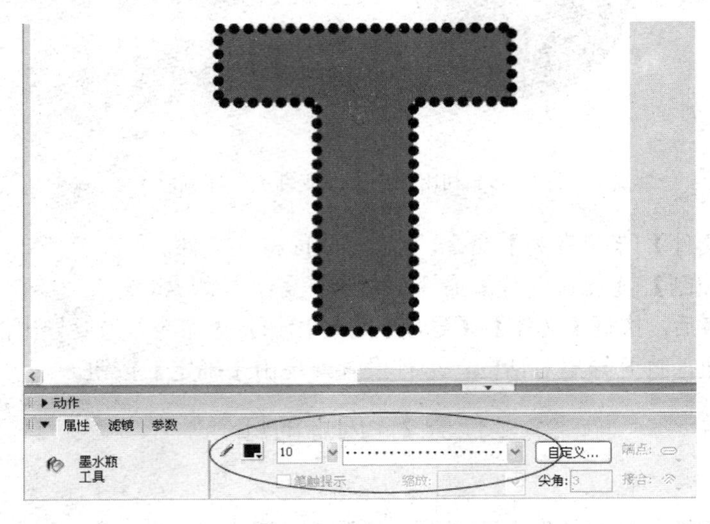

图 1-2-8 为文本添加边框

步骤 4：双击边线，执行【修改】|【形状】|【将线条转换为填充】命令，如图 1-2-9 所示。

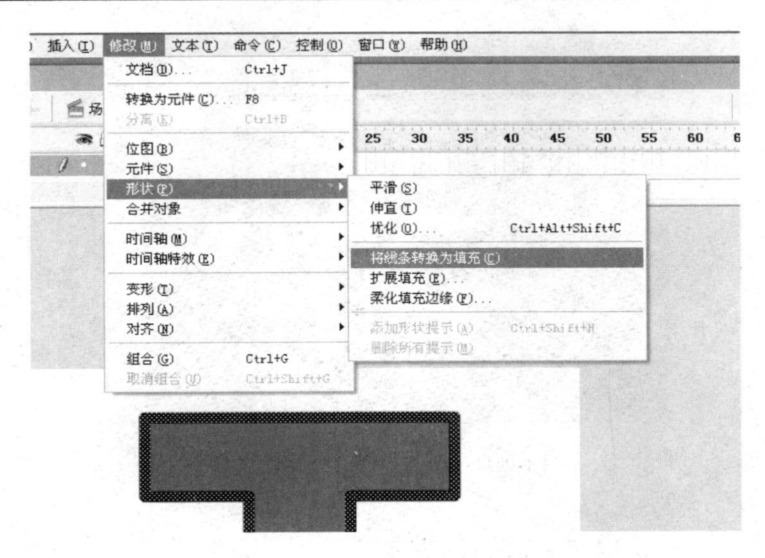

图 1-2-9　将线条转换为填充

步骤 5：按 F6 键（复制关键帧），用油漆桶单击 4 盏“灯”，选择黄色，单击，点亮了 4 盏灯，如图所示（为了使效果更好也可以一盏一盏地点），如图 1-2-10 所示。

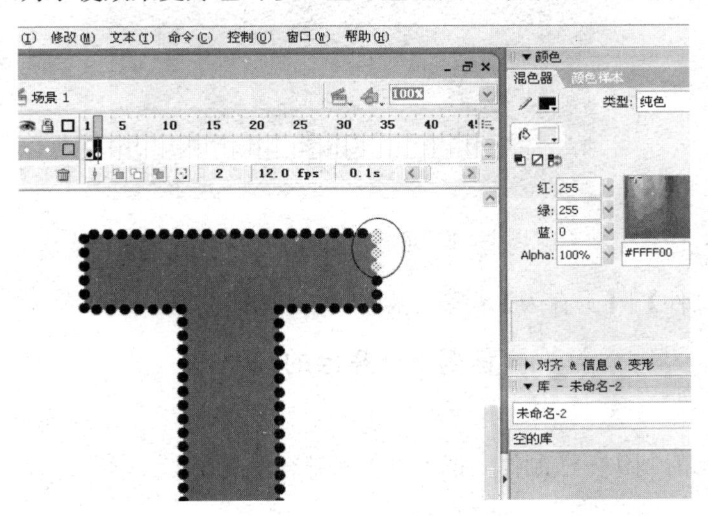

图 1-2-10　点亮 4 盏“灯”

步骤 6：重复上一步操作，直到所有的“灯”都被点亮。

步骤 7：改变背景色为灰色，测试动画，将会看到不断闪烁的灯，如图 1-2-11 所示。

步骤 8：在时间轴上第 85、90、95 帧的位置上分别插入关键帧，单击第 85 关键帧，选中场景中的 T，改变其填充色如图 1-2-12 所示。

步骤 9：重复上一步骤，改变第 90、95 帧 T 的颜色。

步骤 10：测试动画，导出并保存文件。

（1）执行【控制】|【测试影片】命令，对该任务进行测试。

（2）测试合格后，执行【文件】|【导出】|【导出影片】命令，为要导出的.swf 文件命名，单击【保存】按钮，打开导出对话框，进行设置，单击【确定】按钮。

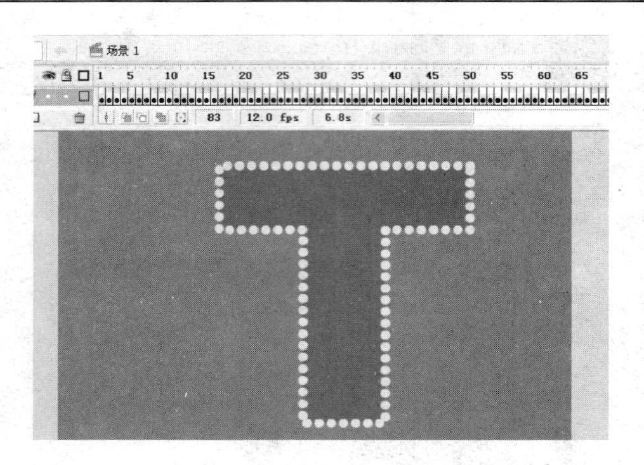

图 1-2-11　所有的“灯”均被点亮

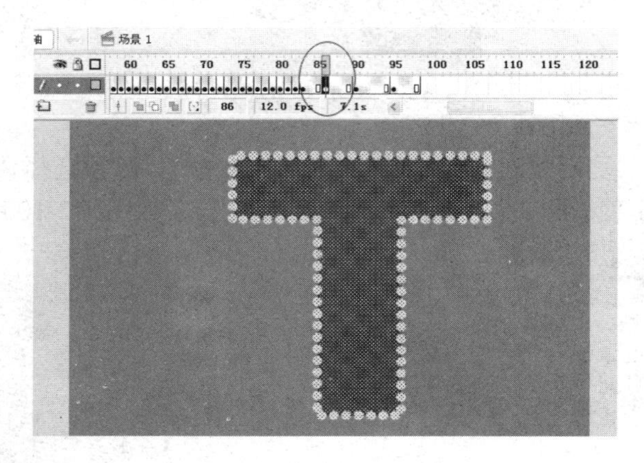

图 1-2-12　改变“T”的填充颜色

（3）执行【文件】|【另存为】命令，存储为.fla 格式文件。

任务 3　开合的扇子

【任务描述】

运用逐帧动画的制作方法制作一把可以不断开合的扇子。

【任务设计】

（1）用矩形工具和选择工具制作扇骨元件。

（2）用变形面板复制扇骨。

（3）在时间轴上不断插入关键帧制作逐帧动画。

【实施方案】

步骤 1：画扇骨。选中矩形工具，边框为黑色，粗细为 1 磅，填充为光谱七彩色，在场景中画出矩形，如图 1-2-13 所示。

步骤 2：关闭磁铁选项，按住 Ctrl 键，用鼠标在矩形的下面拉出拐点，如图 1-2-14 所示。

步骤 3：双击扇骨，按 F8 键，将扇骨转换成图形元件，如图 1-2-15 所示。

步骤 4：改变扇骨的中心，在工具箱中选中变形工具，将中心点移到拐点处，如图 1-2-16 所示。

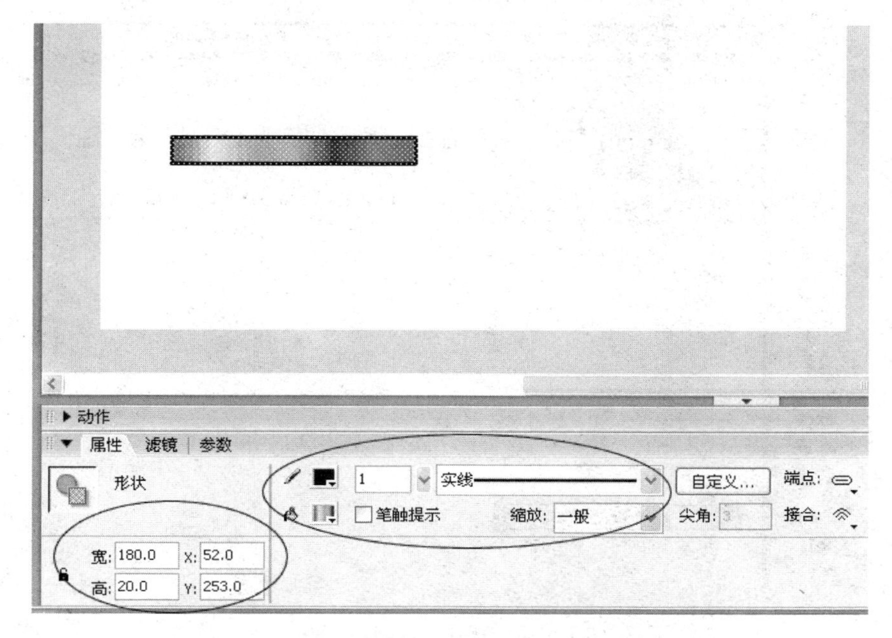

图 1-2-13　绘制长矩形

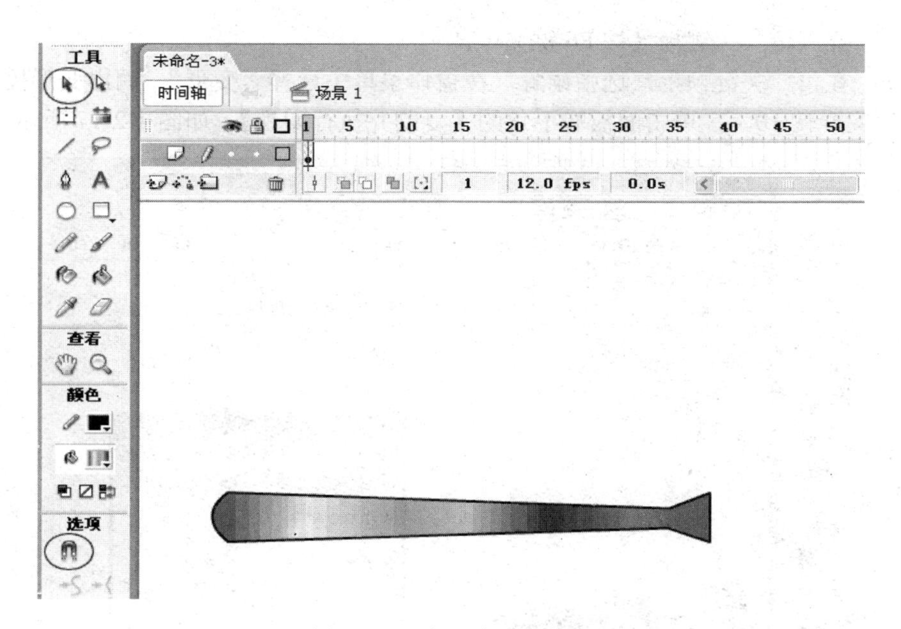

图 1-2-14　拉出扇骨的拐点

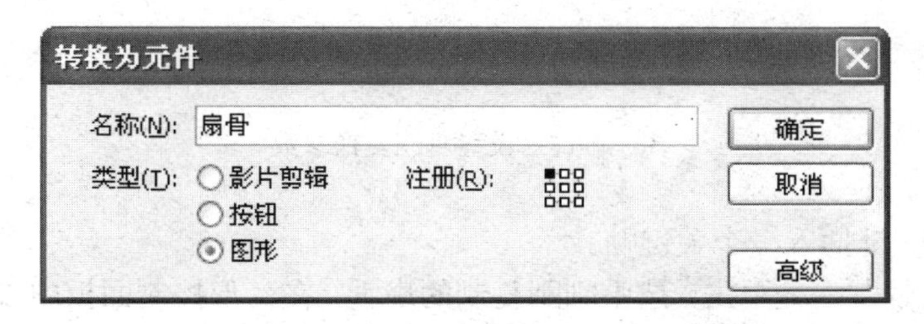

图 1-2-15　将图形转换为元件

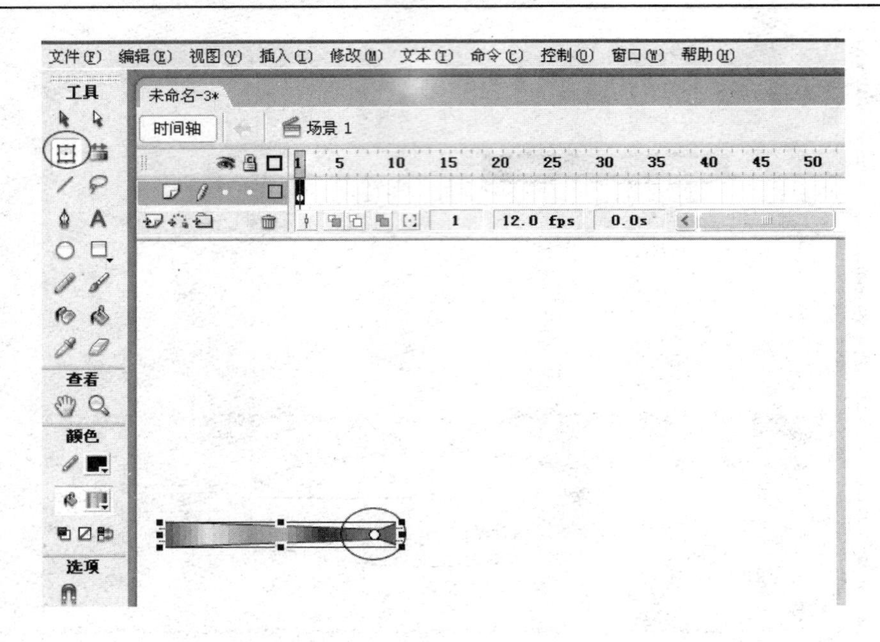

图 1-2-16　移动元件的中心点

步骤 5：插入第二关键帧（按 F6 键）。

步骤 6：在第二关键帧上，选中扇骨，在窗口菜单中选择“变形”，调出变形控制面板，在面板中设置旋转 10°，单击面板右下角的【复制并执行变换】，如图 1-2-17 所示。

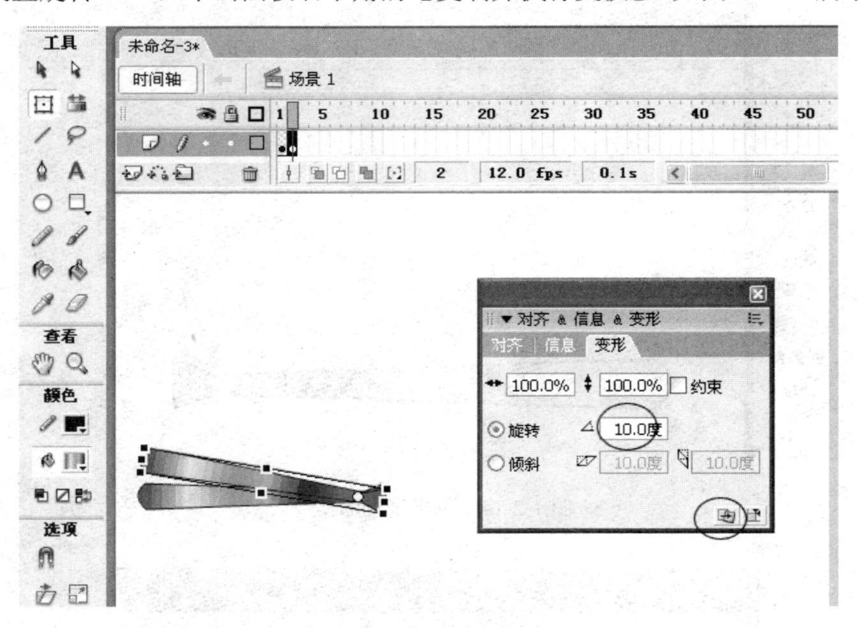

图 1-2-17　设置复制变换参数

步骤 7：按 F6 键插入一个关键帧。

步骤 8：在场景空白处单击，选中刚刚复制的扇骨，在变形控制面板中设置旋转为 20°，单击面板右下角的【复制并执行变换】，如图 1-2-18 所示。

步骤 9：重复步骤 7 和步骤 8，但每次旋转的角度增加 10°，直到 180°，如图 1-2-19 所示。

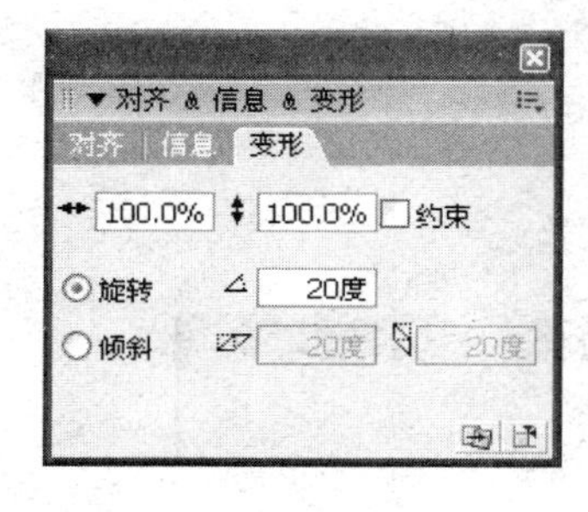

图 1-2-18　进行复制变换

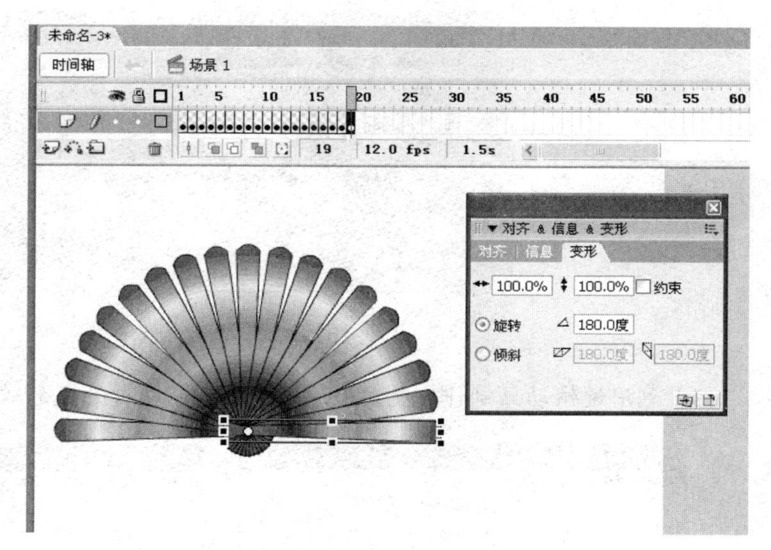

图 1-2-19　进行多次复制变换

步骤 10：在第 25 帧的位置上插入一个关键帧，选中最后一个扇骨，将其删除。

步骤 11：不断的插入关键帧，在每一关键帧上依次删除一个扇骨，直到最后一个。

注意以下几点：

① 扇骨必须转化为元件；

② 必须移动中心点；

③ 每次复制的是最上面的扇骨，而不是全部；

④ 初始制作的元件位置为参考位置，无论横放还是竖放均为 0°。

步骤 12：测试动画，导出并保存文件。

（1）执行【控制】|【测试影片】命令，对该任务进行测试。

（2）测试合格后，执行【文件】|【导出】|【导出影片】命令，为要导出的.swf 文件命名，单击【保存】按钮，打开导出对话框，进行设置，单击【确定】按钮。

（3）执行【文件】|【另存为】命令，存储为.fla 格式文件。

拓展与提高

任务 1　制作逐帧动画——“红绿灯”，如图 1-2-20 所示。

在本任务的完成过程中应实现以下效果。

（1）制作红、黄、绿 3 个灯交替闪烁的动画效果。

（2）动画尺寸宽 400 像素、高 200 像素，背景颜色浅蓝色。

（3）红色、黄色、绿色依次分别亮起。

（4）整个画面要布局合理、效果美观。

任务 2　制作逐帧动画——开放的花朵，效果如图 1-2-21 所示。

（1）绘制花茎。

（2）绘制花瓣。

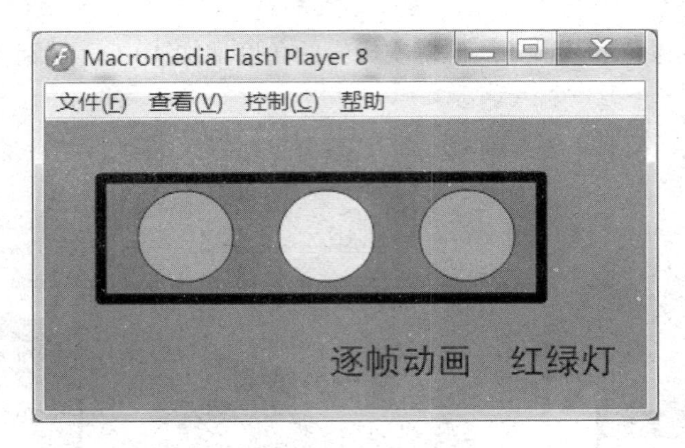

图 1-2-20 红绿灯效果图

（3）利用逐帧动画制作从花盆中逐渐长出的花茎并开花的效果。

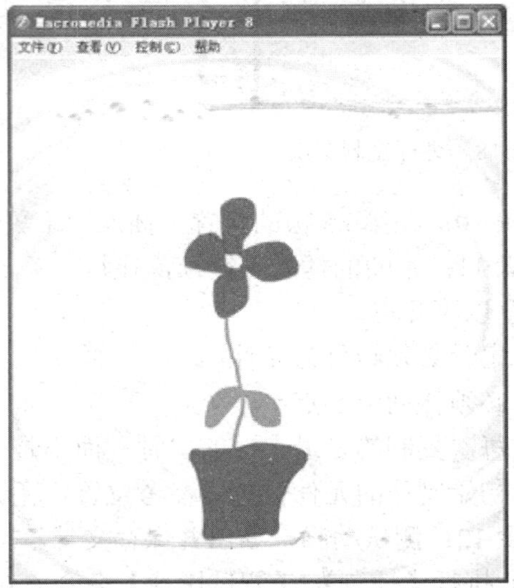

图 1-2-21 逐帧动画效果图

知识链接

1）什么是逐帧动画

逐帧动画是一种常见的动画形式，其原理是在“连续的关键帧”中分解动画动作，也就是在时间轴的每帧上逐帧绘制不同的内容，使其连续播放而成动画。逐帧动画具有非常大的灵活性，几乎可以表现任何想表现的内容，而它类似与电影的播放模式，很适合于表演细腻的动画。例如人物或动物急剧转身、头发及衣服的飘动、走路、说话以及精致的3D效果等。

逐帧动画的每一帧都是关键帧，将时间轴上每一帧的不同内容形成连续的动画画面。因为时间轴上的每一帧都要有绘制的对象，所以逐帧动画的文件相对较大。

在逐帧动画的制作中经常会使用绘图纸功能，它是帮助定位和编辑动画的辅助功能。如在第2帧要参照第1帧的位置，就可以单击时间轴面板上的“绘图纸外观”按钮，舞台上在第 2 帧处第 1 帧的对象就会变成半透明显示出来，从而给第 2 帧的对象作为参考。

2）什么是 swf 文件

swf（ShockwaveFlash的简称)，是Adobe Flash编译出的档案格式。它的普及程度很高，现在超过 99%的网络使用者都可以读取 swf 档案，这个档案格式最初由 FutureWave 公司（后来纳入 Macromedia 公司）创建。创建这种档案格式的主要目的是，制作体积较小的档案文件来播放动画。这个计划的理念是能够在任何操作系统和浏览器中播放，并且让网络较慢的人也能顺利浏览并播放。

3）什么是 fla 文件

fla 文件我们通常称为源文件，我们可以在 Flash 中打开、编辑和保存它，它在 Flash 中的地位就像 PSD 文件在 Photoshop 中的地位类似，我们所有的原始素材都保存在 fla 文件中，由于它包含所需要的全部原始信息，所以体积较大，在导出 swf 文件或其他文件后我们也最好不要删除 fla 文件，最好将其保留，方便下次直接编辑。

项目 3　Flash 基本补间动画

补间动画是 Flash 中非常重要的表现手段，也是最常用的动画类型。制作补间动画时，并不需要像逐帧动画那样每一帧都进行操作，只需要制作关键帧，补间过程会自动生成，因此，补间动画的文件只需要记录关键帧的信息，文件相对较小，补间动画又分为动作补间动画和形状补间动画，两者既有相同之处又有不同之处。

【能力目标】

（1）掌握制作形状补间动画的基本步骤。

（2）掌握制作动作补间动画的基本步骤。

（3）熟悉动画图形的绘制及参数的设置。

（4）熟悉图形元件的特点。

（5）掌握图层的操作方法及运用多图层设计动画。

（6）掌握影片剪辑特点及制作方法。

任务 1　五彩缤纷的文字

【任务描述】

形状补间动画是在 Flash 的时间帧面板上，在一个关键帧上绘制一个形状，然后在另一个关键帧上更改该形状或绘制另一个形状等，Flash 将自动根据二者之间的帧的值或形状来创建的动画，它可以实现两个图形之间颜色、形状、大小、位置的相互变化。本次任务将通过制作一幅七彩变化的文字，使读者掌握形状补间、图形的分离等制作技巧。

【任务设计】

（1）使用文本工具 、分离工具、选择工具、填充变形工具。

（2）掌握设置形状补间动画插入关键帧操作。

【实施方案】

步骤 1：单击工具箱中的文字输入工具，在属性面板中作如图 1-3-1 所示的设置，然后输入文字“FLASH”，如图 1-3-2 所示。

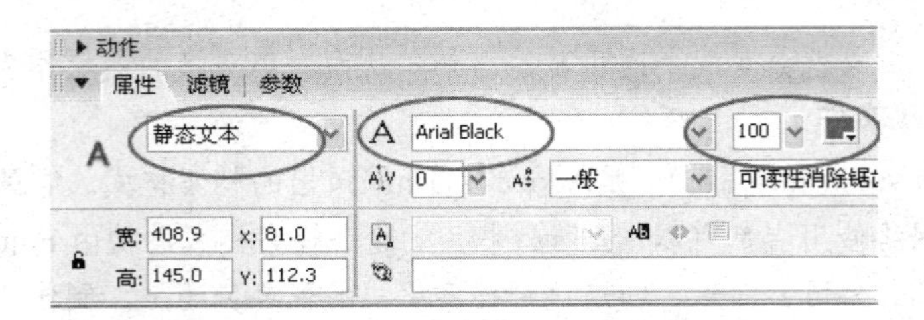

图 1-3-1　属性面

图 1-3-2　输入文字

步骤 2：单击工具箱中的选择工具“黑箭头”，在场景中选择刚刚输入的文字，按两次 Ctrl+B 键将其分离，如图 1-3-3 所示。

FLASH

图 1-3-3　文字分离效果

步骤 3：单击第一个关键帧，在场景中选中所有文字，单击属性面板中的颜色，改变文字的填充色，如图 1-3-4 所示。

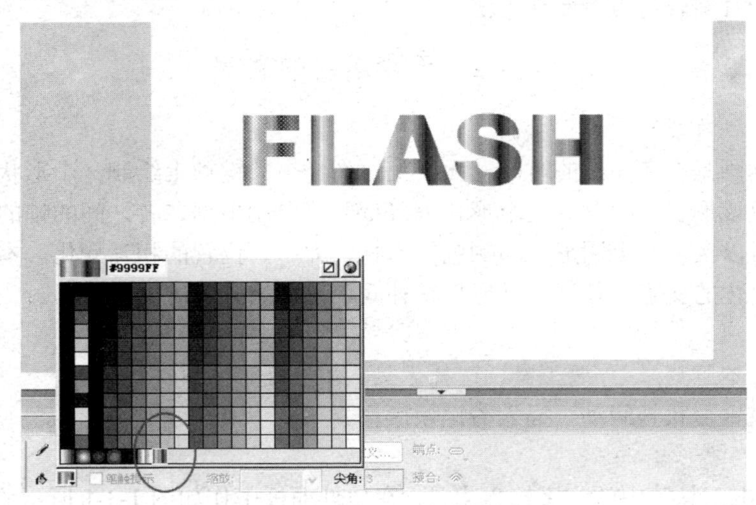

图 1-3-4　改变文字的填充色

步骤 4：在时间轴上任意一帧（如第 20 帧）位置上再插入一个关键帧，选中该关键帧，再次选中场景中的文字，利用工具箱中的【填充变形】工具改变文字的填充色，如图 1-3-5 所示。

图 1-3-5 改变文字的填充色

步骤 5：在时间轴上选择第一关键帧，设置形状补间动画，如图 1-3-6 所示。

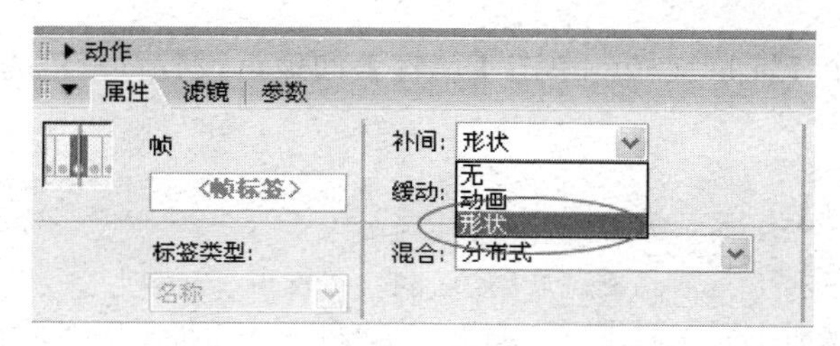

图 1-3-6 设置形状补间动画

步骤 6：测试动画，导出并保存文件。

（1）执行【文件】|【另存为】命令，存储.fla 格式文件。

（2）执行【控制】|【测试影片】命令，对该任务进行测试。

（3）测试合格后，执行【文件】|【导出】|【导出影片】命令，为要导出的.swf 文件命名，单击【保存】按钮，打开导出对话框，进行如图 1-3-7 所示的设置，单击【确定】按钮。

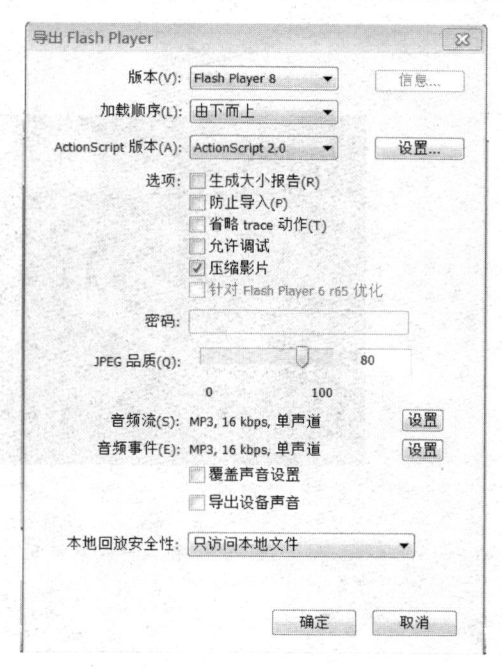

图 1-3-7 设置形状补间动画

任务 2　变成雪花的文字

【任务描述】

通过制作一幅文字的形状变化的动画，使读者进一步理解形状补间、图形的分离等制作技巧。

【任务设计】

（1）掌握关键帧的作用和插入关键帧的操作。

（2）输入文字图形。

（3）设置形状补间动画。

【实施方案】

步骤 1：新建一个 Flash 文档，单击【属性】面板，设置背景色为“黑色”，如图 1-3-8 所示。

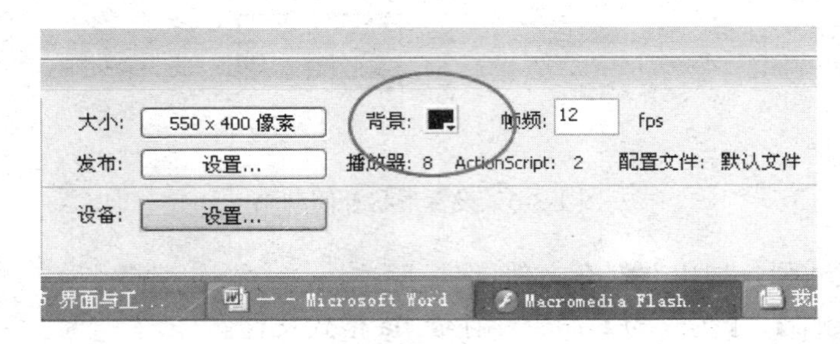

图 1-3-8　设置舞台背景色

步骤 2：单击工具箱中的【文字输入】工具，输入“FLASH”，在属性面板中进行如图 1-3-9 所示设置。

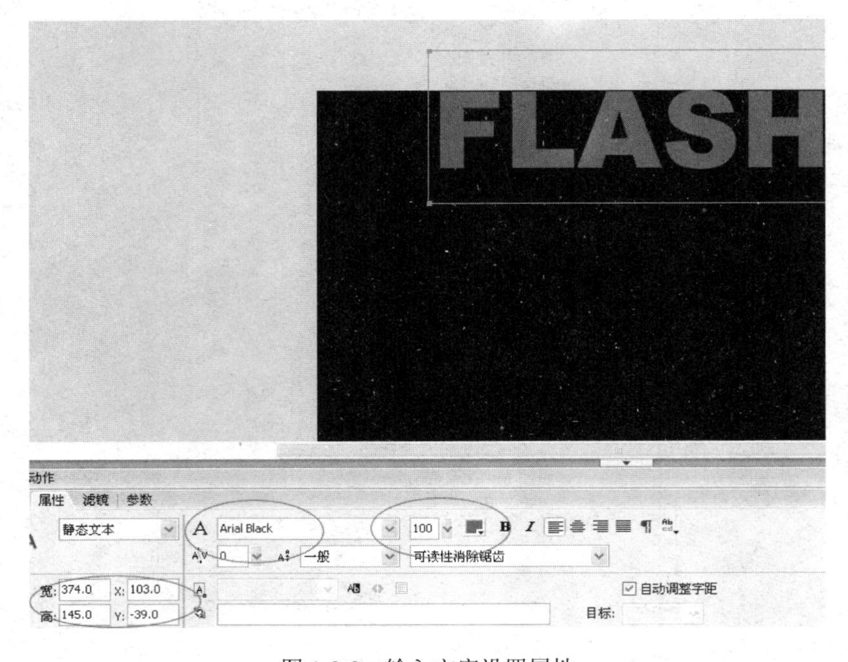

图 1-3-9　输入文字设置属性

步骤 3：单击工具箱中的选择工具“黑箭头”，在场景中选择刚刚输入的文字，按两次 Ctrl+B 键将其分离。

步骤 4：在时间轴上第 20 帧的位置再插入一个空白关键帧，单击空白关键帧，在场景中输入文字图形“❄❄❄❄❄”，如图 1-3-10 所示，文字图形的具体输入方法参见本项目的“知识链接”。

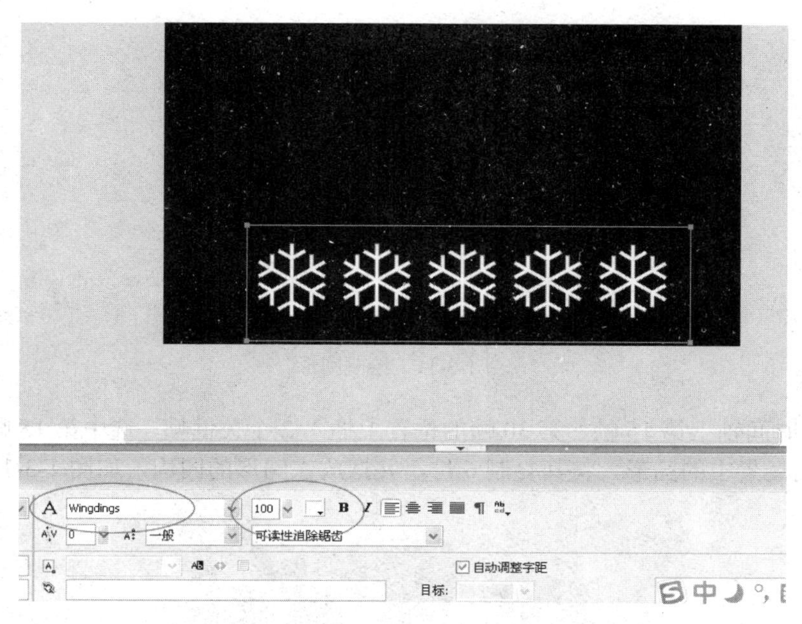

图 1-3-10　输入文字图形

步骤 5：将雪花文字移动到场景的下方，按两次 Ctrl+B 组合键将其分离。

步骤 6：选择第一关键帧，设置形状补间动画。

步骤 7：在第 30 帧的位置插入一个帧，这样可以让雪花在场景中多停留一会儿。

步骤 8：测试动画，导出并保存文件。

（1）执行【控制】|【测试影片】命令，对该任务进行测试。

（2）测试合格后，执行【文件】|【导出】|【导出影片】命令，为要导出的.swf 文件命名，单击【保存】按钮，打开导出对话框，进行设置，单击【确定】按钮。

（3）执行【文件】|【另存为】命令，存储为.fla 格式文件。

任务 3　变换的图形

【任务描述】

在制作动画时经常要制作一些简单的图形变化的动画，例如圆形到三角形的变化，一个图形到多个图形的变化。本次任务通过制作一幅一个圆形到七个圆形之间的变化动画，使读者进一步理解形状补间动画的制作技巧。

【任务设计】

（1）用椭圆工具绘制图形。

（2）插入关键帧。

（3）图形的复制操作。

（4）设置多段形状补间动画。

【实施方案】

步骤 1：单击工具箱中的【椭圆】工具，并对填充色、边框做如图 1-3-11 所示的设置，在场景中间绘出一个圆形。

图 1-3-11　绘制圆形

步骤 2：时间轴上第 15 帧、第 30 帧的位置上插入 2 个关键帧，选中第 15 帧的位置上的关键帧，单击场景中的圆形，将其复制 6 份，并摆放在圆形的四周，如图 1-3-12 所示。

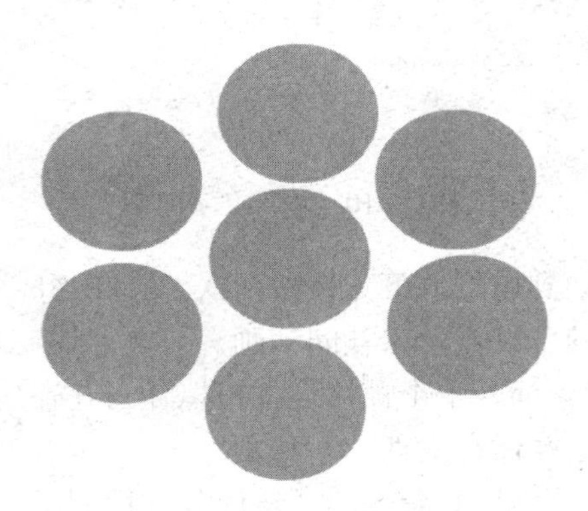

图 1-3-12　复制圆形

步骤 3：分别在第 1 关键帧、第 2 关键帧的位置上设置形状补间动画，如图 1-3-13 所示。

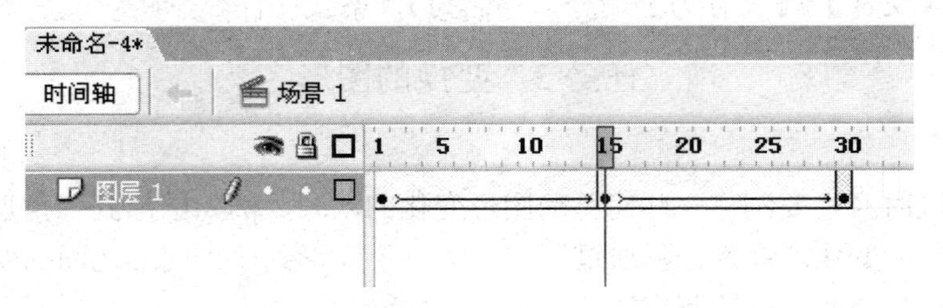

图 1-3-13　设置形状补间动画

步骤 4：测试动画，将会看到不断变化的几何图画。

步骤 5：测试动画，导出并保存文件。

（1）执行【控制】|【测试影片】命令，对该任务进行测试。

（2）测试合格后，执行【文件】|【导出】|【导出影片】命令，为要导出的.swf 文件命名，单击【保存】按钮，打开导出对话框，进行设置，单击【确定】按钮。

（3）执行【文件】|【另存为】命令，存储为.fla 格式文件。

任务 4　翻动的书页

【任务描述】

在制作动画时，经常要复制帧的操作以提高动画的制作效果和效率，本次任务通过制作一幅一个翻动的书页的动画，使读者进一步理解形状补间动画以及复制帧的操作技巧。

【任务设计】

（1）设置舞台背景色。

（2）用矩形工具绘制图形。

（3）复制关键帧。

（4）变形工具的使用。

（5）图形的拉动翻转。

（6）设置多段形状补间动画。

【实施方案】

步骤 1：新建文件，并设置场景的背景色为“灰色”。

步骤 2：在工具箱选择矩形工具，在下边的颜色选项栏中关闭边线色，将填充色设为白色，在场景的右下方画出一张矩形的白色图纸，如图 1-3-14 所示。

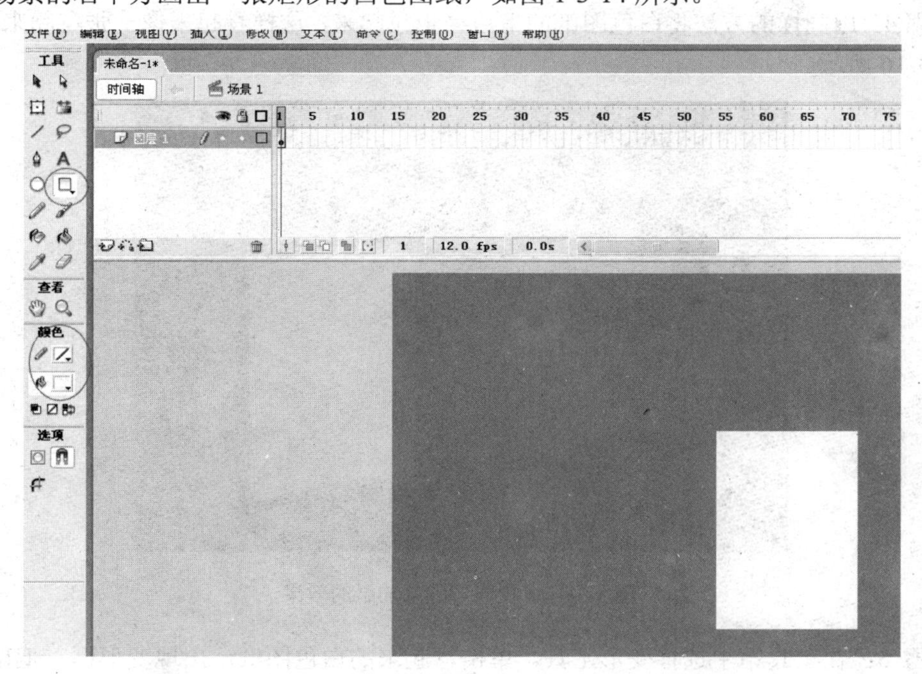

图 1-3-14　绘制白色书页

步骤 3：在时间轴上单击第 10 帧，按 F6 键复制前一个关键帧。在工具箱中选择黑箭头，在场景中任意地方单击以取消这一帧中图形的选中状态。将鼠标放在白纸上边缘偏右侧，当看到箭头标志右下角出现平滑点标志，按住鼠标左键向左上方拖动，书页的边被拉成弧线，如图 1-3-15 所示。

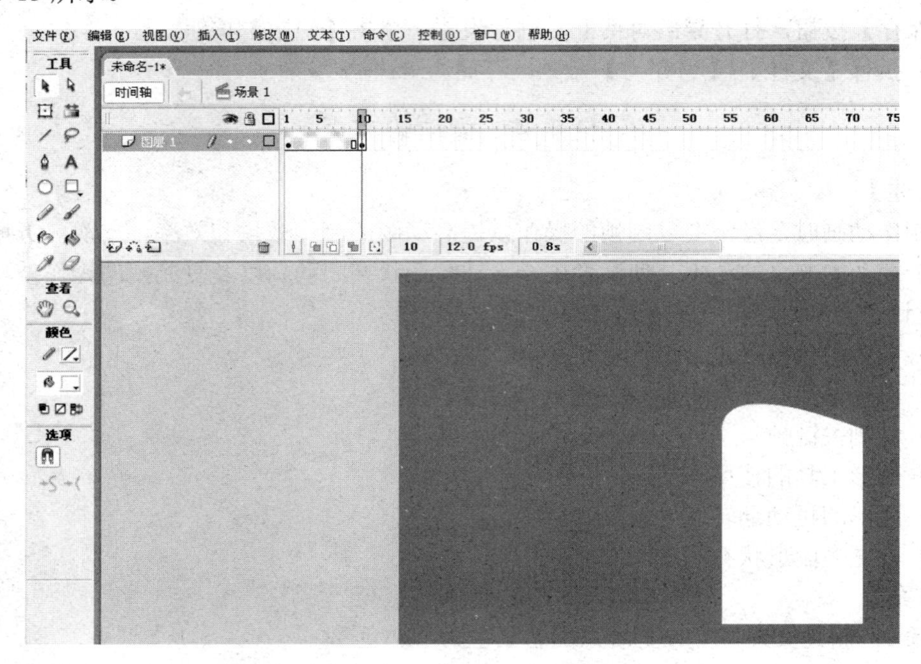

图 1-3-15 将书页的边拉成弧线

步骤 4：用同样的方法将白色图纸的下边缘也拉起来，这样看起来像一张弯起来的纸了，如图 1-3-16 所示。

图 1-3-16 拉成弯起来的纸的效果

步骤 5：在工具箱中选择变形工具，单击弯起来的白色图纸，出现变形框。把鼠标放在右边点上，看到水平双向箭头后按住鼠标左键向里稍稍拖动，这个图形变窄了，符合纸张弯曲后的样子，如图 1-3-17 所示。

步骤 6：在时间线上单击第 20 帧，按 F6 键复制前一个关键帧。现在仍然是变形工具，图形上仍然是变形框，再将右边点稍稍向里拖动一点儿，图形又变窄了一些。将鼠标放在变形框的右边线上，看到垂直双向箭头后按住鼠标左键向上拖动，这个图形被倾斜了，符合纸张向上翻起的样子，如图 1-3-18 所示。

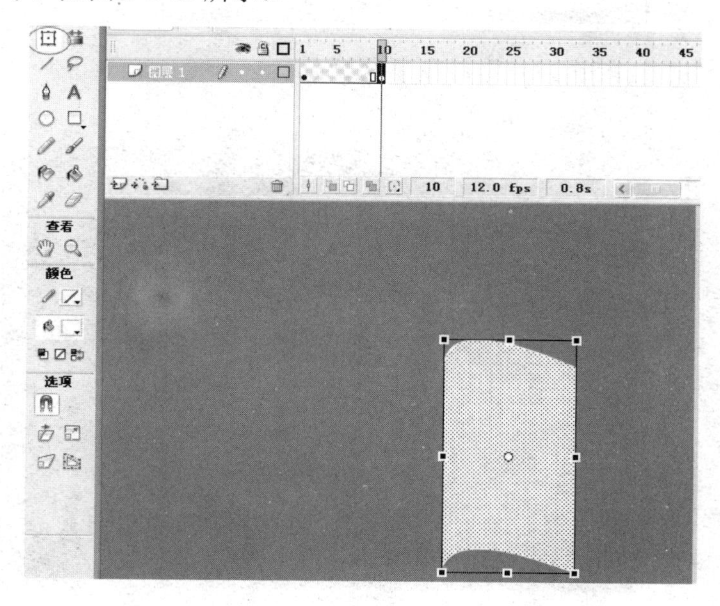

图 1-3-17　拖动使图形变窄

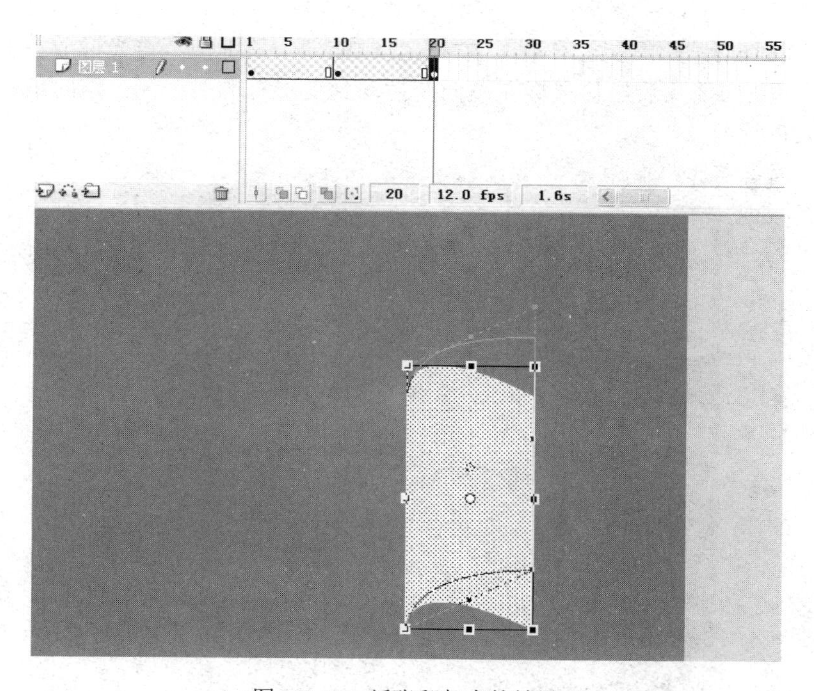

图 1-3-18　纸张翻起来的效果

步骤 7：在时间轴上单击第 30 帧，按 F6 键复制前一个关键帧。现在仍然是变形工具，图形上仍然是变形框。将鼠标放在变形框的右边线上，看到垂直双向箭头后按住鼠标左键继续向上拖动，再将光标放在变形框的右边上角点上，看到斜向双向箭头后按住鼠标左键向里拖动，直到接近左边线，但千万不要跨过左边线。图形尽量变窄，这时纸张即将翻过中线，如图 1-3-19 所示。

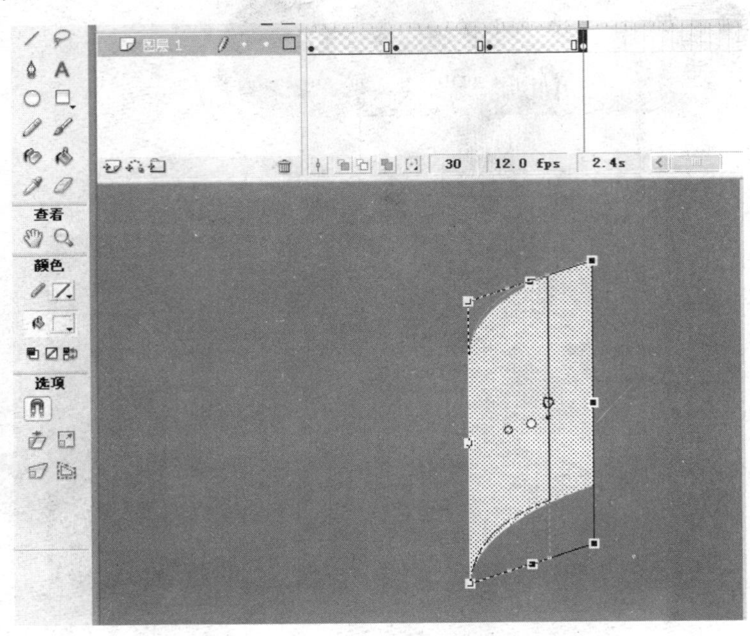

图 1-3-19　纸张即将翻过去的效果

步骤 8：在时间线上单击第 31 帧，按 F6 复制前一个关键帧。将光标放在变形框的右边点上，看到水平双向箭头后按住鼠标左键向左拉动到变形框的另一侧。这时纸张刚好翻过中线，如图 1-3-20 所示。

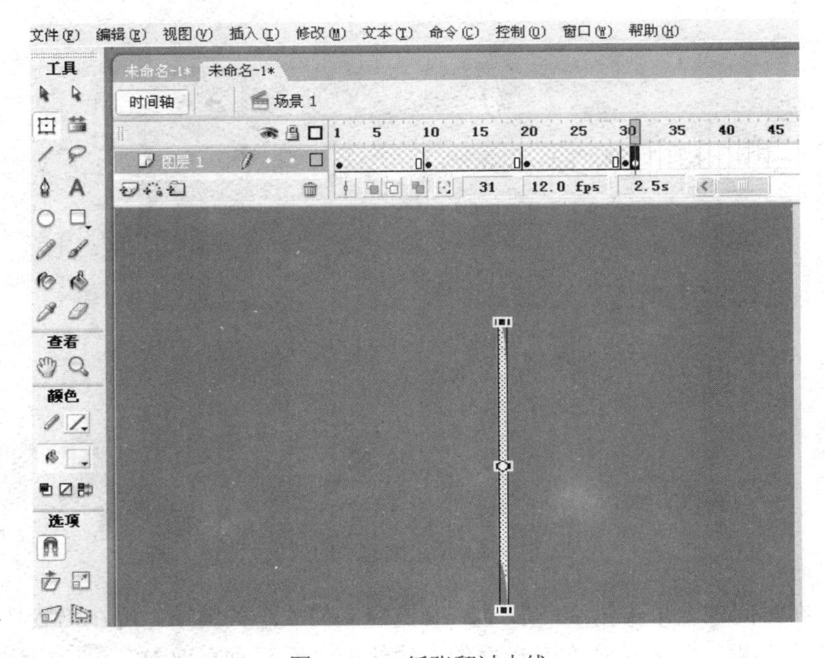

图 1-3-20　纸张翻过中线

步骤 9：复制关键帧。在第 40 帧上制作纸张翻过来的样子，这一帧的图形和第 20 帧中的图形形状相同，而方向相反。在时间轴上单击第 20 帧，然后右击，在弹出的菜单中选择复制帧命令，将选中的 20 帧复制。

步骤 10：在时间轴上单击第 40 帧，然后右击，选择粘贴帧命令，将第 20 帧的图形复制到了这一帧里面，如图 1-3-21 所示。

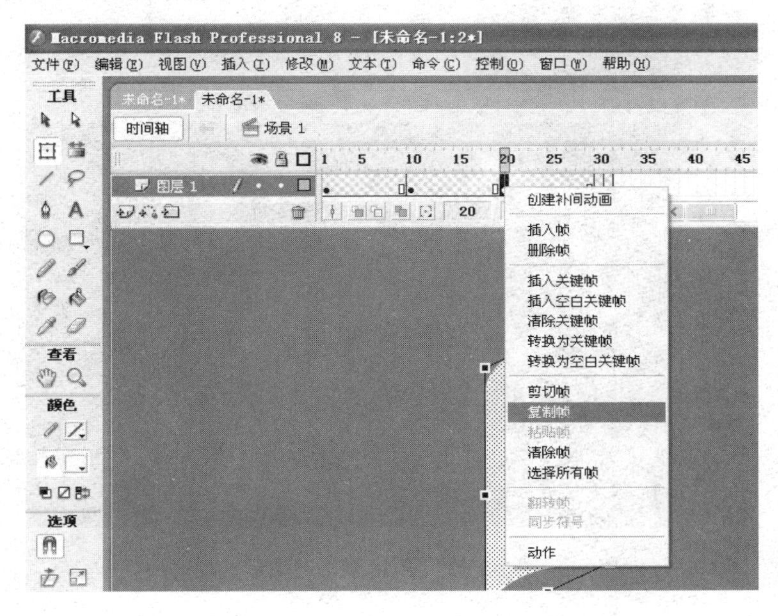

图 1-3-21　复制帧

步骤 11：单击刚刚粘贴的第 40 帧，选中图形，在工具箱中选择【变形】工具，看到变形框是矩形的，按住右上方的角点向左拉动，纸张被翻过来了，看到翻过来的图形与原来的图形基本对称就释放鼠标，如图 1-3-22 所示。

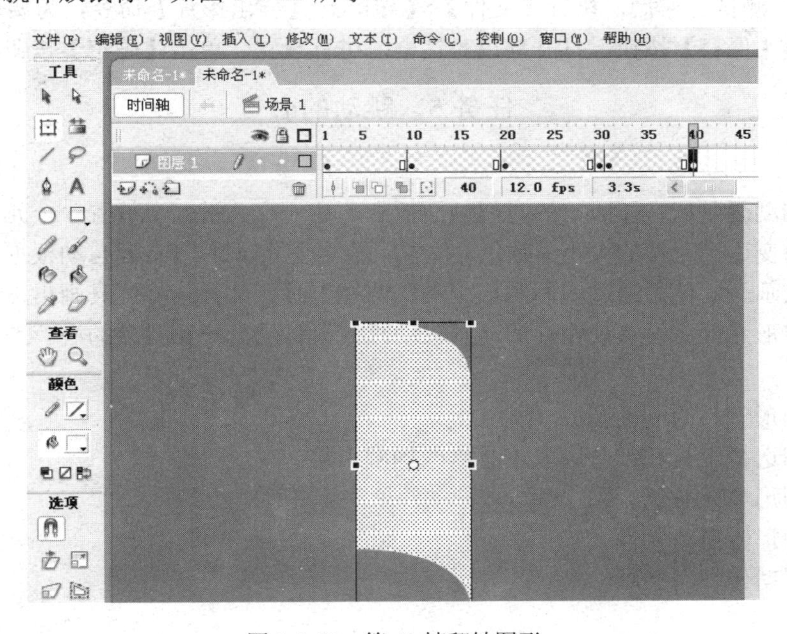

图 1-3-22　第 40 帧翻转图形

步骤 12：用同样的方法复制第 10 帧的图形，然后粘贴到第 50 帧中，并且拖动变形框的角点到对面，将这个图形翻过来，如图 1-3-23 所示。

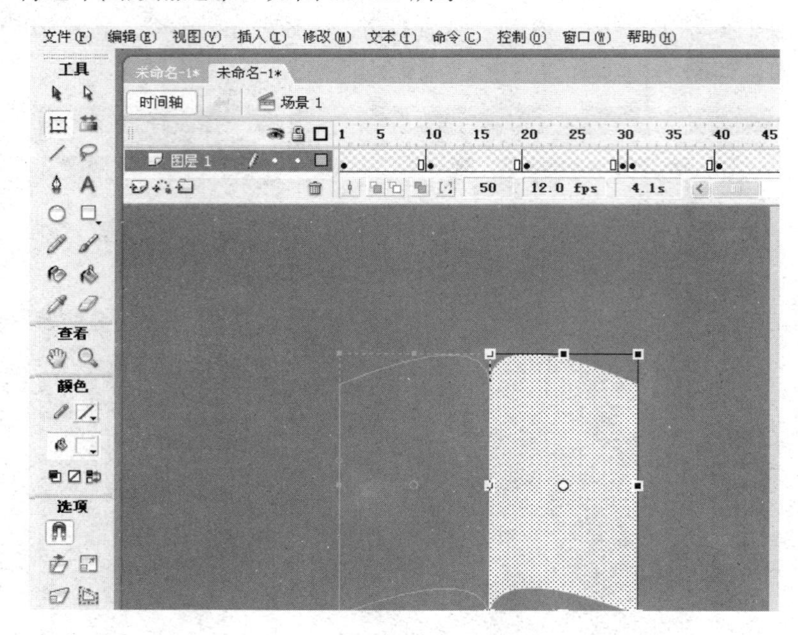

图 1-3-23　第 50 帧翻转图形

步骤 13：用同样的方法复制第 1 帧的图形。

步骤 14：设置形状补间动画命令。每两个关键帧之间都设置一个形状补间动画。

步骤 15：在第 65 帧上按 F5 键，让动画延续 5 帧。

步骤 16：测试动画，可以看到一张白纸从右向左慢慢翻过来，动作十分形象逼真。

步骤 17：测试合格后，执行【文件】|【导出】|【导出影片】命令，为要导出的.swf 文件命名，单击【保存】按钮，打开导出对话框，进行设置，单击【确定】按钮。

任务 5　跳动的心

【任务描述】

动作补间动画是指在 Flash 的时间帧面板上，在一个关键帧上放置一个元件，然后在另一个关键帧改变这个元件的大小、颜色、位置、透明度等属性，Flash 自动根据二者之间的帧的值创建的动画。本任务通过应用图形工具、选择工具、部分选择工具画出一个心形图形，将其转换成图形元件后设置动作补间动画，动画效果仿佛是一颗跳动的心。

【任务设计】

（1）用圆形工具绘制椭圆。

（2）利用选择工具和部分选取工具修改椭圆形状。

（3）为图形填充颜色。

（4）将图形转换为元件。

（5）创建动作补间动画。

【实施方案】

步骤 1：选择【圆形】工具，在属性面板中设置颜色为红色，边线为红色，在场景中间画一个适当大小的圆，如图 1-3-24 所示。

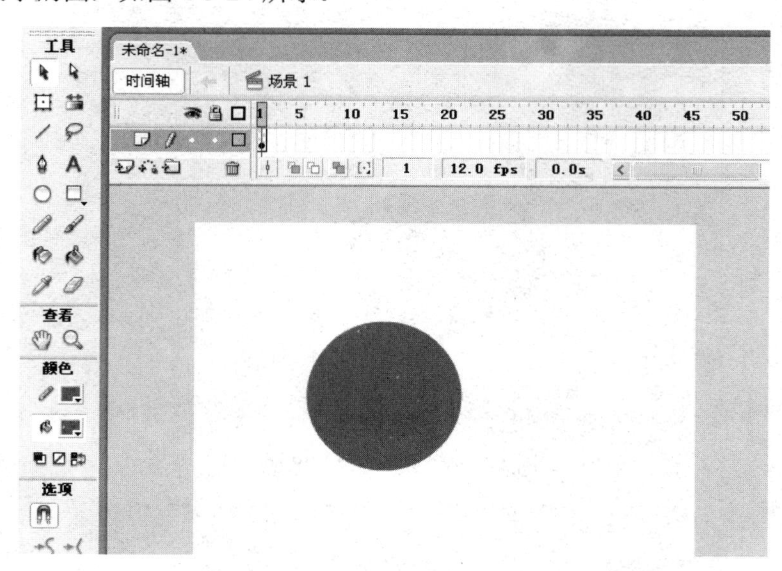

图 1-3-24　在场景中绘制圆形

步骤 2：选中该圆，在该圆右侧按 Ctrl 键并拖动，复制一个圆形。

步骤 3：用实心箭头选择工具拖动下面边线，如图 1-3-25 所示。

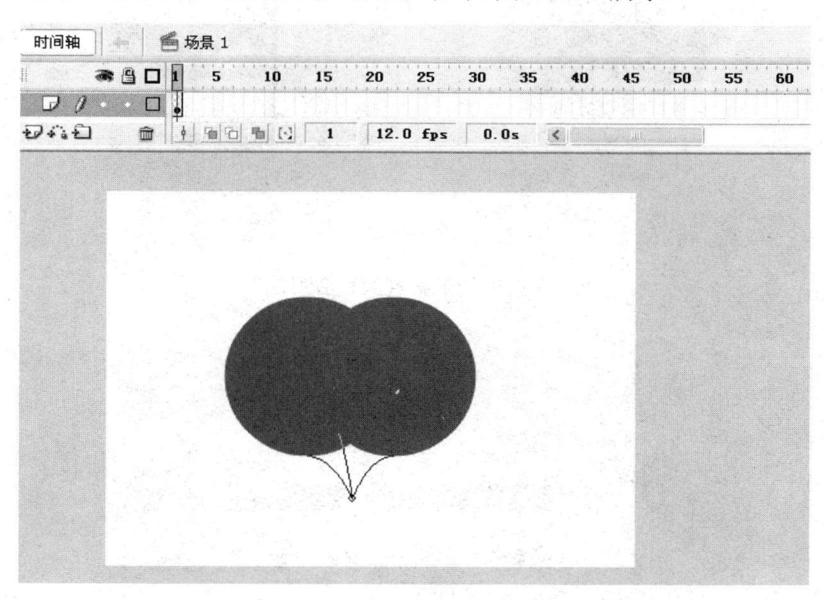

图 1-3-25　拖动两个圆形的下边线

步骤 4：用部分选取工具，单击边线，删除多余的控制点，如图 1-3-26 所示。

步骤 5：用放射性填充心形图案，如图 1-3-27 所示。

步骤 6：按 F8 键，弹出元件转换对话框，将画好的心型图转换成图形元件，并将元件起名为“红心”，如图 1-3-28 所示。

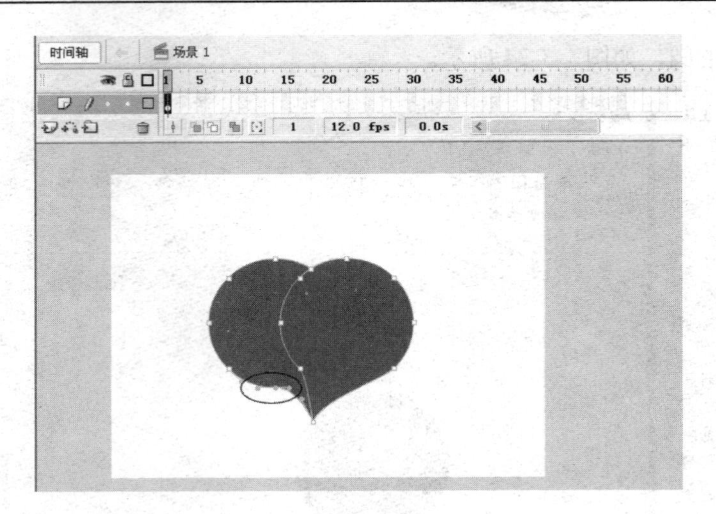

图 1-3-26 删除多余控制点

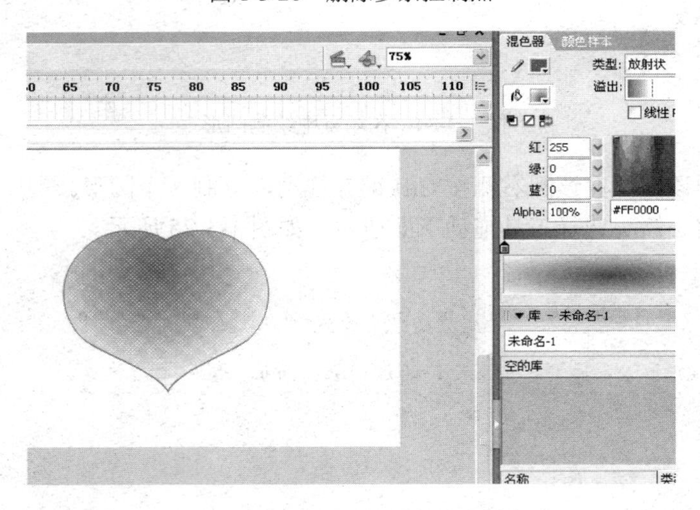

图 1-3-27 用放射性填充心形图案

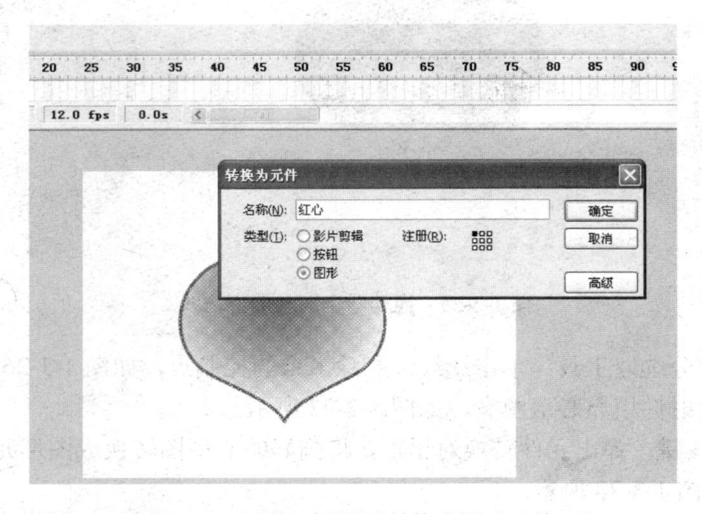

图 1-3-28 将心形图形转换为图形元件

步骤 7：单击 20 帧位置，按 F6 键，插入关键帧。

步骤 8：调整 20 帧位置图形元件的大小，将其放大，如图 1-3-29 所示。

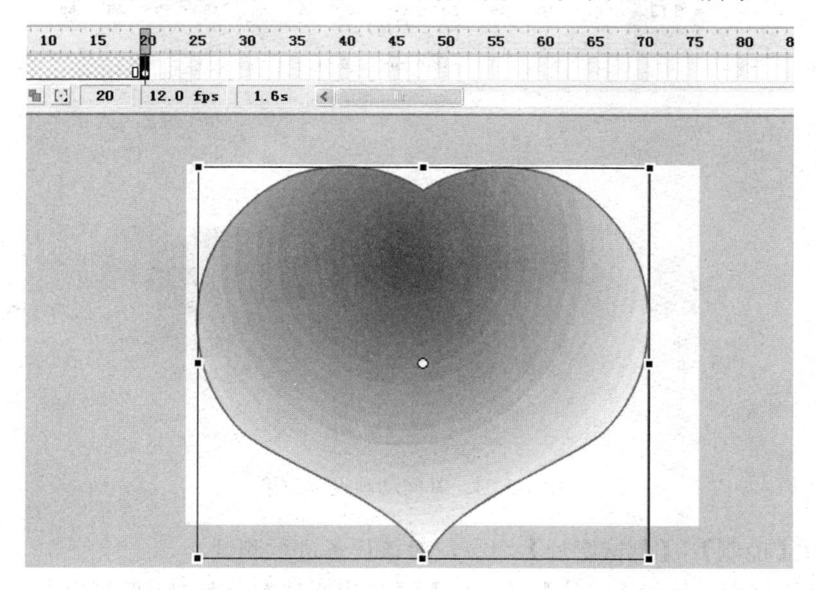

图 1-3-29 将图形元件放大

步骤 9：选择第 1 个关键帧，右击，在弹出的快捷菜单中选择【创建补间动画】，如图 1-3-30 所示。

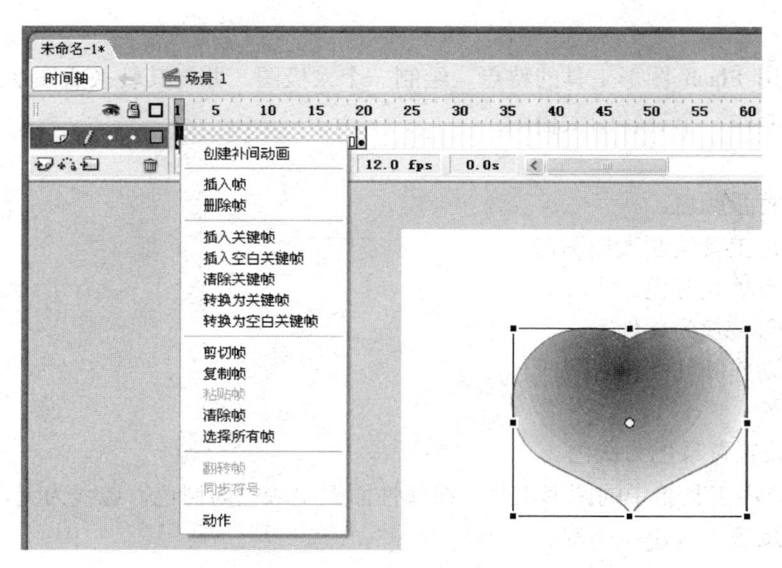

图 1-3-30 创建补间动画

步骤 10：补间动画设置正确后，在时间轴上将会出现一条从第 1 个关键帧到第 2 个关键帧的一条带箭头的实线，如图 1-3-31 所示。

步骤 11：测试动画，导出并保存文件。

（1）执行【文件】|【另存为】命令，存储为.fla 格式文件。

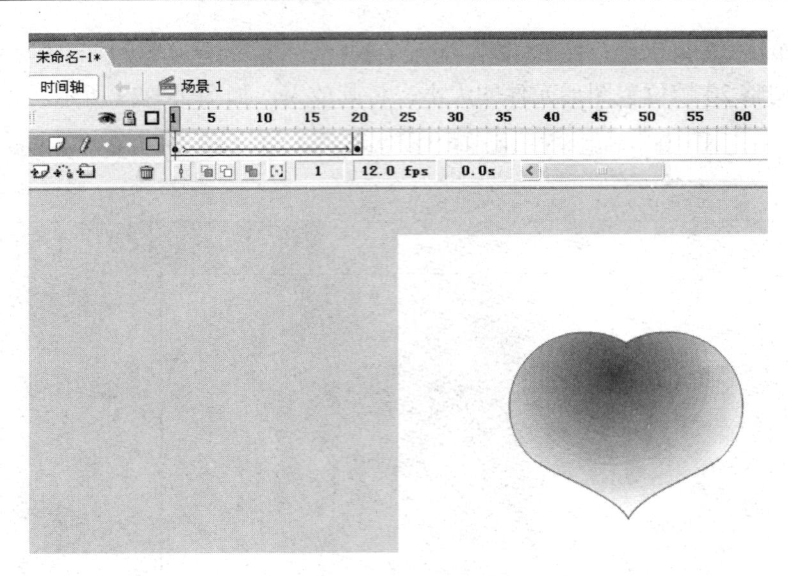

图 1-3-31　补间动画设置效果

（2）执行【控制】|【测试影片】命令，对该任务进行测试。

（3）测试合格后，执行【文件】|【导出】|【导出影片】命令，为要导出的.swf 文件命名，单击【保存】按钮，打开导出对话框，进行设置，单击【确定】按钮。

任务 6　旋转的太极图

【任务描述】

本任务利用 Flash 图形工具的特点，绘制一个太极图，并将其转换成图形元件，设置动作补间动画，制作一个旋转的太极图。

【任务设计】

（1）设置背景颜色。

（2）用图形工具绘制太极图形。

（3）为图形填充颜色。

（4）将图形转换为元件。

（5）创建动作补间动画。

【实施方案】

步骤 1：设置背景色为灰色。

步骤 2：单击工具箱中的圆形工具，在属性面板中颜色为黑色，边线为无，按住 Shift 键画圆工具，在场景中画出一个圆。

步骤 3：单击刚刚画出的圆，在属性面板中设置宽、高的尺寸均为 250。

步骤 4：同样的方法，在场景的空白处画出两个圆，并设置填充色为任意，尺寸宽、高均为 125，如图 1-3-32 所示。

步骤 5：先将工具箱中的吸铁石工具选中，再将两个圆移到大圆的中部，如图 1-3-33 所示。

步骤 6：分别用黑、白色填充各部分，效果如图 1-3-34 所示。

图 1-3-32　绘制 3 个圆

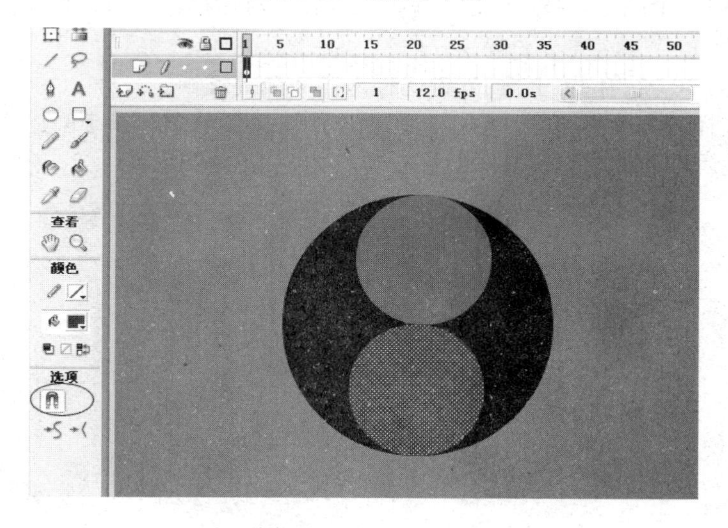

图 1-3-33　布置图形

图 1-3-34　为图形填充颜色

步骤 7：任意画两个黑、白小圆，移到图中，如图 1-3-35 所示。

图 1-3-35 绘制小圆并移到图中

步骤 8：选中整个图形，按 F8 键，弹出元件转换对话框，在对话框中选择“图形”，将其转成图形元件。

步骤 9：在第 30 帧的位置上按 F6 键，插入第 2 个关键帧。

步骤 10：选择第 1 个关键帧，右击，在弹出的快捷菜单中选择【创建补间动画】。

步骤 11：在属性面板中设置其顺时针旋转，如图 1-3-36 所示。

图 1-3-36 设置旋转属性

步骤 12：测试动画，将会看到一个顺时针选择的太极图。

步骤 13：测试合格后，执行【文件】|【导出】|【导出影片】命令，为要导出的.swf 文件命名，单击【保存】按钮，打开导出对话框，进行设置，单击【确定】按钮。

任务 7 爬行的小瓢虫

【任务描述】

影片剪辑元件可以理解为电影中的小电影，可以完全独立于场景时间轴，并且可以重复播放。影片剪辑是一小段动画，用在需要有动作的物体上，在主场景的时间轴上只占 1 帧，就可以包含所需要的动画，影片剪辑就是动画中的动画。本次任务通过制作一个爬行的小瓢虫的动画演示，使读者了解影片剪辑元件的制作方法以及在动画设计中的应用。

【任务设计】

（1）创建“影片剪辑”元件。

（2）在“影片剪辑”元件编辑场景中用绘图工具画一个瓢虫。

（3）将“影片剪辑”元件拖入场景中，创建动作补间动画。

【实施方案】

步骤 1：新建一个空白文档，然后执行【插入】|【新建】命令，在弹出的对话框中选择影片剪辑，如图 1-3-37 所示。

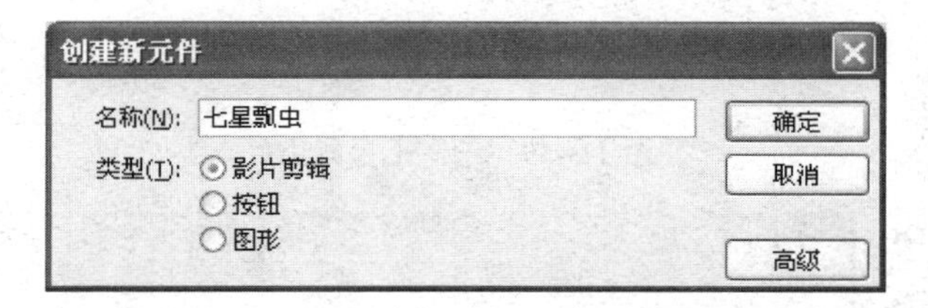

图 1-3-37　创建影片剪辑元件

步骤 2：在影片剪辑编辑窗口设计动画，如图 1-3-38 所示。

图 1-3-38　影片剪辑窗口

步骤 3：绘制出一个七星瓢虫的身体，然后用铅笔工具绘出七星瓢虫的脚，如图 1-3-39 所示。

步骤 4：单击时间轴上第 3 帧，按 F6 键，插入一个关键帧，在场景空白处单击，先选中七星瓢虫的一个脚，单击工具箱中的变形工具，选择缩放，将选中的那个脚的缩放点移到左边，如图 1-3-40 所示。

步骤 5：执行【修改】|【变形】|【垂直翻转】命令，改变脚的方向，如图 1-3-41 所示。

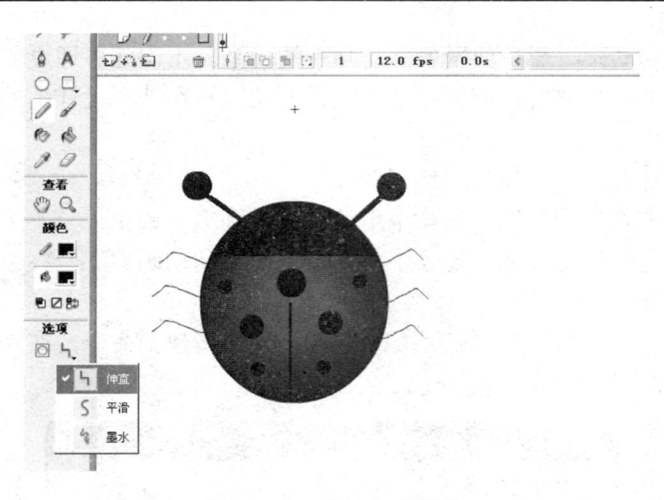

图 1-3-39　绘制七星瓢虫

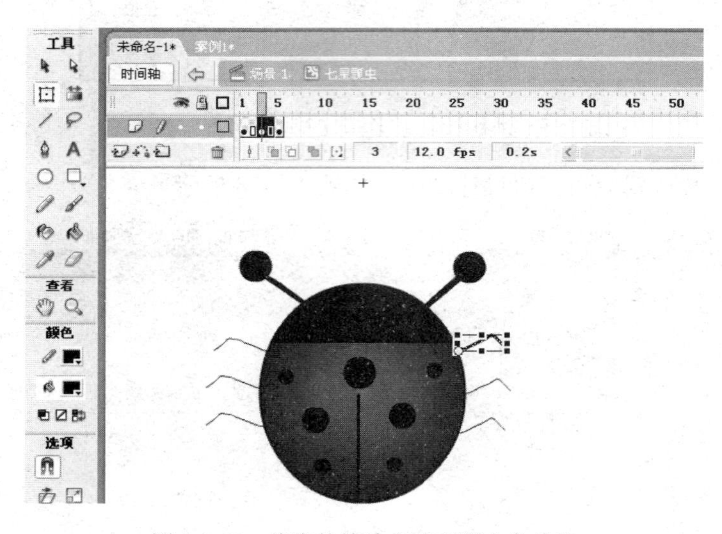

图 1-3-40　将脚的缩放点移至瓢虫身体处

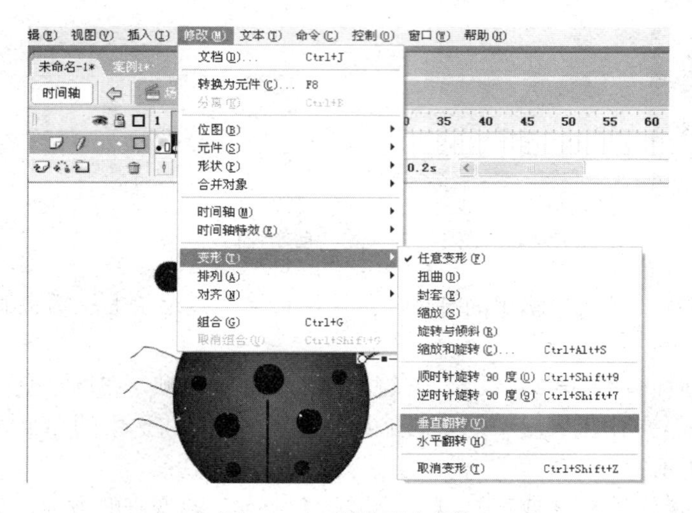

图 1-3-41　翻转瓢虫的脚

步骤 6：用同样的方法，再单击七星瓢虫的各个脚，改变脚的方向，如图 1-3-42 所示。

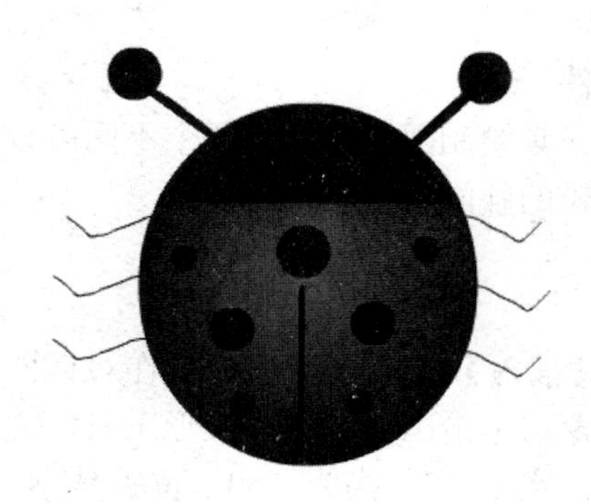

图 1-3-42　改变六只脚的方向

步骤 7：在时间轴上第 5 帧的位置上插入一个帧。

步骤 8：回到场景编辑状态，此时是在第 1 帧的位置上，按 F11 键打开库，将库中的影片剪辑拖到场景中，调整其大小，如图 1-3-43 所示。

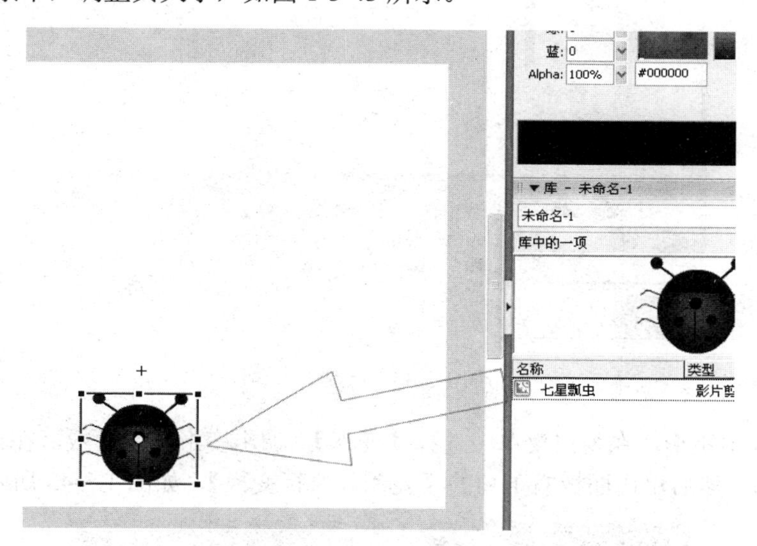

图 1-3-43　将影片剪辑元件拖至场景中

步骤 9：在时间轴第 20 帧的位置上按 F6 键，插入第 2 个关键帧。

步骤 10：在第 2 关键帧的位置上，将影片剪辑元件移动到场景的上方。

步骤 11：在第 1 关键帧上设置补间动画。

步骤 12：测试影片，将会看到一个小瓢虫从下向上爬行。

步骤 13：执行【文件】|【导出】|【导出影片】命令，为要导出的.swf 文件命名，单击【保存】按钮，打开导出对话框，进行设置，单击【确定】按钮。

任务 8　旋转的齿轮

【任务描述】

本次任务通过制作两个不同尺寸的齿轮元件，使大家进一步了解影片剪辑元件的制作方法及在动画设计中的应用。

【任务设计】

（1）创建“影片剪辑”元件。

（2）利用变形工具、矩形工具绘制图形，绘制两个不同齿数的齿轮。

（3）在场景中设置两个齿轮的补间动画。

【实施方案】

绘制一个大齿轮。

步骤 1：新建文档，执行【插入】|【新建】命令，在对话框中选择【影片剪辑】。

步骤 2：在影片剪辑编辑窗口单击工具箱中的矩形工具，关闭边线，绘制一个矩形，并在属性面板中设置矩形的尺寸，宽为 10，高为 150，位置是 X 为 0，Y 为 0，如图 1-3-44 所示。

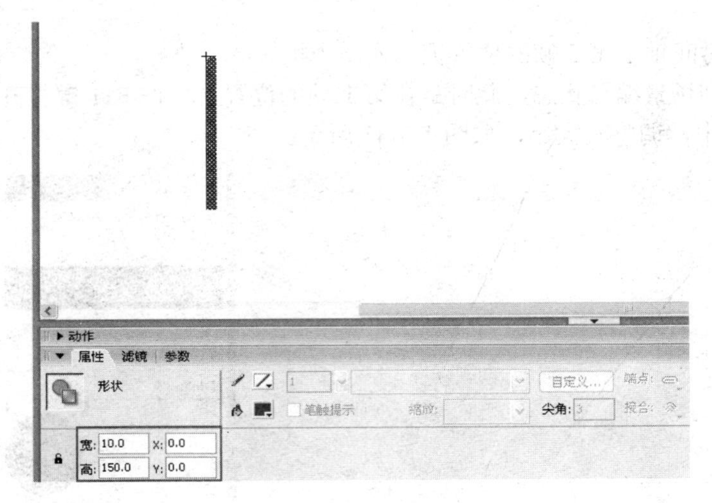

图 1-3-44　绘制矩形

步骤 3：选中矩形，在窗口菜单中选择【变形】，调出变形控制面板，在该面板中设置：变换->旋转(18)，然后单击面板右下角的【复制并执行变换】，如图 1-3-45 所示。

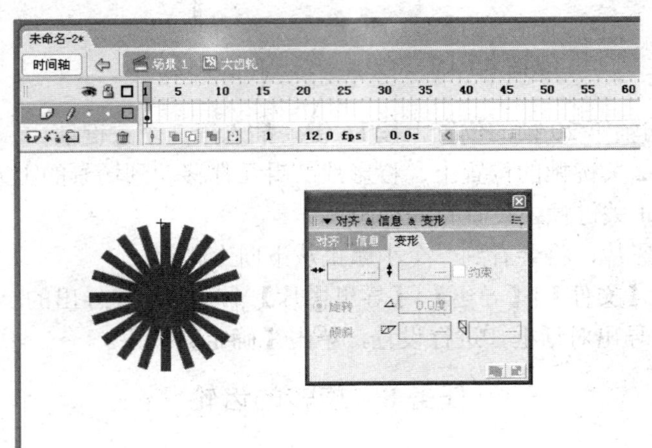

图 1-3-45　绘制锯齿

步骤 4：单击工具箱中的圆形工具，绘制一个灰色的圆形，并在属性面板中设置参数，宽为 120，高为 120，X 为–60，Y 为 15，如图 1-3-46 所示。

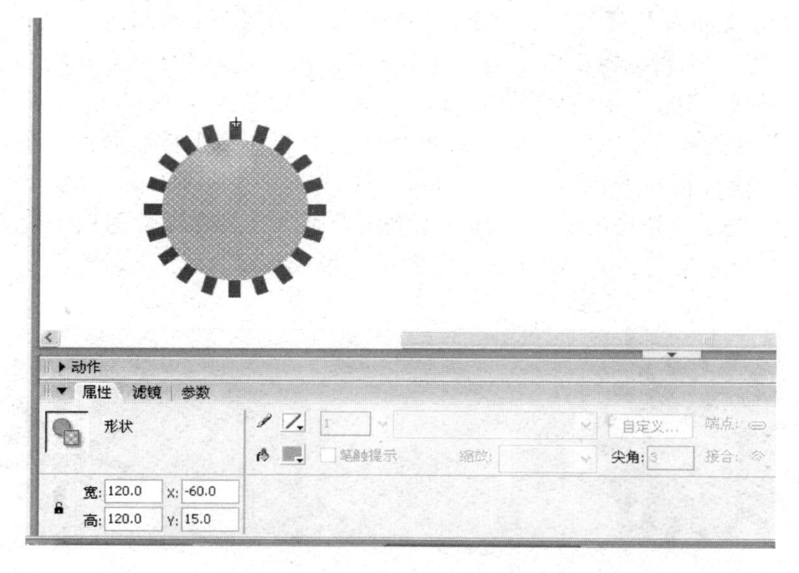

图 1-3-46　绘制齿轮外圆

步骤 5：再绘制一个黄色的小圆，属性面板中设置各个参数，宽为 50，高为 120，X 为–25，Y 为 50，如图 1-3-47 所示。

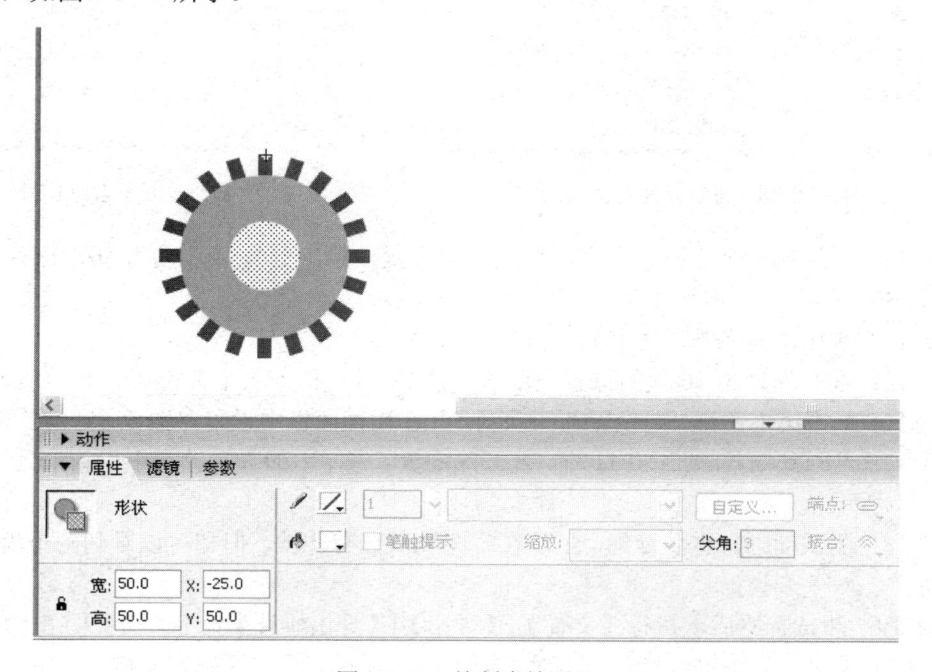

图 1-3-47　绘制齿轮圆心

步骤 6：选中所有图形，将其转换成图形元件。

步骤 7：在时间轴第 10 帧的位置上单击，按 F6 键，插入一个关键帧。

步骤 8：单击第 1 关键帧，设置补间动画，并在属性面板中设置如下参数，旋转：顺时针 1 次，如图 1-3-48 所示。

绘制一个小齿轮。

步骤 9：执行【插入】|【新建】命令，在对话框中选择影片剪辑。

步骤 10：在影片剪辑编辑窗口单击工具箱中的矩形工具，关闭边线，绘制一个矩形，并在属性面板中设置矩形的尺寸，宽为 10，高为 100，位置是 X 为 0，Y 为 0。

步骤 11：选中矩形，在窗口菜单中选择“变形”，调出变形控制面板，在面板中设置变换->旋转(**36**)，单击面板右下角的“复制并执行变换”。

步骤 12：单击工具箱中的圆形工具，绘制一个圆形，并在属性面板中设置参数，宽为 60，高为 60，位置是 X 为–30，Y 为 20，如图 1-3-49 所示。

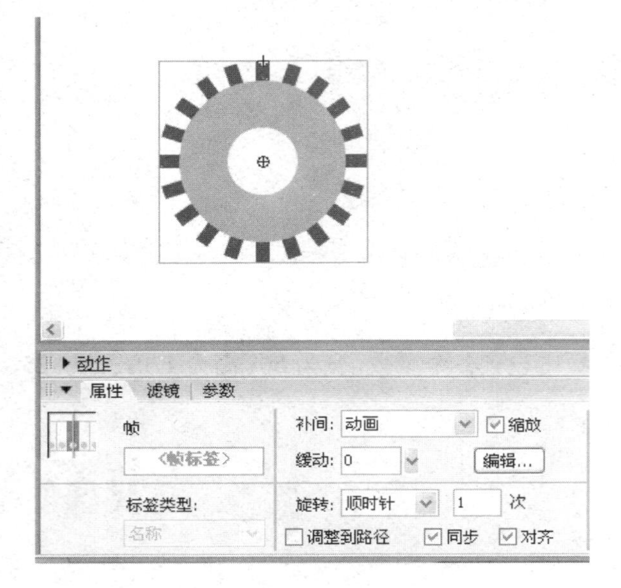

图 1-3-48　设置元件属性

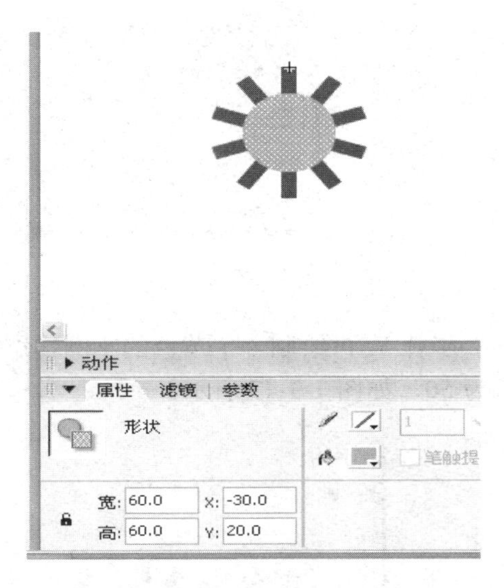

图 1-3-49　绘制小齿轮外圆

步骤 13：再绘制一个小圆，并在属性面板中设置参数，宽为 40，高为 40，位置是 X 为–20，Y 为 30，如图 1-3-50 所示。

步骤 14：选中所有图形，将其转换成图形元件。

步骤 15：在时间轴第 10 帧的位置上单击，按 F6 键，插入一个关键帧。

步骤 16：单击第 1 关键帧，设置补间动画，并在属性面板中设置参数，逆时针旋转两次。

步骤 17：返回到场景中，按 F11 键，打开库面板，将库中的大齿轮和小齿轮拖到场景中，如图 1-3-51 所示。

步骤 18：测试动画，将会看到，虽然在时间轴上只有一帧，但却可以看到两个齿轮在不停地转动。

步骤 19：测试合格后，执行【文件】|【导出】|【导出影片】命令，为要导出的.swf 文件命名，单击【保存】按钮，打开导出对话框，进行设置，单击【确定】按钮。

任务 9　开裂的鸡蛋

【任务描述】

在大部分图像处理软件中，都引入了图层（Layer）的概念，灵活地掌握与使用图层，无论是 Flash，还是其他图形处理软件，都是新手进阶的必经之路。

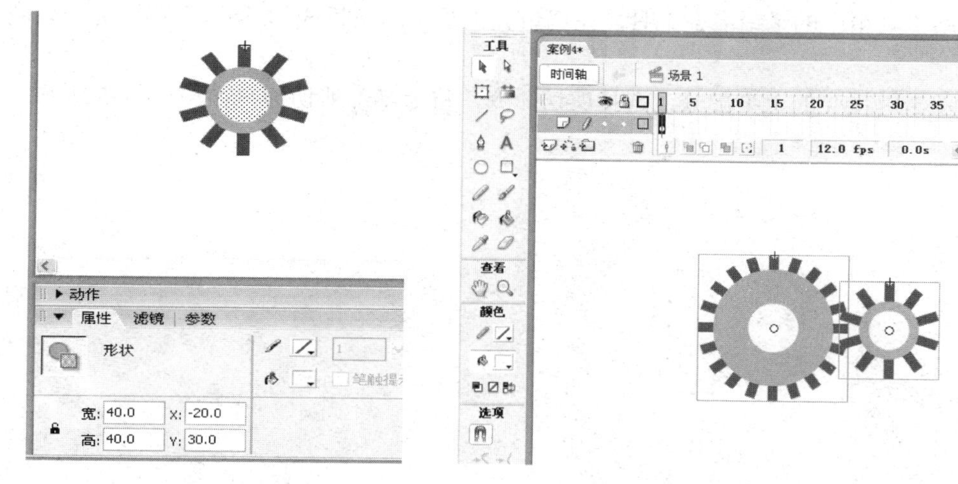

图 1-3-50　绘制小齿轮圆心　　图 1-3-51　将元件移至场景中

什么是图层呢？一个图层，犹如一张透明的纸，在上面可以绘制任何事物或书写任何文字，所有的图层叠合在一起，就组成了一幅完整的画。

本次任务通过制作一个开裂鸡蛋的动画，使读者了解图层的操作方法。

【任务设计】

（1）设置图层的属性，如命名、锁定、隐藏图层内容等。

（2）在图层 1 上绘制一个鸡蛋图形，并将其分割为两部分。

（3）创建新图层，将鸡蛋图形的上部分移到该图层。

（4）在新图层设置元件的补间动画。

【实施方案】

步骤 1：新建文件，并命名图层 1 为“蛋壳”。

步骤 2：单击工具的【画圆】工具，选择颜色为橘黄、放射，边线为略深，画出一个椭圆，如图 1-3-52 所示。

图 1-3-52　绘制鸡蛋图形

步骤 3：单击工具箱中的【油漆桶】工具，改变鸡蛋壳的填充色，如图 1-3-53 所示。

步骤 4：用工具箱中的【铅笔】工具，在鸡蛋壳上画出一条折线，“切割”鸡蛋壳，如图 1-3-54 所示。

步骤 5：双击鸡蛋壳的上半部分，选择剪切命令，将上半部剪切掉，如图 1-3-55 所示。

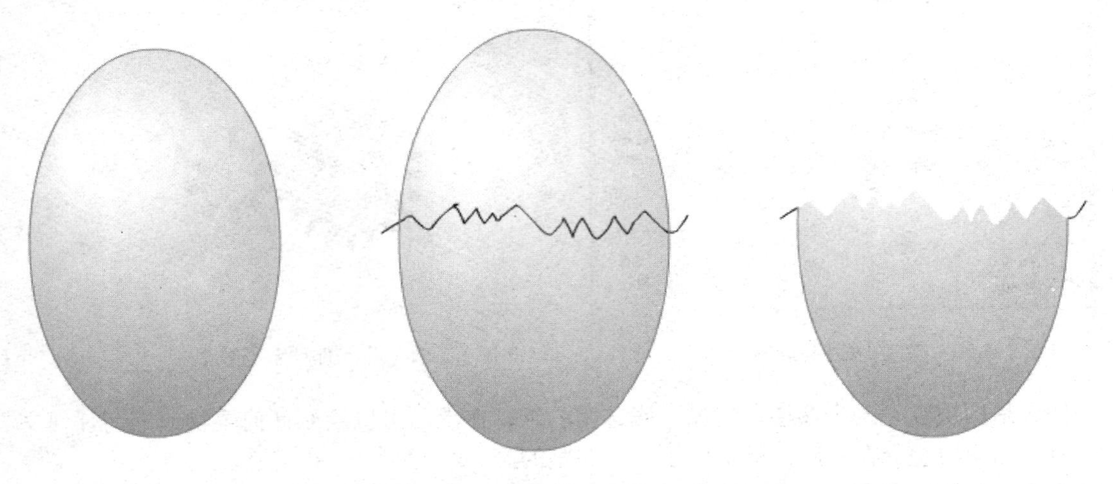

图 1-3-53　改变鸡蛋的填充色　　图 1-3-54　绘制蛋壳裂开线　　图 1-3-55　剪切掉蛋壳的上半部分

步骤 6：插入一个新层，命名为“上”，选择第 1 帧，在编辑菜单中选择“粘贴到当前位置”，如图 1-3-56 所示，将鸡蛋壳的上半部分粘贴到该层中。

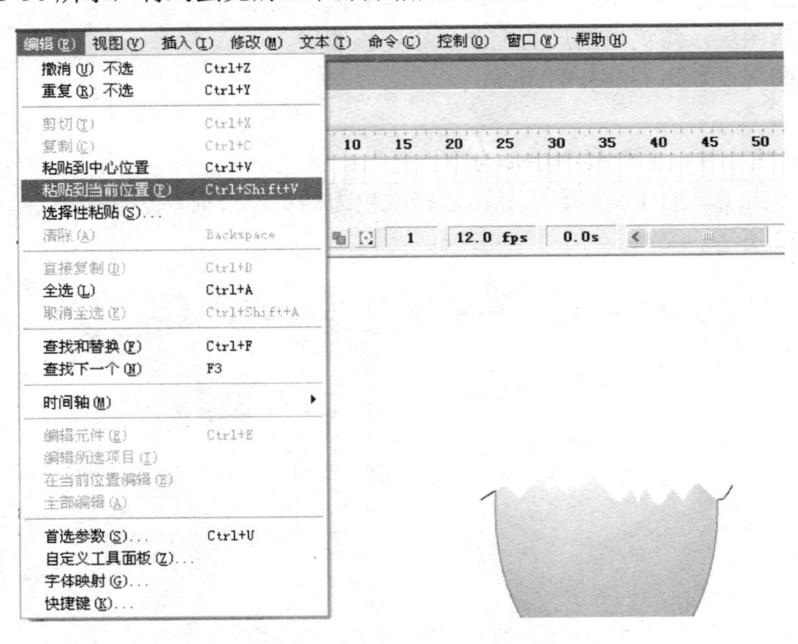

图 1-3-56　插入新层粘贴鸡蛋上半部分

步骤 7：将用于“切割”鸡蛋壳的线删除，并将“蛋壳”层锁住。

步骤 8：选中鸡蛋壳的上半部分，按 F8 键将其转换为图形元件，用任意变形工具移动变换点到左下方，如图 1-3-57 所示。

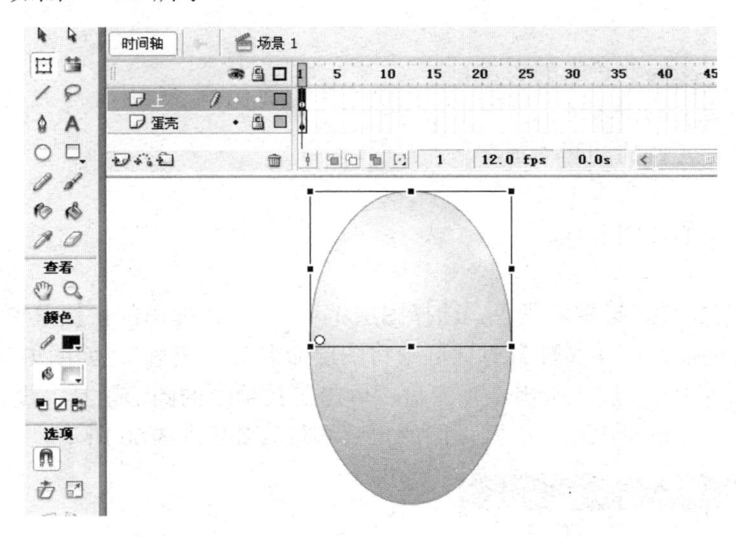

图 1-3-57　移动上半部分蛋壳的中心点

步骤 9：在图层“上”的时间轴第 15 帧的位置上按 F6 键，插入第 2 个关键帧。

步骤 10：选择第 2 关键帧，将上半部分旋转接近 90 度的位置，如图 1-3-58 所示。

图 1-3-58　旋转蛋壳上半部分

步骤 11：对“上”图层的元件建立动作补间动画。

步骤 12：测试动画，将会看到一个鸡蛋从中间裂开的动画。

步骤 13：测试合格后，执行【文件】|【导出】|【导出影片】命令，为要导出的.swf 文件命名，单击【保存】按钮，打开导出对话框，进行设置，单击【确定】按钮。

任务 10　珍惜时间

【任务描述】

本任务制作一个转动的钟表，并从表盘中飞出“珍惜时间”四个字，通过本任务的实施，使读者进一步掌握制作多图层动画的制作技巧。

【任务设计】

（1）在图层 1 上绘制钟表的表盘。

（2）在图层 2 上制作表针元件。

（3）创建表针元件的补间动画。

（4）在图层 3 上用文本工具输入文字。

（5）创建文字的补间动画。

【实施方案】

步骤 1：新建文件，设置背景色，选择图层 1，右击，在弹出的快捷菜单中选择【属性】，打开【属性】对话框，在【属性】对话框中将图层命名为“表盘”，如图 1-3-59 所示。

步骤 2：在“表盘”层上画出一个表盘，单击工具箱中的圆形工具，设置填充色“无”，边线为黑色实线，在场景中画一个圆，圆的尺寸和位置如图 1-3-60 所示。

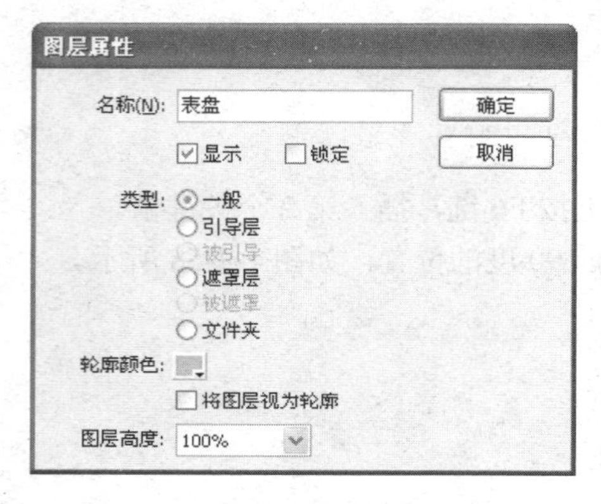

图 1-3-59 【图层属性】对话框

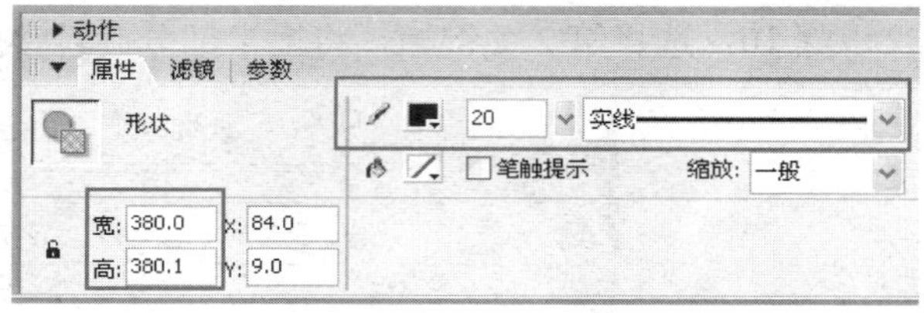

图 1-3-60 设置圆形工具属性

步骤 3：用工具箱中的铅笔工具在表盘中画出各个时间点，如图 1-3-61 所示。

步骤 4：为了防止操作失误，将刚刚画好的表盘层锁住。

步骤 5：插入一个新层，并命名为“表针”。

步骤 6：在表针层画一个简易的表针，如图 1-3-62 所示。

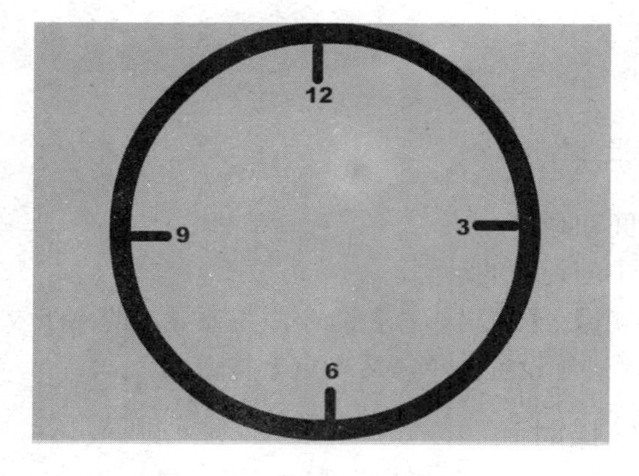

图 1-3-61 在表盘上绘制时间点

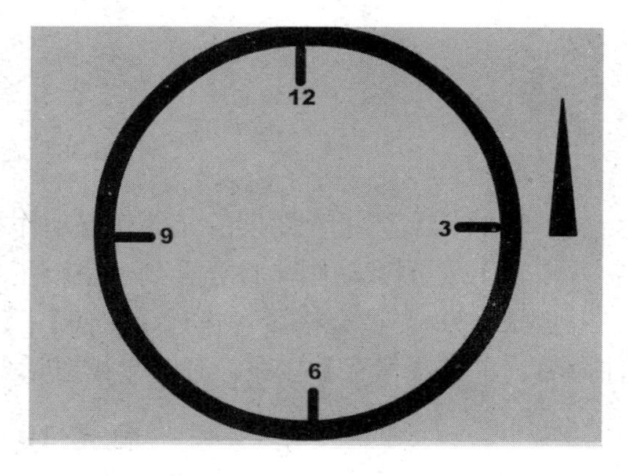

图 1-3-62 绘制表针

步骤 7：将表针转化成图形元件。

步骤 8：选中表针，单击工具箱中的任意变形工具，将中心点移动到下方，如图 1-3-63 所示。

步骤 9：将表针移到表盘的中间。

步骤 10：在表针层时间轴上第 30 帧的位置上插入关键帧。

步骤 11：单击表针层时间轴第 1 关键帧，设置补间动画，并在属性面板中设置顺时针旋转，如图 1-3-64 所示。

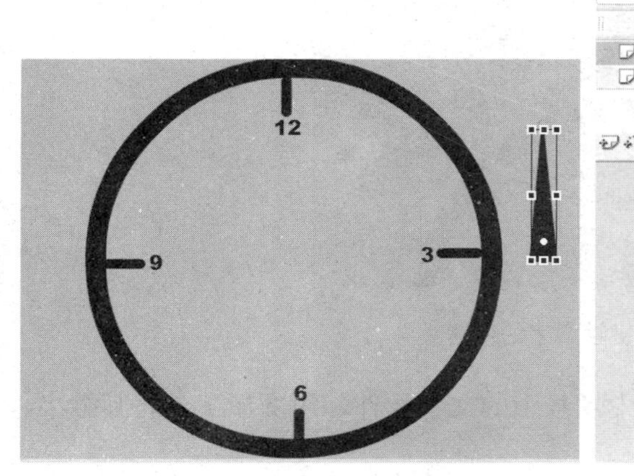

图 1-3-63　移动表针中心点

图 1-3-64　设置补间动画

步骤 12：新建图层，命名为“文字”，用【文字】工具，在属性面板中设置如图 1-3-65 所示，在场景中输入“珍惜时间”4 个字。

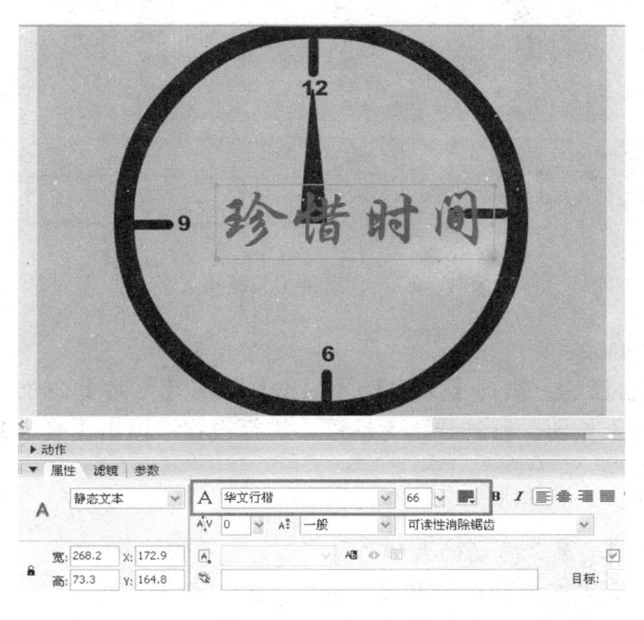

图 1-3-65　输入文字

步骤 13：将刚刚输入的文字转换成图形元件。

步骤 14：将文字元件移动到场景的表心位置。

步骤 15：在文字层时间轴上第 20 帧的位置上插入关键帧，并移动文字元件到场景的上方，如图 1-3-66 所示。

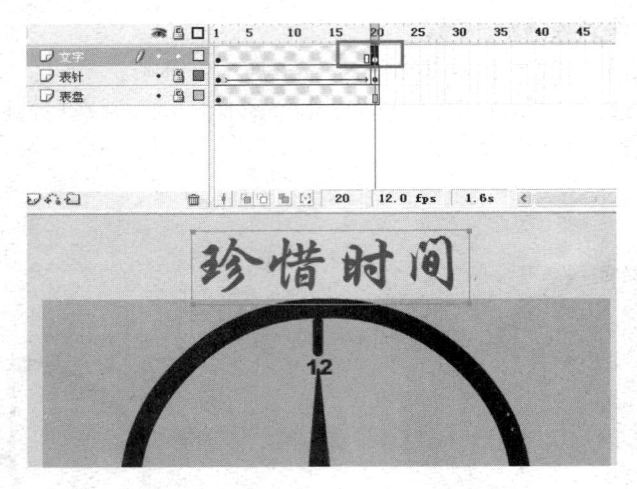

图 1-3-66　第 2 关键帧文字的位置

步骤 16：单击文字图层的第 1 关键帧，选中场景中的文字元件，用变形工具将其缩小，并设置 Alpha 值为 16%，如图 1-3-67 所示。

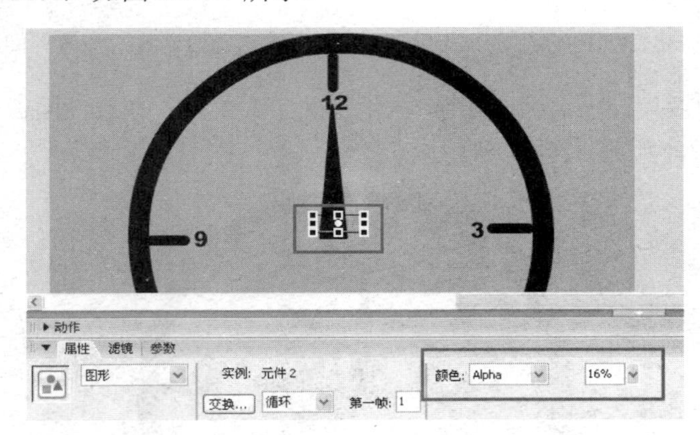

图 1-3-67　调整第 1 关键帧文字

步骤 17：测试动画。

步骤 18：测试合格后，执行【文件】|【导出】|【导出影片】命令，为要导出的.swf 文件命名，单击【保存】按钮，打开导出对话框，进行设置，单击【确定】按钮。

拓展与提高

任务 1　制作补间动画“转动的太阳”。

（1）制作太阳的光芒不断转动的效果，如图 1-3-68 所示。

（2）动画尺寸宽 400 像素、高 400 像素，背景颜色蓝色。

（3）太阳的光芒有 12 个。

任务 2　制作“转动的时钟”。

（1）制作一个带有时针和分针分别转动的时钟，效果如图 1-3-69 所示。
（2）时钟圆盘采用渐变色。
（3）时针转 1 圈的同时分针转 12 圈。

图 1-3-68　转动的太阳

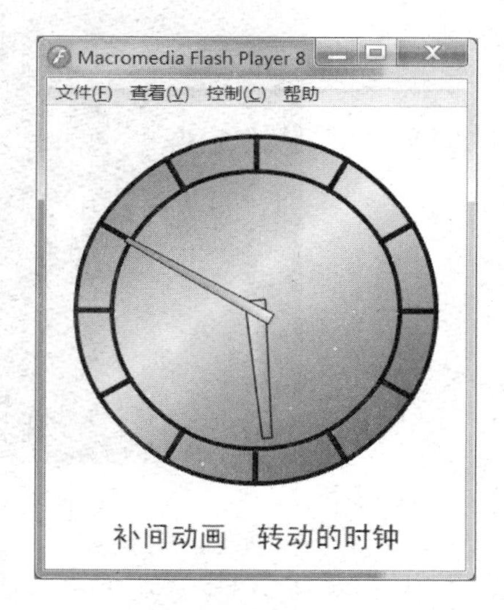

图 1-3-69　带有时针分针的时钟图

任务 3　制作补间动画“分开的正方形”，效果如图 1-3-70 所示。
（1）制作一个正方形从对角线分开的动画。
（2）动画尺寸宽 600 像素、高 300 像素，背景颜色绿色。
（3）正方形由左上到右下红黄色线性渐变，正方形要从对角线分开。

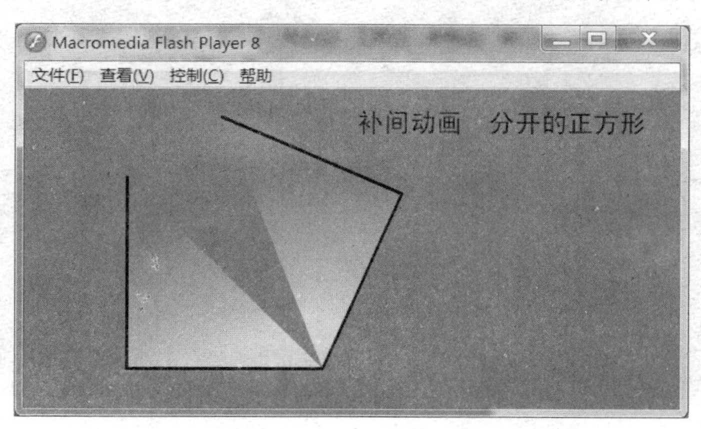

图 1-3-70　分开的正方形图

任务 4　制作形状补间动画“祝你生日快乐”，效果如图 1-3-71 所示。
（1）用刷子工具绘制蜡烛、火焰。
（2）用选择工具改变火焰的形状。
（3）设置火焰的形状补间动画。
（4）在火焰中出现文字“祝你生日快乐”。
任务 5　制作动画——旋转的太极图，效果如图 1-3-72 所示。

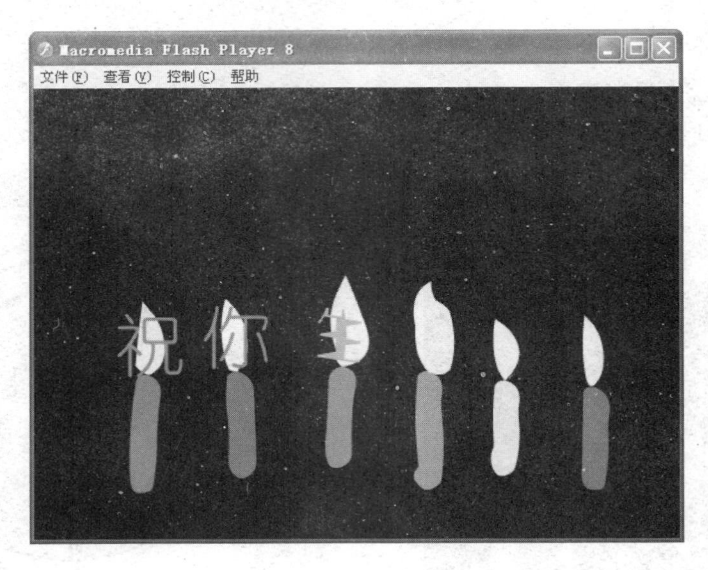

图 1-3-71　祝你生日快乐

（1）制作“影片剪辑”元件，旋转的太极图。
（2）在场景中改变“影片剪辑”元件的形状，看起来像在地上旋转一样。
（3）插入新图层，分别输入“仁义礼智信”，使它们分散到不同的图层。
（4）创建文字的补间动画，使五个字分别从太极图中飞出。

图 1-3-72　旋转的太极图

任务 6　制作动画——遵守交通规则，效果如图 1-3-73 所示。
（1）在图层 1 中制作马路背景图。
（2）制作图形元件“小汽车”和“卡车”。
（3）制作“影片剪辑”元件，一个走动的小人。
（4）在图层 2 上绘制信号灯
（5）在图层 3 上设置小汽车的移动动画
（6）在图层 4 上设置卡车的移动动画

（7）在图层 5 上设置人的移动动画，分成三段，1）走到斑马线后停止，2）走过斑马线，3）在马路对面横向走动。

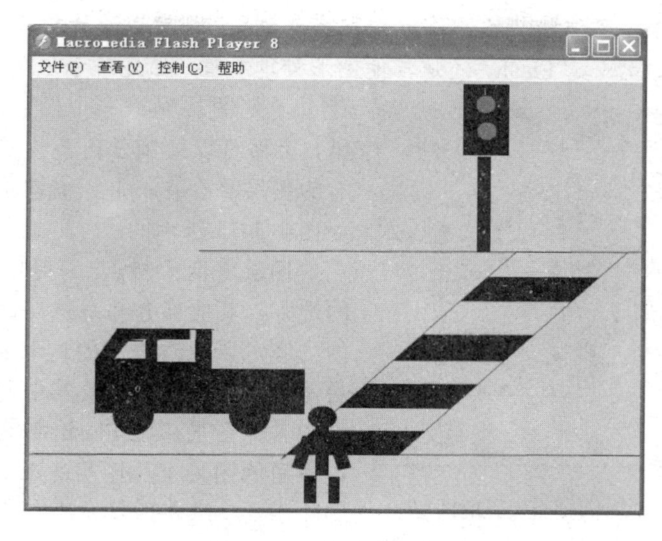

图 1-3-73　遵守交通规则

知识链接

1）基本概念

（1）场景

场景可以看作是 Flash 动画的舞台，是制作 Flash 动画的主要工作区。单击场景上任意一个空白位置，可以在属性面板上修改场景的大小和背景颜色。一个 Flash 动画中可以包括多个场景，对场景的管理可以通过场景面板。执行【窗口】|【其他面板】|【场景】命令，可以打开场景面板。场景按照在场景面板中排列的顺序依次播放。通过场景面板，可以增加场景、复制场景、删除场景、更改场景的名称、更改场景的顺序和进行场景转换等。动画中的所有情节都必须在场景中显示，没有在场景中创建实例的元件将不能显示。

（2）时间轴

时间轴可以看作是 Flash 动画导演手中的控制表，其主要功能是用来组织和控制影片内容在一定时间内如何播放。时间轴面板如图 1-3-74 所示，它是一个二维坐标，横坐标是帧，纵坐标是图层，红色的播放头在横坐标上运动，其所在的位置就是动画当前播放的位置。时间轴面板是制作动画时最重要的面板。

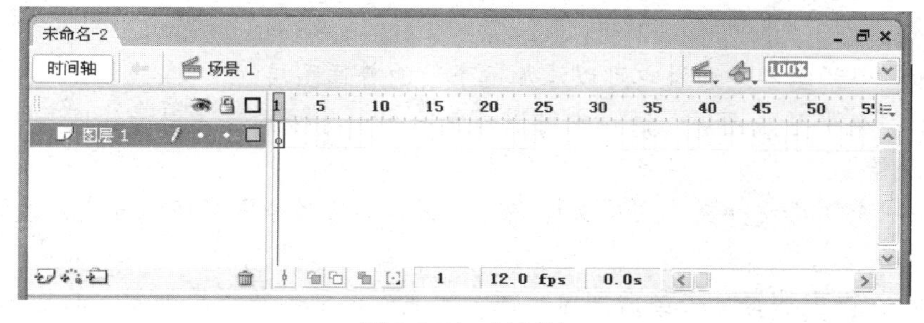

图 1-3-74　时间轴

（3）图层

在大部分图像处理软件中，都引入了图层（Layer）的概念，其功能的强大可见一斑。灵活地掌握与使用图层，不但能轻松制作出种种特殊效果，还可以大大提高工作效率。可以说，对图层技术的掌握，无论是 Flash，还是其他图形处理软件，都是新手进阶的必经之路。那么，什么才是图层呢？一个图层，犹如一张透明的纸，上面可以绘制任何事物或书写任何文字，所有的图层叠合在一起，就组成了一幅完整的画，如图 1-3-75 所示。

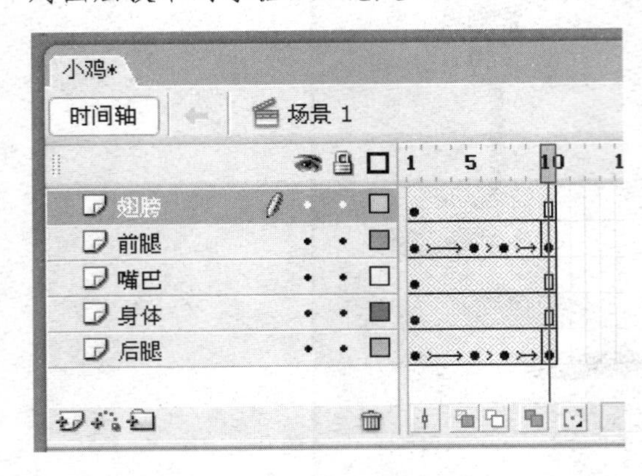

图 1-3-75　Flash 中的时间轴面板上的图层

图层有两大特点：一是除了画有图形或文字的地方，其他部分都是透明的，也就是说，下层的内容可以通过透明的这部分显示出来；二是图层是相对独立的，修改其中的一个图层，不会影响到其他图层。在 Flash 中不同的动作应该放置在不同的图层上。图层的基本操作有新建图层、删除图层、隐藏图层、锁定图层和插入图层文件夹等。在制作动画的过程中要注意图层的顺序，上面的图层会盖住下面的图层。

（4）Flash 图层的分类

Flash 图层分为 3 种类型：普通层，引导层，遮罩层。

普通层用于放置基本的动画制作元素，如矢量图形、位图、元件、实例等。制作动画的元素可分为静态元素和动态元素两种类型，静态元素是指矢量图形、位图等一系列本身不会产生动画的对象，动态元素是指一些本身可以产生动画的对象。

引导层用于辅助图形的绘制和为对象的运动设置路径以起到导向作用。引导层在舞台中可以显示，但在输出动画时则不会显示。

遮罩层可使用户透过该层中对象的形状看到与其链接的层中的内容，而遮罩层中对象以外的区域被遮盖起来，不能被显示，其效果好似在链接图层中创建一个遮罩层中对象形状的区域。

（5）图层控制按钮的作用

显示隐藏图层：通过它可以将所有图层都隐藏或显示出来，每个图层对应于该按钮都有一个相应的按钮，通过这个相应按钮也可以分别显示或隐藏各个图层。

锁定图层：通过它可以将所有图层都锁定，相应的每个图层也有相同的按钮在相同位置上锁定单个层。

轮廓显示图层内容：通过它可以将图层里的内容用轮廓的方式显示出来，每个图层也有相应的按钮。

添加一个新图层：通过它可以添加一个新的普通图层。

添加一个引导线图层：通过它可以添加一个引导线图层（引导线图层也可以通过其他图层转换获得）。

添加一个图层文件夹：图层文件夹可以帮我们把多个图层组织起来方便管理。

（6）帧

在 Flash 动画中的每一个画面称为一帧。事实上，动画并不是画面上的物体的运动，而是由一副副静止的画面按照一定的顺序依次播放出来的。时间轴上的每一个小格就对应着一帧，每 5 帧为一组。

关键帧：关键帧是帧中最重要的概念，只有在关键帧上舞台上演员的信息才能被记录下来，也只有在关键帧上才能修改演员的基本信息，如大小、颜色、形状等，因此，制作动画就是制作关键帧上的内容。关键帧中又包括“空白关键帧”，在时间轴上以带圆点的小格表示，黑色的实心圆点表示有内容的关键帧，白色的空心圆点表示无内容的空白关键帧。插入关键帧的快捷键是 F6，插入空白关键帧的快捷键是 F7。

普通帧：普通帧只是对关键帧时间上的延续，在补间动画中，普通帧上自动生成关键帧之间的变化过程，普通帧上的内容不需要进行制作。插入普通帧的快捷键是 F5。

帧频：帧频表示动画播放的速度，单位为帧/s。Flash 的默认帧频为 12 帧/s，帧频可以在属性面板上修改。帧频太慢会使动画看起来不连续，太快又会使动画的细节变得模糊，一般帧频为 8 ~ 14 帧/s 即可。

2）元件、实例和库

（1）元件

元件是在 Flash 中可以重复使用的对象。元件创建后，可以在元件库中修改元件。执行【插入】|【新建元件】命令，或按 Ctrl+F8 组合键，打开“创建新元件”对话框，如图 1-3-76 所示，可以看到，在 Flash 中的元件分为三类：图形、影片剪辑和按钮。除了创建新元件之外，也可以选择舞台上的对象后，选择“修改一转换为元件”或按 F8 键将对象转换为元件，还可以复制其他 Flash 文件库中的元件来共享。

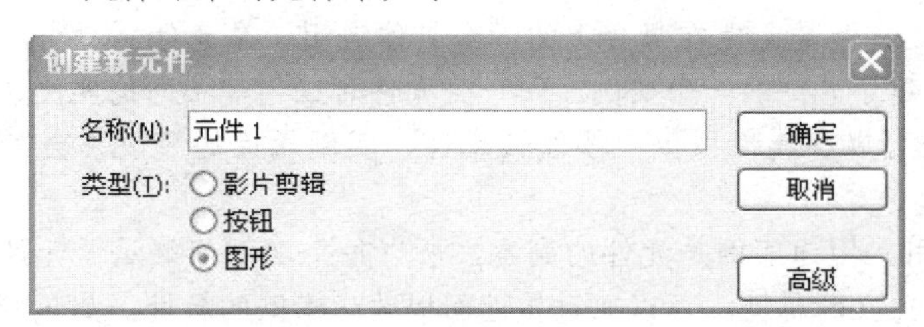

图 1-3-76　创建元件对话框

（2）图形元件

在 Flash 中，图形元件适用于静态图像的重复使用，或者创建与主时间轴相关联的动画。它不能提供实例名称，也不能在动作脚本中被引用。图形元件可用于静态图像，并可用来创建连接到主时间轴的可重用动画片段。图形元件与主时间轴同步运行。交互式控件和声音在图形元件的动画序列中不起作用。由于没有时间轴，图形元件在.fla 文件中的尺寸小于按钮或影片剪辑。

（3）影片剪辑元件

影片剪辑是包含在 Flash 影片中的影片片段，有自己的时间轴和属性，具有交互性，是用途最广、功能最多的部分。可以包含交互控制、声音以及其他影片剪辑的实例，也可以将其放置在按钮元件的时间轴中制件动画按钮。

（4）按钮元件

在 Flash 的元件中有按钮元件，图形元件和影片剪辑元件，这些根据不同用途都是在动画制作中经常使用到的元件，按钮元件是网页和动画中经常使用的基本元素。对动画的交互式控制，都是通过各种形式的按钮元件来实现的。

“按钮元件”顾名思义就是可以用鼠标来控制的，可以制作交互式按钮。按钮有 4 种状态，分别是弹起，指针经过，按下和单击，其中前三项是按钮在不同情况下的显示状态，最后一项“单击”则为“按钮”的单击范围，单击区域，这里绘制的图形是透明的，在制作透明按钮时可以考虑使用。

（5）如何制作按钮元件

第一种方法通过在舞台中现有的图形或者“影片剪辑”，“图形元件”，使用“选择工具”选择他们，并且按 F8 键转换为“按钮元件”。

第二种方法是通过 Flash 软件的菜单，执行【插入】|【新建元件】命令，选择“按钮元件”并按下确定按钮，进入“按钮元件”的编辑界面就可以制作按钮了。

第三种方法是通过 Flash 提供的按钮库进行按钮的快速设计。

（6）元件的管理

在 Flash 中元件的管理主要是通过库面板来实现的，可以通过执行【窗口】|【库】命令，或按 F11 键来打开库面板。简单地说，库面板是存储、预览和组织各种对象的地方，这些对象既包含各种元件也包含位图、图形、声音文件和视频文件等。可以通过库面板创建、修改和删除各种对象，也可以通过创建文件夹来分类管理繁多的对象，还可以通过库面板把动画中未用的项目全部选中，然后删除，确保不会因为将动画中使用的对象删除，而影响动画的效果。

（7）实例

① 创建实例。实例是元件在舞台上的一个具体应用，是元件的一个副本。从库中将元件拖到舞台，就创建了元件的一个实例。同一个元件可以创建不同的实例。实例继承了元件的属性的同时，还可以在属性面板中修改其属性，实例属性的修改不会影响库中的元件的属性。

② 实例的使用。因为实例是元件的副本，所以每个实例都继承了元件的属性，同时每个实例都拥有自己独立的属性。可以通过属性面板改变实例的属性，如色彩、亮度和透明度等。还可以通过任意变形工具调整实例的大小，改变实例的形状。实例属性的修改不会影响其来源的元件。

（8）Flash 的公用库

公用库里面的公用元件是可以随便调用的，当需要时我们可以直接从公用库里调取，省去了制作的时间，如按钮，当你需要时，直接在那里选一个你满意的拉到场景就能使用，当然我们也可以对公用库里的按钮进行个性化修改。

3）Flash 补间动画

（1）形状补间动画

做 Flash 动画时，在两个关键帧中间需要做“补间动画”，才能实现图画的运动；插入补间动画后两个关键帧之间的插补帧是由计算机自动运算而得到的。形状补间动画是在 Flash 的时间帧面板上，在一个关键帧上绘制一个形状，然后在另一个关键帧上更改该形状或绘制另一个形状等，Flash 将自动根据二者之间的帧的值或形状来创建的动画，它可以实现两个图形之间颜色、形状、大小、位置的相互变化。形状补间动画建立后，时间帧面板的背景色变为淡绿色，在起始帧和结束帧之间也有一个长长的箭头；构成形状补间动画的元素多为用鼠标或压感笔绘制出的矢量图形，而不能是图形元件、按钮、文字等位图，如果要使用图形元件、按钮、文字等位图，则必须先打散（Ctrl+B 键）转换成矢量图后才可以做形状补间动画。

① 形状补间动画的制作。在起始帧上设置要开始变形的形状，在终止帧上设置为要变成的形状，用左键选择两帧之间任意一帧后，在属性面板上“补间”列表中选择“形状”。此时时间轴的背景色变为淡绿色，在起始帧和结束帧之间有一个长长的箭头。

② 形状补间动画的属性。创建了一个形状补间动画后，单击时间轴上任意一帧，属性面板如图 1-3-77 所示。

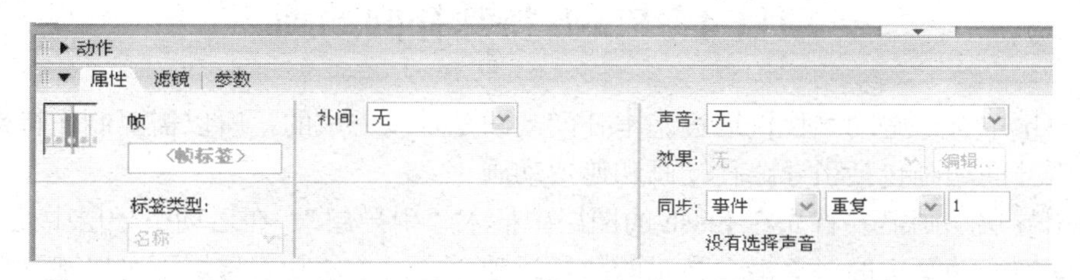

图 1-3-77　形状补间动画属性面板

除“混合”选项外，其他属性与动作补间动画属性面板一致。“混合”选项中有以下两项供选择。

a. 分布式：创建的动画中间形状比较平滑和不规则。

b. 角形：创建的动画中间形状会保留有明显的角和直线，适合于具有锐化转角和直线的混合形状。

（2）动作补间动画

动作补间动画的对象必须是同一个元件的实例，一般以图形元件的实例运用居多。

① 动作补间动画的制作。制作动作补间动画时，可以在两个的关键帧上设置实例有不同的大小、位置、颜色、透明度和旋转等属性，然后在时间轴上两个关键帧之间任意一帧上右击，在弹出的快捷菜单中选择“创建运动补间”，或者用左键选择任意一帧后，在属性面板上“补间”，列表中选择“动作”。此时时间轴的背景色变为淡紫色，在起始帧和结束帧之间有一个长长的箭头。

② 动作补间动画的属性。动作补间动画的属性面板如图 1-3-78 所示。

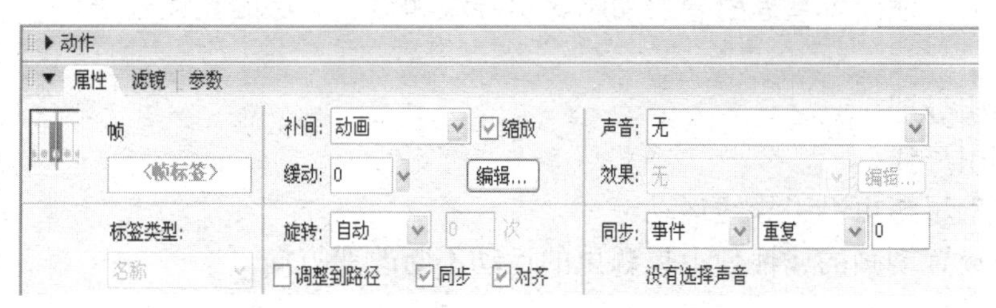

图 1-3-78　动作补间动画属性面板

a.“缓动”表示动画补间的加速度，负值表示动画运动的速度从慢到快，朝运动结束的方向加速补间；正值表示动画运动的速度从快到慢，朝运动结束的方向减慢补间；0 表示匀速补间。

b.“旋转”为“无”（默认设置）禁止实例旋转；选择“自动”可以使实例在需要最小动作的方向上旋转对象一次；选择“顺时针”或“逆时针”，并在后面输入数字，可使实例在运动时顺时针或逆时针旋转相应的圈数。

c.“调整到路径”主要用于引导线运动。

d.“同步”选项使图形元件实例的动画和主时间轴同步。

e.“对齐”选项可以根据其注册点将补间元素附加到运动路径，此项功能主要也用于引导线运动。

项目 4 Flash 特殊补间动画

在 Flash 中有一些动画仅仅通过基本补间动画是难以完成的，所以需要制作特殊的补间动画，特殊补间动画包括引导路径动画和遮罩动画。

运动引导层动画需要首先在 Flash 的图层中插入“引导层”，在运动引导层中绘制路径，可以使运动渐变动画中的对象沿着指定的路径运动。在一个运动引导层下可以建立一个或多个被引导层。

在 Flash 的图层中还有一个遮罩图层，“遮罩图层“主要有 2 种用途，一个作用是用在整个场景或一个特定区域，使场景外的对象或特定区域外的对象不可见，另一个作用是用来遮罩住某一元件的一部分，从而实现一些特殊的效果。创建遮罩动画是 Flash 中的一个很重要的动画制作方法，很多效果丰富的动画都是通过遮罩动画来完成的。

【能力目标】

（1）熟悉引导层的作用

（2）掌握运动引导层动画制作的方法

（3）熟悉遮罩层的作用

（4）掌握利用遮罩层创建动画的方法

任务 1 任意爬行的七星瓢虫

【任务描述】

本次任务通过制作一个任意爬行的七星瓢虫，即按照引导线爬行的七星瓢虫。以实现引导层动画的效果。使读者掌握引导层动画、引导线和被引导层的设计方法。

【任务设计】

（1）插入引导层。

（2）绘制引导线。

（3）设置七星瓢虫沿引导线运动。

（4）通过设置动画的属性使七星瓢虫的运动不断改变方向。

【实施方案】

步骤 1：新建文件，执行【文件】|【导入】|【导入到库】命令，将“爬行的小瓢虫.swf”文件导入到库中，此时库中有了影片剪辑元件。

步骤 2：图层 1 命名为“小虫”，将影片剪辑元件“爬行的小瓢虫”拖入场景中，在时间轴的 35 帧位置上插入关键帧，设置补间动画。

步骤 3：在场景编辑状态，单击【添加运动引导层】按钮，插入引导层，如图 1-4-1 所示。

步骤 4：选中新插入的引导层，单击第 1 帧，用工具箱中的铅笔工具在图层上画出一条平滑曲线。

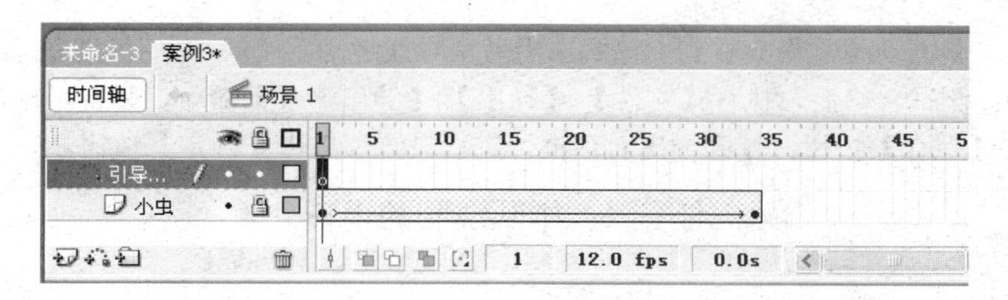

图 1-4-1　添加运动引导层

步骤 5：单击七星瓢虫所在的图层，选择第 1 关键帧，将七星瓢虫移动到引导线的起点，并调整位置如图 1-4-2 所示。

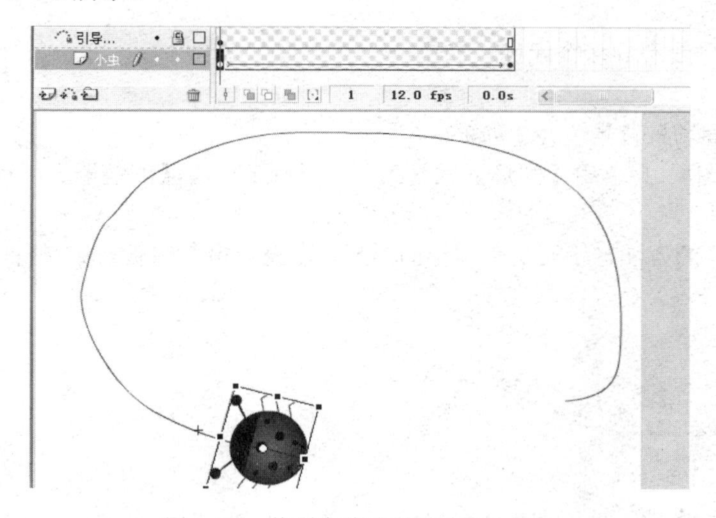

图 1-4-2　将瓢虫移动到引导线的起点

步骤 6：选择第 2 关键帧，将七星瓢虫移动到引导线的终点，调整位置如图 1-4-3 所示。

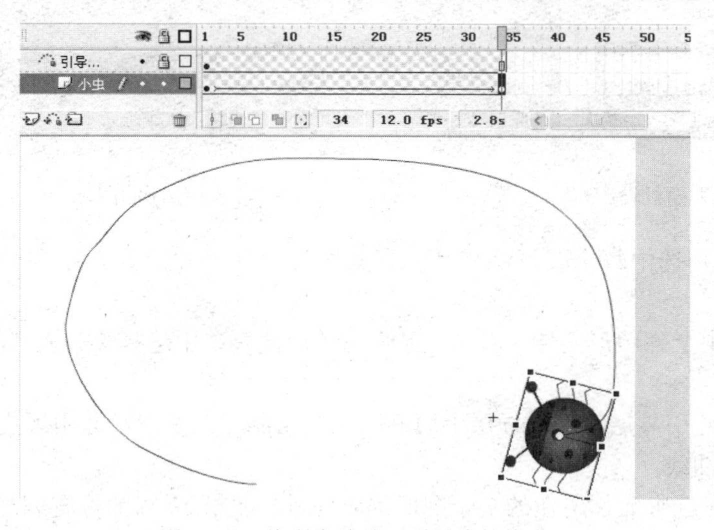

图 1-4-3　将瓢虫移动至引导线的终点

步骤 7：在属性面板中将“调整到路径”项选上。

步骤 8：测试动画，将会看到七星瓢虫沿着引导线运动。

步骤 9：测试合格后，执行【文件】|【导出】|【导出影片】命令，为要导出的.swf 文件命名，单击【保存】按钮，打开导出对话框，进行设置，单击【确定】按钮。

任务 2　排队绕圈的小球

【任务描述】

绘制若干个发光立体球，使其沿引导线依次做环绕运动。

【任务设计】

（1）绘制多个小球，将其分散到多个图层。

（2）绘制引导线。

（3）一条引导线引导多个元件运动。

【实施方案】

步骤 1：设置场景背景色为“#666666”。

步骤 2：在图层 1 上用【圆形】工具绘制一个圆形，在【混色器】面板设置如图 1-4-4 所示。

步骤 3：同样的方法，绘制 7 个同样的图形，填充赤橙黄绿青蓝紫 7 种颜色，如图 1-4-5 所示。

图 1-4-4 【混色器】面板设置

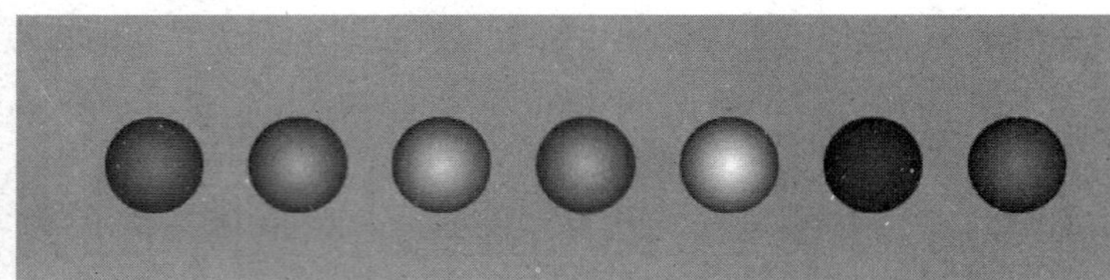

图 1-4-5　绘制的圆球

步骤 4：分别选中每个圆形，将其转换为图形元件，并命名为赤、橙、黄、绿、青、蓝、紫。

步骤 5：选中全部图形元件，右击，在弹出的快捷菜单中选择【分散到图层】，效果如图 1-4-6 所示。

步骤 6：新建引导层，在引导层上用椭圆工具绘制一个圆形，并用橡皮工具擦除一点，使其变为非闭合曲线。

步骤 7：同时选中元件所在的 7 个图层的时间轴，在第 50 帧的位置同时插入关键帧，并设置补间动画，如图 1-4-7 所示。

步骤 8：单击元件的第 1 关键帧，依次将 7 个小球摆放到引导线上，效果如图 1-4-8 所示。

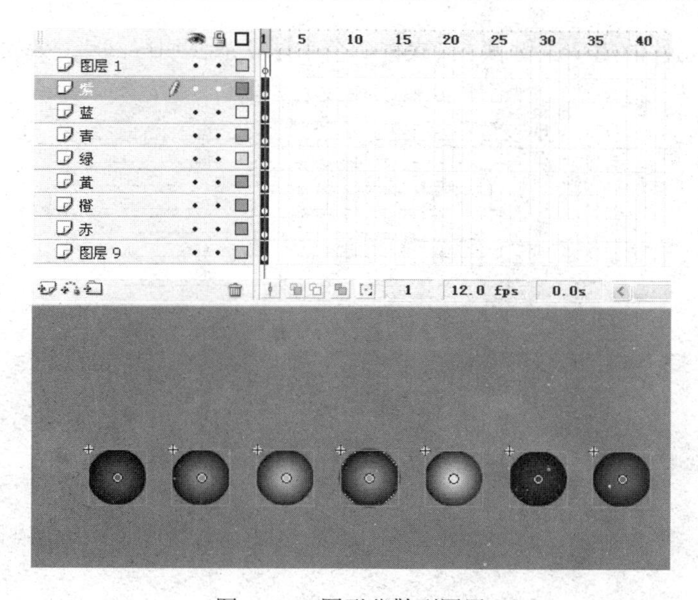

图 1-4-6　图形分散到图层

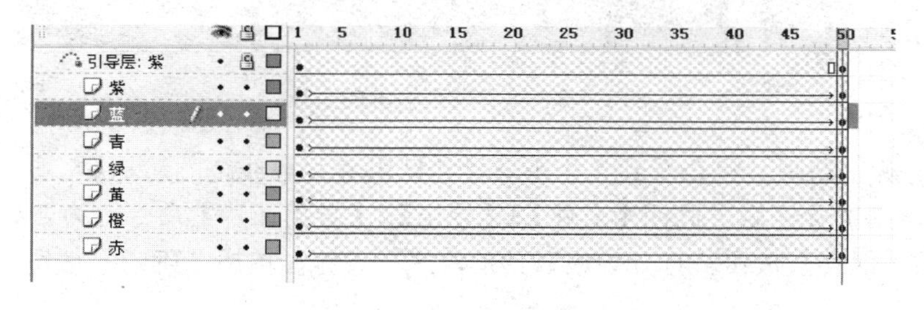

图 1-4-7　7 个图层设置的补间动画

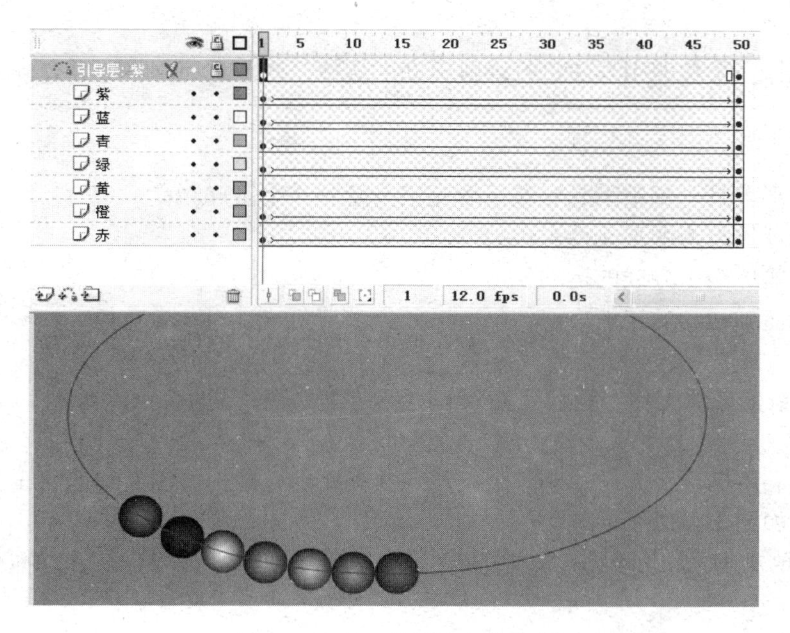

图 1-4-8　第 1 关键帧上的小球

步骤 9：单击元件的第 2 关键帧，依次将 7 个小球摆放到引导线上，效果如图 1-4-9 所示。

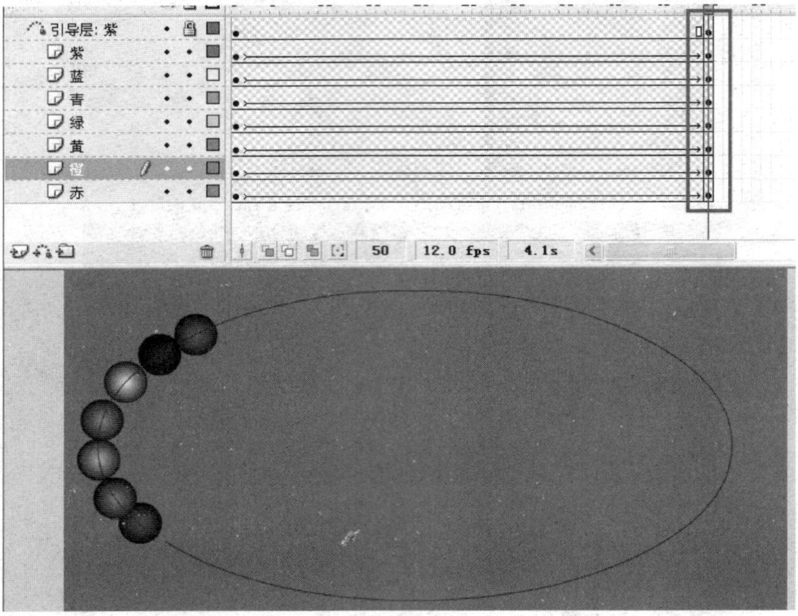

图 1-4-9　第 2 关键帧上的小球

步骤 10：测试动画，将会看到 7 个小球排着队沿着引导线绕圈运动。

步骤 11：测试合格后，执行【文件】|【导出】|【导出影片】命令，为要导出的.swf 文件命名，单击【保存】按钮，打开导出对话框，进行设置，单击【确定】按钮。

任务 3　跳动的篮球

【任务描述】

本任务制作一个按照引导线进行弹跳运动的篮球，篮球跳动时不但具有旋转而且有速度的变化。

【任务设计】

（1）用圆形工具、钢笔工具、颜色填充工具绘制一个篮球。

（2）将篮球转换为图形元件。

（3）设置篮球沿引导线的运动。

（4）设置篮球运动的属性。

【实施方案】

步骤 1：新建篮球元件，执行【插入】|【元件】命令，新建一图形元件，并为其命名为“篮球”。

步骤 2：利用椭圆工具，绘制一个正圆，并利用钢笔工具绘制篮球上的线条，然后为篮球填充颜色，如图 1-4-10 所示。

步骤 3：单击场景，回到场景，将图层 1 重命名为“篮球”，将元件篮球拖至“篮球”图层中。

步骤 4：在篮球层上添加引导层，如图 1-4-11 所示。

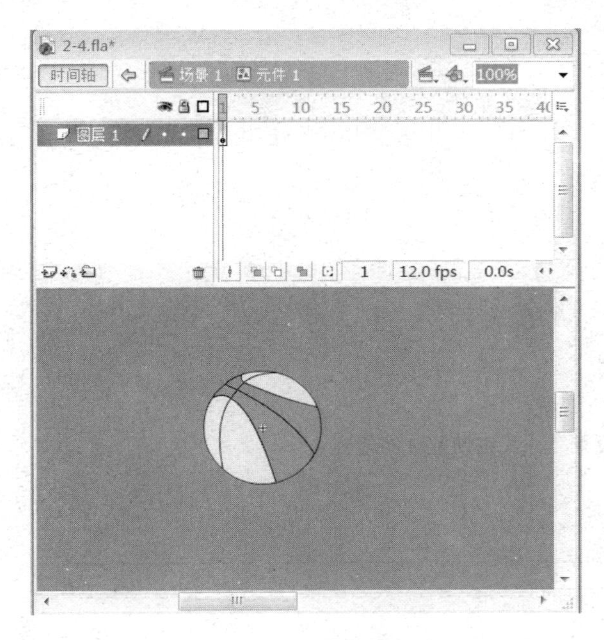

图 1-4-10　绘制篮球元件

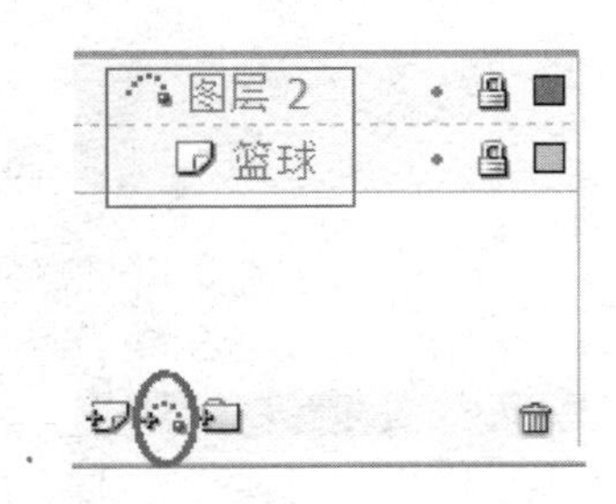

图 1-4-11　添加运动引导层

步骤 5：用铅笔工具或钢笔工具在引导层上绘制如图 1-4-12 所示的引导线。注意引导线要延伸至舞台之外，这样效果会更逼真。

步骤 6：将篮球移至引导线的左边起始位置。

步骤 7：单击“篮球层”时间轴上的第 11 帧，按 F6 键插入关键帧，将篮球移至第一段曲线的顶端，如图 1-4-13 所示。

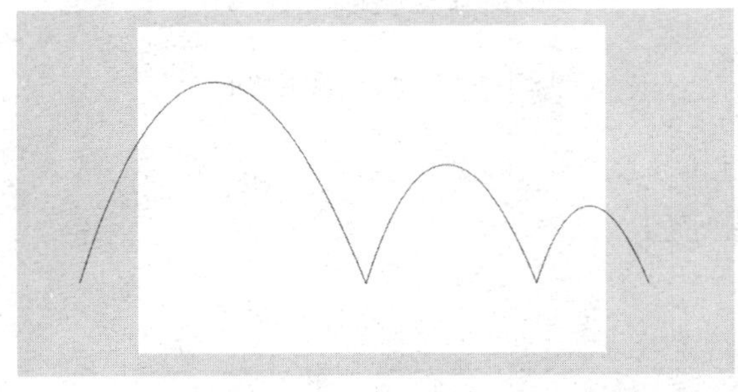

图 1-4-12　绘制引导线

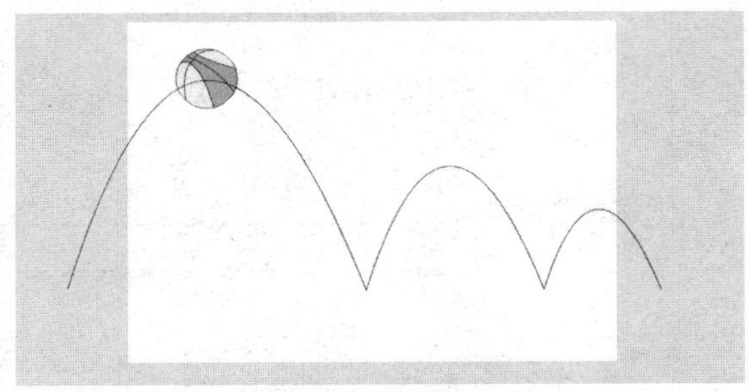

图 1-4-13　设置第 2 关键帧篮球的位置

步骤 8：单击篮球层的第 22 帧，按 F6 键插入关键帧，将篮球移至第一段曲线的低端，如图 1-4-14 所示。

步骤 9：类似的分别在时间轴第 32、42、48、55 帧处插入关键帧，并调整篮球的位置。

步骤 10：在各个关键帧之间创建补间动画，如图 1-4-15 所示。

步骤 11：设置篮球动画的属性。单击属性面板，设置缓动数据，在篮球向上运动时缓动值设置为 40，向下运动时缓动值设置为–40，如图 1-4-16 和图 1-4-17 所示。

步骤 12：添加背景层。在引导层之上插入新图层，命名为背景，设置背景色，输入文字，如图 1-4-18 所示。

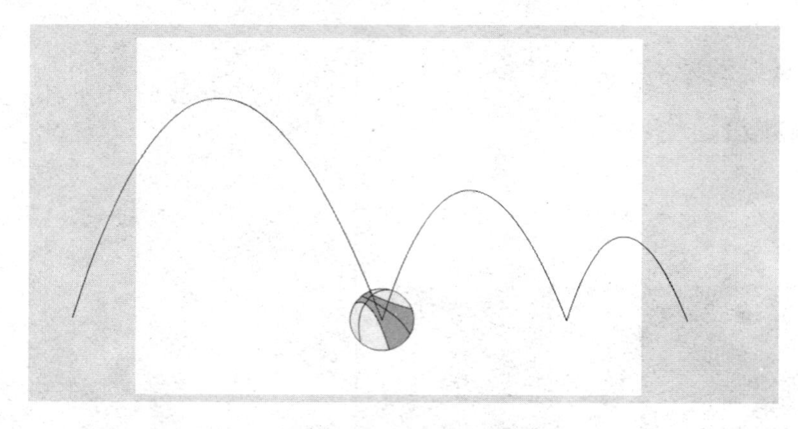

图 1-4-14　设置第 3 关键帧篮球的位置

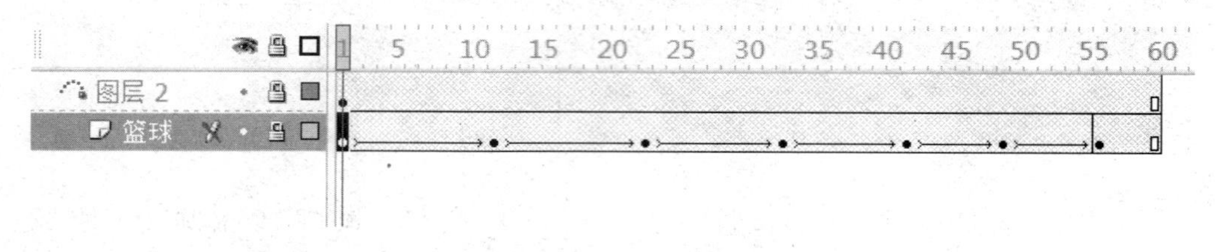

图 1-4-15　各个关键帧的设置

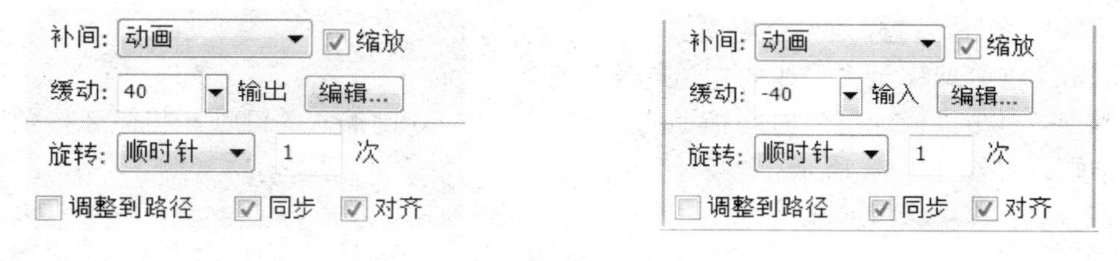

图 1-4-16　设置正缓动值　　　　图 1-4-17　设置负缓动值

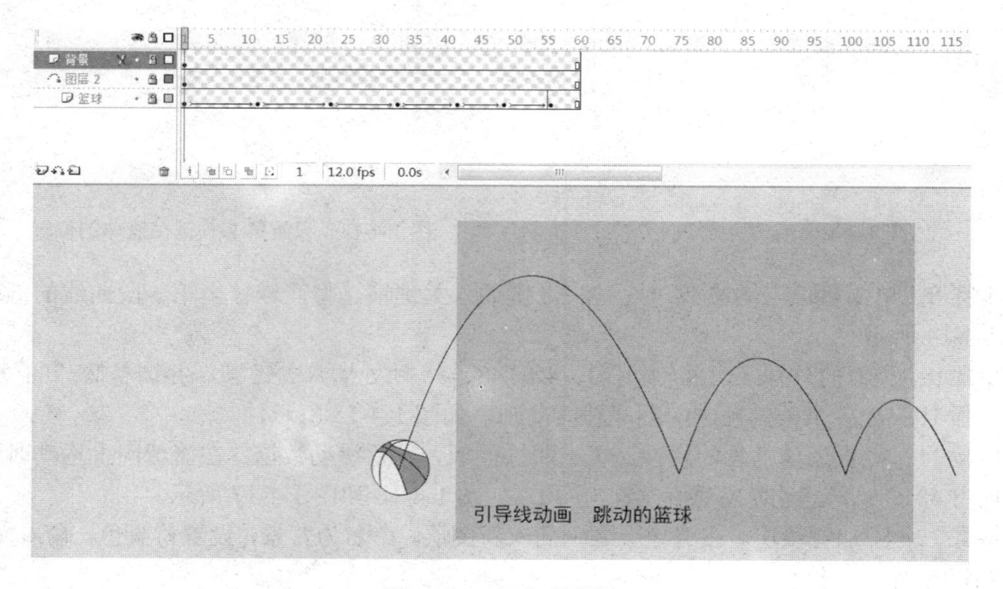

图 1-4-18　添加背景层

步骤 13：测试动画，将会看到一个篮球在场景中跳动。

步骤 14：测试合格后，执行【文件】|【导出】|【导出影片】命令，为要导出的.swf 文件命名，单击【保存】按钮，打开导出对话框，进行设置，单击【确定】按钮。

任务 4　文字的探照灯效果

【任务描述】

本任务通过制作一个模仿“探照灯”的效果的动画，在场景中输入文字“FLASH”，在遮罩层中绘制一个圆形图，当圆移动时仿佛打在文字上的探照灯，照亮了文字。通过本任务的制作使读者掌握遮罩层动画的基本设计方法。

【任务设计】

（1）用文本工具输入静态文本。

（2）插入遮罩层。

（3）设置遮罩层图形的运动动画。

【实施方案】

步骤 1：新建文档，调整背景色为黑色。

步骤 2：单击工具箱中的文字工具，在场景中输入“FLASH”，设置属性面板中的各个参数如图 1-4-19 所示。

图 1-4-19　输入文字并设置属性

步骤 3：插入一个新层，选中该层，右击，设置该层为“遮罩”，如图 1-4-20 所示。

步骤 4：选中遮罩层，在时间轴的第 1 帧上绘制一个圆，如图 1-4-21 所示。

步骤 5：选中遮罩层，在时间轴第 30 帧的位置上插入关键帧，并将圆形移动到场景的右侧，选中第 1 关键帧并设置形状补间动画，如图 1-4-22 所示。

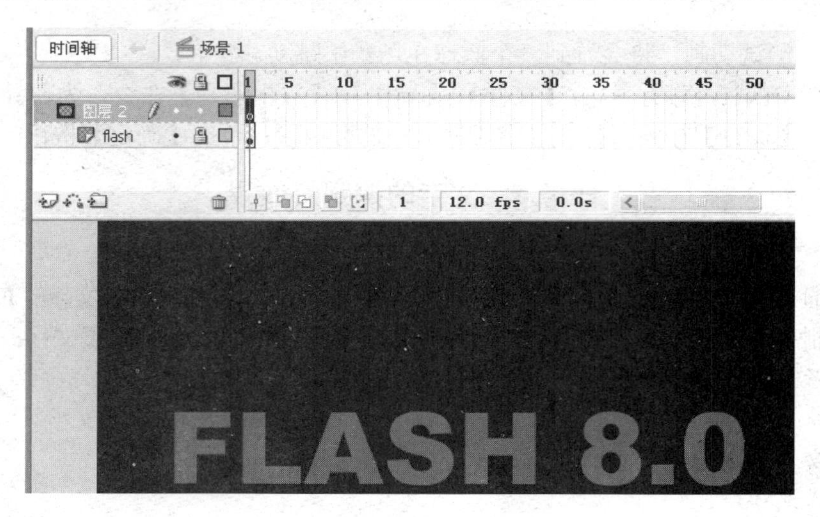

图 1-4-20 插入遮罩层

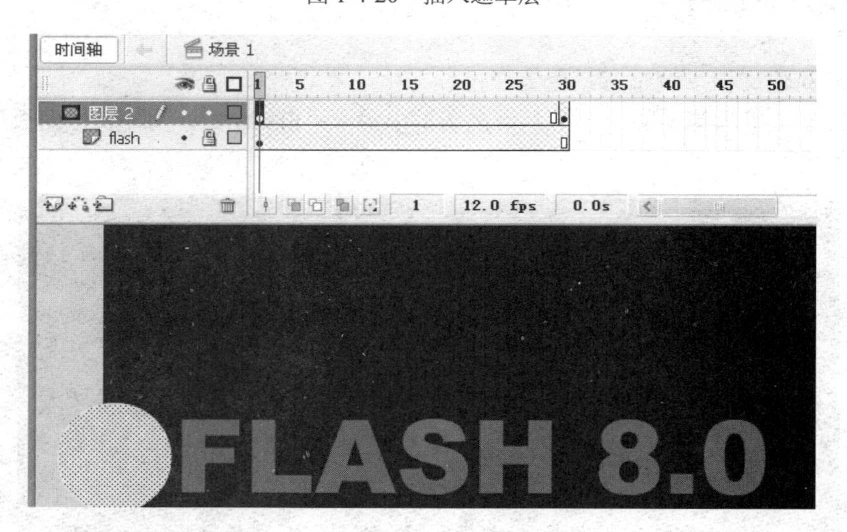

图 1-4-21 绘制遮罩图形

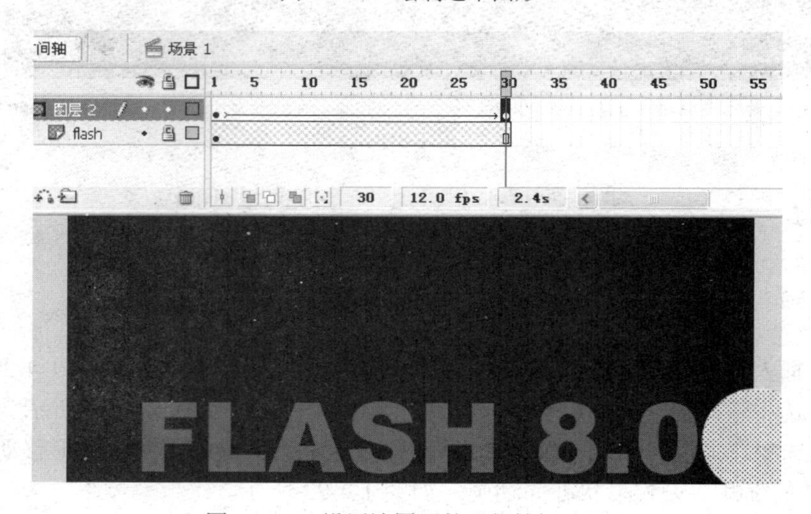

图 1-4-22 设置遮罩层的形状补间动画

步骤 6：为了使效果更加逼真，再新建一个图层，选中“Flash”图层中的关键帧，粘贴到该层中，并将该层移动到最上方，如图 1-4-23 所示。

图 1-4-23　插入一个图层

步骤 7：选中新建层的文字，将其转换成图形元件，并在属性面板中调整其颜色的 Alpha 值，使文字看起来很暗，如图 1-4-24 所示。

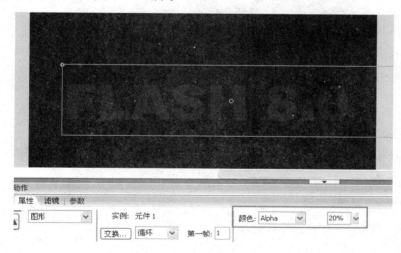

图 1-4-24　设置新图层文字的 Alpha 值

步骤 8：测试动画，将会看到在场景中的文字，“探照灯”扫过的文字变亮了。

步骤 9：测试合格后，执行【文件】|【导出】|【导出影片】命令，为要导出的.swf 文件命名，单击【保存】按钮，打开导出对话框，进行设置，单击【确定】按钮。

任务 5　旋转的地球

【任务描述】

本任务制作一个不断旋转的地球，在黑色的背景下仿佛是在太空中看到的景象。使大家进一步掌握遮罩层动画的制作技巧。与上一任务制作的运动的遮罩层不同的是本任务所制作的遮罩层是静止的，而图片在遮罩层下运动了产生动画效果。

【任务设计】

（1）在图层 1 上绘制一个圆。

（2）在图层 2 上导入一个图片素材，并设置补间动画。

（3）插入遮罩层。

（4）将图层 1 的圆形复制到遮罩层。

【实施方案】

步骤 1：新建文件，设置背景色为黑色。

步骤 2：将“素材图 1.gif”文件导入到库中，按 F11 键打开库，将素材图片拖入到场景中，效果如图 1-4-25 所示。

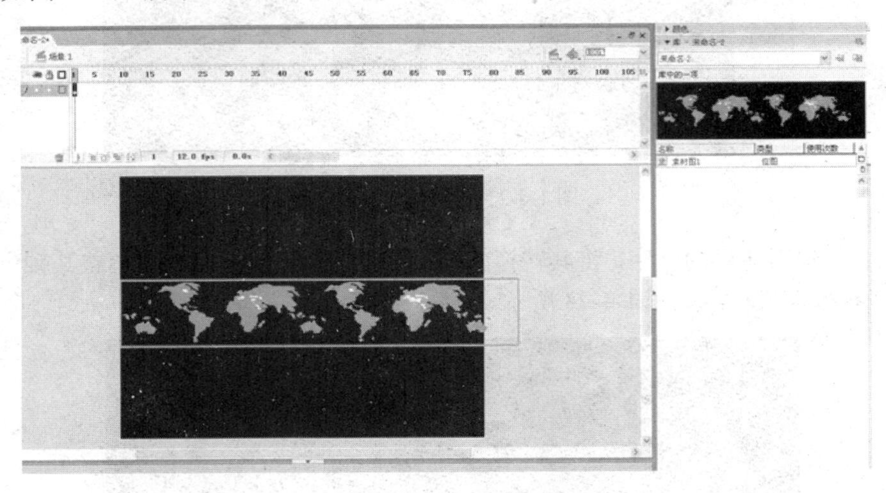

图 1-4-25 导入图片到库

步骤 3：在时间轴第 40 帧的位置上按 F6 键，插入一个关键帧。

步骤 4：分别移动第 1 关键帧和第 2 关键帧位置上的图片，设置补间动画，如图 1-4-26 所示。

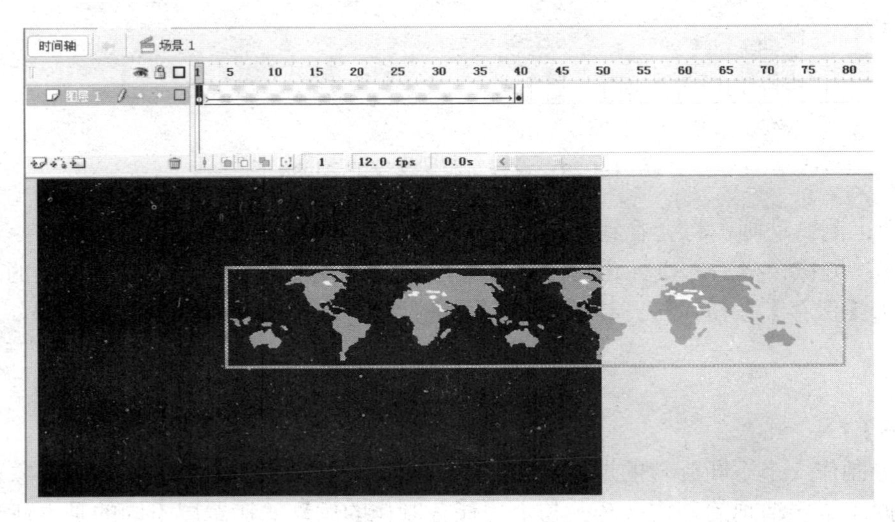

图 1-4-26 设置图片运动动画

步骤 5：插入一个新层，设置为遮罩层，在引导层上绘制一个圆，如图 1-4-27 所示。

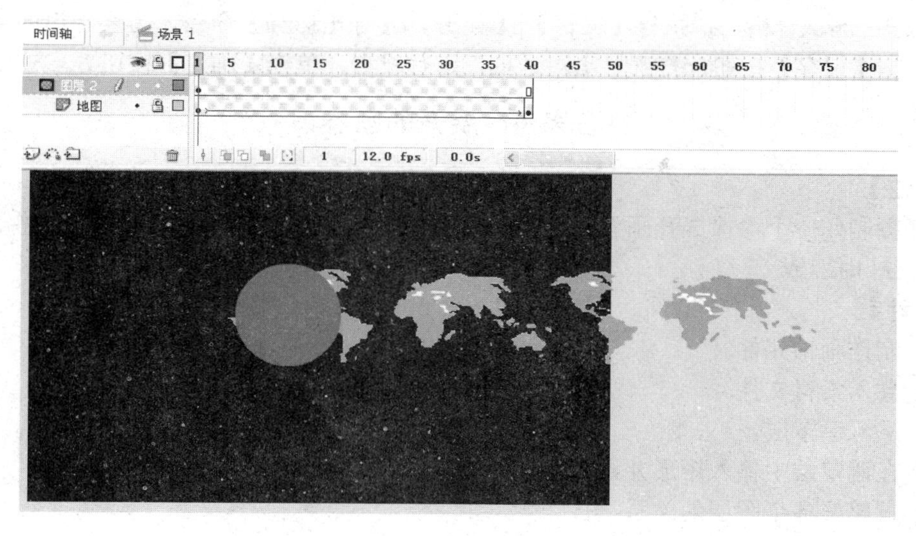

图 1-4-27 设置遮罩层

步骤 6：再插入一个新层，命名为“背景”，将刚才绘制的圆复制到新层上，改变填充色为灰色、放射状，填充效果如图 1-4-28 所示。

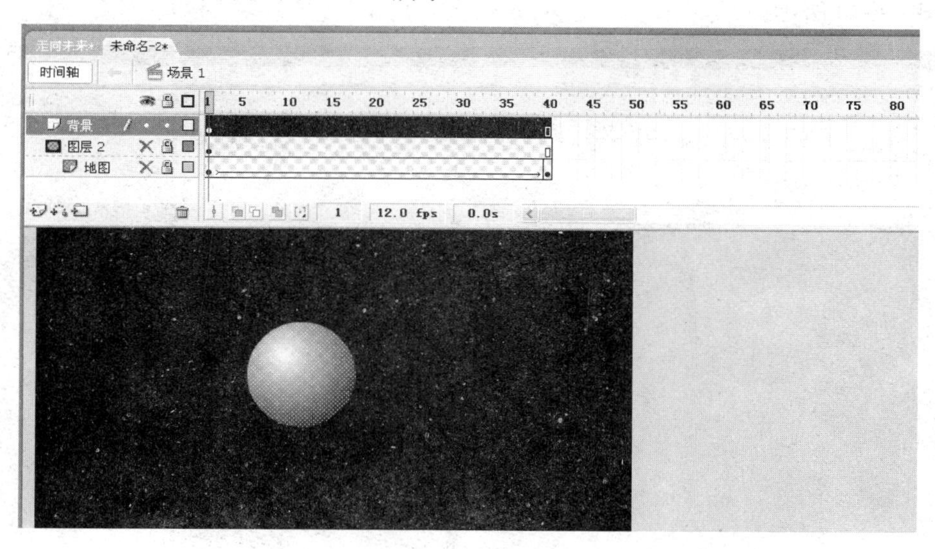

图 1-4-28 制作背景的球体效果

步骤 7：将背景层移到最下面，如图 1-4-29 所示。

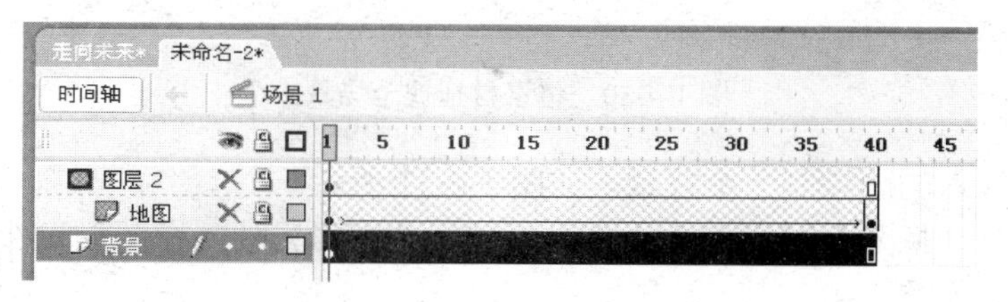

图 1-4-29 设置各层的顺序

步骤 8：测试影片，将会看到地球在转动的动画。

步骤 9：测试合格后，执行【文件】|【导出】|【导出影片】命令，为要导出的.swf 文件命名，单击【保存】按钮，打开导出对话框，进行设置，单击【确定】按钮。

任务 6 展开的画卷

【任务描述】

本任务制作一个徐徐展开画卷的动画，通过任务的实施，使读者进一步掌握遮罩层动画的制作方法和技巧。

【任务设计】

（1）制作画轴元件。

（2）导入素材文件。

（3）插入遮罩层。

（4）在遮罩层中输入矩形并设置形状补间动画。

（5）调整好各个图层的关系。

【实施方案】

步骤 1：新建文件，设置背景色为白色，并将图层 1 命名为“画卷”。

步骤 2：将“素材图 3.jpg”文件导入到库中，按 F11 键打开库，将素材图片拖入到场景中，如图 1-4-30 所示。

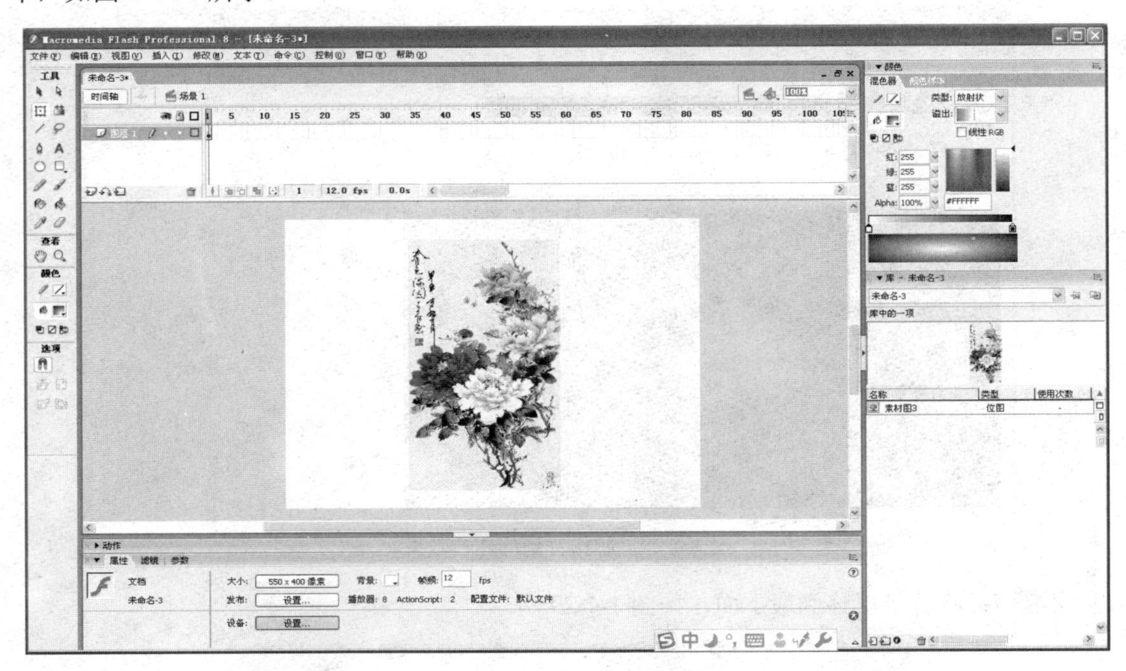

图 1-4-30 将素材拖拽至场景中

步骤 3：为导入的画绘制一个背景，如图 1-4-31 所示。

步骤 4：执行【插入】|【新建】命令，新建一个图形元件，在图形元件编辑状态下，绘制一个简易画轴，如图 1-4-32 所示。

图 1-4-31　绘制画卷背景

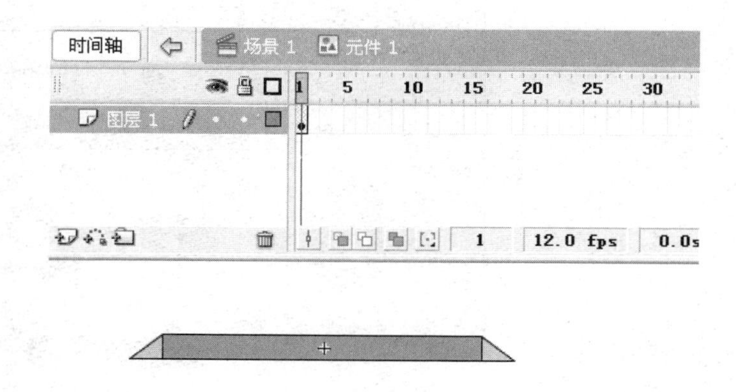

图 1-4-32　绘制画轴

步骤 5：返回到场景编辑状态，新建一个图层，命名为“画轴上”，并将图层移动“画卷层”的下面，将制作好的画轴元件导入到“画轴上”图层中，调整好位置，如图 1-4-33 所示。

图 1-4-33　设置“画轴上”位置

步骤 6：再新建一个图层，命名为“画轴下”，　并将图层移到“画卷层”的上面，将制作好的画轴元件导入到“画轴上”图层中，调整好位置，如图 1-4-34 所示。

步骤 7：选中“画轴下”图层的时间轴，在第 40 帧的位置上插入关键帧，并将画轴移动到画卷的下面，在第 1 关键帧的位置上设置补间动画，如图 1-4-35 所示。

步骤 8：新建一层，设置为遮罩层，位于“画卷”层的上方，并在第 1 帧的位置上绘制一个长方形，如图 1-4-36 所示。

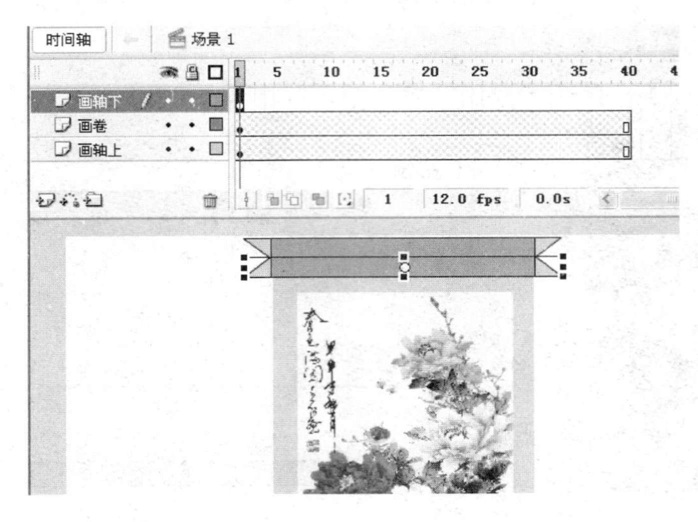

图 1-4-34　设置“画轴下”图层

图 1-4-35　设置画轴的补间动画

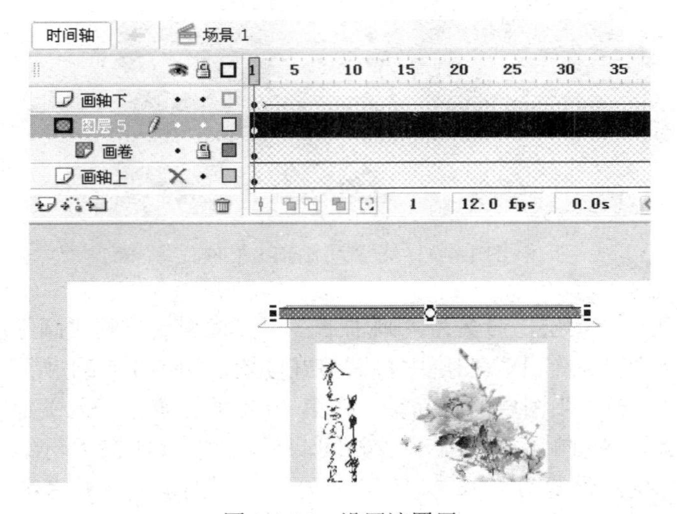

图 1-4-36　设置遮罩层

步骤 9：选中“遮罩层”，在时间轴第 40 帧的位置上插入一个关键帧，并将图形拉伸到覆盖整个画卷的大小，如图 1-4-37 所示。

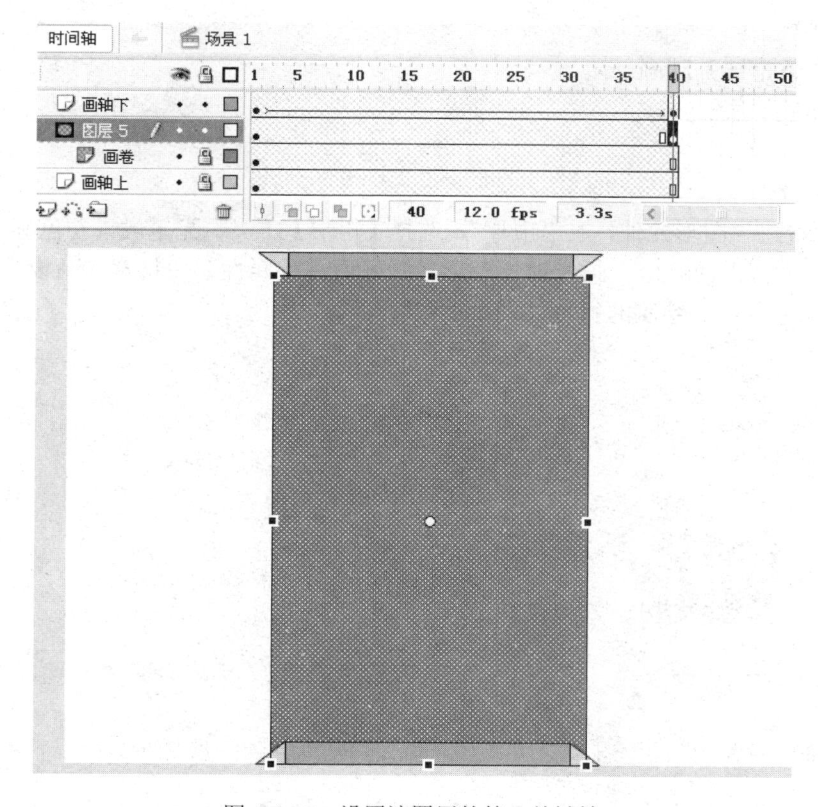

图 1-4-37　设置遮罩层的第 2 关键帧

步骤 10：在遮罩层上的第 1 关键帧设置形状补间动画。为了使整个画卷停留一段时间，在第 60 帧位置上各层都插入一个帧，如图 1-4-38 所示。

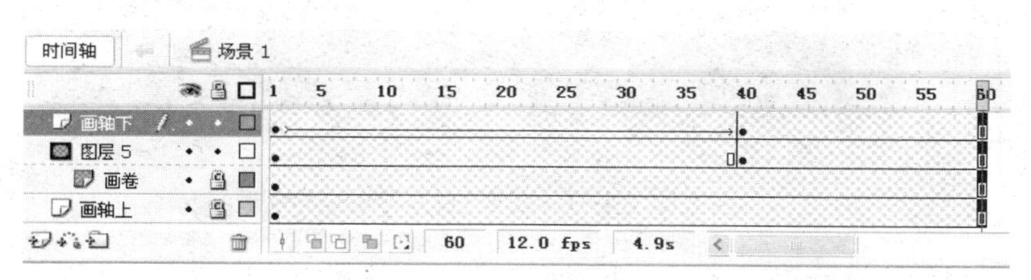

图 1-4-38　设置动画效果的延迟

步骤 11：测试动画，将会看到一幅画卷徐徐打开。

步骤 12：测试合格后，执行【文件】|【导出】|【导出影片】命令，为要导出的.swf 文件命名，单击【保存】按钮，打开导出对话框，进行设置，单击【确定】按钮。

任务 7　徐徐打开的竹帘

【任务描述】

用 Flash 的绘图工具绘制一个逼真的竹帘，竹帘打开，展现的是一幅图画。

【任务设计】

（1）用图形工具、线条工具、填充工具绘制帘片。.

（2）制作竹帘。

（3）制作竹帘展开动画。

（4）设计遮罩层。

【实施方案】

（1）画帘片

步骤 1：新建一图形元件，名“帘片”，选择【矩形】工具，无笔触，左色标为#D0C695，右色标为#D9CC97，在舞台上画一扁长矩形，画好后在【属性】中将宽、高设为 400×14.9。设置如图 1-4-39 所示，绘制的竹片如图 1-4-40 所示。

图 1-4-39　设置颜色

图 1-4-40　绘制的竹片

步骤 2：把图像放大到 400%，执行【视图】|【标尺】命令，用直线工具，笔触颜色红色，极细，顺着上面那根辅助线，横着在图形上通长画根直线，如图 1-4-41 所示。

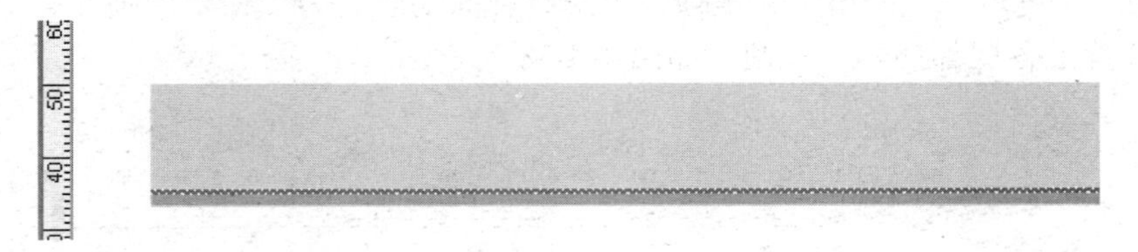

图 1-4-41　绘制竹片边线

步骤 3：用黑箭头选择工具选择一下图形下部分，使其成分离状态，在混色器中选纯色，#A59249，填充。把那根红线删掉，得到帘片图形，如图 1-4-42 所示。

图 1-4-42　竹片图形

步骤 4：在图层 1 上面新建图层 2，用直线工具，在属性中设为“实线”，1 像素，在混色器中选“笔触”，纯色，#D9BA81，透明度 70%，在帘片图形上随意的画些线条，作为帘片的纹路。效果如图 1-4-43 所示。

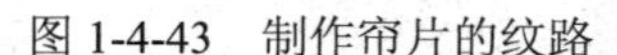

图 1-4-43　制作帘片的纹路

步骤 5：在图层 2 上面新建图层 3，选择【椭圆】工具，设填充色：左#333333 透明度 100%，右#666666 透明度 60%，把光标放在帘片右侧两辅助线的交叉点上，同时按住 Shift 和 Alt 键，画圆，如图 1-4-44 所示。

图 1-4-44　绘制帘片的小孔

步骤 6：用选择工具点一下这个圆，按 Ctrl+D 键，这样就复制出了同样的一个圆，把这个复制出的圆拉到帘片左侧对称点放好，完成帘片的制作。

（2）编竹帘

步骤 7：新建一图形元件，名“帘”，在第 1 层用矩形工具，无笔触，粉红色填充，在舞台上画一个宽高为 550×400 的矩形（这个只是为了能确定舞台的大小，以后要删掉的）。

步骤 8：新建图层 2，名“帘”，把画好的“帘片”元件拉到帘层的第一帧，打开对齐面板，相对于舞台，居中对齐，上端与背景的上边线对齐，如图 1-4-45 所示。

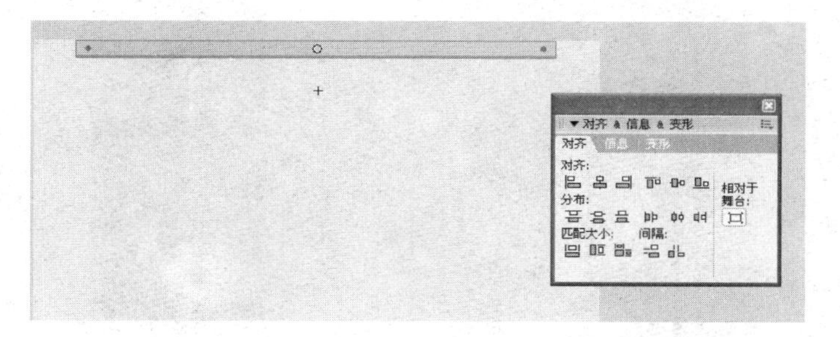

图 1-4-45　布置帘片位置

步骤 9：按住 Ctrl 键，连续按 D 键 24 下，这样就复制出了 24 片帘片，共有 25 片，如图 1-4-46 所示。

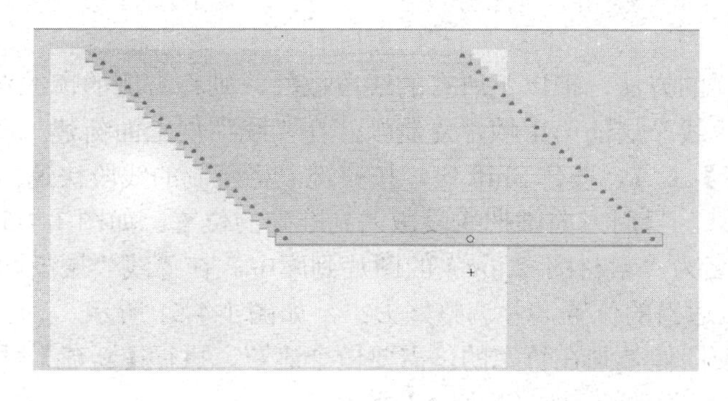

图 1-4-46　复制帘片

步骤 10：单击对齐面板中的间隔中的【垂直平均间隔】按钮，将竹片排列好，效果如图 1-4-47 所示。

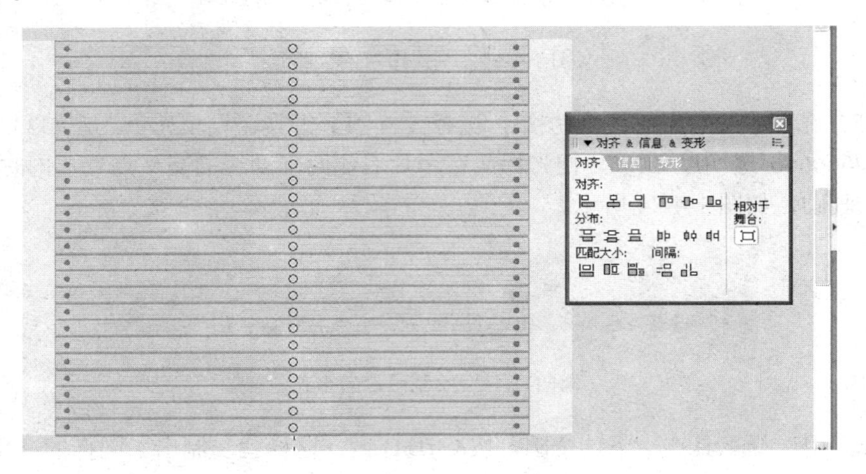

图 1-4-47　对齐帘片

步骤 11：绘制“帘线”。在“帘”层上面新建一图层，名“线”，把图形放大到 800%，选择矩形工具，无笔触颜色，线性填充，填充色为：左#D7C9AC，右#7D4D57，在两个黑孔之间画出如下图的图形，并用选择工具把线段的上下两头拉成弧形，如图 1-4-48 所示。

步骤 12：复制线段，放在第 2、3 黑孔之间，如图 1-4-49 所示。

图 1-4-48　绘制帘片的线绳

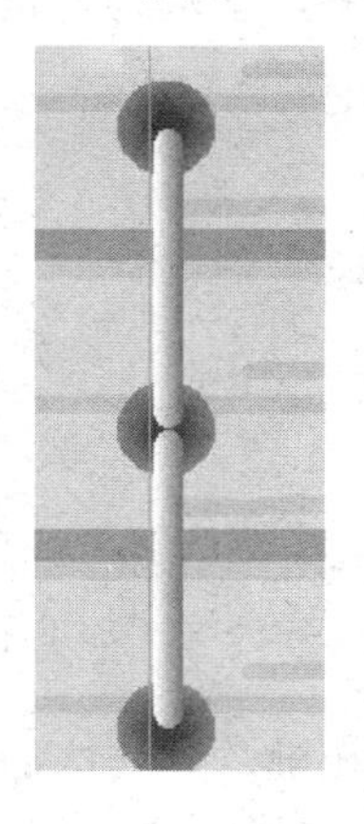

图 1-4-49　复制线绳

步骤 13：用同样的方法，把以下所有的线段放好，则将右侧的帘线穿好了。

步骤 14：右击“线”层的第 1 帧，复制帧，在“线”层上面新建一图层，右击第 1 帧，粘贴帧。选择【选择】工具，按住 Shift 键，按←键，将复制的线段快速向左移动，接近左侧黑孔时，松开 Shift 键，只用方向键把线段微调到准确的位置。如图 1-4-50 所示。

步骤 15：导入名为“素材图 2.jpg”的图片到库中。在“线“层下面新建一图层，把库中的图片拉到舞台上适当的位置，并调整好大小，如图 1-4-51 所示。

步骤 16：为了使图像是画在竹上的，需要做个遮罩，执行【新建】|【元件】命令，新建一个影片剪辑，并命名为遮罩，如图 1-4-52 所示。

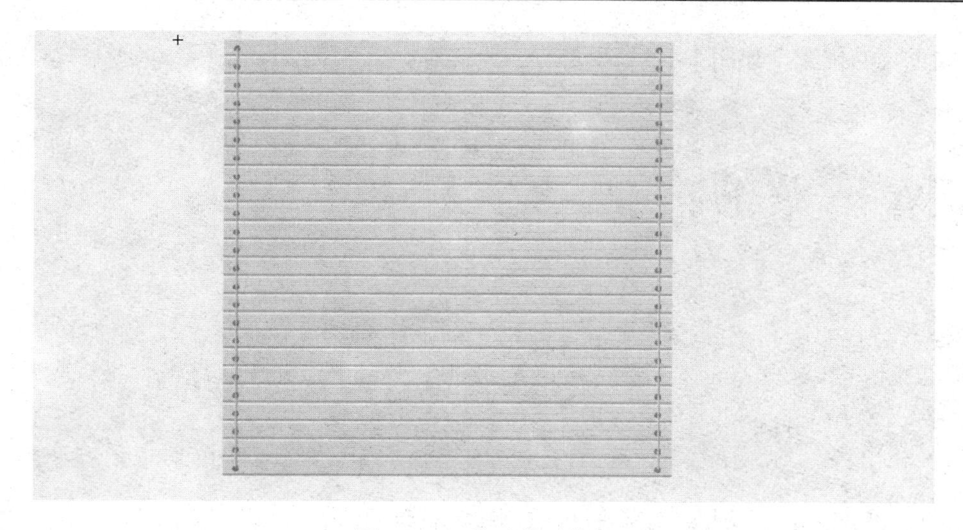

图 1-4-50　准确排列线绳

图 1-4-51　导入图片并拖拽至舞台

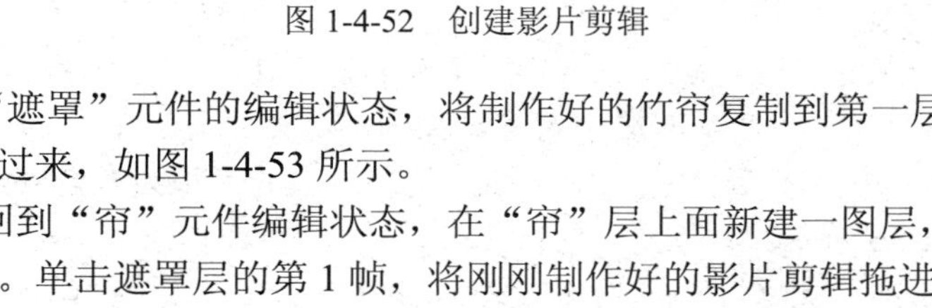

创建新元件

名称(N): 遮罩　确定

类型(T): ◉影片剪辑　取消

○按钮

○图形

高级

图 1-4-52　创建影片剪辑

步骤 17：在“遮罩”元件的编辑状态，将制作好的竹帘复制到第一层上，新建一图层，将画好的线也复制过来，如图 1-4-53 所示。

步骤 18：返回到“帘”元件编辑状态，在“帘”层上面新建一图层，命名为“遮罩”。设置该层为遮罩层。单击遮罩层的第 1 帧，将刚刚制作好的影片剪辑拖进来，调整到和原来图片完成重合的位置，如图 1-4-54 所示。

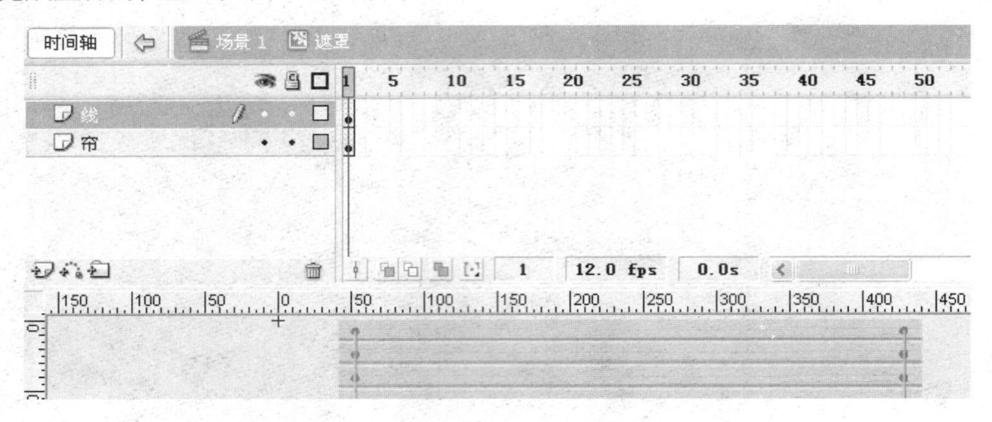

图 1-4-53 将竹帘复制到影片剪辑元件“遮罩”

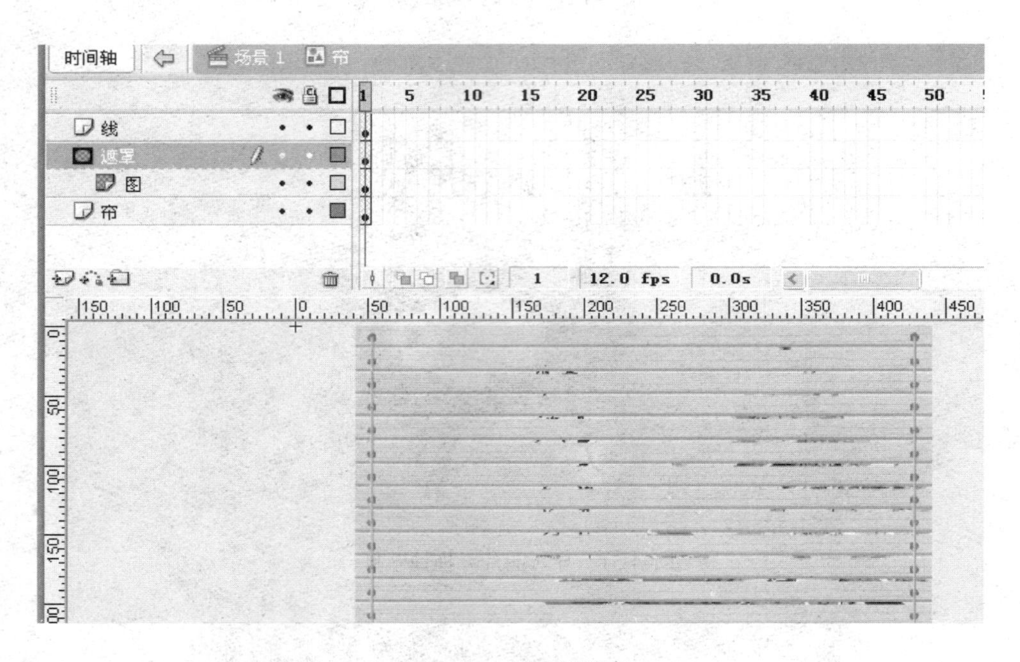

图 1-4-54 设置遮罩层

步骤 19：删除图层 1，完成帘画的制作。

（3）做竹帘放下的动画

步骤 20：返回到场景 1 中，将图形元件“帘”拉到舞台上，全居中对齐（即相对于舞台水平居中，垂直居中）。

步骤 21：新建一图层，名“遮罩”层，用【矩形】工具，无笔触，淡黄色填充，画矩形，在属性中设宽高为 400×14.8，全部居中对齐，如图 1-4-55 所示。

步骤 22：在第 60 帧的位置上插入关键帧，调整矩形的大小为 400×400，在第一帧设置形状动画，如图 1-4-56 所示。

步骤 23：测试动画，将会看到一个竹帘被缓缓放下，效果如图 1-4-57 所示。

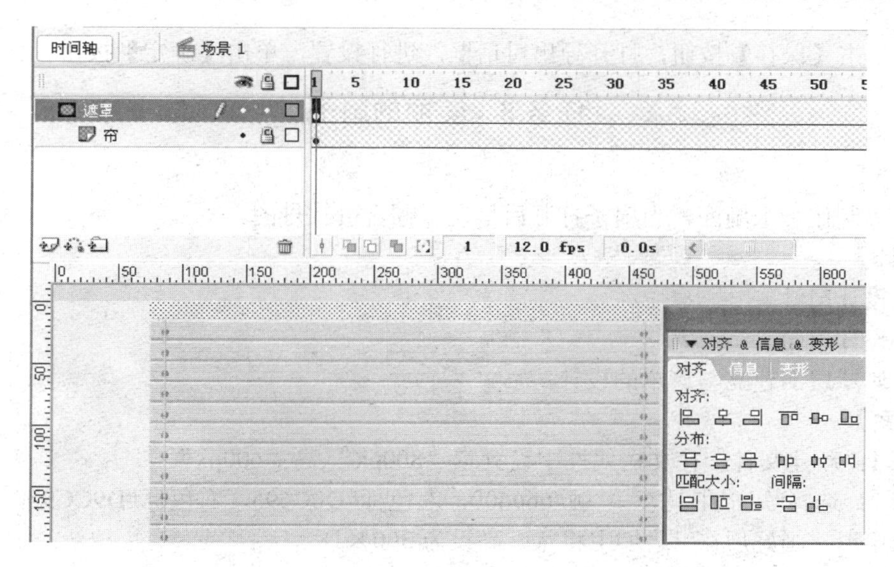

图 1-4-55　绘制遮罩层矩形

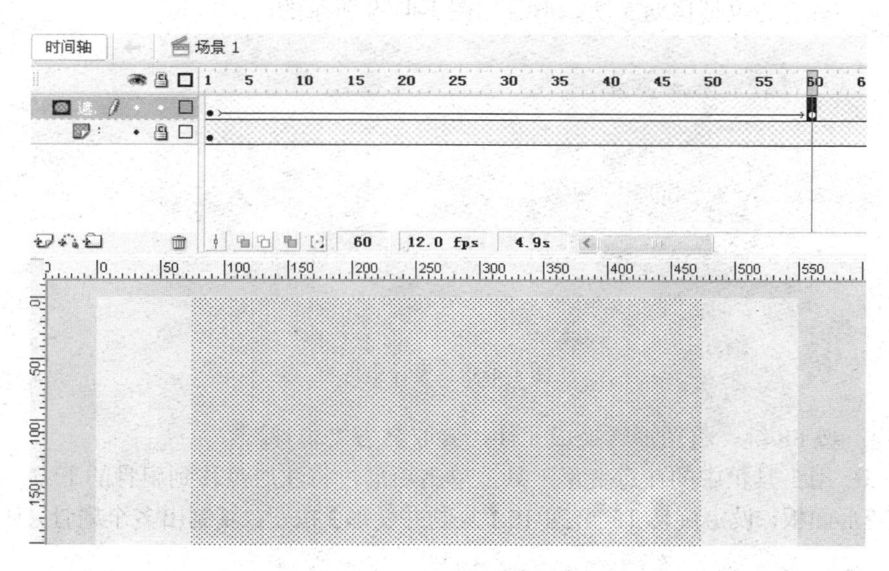

图 1-4-56　设置遮罩动画

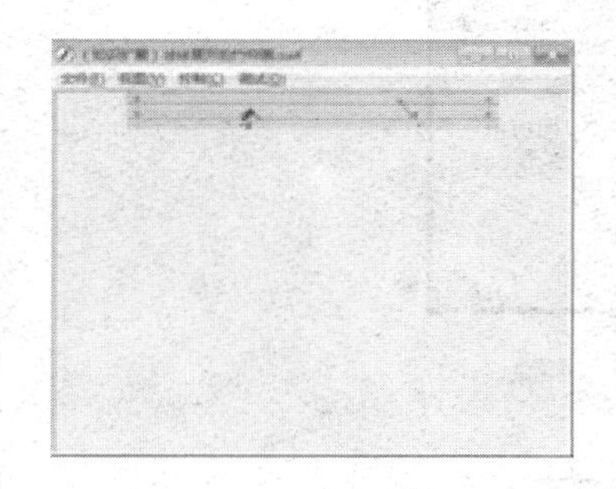
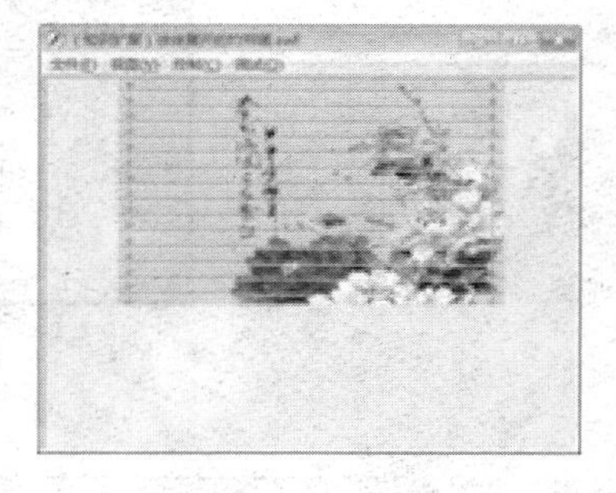
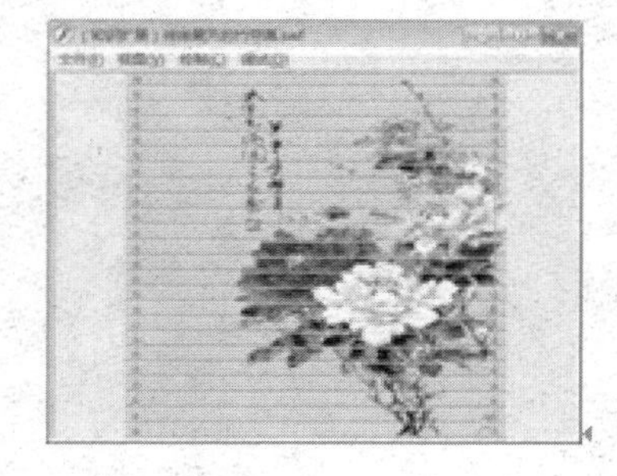

图 1-4-57　徐徐展开的竹帘效果

步骤 24：测试合格后，执行【文件】|【导出】|【导出影片】命令，为要导出的.swf 文

件命名，单击【保存】按钮，打开导出对话框，进行设置，单击【确定】按钮。

任务 8　美丽的扇子

【任务描述】

本任务制作一个扇面，当扇子打开后呈现一幅富贵牡丹图。

【任务设计】

（1）设计扇骨。

（2）设计扇面。

（3）遮罩层的建立与遮罩的设计。

【实施方案】

步骤 1：新建文件，在文档属性中设置宽“800px”,高“600px”。

步骤 2：选择“矩形工具”，笔触#666600，左色标#D0C695，右色标#D9CC97，在舞台上画一扁长矩形，画好后在“属性”中将宽、高设为 300×18。

步骤 3：用空心箭头工具对矩形进行精确调节，分别在左边的两个控制点用上下移动箭头移动 3 次，右边的也是移动 3 次，形成如图 1-4-58 所示的图形。

图 1-4-58　设计扇骨

步骤 4：按 F8 键，将图形转换成元件，并取名为“扇骨”。

步骤 5：用工具箱中的任意变形工具，单击矩形，将注册点移到扇骨的下方，在窗口菜单中调出变形面板，设定旋转 15°，单击【复制并变形】按钮，复制出多个扇骨，如图 1-4-59 所示。

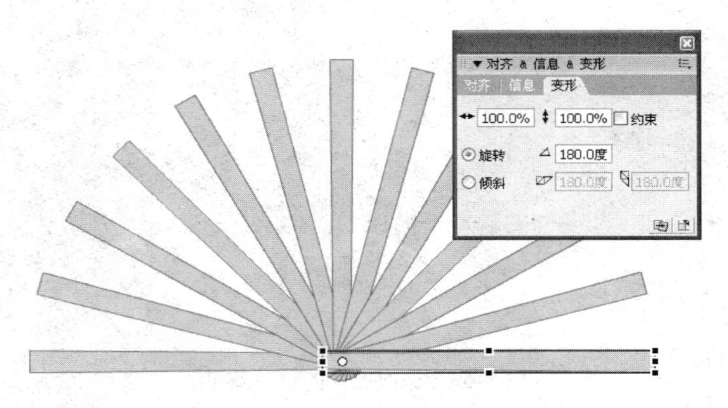

图 1-4-59　利用复制变形工具复制多个扇骨

步骤 6：绘制扇面如图 1-4-60 所示。

步骤 7：双击扇面内部，在混色器面板【类型】选项中选择【位图】，将“牡丹.jpg”导入并填充到扇面中，如图 1-4-61 所示。

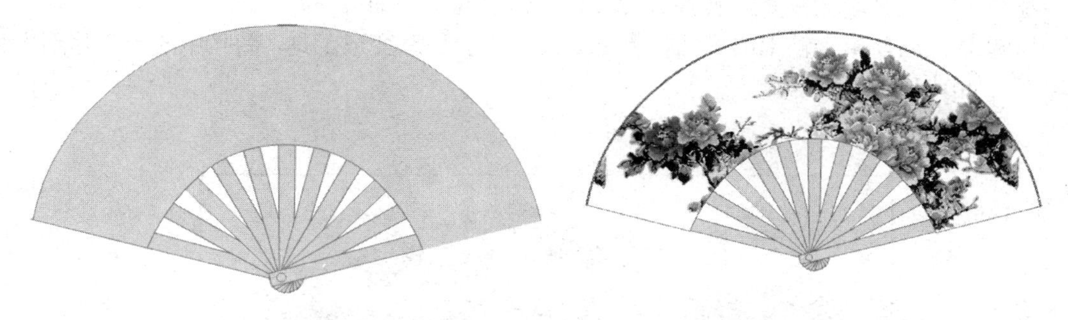

图 1-4-60　绘制扇面　　图 1-4-61　导入素材图

步骤 8：在扇骨层，双击，选择所有扇骨，右击，选择“分散到层”，如图 1-4-62 所示。

步骤 9：选择所有扇骨层，在第 25 帧的位置插入关键帧，如图 1-4-63 所示。

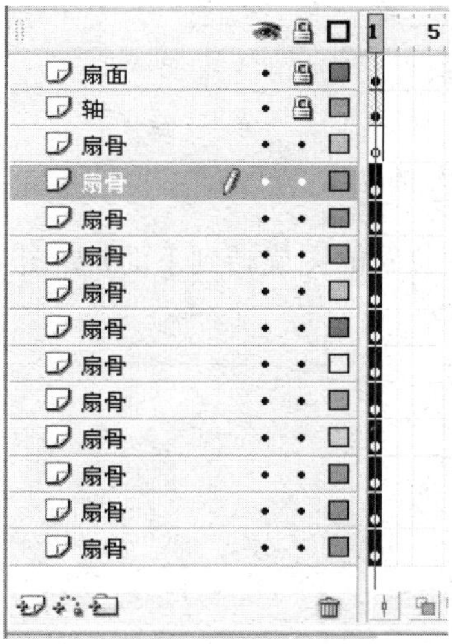

图 1-4-62　将扇骨分散到层 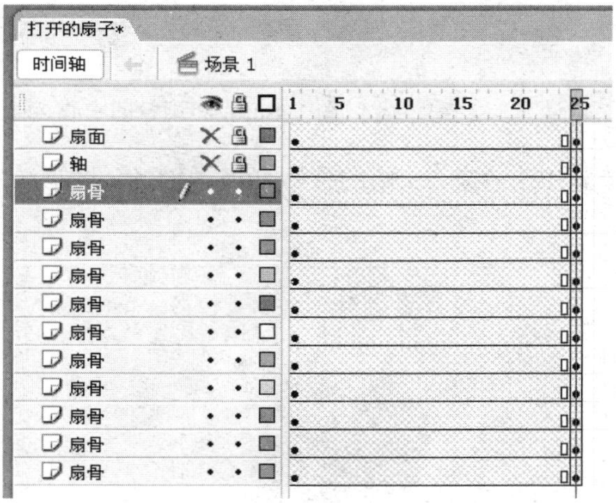　　图 1-4-63　在所有扇骨层的第 25 帧插入关键帧

步骤 10：将各个扇骨的第一帧上的元件移动到起始位置，使扇子呈闭合状态，这个过程中，可以将【紧贴至对象】工具选中，以方便操作，如图 1-4-64 所示。

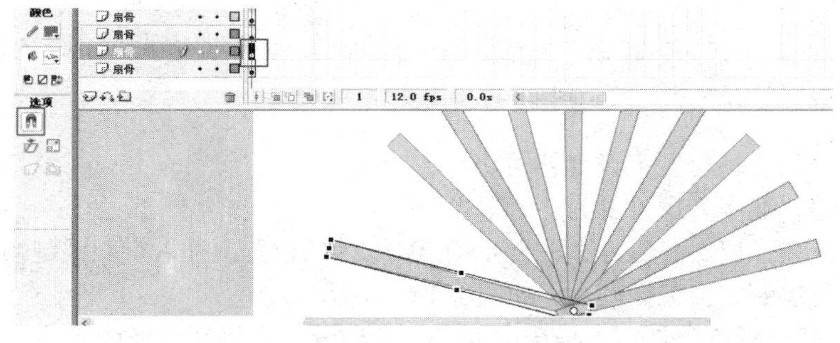

图 1-4-64　设置扇子的闭合状态

步骤 11：选中所有扇面层的第一帧，设置补间动画，测试动画，将会看到所有的扇骨在打开，但扇面不动。

步骤 12：在扇面上新建一层，命名为“遮罩”，将扇面复制到该层的第一帧上。

步骤 13：选择扇面，将其转换成元件，并命名为“扇面”。

步骤 14：选择第一帧上的扇面，单击工具箱中的任意变形工具，将“中心点”移到扇骨轴位置，如图 1-4-65 所示。

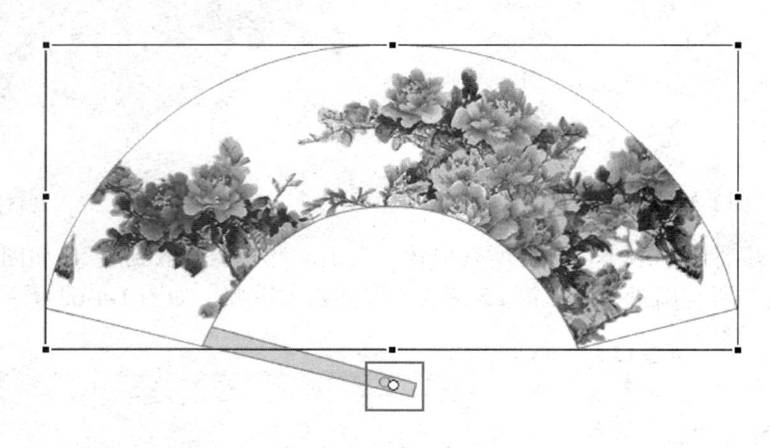

图 1-4-65　将扇骨的中心点移至扇骨轴的位置

步骤 15：在第 25 帧的位置插入关键帧，将第一关键帧位置的图旋转到下面，如图 1-4-66 所示。

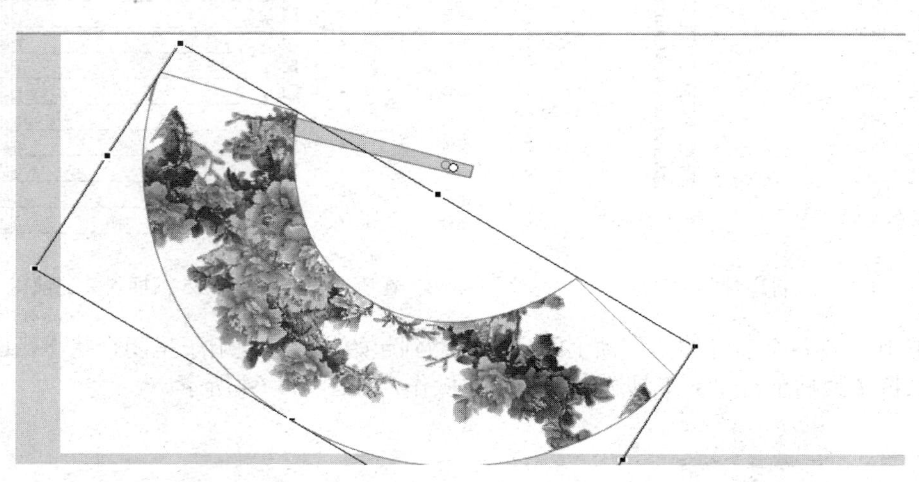

图 1-4-66　旋转第 1 关键帧

步骤 16：在第 1 帧位置上设置补间动画。

步骤 17：将“遮罩”层设置为“遮罩”。

步骤 18：新建一层，命名为“阴影”，在第 25 帧的位置上插入空白关键帧，选中所有第 25 帧的扇骨，复制到空白关键帧上，如图 1-4-67 所示。

步骤 19：打碎所有扇骨，去掉扇面外多余的扇骨，再将其转换成元件，设置其颜色为

“Alpha，30”，效果如图 1-4-68 所示。

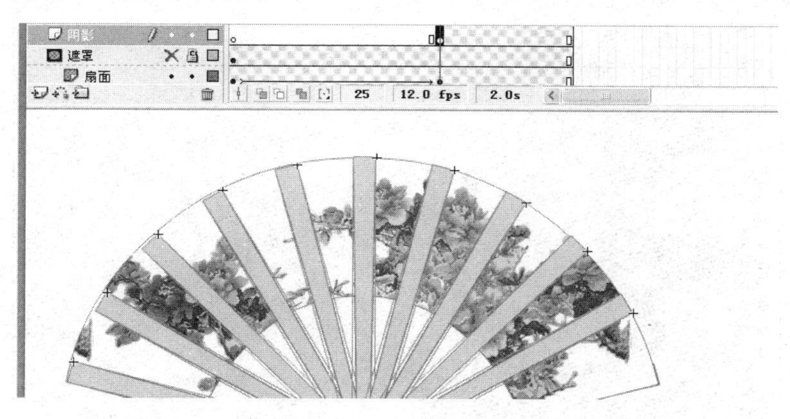

图 1-4-67　设计扇骨的阴影位置

图 1-4-68　设置扇骨的阴影效果

步骤 20：测试动画，将会看到一个徐徐开合的扇面，效果如图 1-4-69 所示。

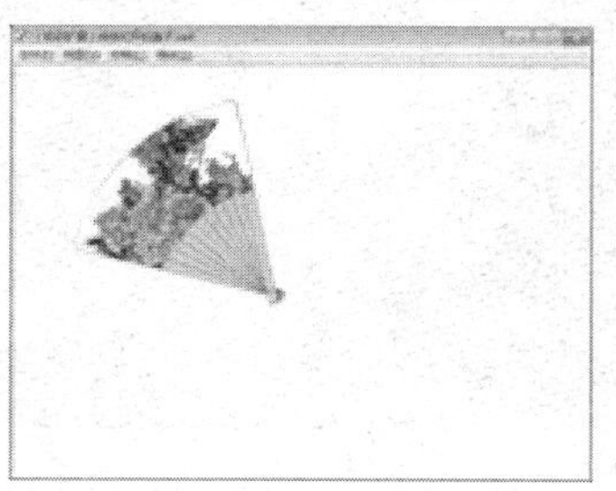
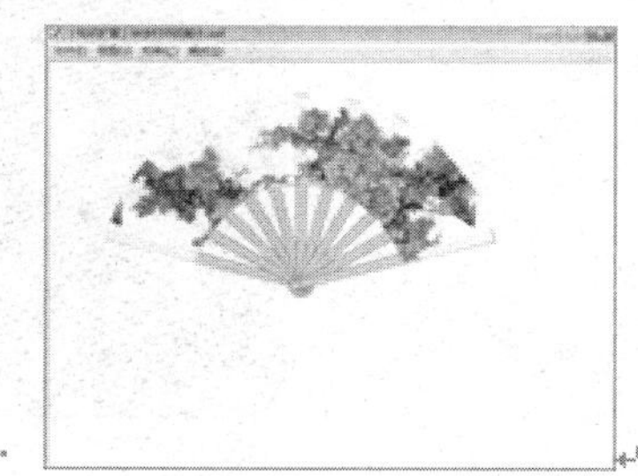

图 1-4-69　徐徐展开的扇面效果

步骤 21：测试合格后，执行【文件】|【导出】|【导出影片】命令，为要导出的.swf 文件命名，单击【保存】按钮，打开导出对话框，进行设置，单击【确定】按钮。

拓展与提高

任务 1　制作引导线动画“飞‘8’字的飞机”，效果如图 1-4-70 所示。

图 1-4-70　飞“8”字的飞机图

（1）制作一个按 8 字路线飞行的飞机。

（2）动画尺寸宽 550 像素、高 300 像素，背景颜色浅蓝色。

（3）引导线是转 90 度的“8”；飞机用字母创建就可以：字体是“Wingdings”，字母是“Q”，颜色线性渐变。

（4）整个动画布局合理、效果美观。

任务 2　制作运动引导层动画“在花中飞舞的蝴蝶”，效果如图 1-4-71 所示。

图 1-4-71　飞舞的蝴蝶

（1）制作一个在花丛背景中飞舞的蝴蝶动画。

（2）动画尺寸为宽 550 像素、高 300 像素，背景图片自选。

（3）制作蝴蝶影片剪辑元件。

（4）制作引导路径动画。

任务 3　制作动画“探照灯文字”，效果如图 1-4-72 所示。

（1）制作文字的探照灯效果。

图 1-4-72　探照灯文字

（2）文字要用阴影效果，而且探照灯经过时文字和阴影都变亮。
（3）探照灯形成黄色的圆形。
任务 4　制作动画“清明上河图”，效果如图 1-4-73 所示。

图 1-4-73　徐徐展开的清明上河图

（1）制作画轴。
（2）导入素材图片“qmsht.jpg”。
（3）利用遮罩，使卷轴从左到右移动的同时，画面也缓缓打开。
任务 5　制作“戒赌”动画，效果如图 1-4-74 所示。
（1）制作不断闪烁的矩形，设计为逐帧动画。
（2）添加引导层。绘制引导线，“戒赌”文字图沿着引导线运动。
（3）在图层 3 上建立图形元件“庄家赢”，该元件上的 3 个字不断闪烁。

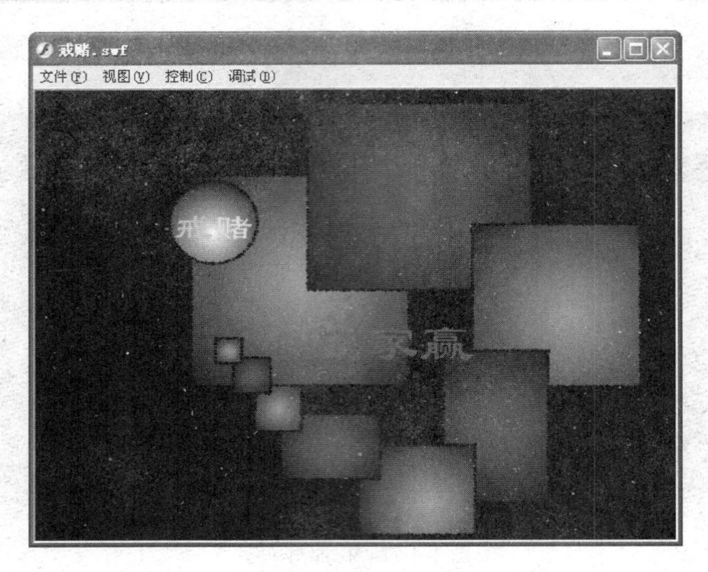

图 1-4-74　戒赌

知识链接

（1）引导路径动画

单纯依靠设置关键帧，有时仍然无法实现一些复杂的动画效果，有很多运动路径是弧线或不规则的，如月亮围绕地球旋转、鱼儿在大海里邀游等，在 Flash 中通过添加运动引导层来制作“引导路径动画”。

（2）引导层与引导线

创建引导路径动画需要创建引导层并在引导层中绘制引导线。在普通图层上单击时间轴面板的“添加引导层”按钮，该层的上面就会添加一个引导层，同时该普通层缩进成为“被引导层”运动引导层动画。引导线就是物体的运动轨迹，在 Flash 里可让物体沿着所绘制的曲线运动，而这条曲线就是引导线。引导线在动画中是不显示的。

（3）引导层和被引导层中的对象

引导层中的对象是用来指示元件运行路径的，所以引导层中的内容可以是使用钢笔工具、铅笔工具、线条工具、椭圆工具、矩形工具或画笔工具等绘制出的线段。而被引导层中的对象是跟着引导线走的，可以使用影片剪辑、图形元件、按钮、文字等，但不能应用形状。由于引导线是一种运动轨迹，被引导层中最常用的动画形式是动作补间动画，当播放动画时，一个或数个元件将沿着运动路径移动。

（4）应用引导路径动画的技巧

① 被引导层中的对象在被引导运动时，还可作更细致的设置，比如运动方向，选中属性面板上的“调整到路径”，对象的基线就会调整到运动路径；而如果选中“对齐”，元件的注册点就会与运动路径对齐。

② 引导层中的内容在播放时是看不见的，利用这一特点，可以单独定义一个不含被引导层的引导层，该引导层中可以放置一些文字说明、元件位置参考等，此时，引导层的图标为 。

③ 在做引导路径动画时，按下选项栏上的“对齐对象”功能按钮，可以使“对象

附着于引导线”的操作更容易成功。

④ 过于陡峭的引导线可能使引导动画失败，而平滑圆润的线段有利于引导动画成功制作。

⑤ 被引导对象的中心对齐场景中的十字星，也有助于引导动画的成功。

⑥ 向被引导层中放入元件时，在动画开始和结束的关键帧上，一定要让元件的注册点对准线段的开始和结束的端点，否则无法引导，如果元件为不规则形，可以按下使用任意变形工具，调整注册点。

⑦ 如果想解除引导，可以把被引导层拖离引导层，或在图层区的引导层上单击右键，在弹出的菜单上选择“引导层”，取消引导层前的“√”。

⑧ 如果想让对象作圆周运动，可以在引导层画个圆形线条，再用橡皮擦去一小段，使圆形线段出现两个端点，再把对象的起始、终点分别对准端点即可。

⑨ 引导线允许重叠，比如螺旋状引导线，但在重叠处的线段必需保持圆润，让 Flash 能辨认出线段走向，否则会使引导失败。

⑩ 引导层上只允许有连续的线条，不允许有填充区域，如果是用矩形工具或椭圆工具等绘制的图形，要将填充色删除。

（5）遮罩层动画

创建遮罩动画是 Flash 中的一个很重要的动画制作方法，很多效果丰富的动画都是通过遮罩动画来完成的。在 Flash 的图层中有一个遮罩图层，“遮罩图层“主要有 2 种用途，一个作用是用在整个场景或一个特定区域，使场景外的对象或特定区域外的对象不可见，另一个作用是用来遮罩住某一元件的一部分，从而实现一些特殊的效果。

（6）创建遮罩的方法

在 Flash 中没有一个专门的按钮来创建遮罩层，遮罩层其实是由普通图层转化的。在某个图层上右击，在弹出的快捷菜单中选中“遮罩层”，该图层就会成为遮罩层，层图标就会从普通层图标变为遮罩层图标，系统会自动把遮罩层下面的一层关联为被遮罩层，在缩进的同时图标变为。如果想使更多层被遮罩，只要把这些层拖到被遮罩层下面就行了，如图 1-4-75 所示。

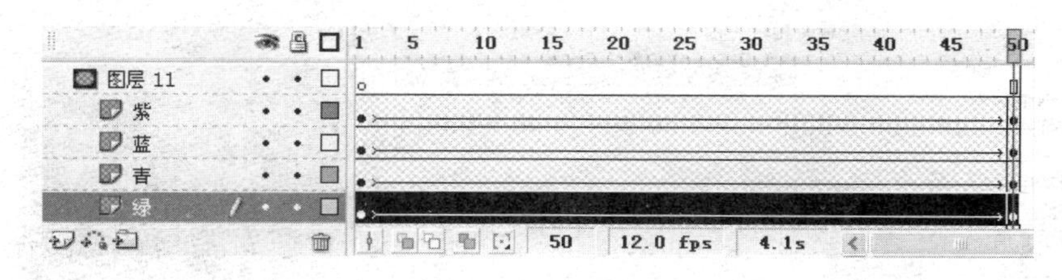

图 1-4-75　多层遮罩动画时间轴

遮罩层中的图形对象在播放时是不可见的，遮罩层中的内容可以是按钮、影片剪辑、图形、位图、文字等，但不能使用线条，如果一定要用线条，可以将线条转化为“填充”。被遮罩层中的对象只能透过遮罩层中的对象被看到。在被遮罩层，可以使用的对象不受限制。可以在遮罩层、被遮罩层中分别或同时使用形状补间动画、动作补间动画、引导线动画等动画手段，从而使遮罩动画变成一个可以施展无限想象力的创作空间。

（7）应用遮罩时的技巧

① 遮罩层中的对象中的许多属性如渐变色、透明度、颜色和线条样式等却是被忽略的。

比如，不能通过遮罩层的渐变色来实现被遮罩层的渐变色变化。

② 要在场景中显示遮罩效果，可以锁定遮罩层和被遮罩层。

③ 可以用 ActionScript 动作语句建立遮罩，但这种情况下只能有一个被遮罩层，同时，不能设置 Alpha（透明度）属性。

④ 不能用一个遮罩层遮蔽另一个遮罩层。

⑤ 遮罩可以应用在 gif 动画上。

项目 5　Flash 动画中的声音

一个没有声音效果的动画是不完美的，加上音效，Flash 动画作品才更加丰富多彩。Flash 提供了许多使用声音的方式，可以使声音独立于时间轴连续播放，或使动画与一个声音同步播放，还可以向按钮添加声音，使按钮具有更强的感染力。另外，通过设置淡入淡出效果还可以使声音更加优美。

任务 1　北方的秋天

【任务描述】

利用 Flash 模块创建一个相册，相册中有 10 张照片，可以点击浏览，并为相册配上背景音乐。

【任务设计】

（1）利用模板创建照片幻灯片播放文件。

（2）导入音频文件。

【实施方案】

步骤 1：新建文件，选择从模板中创建，在模板对话框中选“照片幻灯片放映”，如图 1-5-1 所示。

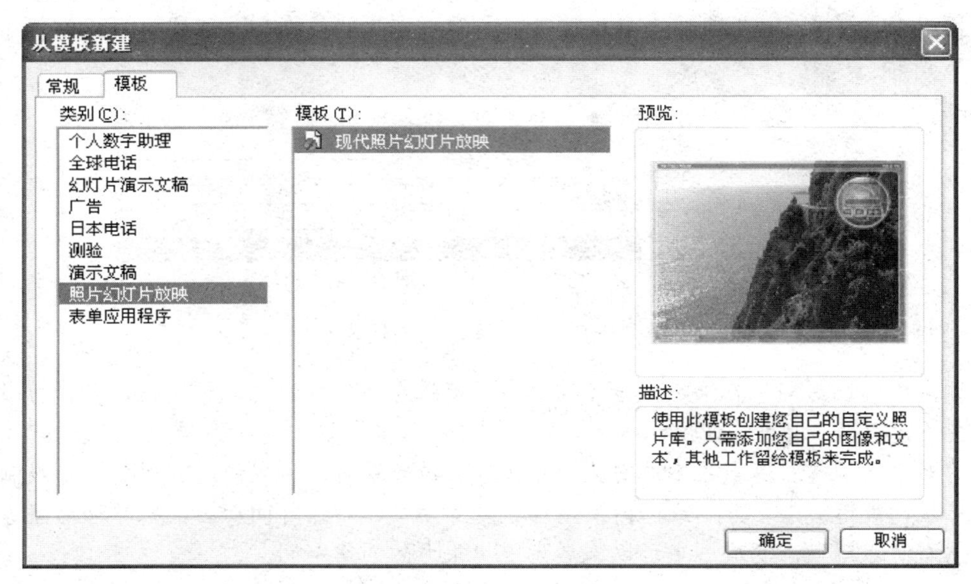

图 1-5-1　从模板中创建动画

步骤 2：生成的文档共有 7 个图层，在图片层共有 4 幅照片，如图 1-5-2 所示。

图 1-5-2　生成文档的图层与场景效果

步骤 3：准备好 10 张照片，将其导入到库中。

步骤 4：将图片层原有的 4 张图片删除，在该图层上插入 10 个关键帧，分别将导入的 10 张图片拖入到场景中，如图 1-5-3 所示。

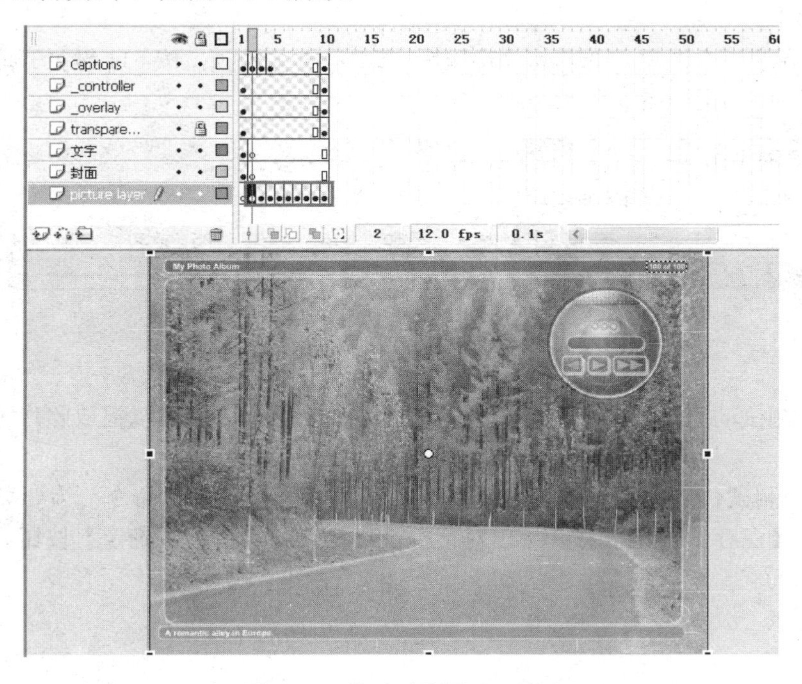

图 1-5-3　修改后的图层及效果

步骤5：在图层的时间轴上第1帧的位置上插入一个空白关键帧。

步骤6：新建一个图层，命名为“封面”，在场景中插入一个矩形，并填充颜色，作为相册的封面，并在该层中输入文字“北方的秋天很美……”，如图1-5-4所示。

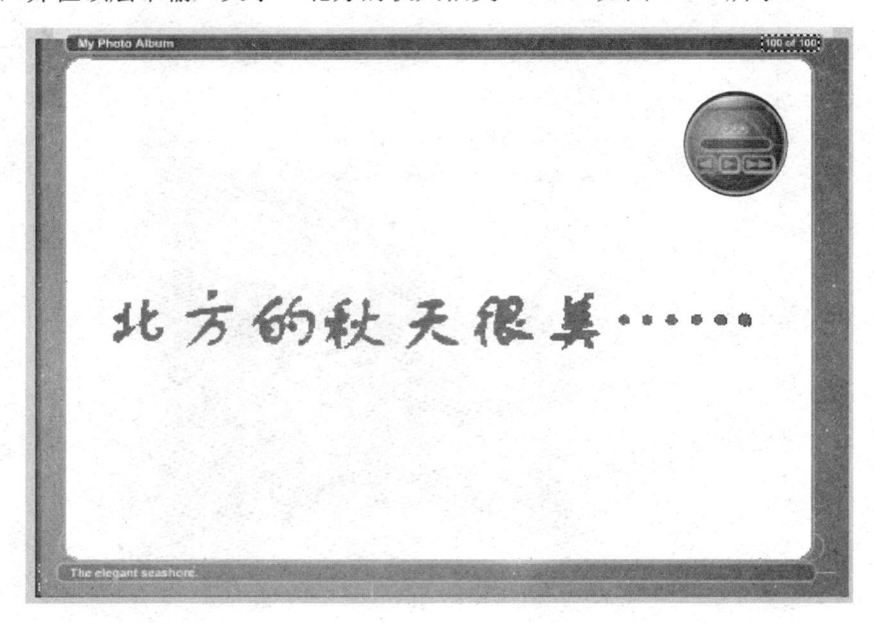

图1-5-4 设计的封面效果

步骤7：准备好一个MP3音乐文件，执行【文件】|【导入】|【到库】命令，将该音乐文件导入到库中。

步骤8：新建一个图层，命名为“音乐”，选中第1关键帧，按F11键打开库，将音乐元件拖入到场景中，如图1-5-5所示。

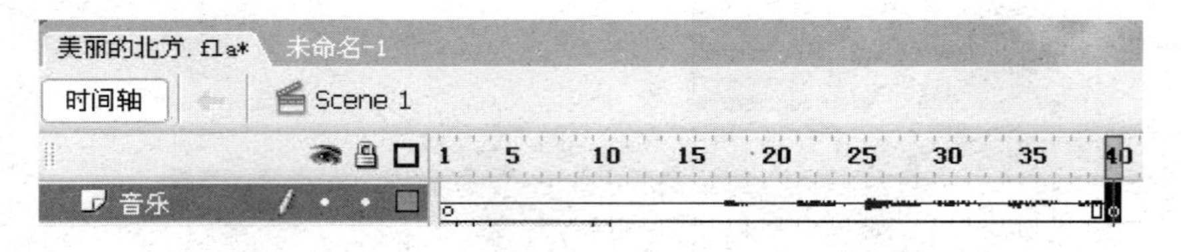

图1-5-5 音乐层

步骤9：测试动画，伴随着音乐声，单击【播放】按钮，就可以播放照片了，效果如图1-5-6所示。

步骤10：测试合格后，执行【文件】|【导出】|【导出影片】命令，为要导出的.swf文件命名，单击【保存】按钮，打开导出对话框，进行设置，单击【确定】按钮。

任务2 新年快乐

【任务描述】

伴随着音乐声音，一幅画轴徐徐展开，出现“新年快乐”4个字，然后从左到右出现打字效果的文字：祝大家龙年快乐，万事如意！

图 1-5-6　动画效果

【任务设计】

（1）导入元件到库。

（2）制作背景图。

（3）制作遮罩。

（4）制作画轴的动画。

（5）添加声音。

【实施方案】

步骤 1：新建文件，设置背景色为“黑色”，将素材“单画轴.jpg”和“双画轴.jpg”导入到库中。

步骤 2：将图层 1 命名为“双卷轴运动”，在第 7 帧的位置插入关键帧，创建补间动画，注意：第 1 关键帧画轴在场景外，第 2 关键帧在场景中间，如图 1-5-7 所示。

步骤 3：新建图层 2，命名为“画”，在第 8 帧的位置上插入空白关键帧，在此关键帧位置将素材图“画.jpg”导入到场景中，如图 1-5-8 所示。

步骤 4：在图层 2 上建立遮罩层，但遮罩打开时，将会看到图层 2 的画，如图 1-5-9 所示。

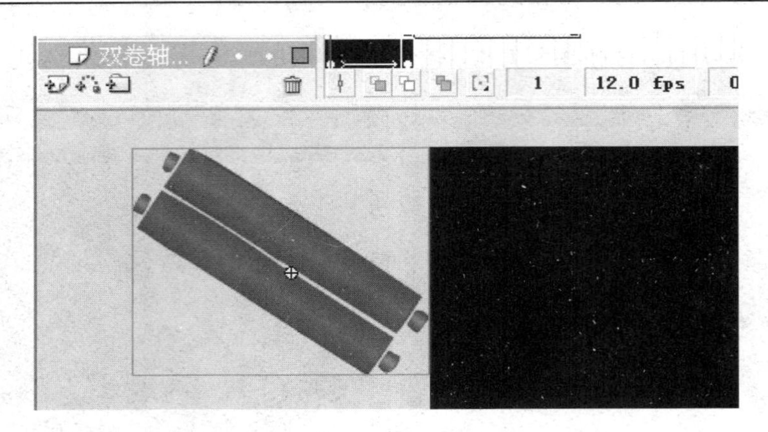

图 1-5-7　场景中的画轴

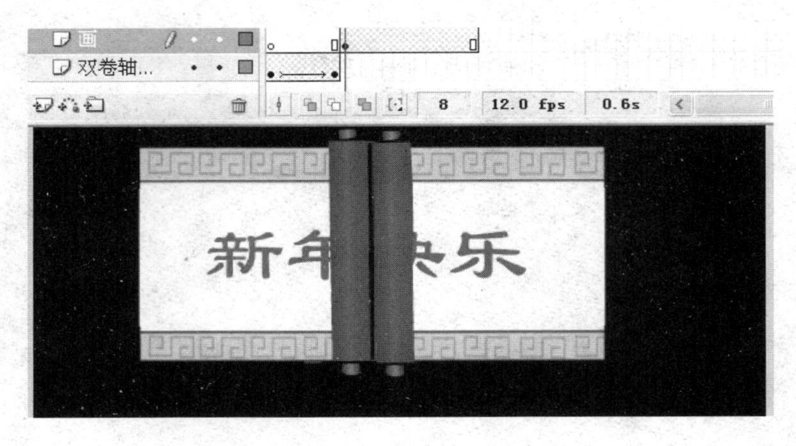

图 1-5-8　第二层中的背景画

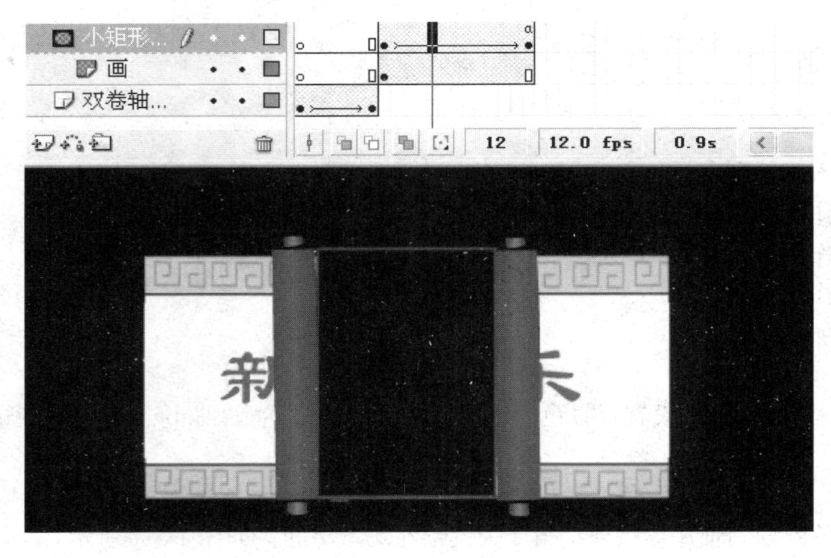

图 1-5-9　遮罩层效果

步骤 5：新建图层，命名为“左运动”，在第 8 帧的位置上插入空白关键帧，在此关键帧位置将素材图“单画轴”拖入到场景中，如图 1-5-10 所示。

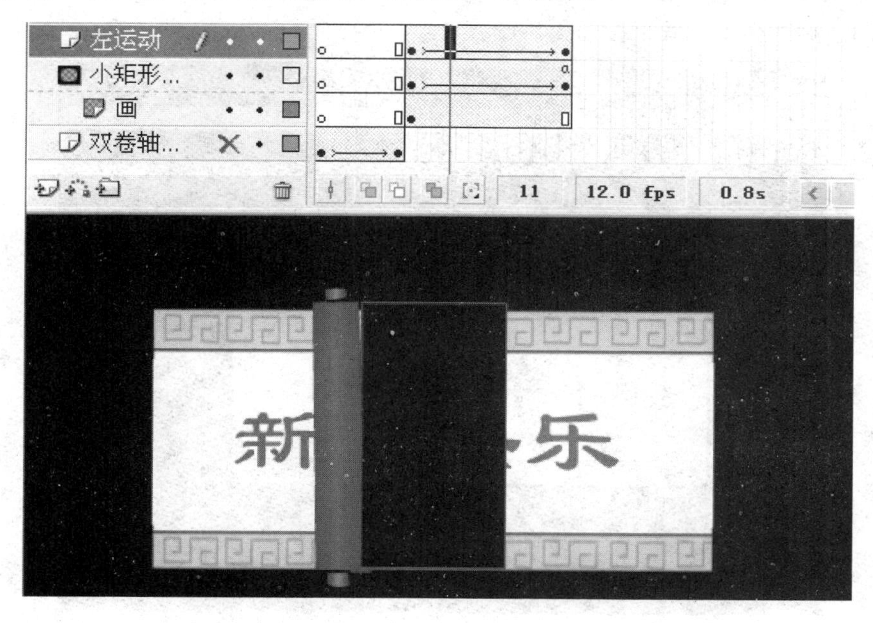

图 1-5-10　左面单画轴的补间动画

步骤 6：在“左运动”图层的第 20 帧的位置上插入关键帧，并将单画轴移到场景的左边，设置补间动画，如图 1-5-11 所示。

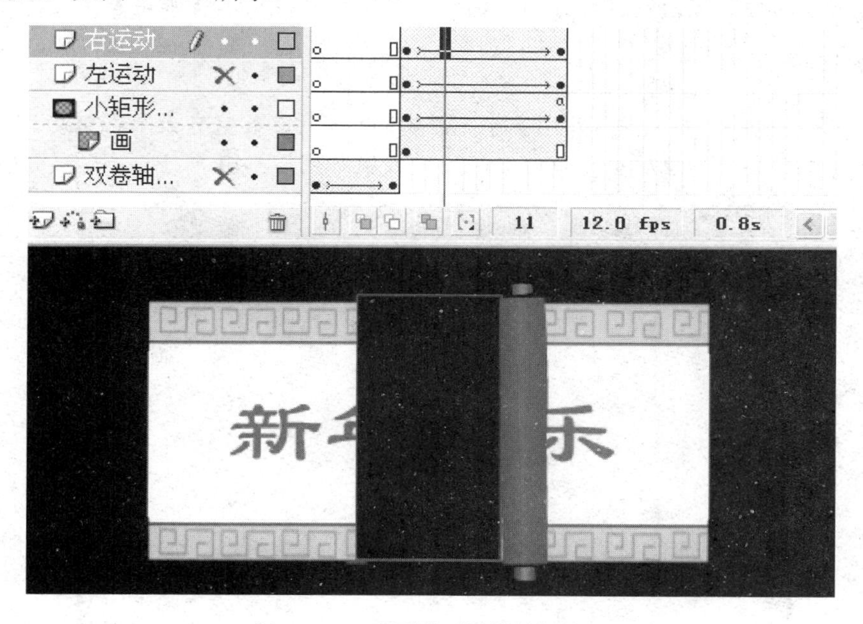

图 1-5-11　右面单画轴的补间动画

步骤 7：重复步骤 5、步骤 6，创建向右运动的画轴的补间动画。

步骤 8：新建图层 6，在第 20 帧的位置上插入空白关键帧，在此位置上将打字的元件拖入场景中。

步骤 9：新建图层 7，在第 1 关键帧的位置上导入“新年快乐.mp3”文件。

步骤 10：测试影片，效果如图 1-5-12 所示。

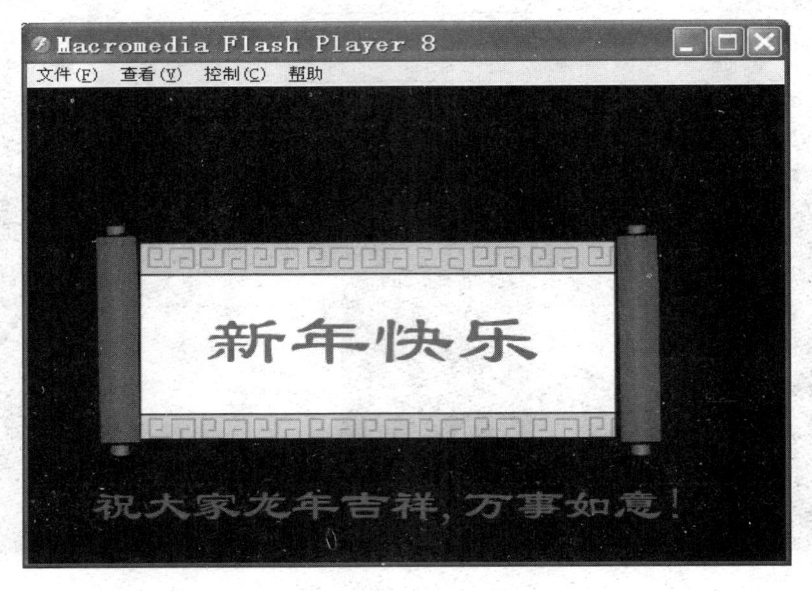

图 1-5-12　动画效果

步骤 11：测试合格后，执行【文件】|【导出】|【导出影片】命令，为要导出的.swf 文件命名，单击【保存】按钮，打开导出对话框，进行设置，单击【确定】按钮。

拓展与提高

任务 1　制作动画“春天到了”。绘制一幅春天的场景，天空有云朵在飘动，蝴蝶在空中飞舞，伴随着声音一只小鸡从鸡蛋中破壳而出，效果如图 1-5-13 所示。

图 1-5-13　任务效果图

（1）绘制一幅春天的图，充当背景。

（2）制作“太阳”影片剪辑元件。

（3）制作“飘动的云朵”影片剪辑元件。

（4）制作“移动的小鸡”影片剪辑元件。

（5）绘制蛋壳。

（6）为小鸡运动添加引导线。

（7）添加声音。

任务 2　制作动画“过年了”，效果如图 1-5-14 所示。

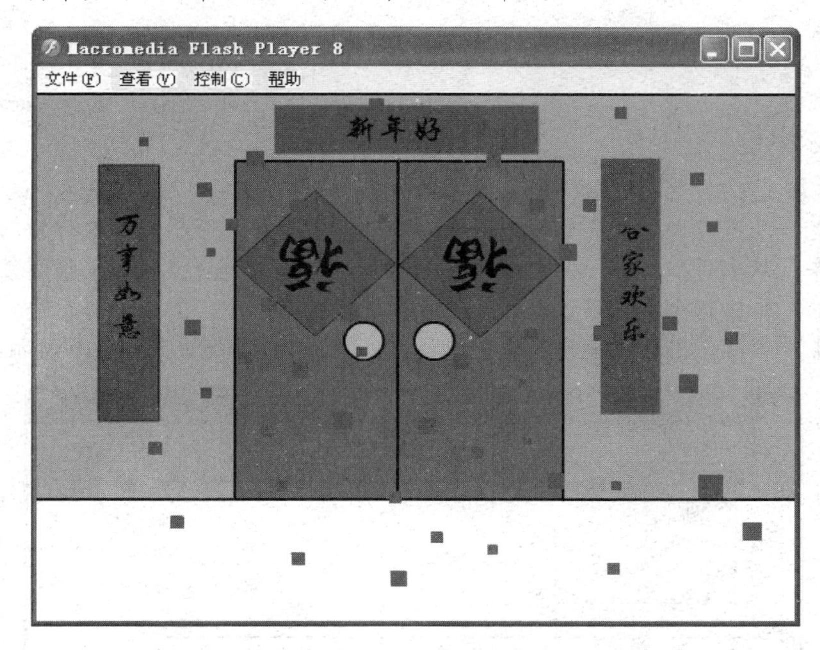

图 1-5-14　动画效果

（1）制作大门移动的补间动画。

（2）制作贴福字的补间动画。

（3）制作爆竹飘落的影片剪辑。

（4）添加声音。

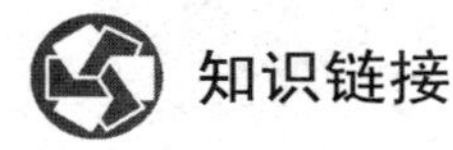

知识链接

1）导入声音

在 Flash 中导入声音的步骤如下。

（1）将声音导入 Flash

在 Flash 中能直接导入的声音文件主要有 WAV 和 MP3 两种格式。导入声音非常简单，只需要执行【文件】|【导入】|【导入到库】命令，选择要导入的声音文件就可以了。

（2）引用声音

将声音从外部导入 Flash 中后，时间轴并没有发生任何变化。必须引用声音文件，声音对象才会出现在时间轴上，才能进一步应用声音。

2）声音的属性设置

通过 Flash 在声音方面的编辑功能，如调整音量，由大变小的制作以及截取音乐片断等来编辑声音。经过编辑，声音与动画会搭配的更加的完美。

选择“声音”图层的第 1 帧，打开属性面板，如图 1-5-15 所示。属性面板中各参数的意义如下。

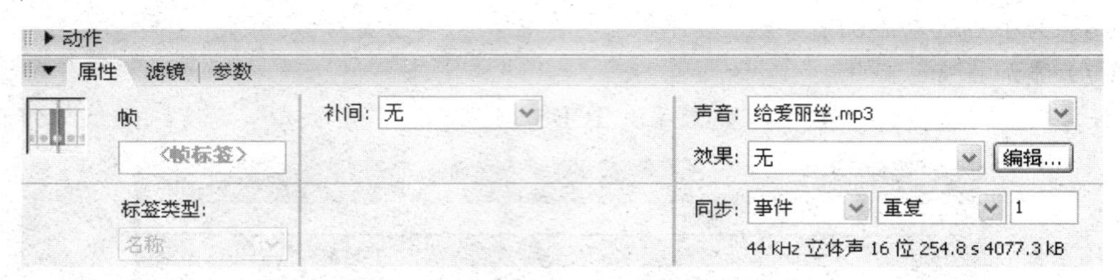

图 1-5-15　声音属性面板

（1）声音。从中可以选择要引用的声音对象，这也是另一个引用库中声音的方法。

（2）效果。从中可以选择一些内置的声音效果，比如让声音淡入、淡出等效果。

（3）编辑。单击这个按钮可以进入到声音的编辑对话框中，对声音进行进一步的编辑。单击【编辑】选项后，出现【编辑封套】对话框，【效果】列表如图 1-5-16 所示。

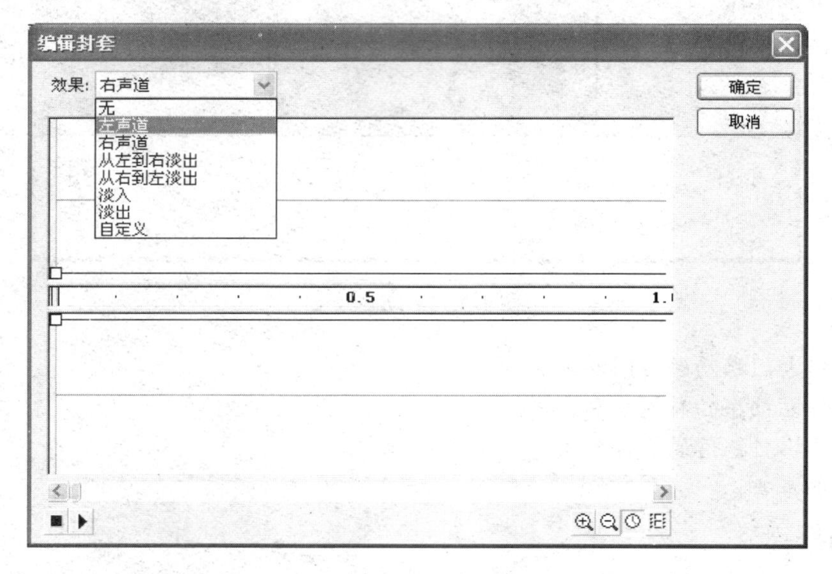

图 1-5-16 【效果】列表

① 无。不对声音文件应用效果，选择此选项将删除以前应用过的效果。

② 左声道 / 右声道。只在左或右声道中播放声音。

③ 从左到右淡出 / 从右到左淡出。会将声音从一个声道切换到另一个声道。

④ 淡入。会在声音的持续时间内逐渐增加其幅度。

⑤ 淡出。会在声音的持续时间内逐渐减小其幅度。

⑥ 自定义。可以使用“编辑封套”创建声音的淡入和淡出点。

（4）同步。可以选择声音和动画同步的类型，默认的类型是“事件”。另外，还可以设置声音重复播放的次数。单击【同步】选项后，【同步】列表如图 1-5-17 所示。

图 1-5-17　设置同步属性

声音的同步标签是设置声音与动画的同步效果。

① 事件。将声音设置为事件，可以确保声音有效地播放完毕，不会因为帧已经播放完而引起音效的突然中断，制作该设置模式后声音会按照指定的重复播放次数一次不漏地全部放完。

② 开始。将音效设定为开始，每当影片循环一次时，音效就会重新开始播放一次，如果影片很短而音效很长，就会造成一个音效未完而又开始另外一个音效，这样音效的混合就乱了。

③ 停止。结束声音文件的播放，可以强制开始和事件的音效停止。

④ 数据流。设置为数据流的时候，会迫使动画播放的进度与音效播放进度一致，如果遇到机器的运行不快，Flash 电影就会自动略过一些帧以配合背景音乐的节奏。一旦帧停止，声音也就会停止，即使没有播放完，也会停止。

3）声音的编辑

在帧中添加声音，或选择一个已添加了声音的帧，打开属性面板，单击【编辑】按钮。弹出“编辑封套”对话框，如图 1-5-18 所示。“编辑封套”对话框分为上下两部分，上面的是左声道编辑窗口，下面的是右声道编辑窗口，在其中可以执行以下操作。

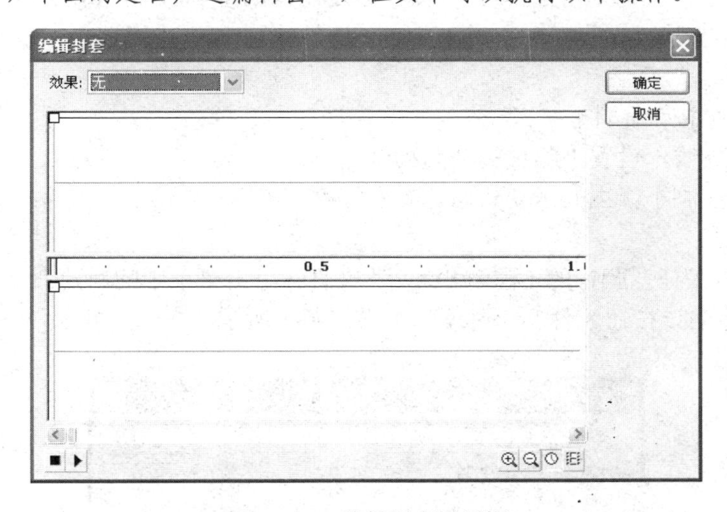

图 1-5-18　编辑封套对话框

（1）要改变声音的起始和终止位置，可拖动声音起点控制轴和声音终点控制轴，调整声音的起始位置。

（2）在对话框中，白色的小方框成为节点，用鼠标上下拖动它们，改变音量指示线垂直位置，这样，可以调整音量的大小，音量指示线位置越高，声音越大，单击编辑区，在单击处会增加节点，用鼠标拖动节点到编辑区的外边。

（3）单击【放大】按钮或【缩小】按钮，可以改变窗口中显示声音的范围。

（4）单击【秒】按钮或【帧】按钮，可以在秒和帧之间切换时间单位。

（5）单击【播放】按钮可以试听编辑后的声音。

项目6　Flash基本交互动画

在Flash的元件中有按钮元件，图形元件和影片剪辑元件，根据不同用途都是在动画制作中经常使用到的元件，按钮元件是网页和动画中经常使用的基本元素。对动画的交互式控制，都是通过各种形式的按钮元件并借助Flash的脚本语言完成。本项目主要介绍Flash的按钮元件的制作方法以及按钮元件在动画中的应用。通过几个由浅入深，各具代表性的案例的创建，使初学者掌握Flash按钮及其交互动画的制作方法。

【能力目标】

（1）熟悉按钮的制作。

（2）掌握交互动画的基本设计方法。

（3）了解按钮在交互动画中的作用。

（4）了解简单的函数的用法。

任务1　受控制的小瓢虫

【任务描述】

按钮是针对鼠标交互操作的，在“按钮元件”上设置不同的动画控制指令，如“暂停”、“前进”、“后退”来控制动画的播放。本任务通过制作两个play和stop两个“按钮元件”来控制小瓢虫元件的播放。

【任务设计】

（1）创建2个按钮元件。

（2）绘制引导线，设置小瓢虫的补间动画。

（3）用按钮控制小瓢虫的运动状态。

【实施方案】

步骤1：打开“任意爬行的七星瓢虫.swf”文件，单击菜单中的新建命令，在对话框中选择“按钮”，并命名该按钮元件为“play”，如图1-6-1所示。

图1-6-1　创建按钮元件

步骤 2：在按钮编辑状态，看到时间轴上有 4 帧，如图 1-6-2 所示。

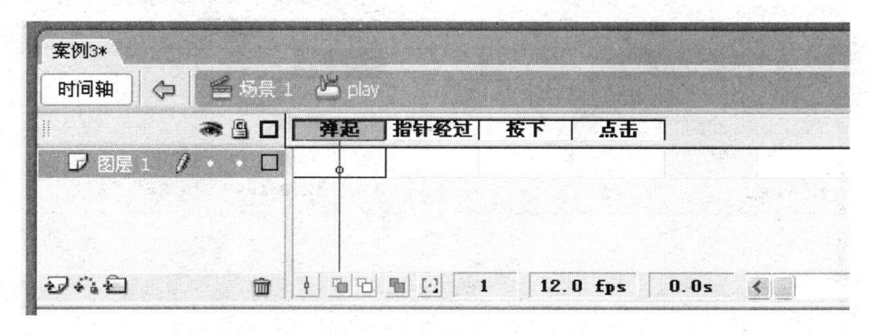

图 1-6-2　按钮的 4 个帧

"弹起"帧代表的是按钮的初始状态；"指针经过"帧代表鼠标的指针在按钮上停留的状态；"按下"帧代表鼠标的指针在按钮上单击的状态；"点击"帧用来设置鼠标动作的感应区。

步骤 3：选中"弹起"帧，用椭圆工具画一个圆，将颜色填充为绿色，如图 1-6-3 所示。

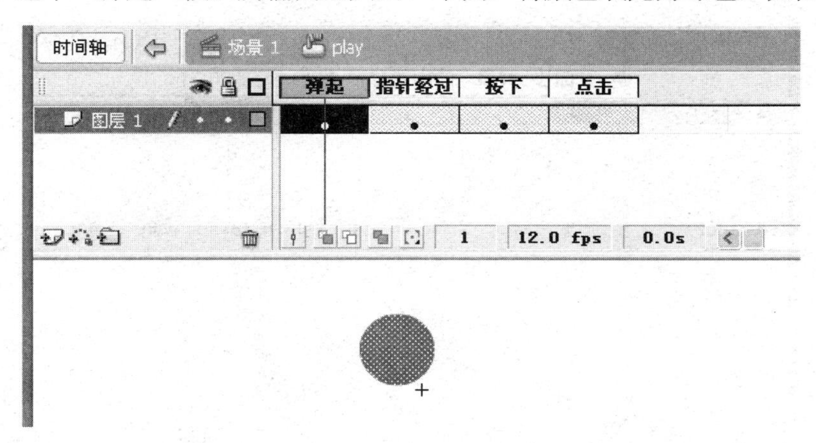

图 1-6-3　设计"弹起"帧

步骤 4：选中【指针经过】，指针在按钮上停留的状态设置为蓝色，如图 1-6-4 所示。

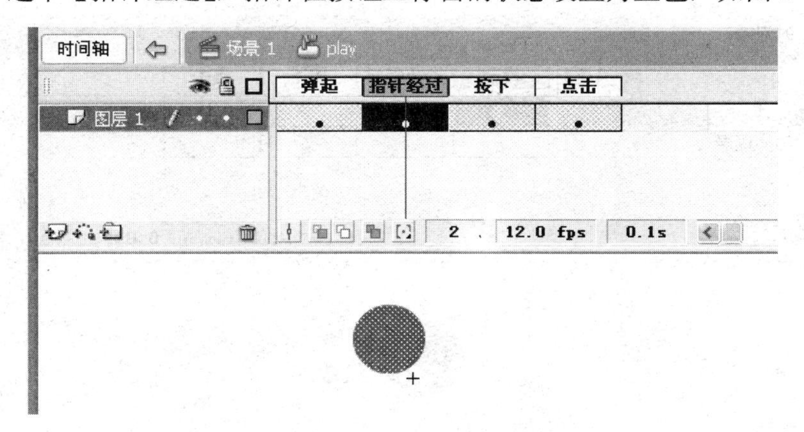

图 1-6-4　设计"指针经过"帧

步骤 5：选中"按下"帧，指针在按钮上单击的状态设置为黄色，如图 1-6-5 所示。

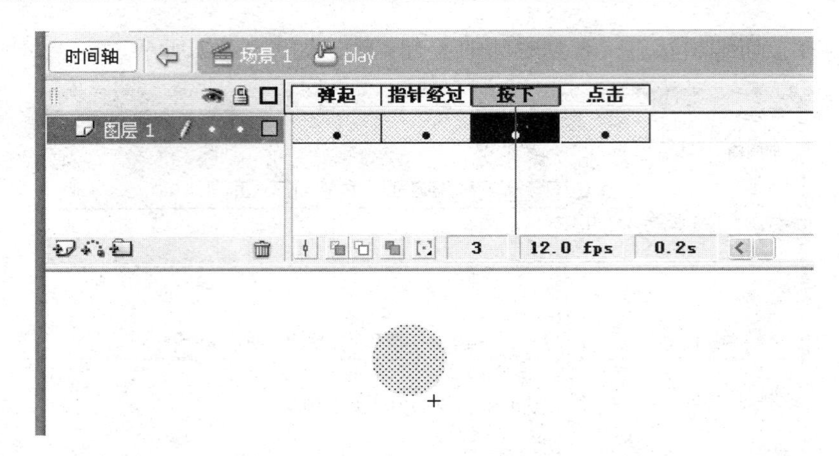

图 1-6-5　设计“按下”帧

步骤 6：在“点击”帧插入帧，使鼠标动作的感应区也为黄色，如图 1-6-6 所示。

图 1-6-6　设计“点击”帧

步骤 7：插入一个新层，用文本工具输入“play”，如图 1-6-7 所示。

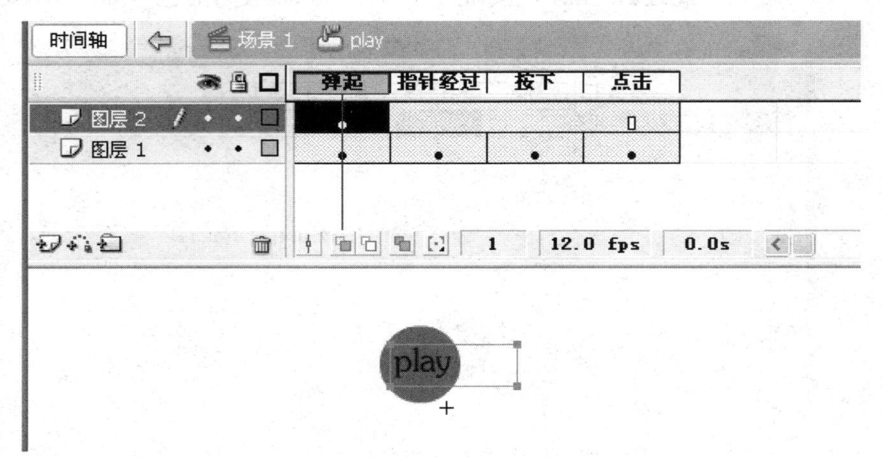

图 1-6-7　插入新层输入文字

步骤 8：用同样的方法再制作一个按钮元件，如图 1-6-8 所示。

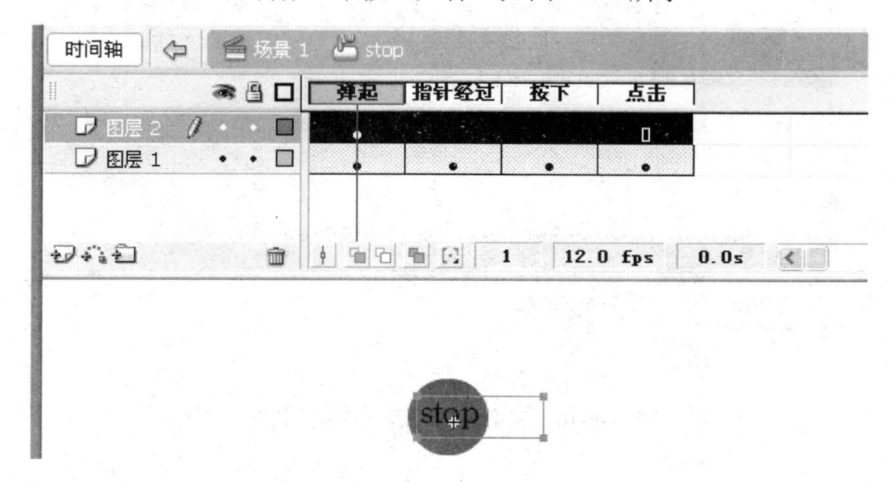

图 1-6-8　制作 stop 按钮

至此就制作好了“play”和“stop”两个按钮元件，在下一任务中就要利用这两个按钮元件控制小瓢虫的爬行。

步骤 9：返回到场景编辑状态，插入一个新层，命名为按钮，将两个按钮拖入到场景中，如图 1-6-9 所示。

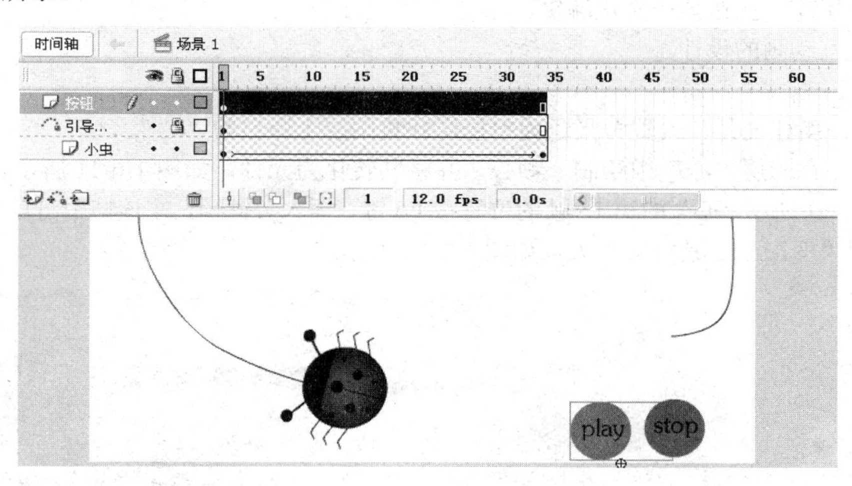

图 1-6-9　将按钮拖拽至场景中

步骤 10：选中“小虫”层的第 1 帧，单击动作面板，编写代码为“stop()”，如图 1-6-10 所示。

步骤 11：选择“play”按钮，单击动作面板，编写代码“on(press){play();}”。

步骤 12：选择“stop”按钮，单击动作面板，编写代码“on(press){stop();}”。

步骤 13：测试动画，将会看到七星瓢虫在按钮的控制下爬行。

步骤 14：测试合格后，执行【文件】|【导出】|【导出影片】命令，为要导出的 swf 文件命名，单击【保存】按钮，打开导出对话框，进行设置，单击【确定】按钮。

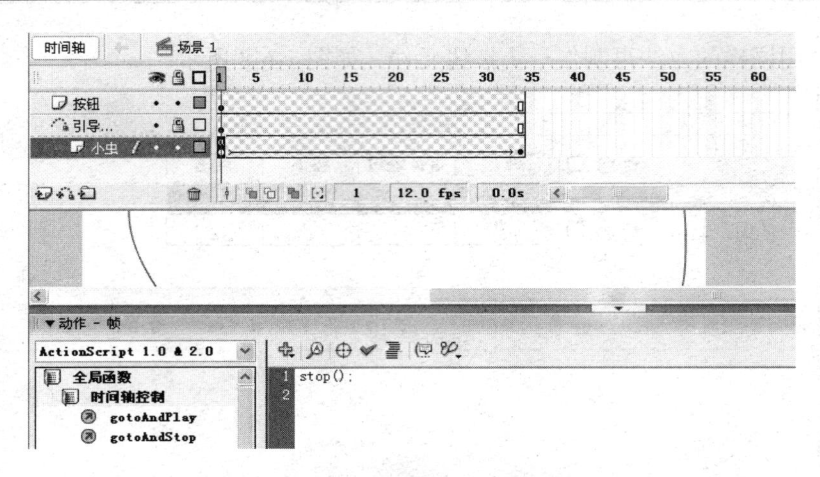

图 1-6-10　为小瓢虫的第一帧编写代码

任务 2　驿动的心

【任务描述】

本任务制作一个交互动画，利用公用库快速创建个性按钮，控制动画的播放。

【任务设计】

（1）Flash 公用按钮库。

（2）公用库中按钮的个性化编辑。

（3）交互动画的设计。

【实施方案】

步骤 1：新建文件，设置背景色为粉色，并将图层 1 命名为“心”。

步骤 2：在图层“心”中绘制一颗心，并将其转化为元件，如图 1-6-11 所示。

步骤 3：在图层“心”的第 15 帧的位置按 F6 键，插入关键帧，在该帧中将场景中的“心形”元件用“变形”工具将其扩大，如图 1-6-12 所示。

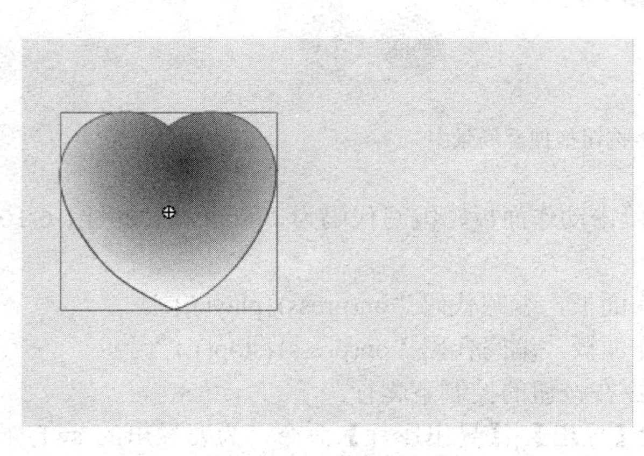

图 1-6-11　绘制图形

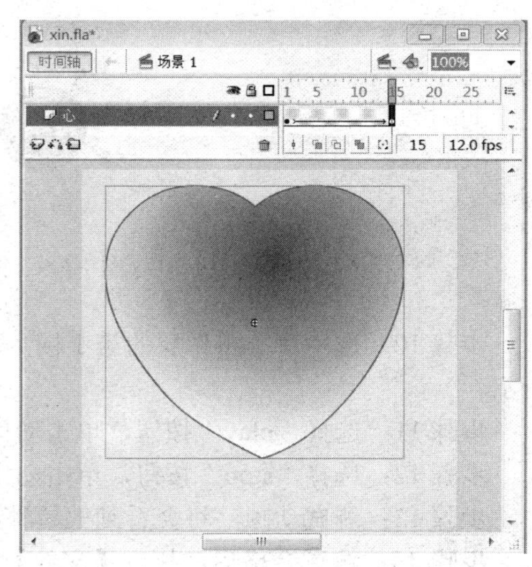

图 1-6-12　在第 2 关键帧扩大心形

步骤 4：在图层“心”的第 30 帧的位置按 F6 键，插入关键帧，在该帧中将场景中“心形”元件缩小至第一帧大小，位置同第一帧，如图 1-6-13 所示，测试动画，可以看到一颗不断驿动的心。

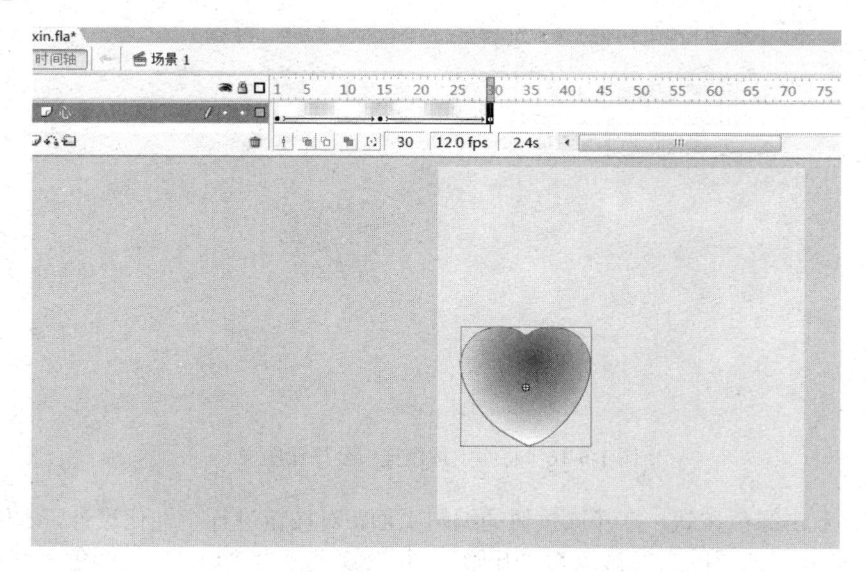

图 1-6-13 在第 3 个关键帧回复心形的大小

利用公用库快速创建个性化按钮。

步骤 5：插入一个新层，命名为按钮，执行【窗口】|【公用库】|【按钮】命令，如图 1-6-14 所示，打开如图 1-6-15 所示的按钮库。

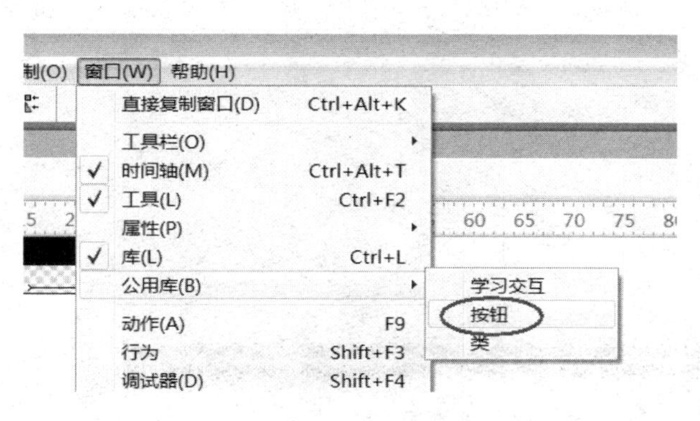

图 1-6-14 打开按钮库

图 1-6-15 按钮库

步骤 6：在按钮库中选择两个自己喜欢的按钮样式，将其拖拽至场景中，本例中选择 buttons oval，也就是橄榄形的按钮，如图 1-6-16 所示。

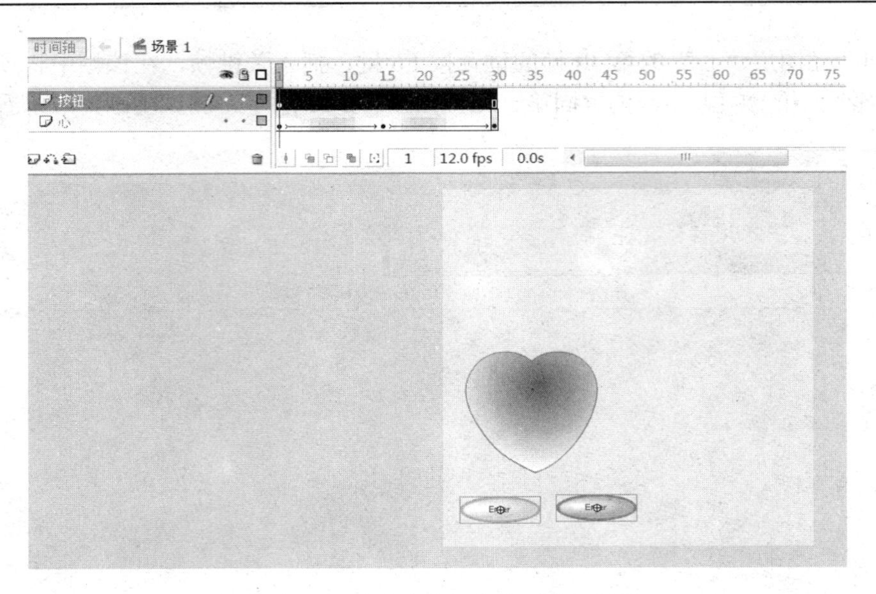

图 1-6-16　将库中按钮拖拽至按钮图层

步骤 7：双击绿色按钮，打开该按钮的编辑页面，对按钮进行个性化设计，本例中将 text 图层解锁，将 text 图层的文字修改为“开始”，并设置字体为“14 号”，颜色“红色”，如图 1-6-17 所示。

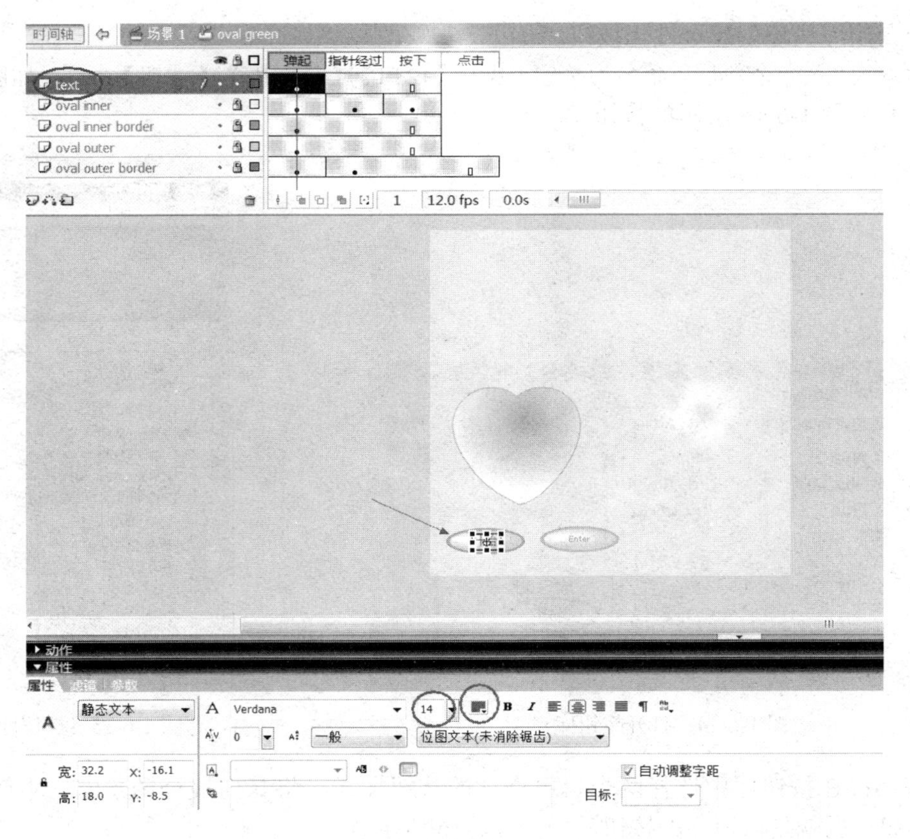

图 1-6-17　对绿色按钮进行个性化设置

步骤 8：类似的操作方法对红色按钮进行个性化设计，将 text 图层的文字修改为“停止”，并设置字体为 14 号，颜色绿色，如图 1-6-18 所示。

步骤 9：单击【开始】按钮，单击动作面板，编写代码 on(release){play();}，即在释放该按钮时执行 play 操作。

步骤 10：单击【停止】按钮，单击动作面板，编写代码 on(release){stop();}，即在释放该按钮时执行 stop 操作。

步骤 11：测试动画，将会看到心在按钮的控制下跳动。

步骤 12：测试合格后，执行【文件】|【导出】|【导出影片】命令，为要导出的 swf 文件命名，单击【保存】按钮，打开导出对话框，进行设置，单击【确定】按钮。

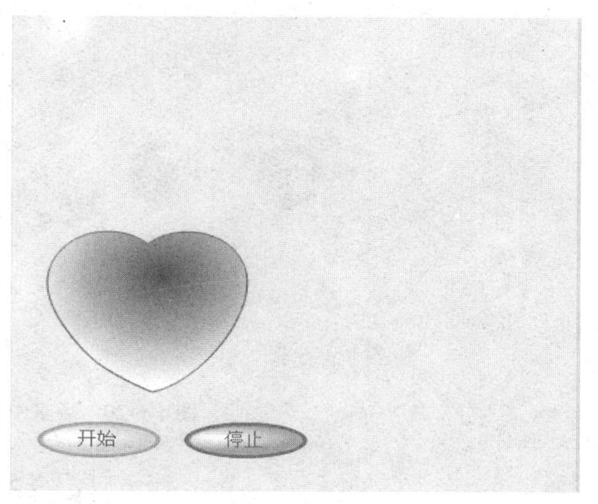

图 1-6-18　对红色按钮进行个性化设置

任务 3　简易计算器

【任务描述】

Flash 中的文本分为静态文本、动态文本和输入文本 3 种，之前使用的都是静态文本，本案例通过制作一个简易的计算器学习动态文本和输入文本的应用。

【任务设计】

（1）输入静态文本、输入文本、动态文本。

（2）制作文本框。

（3）添加脚本。

【实施方案】

步骤 1：新建 Flash 文档，设置画布大小为 550×400。

步骤 2：将“图层 1”重命名为“背景”，执行【文件】|【导入】|【导入到舞台】命令，将背景图片导入，并转换为图形元件“背景”，在属性面板上将透明度 Alpha 值设置为“50%”。如图 1-6-19 所示。

图 1-6-19　设置图片的颜色

步骤 3：新建 4 个按钮元件，分别为“加”、“减”、“乘”、“除”。

步骤 4：新建图层，并重命名为“按钮”，将“加”、“减”、“乘”、“除” 4 个按钮实例摆放在舞台上，效果如图 1-6-20 所示。

步骤 5：新建图层，并重命名为“文字”，输入所有文本，如图 1-6-21 所示。

步骤 6：新建图层，并重命名为“文本框”，选择文本工具，在属性面板中文本类型项选择“输入文本”。在文本“输入 a”后面绘制一个文本框，在属性面板上设置变量为“a”，类似的，在“输入 b”后面绘制一个文本框，将变量名设为“b”，效果如图 1-6-22 所示。

图 1-6-20　场景中的 4 个按钮元件

图 1-6-21　在场景中输入文本

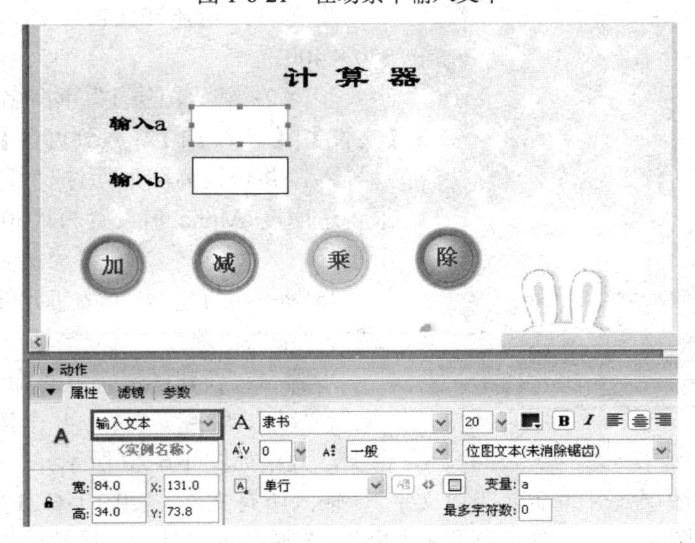

图 1-6-22　创建输入文本框

步骤 7：选择文本工具，在属性面板中文本类型项选择“动态文本”，在“结果”后面绘制一个文本框，在属性面板上将变量设置为“result”，效果如图 1-6-23 所示。

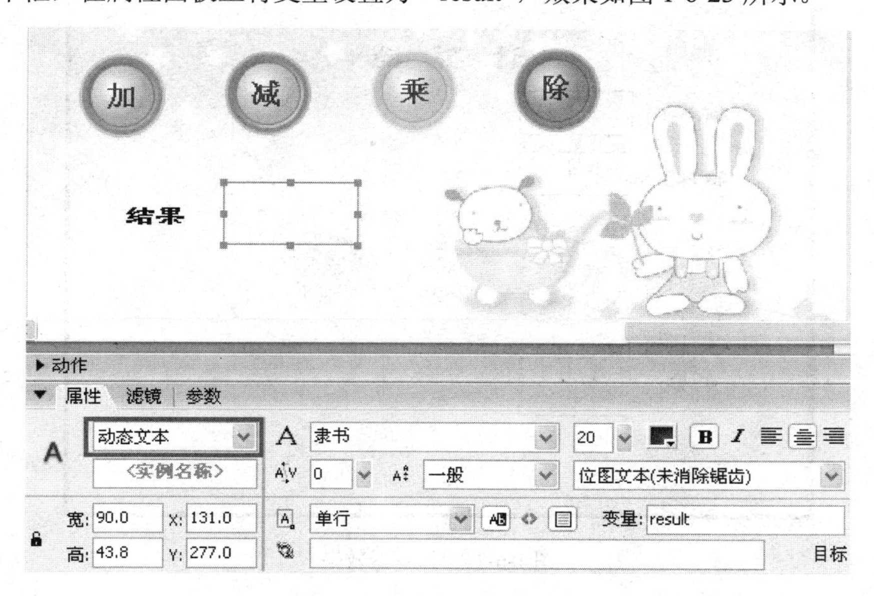

图 1-6-23　创建动态文本框

步骤 8：在“加”按钮上添加代码。

```
on(release){
        result=Number(a)+Number(b);
}
```

步骤 9：在其他 3 个按钮元件上添加代码。

在“减” 按钮实例上添加代码。

```
on(release){
        result=Number(a)–Number(b);
}
```

在“乘” 按钮实例上添加代码。

```
on(release){
        result=Number(a)*Number(b);
}
```

在“除” 按钮实例上添加代码。

```
on(release){
        result=Number(a)/Number(b);
}
```

步骤 10：分别选择变量 a 与 b 的文本框，在属性面板上单击“嵌入”按钮，打开“字符嵌入”对话框，选择“数字 0…9（11 字型）”，并在“包含这些字符”文本框中输入“.”，这样就只允许在文本框中输入数字和小数点了。

步骤 11：测试动画，将会看到如图 1-6-24 所示的简易计算器。

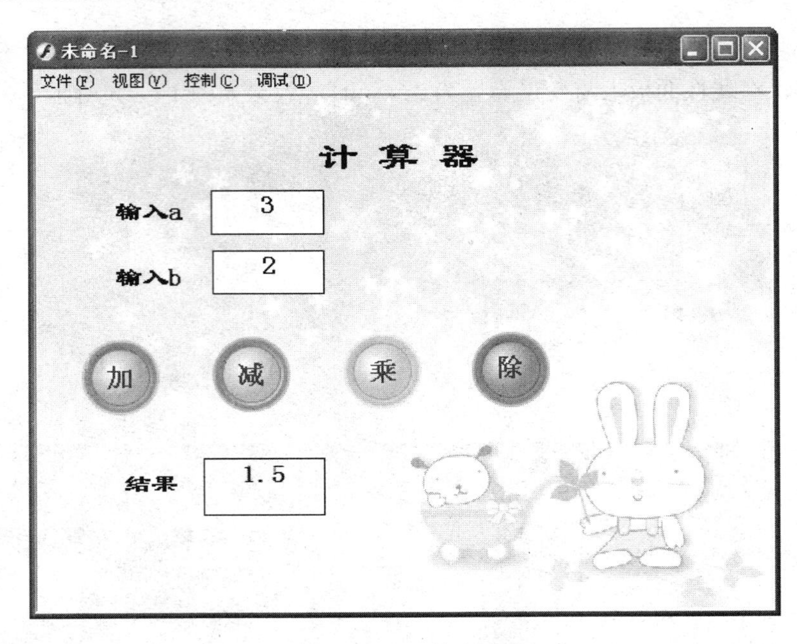

图 1-6-24 计算器效果

步骤 12：测试合格后，执行【文件】|【导出】|【导出影片】命令，为要导出的 swf 文件命名，单击【保存】按钮，打开导出对话框，进行设置，单击【确定】按钮。

任务 4 小虫吃蛋糕

【任务描述】

创建一个交互动画，在一个有蛋糕的场景中用鼠标拖拽蚂蚁，当接触到蛋糕时，显示特殊文字效果。

【任务设计】

（1）制作影片剪辑元件。

（2）给影片剪辑实例命名。

（3）在按钮上添加脚本。

【实施方案】

步骤 1：新建文档，设置舞台大小为 515×422，执行【文件】|【导入】|【导入到舞台】命令，将做蛋糕卡通背景图导入到舞台中。

步骤 2：新建影片剪辑元件“蚂蚁”，注意元件的居中对齐，绘制一个蚂蚁形状，效果如图 1-6-25 所示。

步骤 3：新建按钮元件“蛋糕”，执行【文件】|【导入】|【导入到库】命令，将背景图导入库中，然后将背景图拖拽到“弹起”帧上，按 Ctrl+B 键将图片分离，然后用套索工具选取蛋糕部分图案，按 Ctrl+X 键将蛋糕图案剪切到剪贴板，选择剩余图案部分，将其删除，再将剪贴板上的蛋糕图案粘贴到弹起帧，放置到中心位置，效果如图 1-6-26 所示。

步骤 4：新建影片剪辑元件“文字”，制作文本“蛋糕真好吃”在 20 帧内分离的效果，并在最后一帧上添加动作“stop ( );”，使得文字动画在执行一次后自动停止，效果如图 1-6-27 所示。

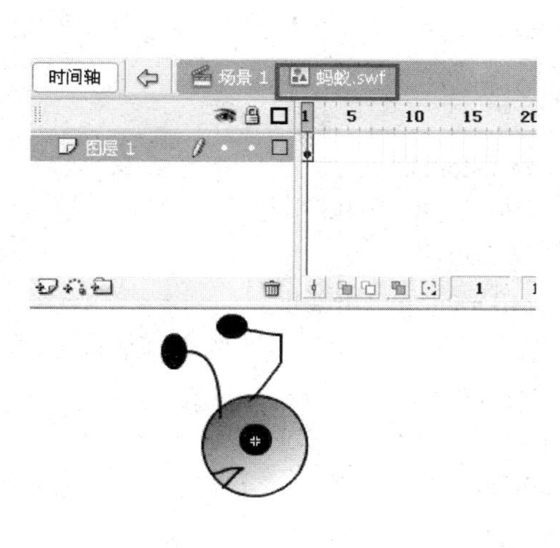

图 1-6-25　创建影片剪辑元件“蚂蚁”

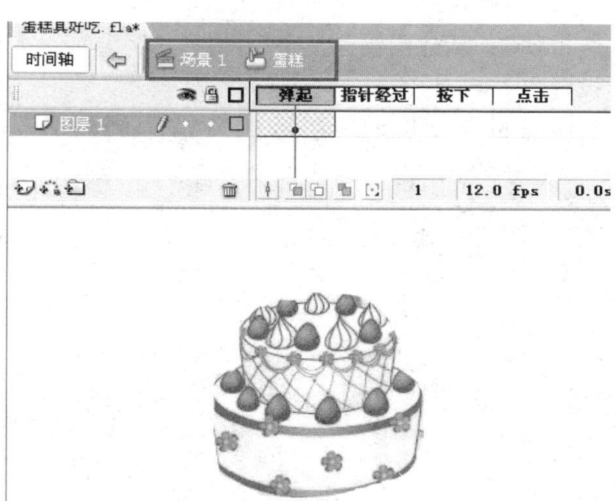

图 1-6-26　创建按钮元件

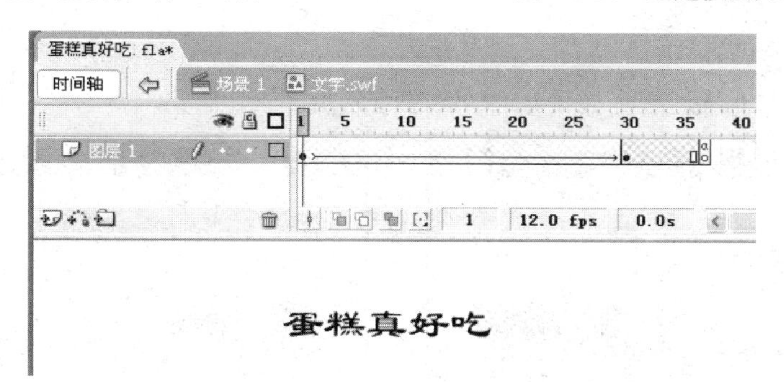

图 1-6-27　创建文字元件

步骤 5：回到“场景 1”，将“图层 1”重命名为“蛋糕”，将按钮元件“蛋糕”实例放在舞台上，调整按钮元件的大小和位置，使其与舞台图案中的蛋糕重合，如图 1-6-28 圆圈中所示部分。

步骤 6：新建图层“蚂蚁”，将“蚂蚁”元件实例放在舞台上，如图 1-6-29 所示，并在属性面板上将实例名称设置为“my”。

图 1-6-28　拖入场景中的按钮

图 1-6-29　拖入场景中的影片剪辑元件“蚂蚁”

步骤 7：新建图层“文字”，将“文字”元件实例放在舞台上，并在属性面板上将实例名称设置为“word”。

步骤 8：在“蛋糕”层第 1 帧添加代码。

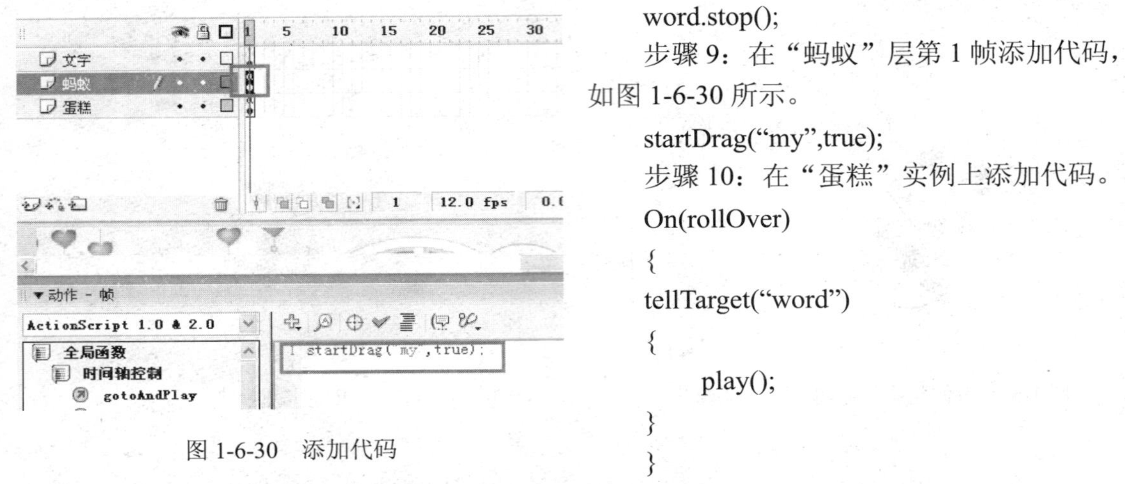

图 1-6-30　添加代码

```
word.stop();
```

步骤 9：在“蚂蚁”层第 1 帧添加代码，如图 1-6-30 所示。

```
startDrag("my",true);
```

步骤 10：在“蛋糕”实例上添加代码。

```
On(rollOver)
{
tellTarget("word")
{
    play();
}
}
```

步骤 11：测试动画，动画效果如图 1-6-31 所示。

图 1-6-31　动画运行效果

步骤 12：测试合格后，执行【文件】|【导出】|【导出影片】命令，为要导出的 swf 文件命名，单击【保存】按钮，打开导出对话框，进行设置，单击【确定】按钮。

任务 5　变色的香蕉

【任务描述】

创建一个交互动画，通过点击不同颜色的按钮使香蕉变成对应的颜色。

【任务设计】

（1）创建颜色按钮。

（2）为按钮添加动作。

（3）填充图层颜色。

【实施方案】

步骤 1：新建 Flash 文档，修改场景的宽度、高度，如图 1-6-32 所示。

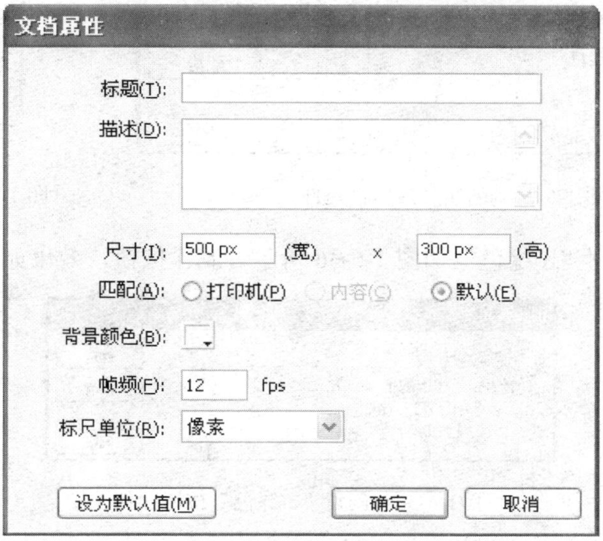

图 1-6-32　设置文档属性

步骤 2：将文件“香蕉轮廓.png”导入到库（png 格式的图片文件可以设置为背景色透明），如图 1-6-33 所示。

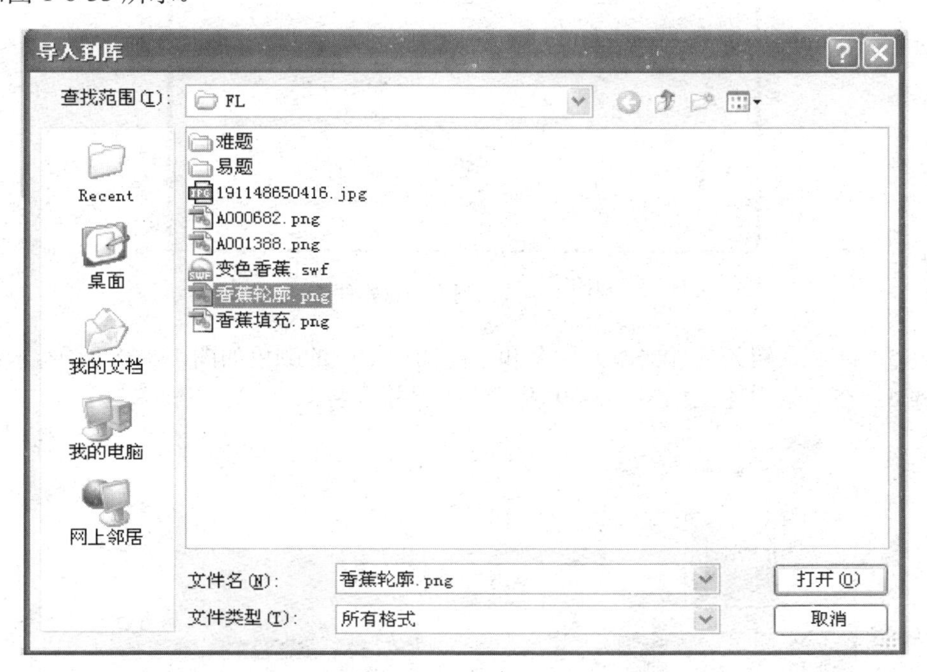

图 1-6-33　导入香蕉轮廓图

步骤 3：创建影片剪辑“m-香蕉轮廓”，如图 1-6-34 所示，把刚才导入的图片加进来，并设置为水平、垂直居中如图 1-6-35 所示。

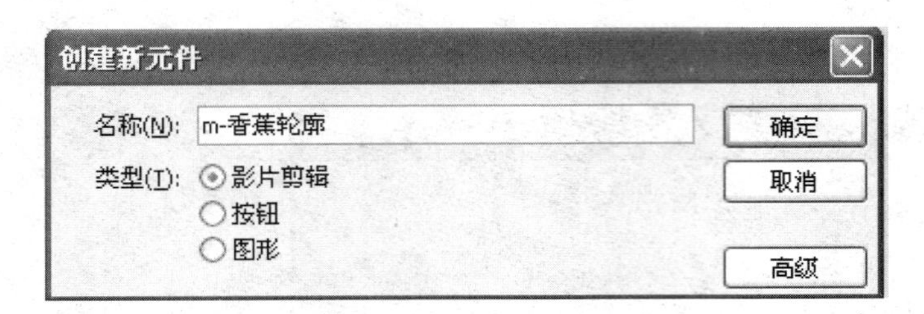

图 1-6-34 创建影片剪辑元件

图 1-6-35 香蕉元件效果图

步骤 4：创建按钮“b-绿色”如图 1-6-36 所示，制作按钮，效果如图 1-6-37 所示。

图 1-6-36 创建“b-绿色”按钮元件

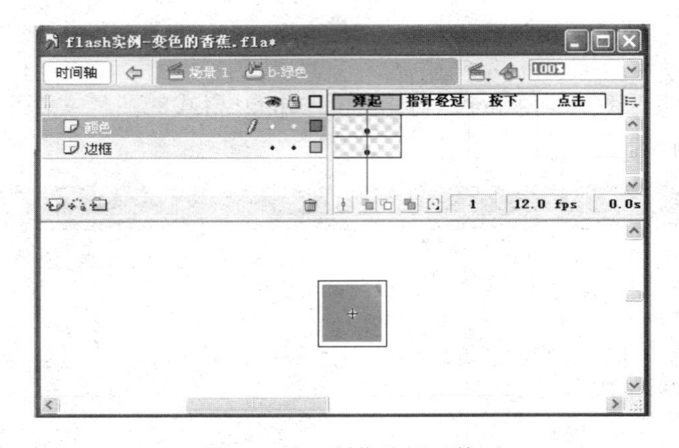

图 1-6-37 制作按钮元件

步骤 5：复制按钮元件并修改元件名和上面图层矩形的颜色如图 1-6-38 所示。

步骤 6：在场景中建立如图 1-6-39 所示的图层并命名。

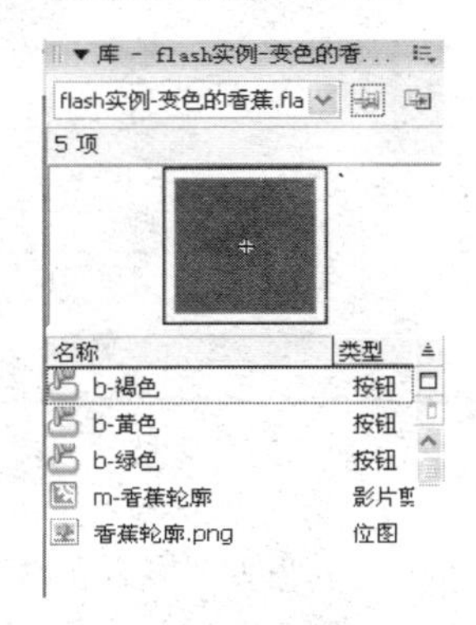

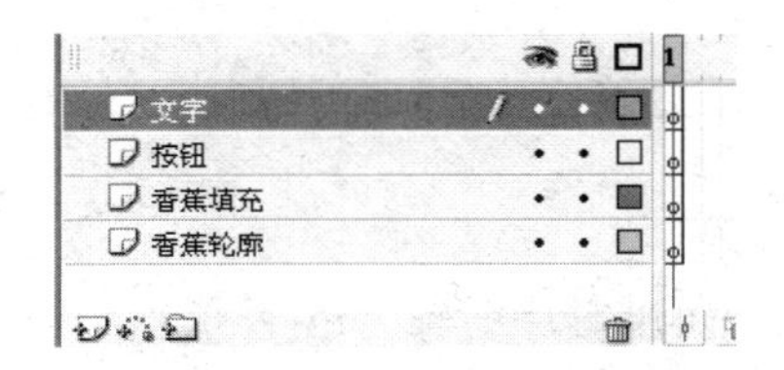

图 1-6-38 制作褐色按钮元件

图 1-6-39 新建文字图层

步骤 7：把标题文字、m-香蕉轮廓以及 3 个按钮分别拖拽到对应图层如图 1-6-40 所示。

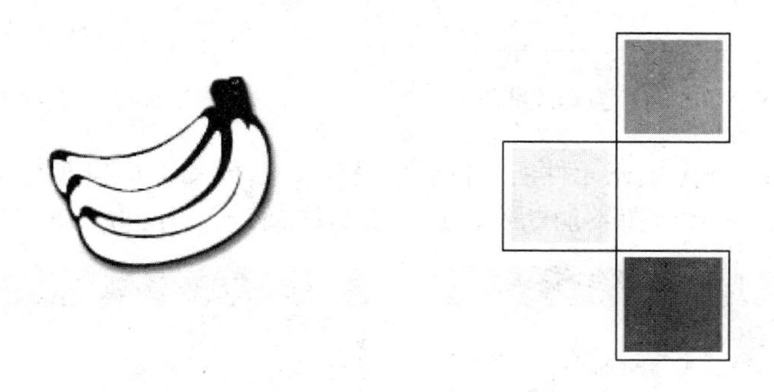

图 1-6-40　场景效果

步骤 8：在“香蕉填充”图层绘制灰色填充，能够遮住香蕉轮廓中白色的区域，如图 1-6-41 所示。

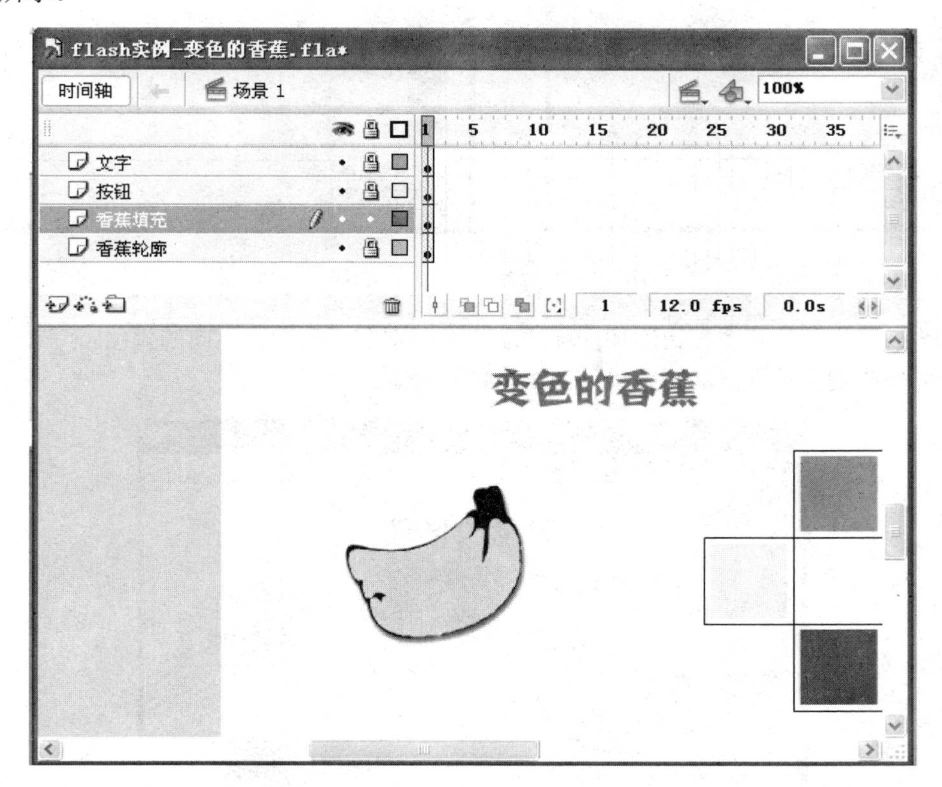

图 1-6-41　填充香蕉轮廓

步骤 9：选择灰色填充，转换为影片剪辑元件“m-香蕉填充”如图 1-6-42 所示。

步骤 10：在场景中选择 m-影片剪辑，修改实例名称为“banana”，如图 1-6-43 所示。

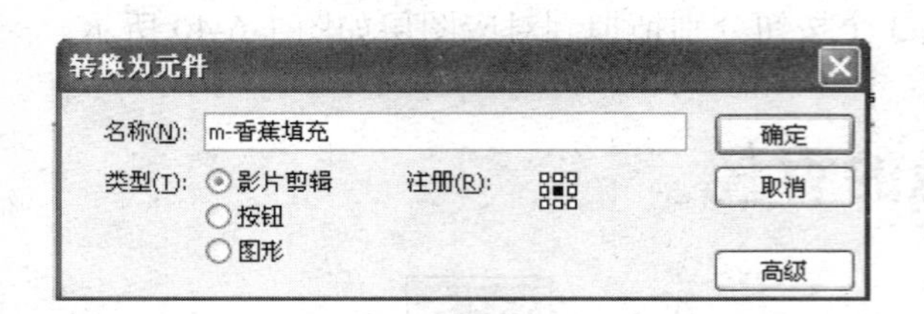

图 1-6-42　将灰色填充转换为影片剪辑元件

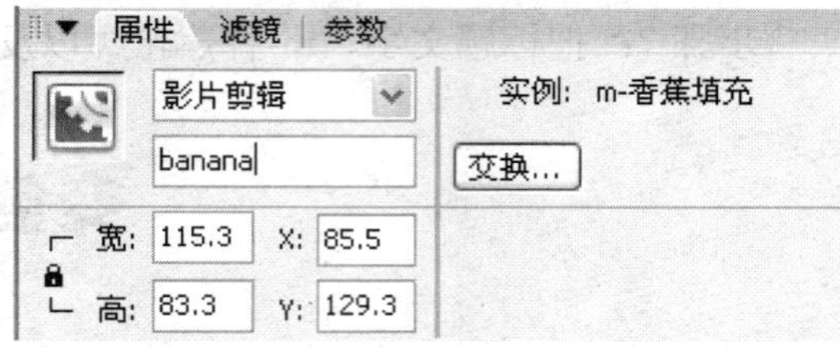

图 1-6-43　将实例命名为“banana”

步骤 11：为 m-香蕉填充元件所在的帧添加动作，如图 1-6-44 所示。

步骤 12：为 b-绿色按钮添加动作，如图 1-6-45 所示，“0x00cc66”是按钮所对应的绿色。

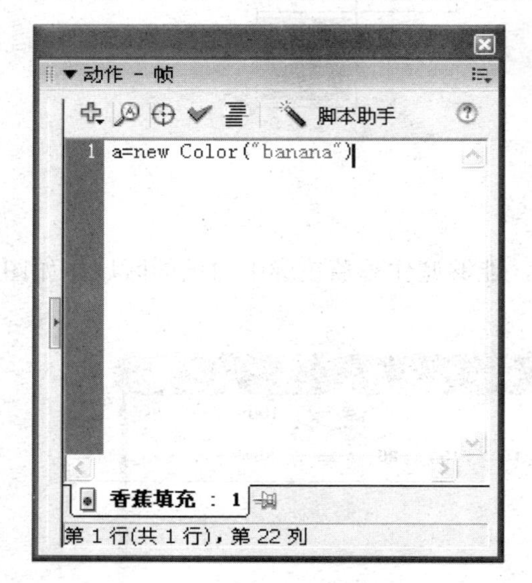

图 1-6-44　为“m-香蕉填充”元件添加动作

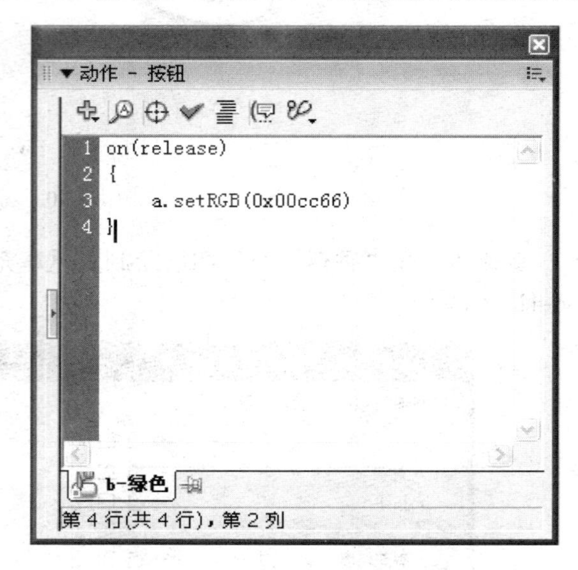

图 1-6-45　为绿色按钮添加动作

步骤 13：为另外两个按钮添加同样的动作，区别在于要设置不同的颜色。

步骤 14：测试动画，动画效果如图 1-6-46 所示。

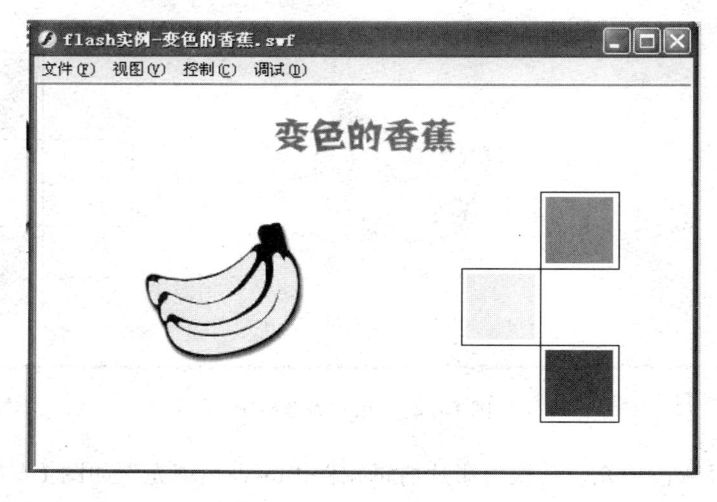

图 1-6-46　动画运行效果

任务 6　本溪风光

【任务描述】

创建一个交互动画，通过点击不同图片按钮使对应的风光图片展示在舞台中。

【任务设计】

（1）使用图片创建按钮。

（2）为按钮添加动作。

（3）设计图片展示过程的动画

【实施方案】

步骤 1：新建 Flash 文档，如图 1-6-47 所示，设置文档属性中的尺寸和帧频。

步骤 2：建立如图 1-6-48 所示的图层并命名。

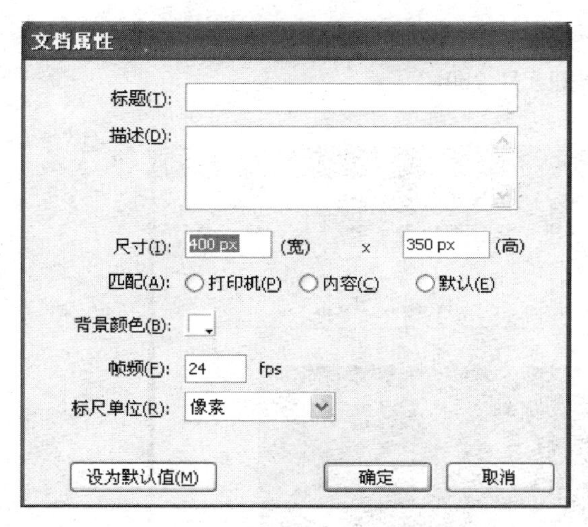

图 1-6-47　设置文档尺寸和帧频

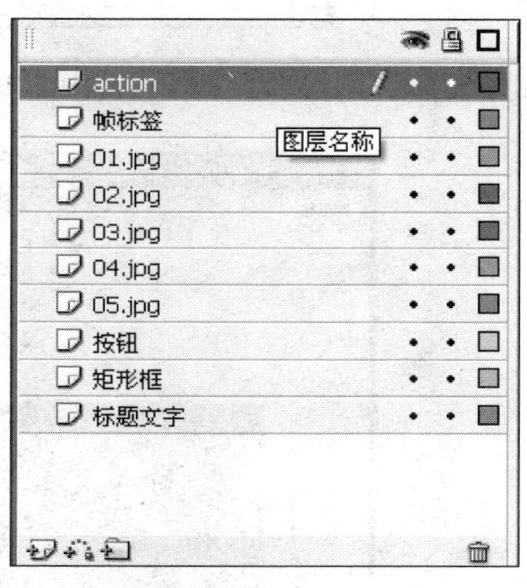

图 1-6-48　建立图层并命名

步骤 3：在“标题文字”图层中输入标题，在“矩形框”图层绘制 5 个矩形，效果如图 1-6-49 所示。

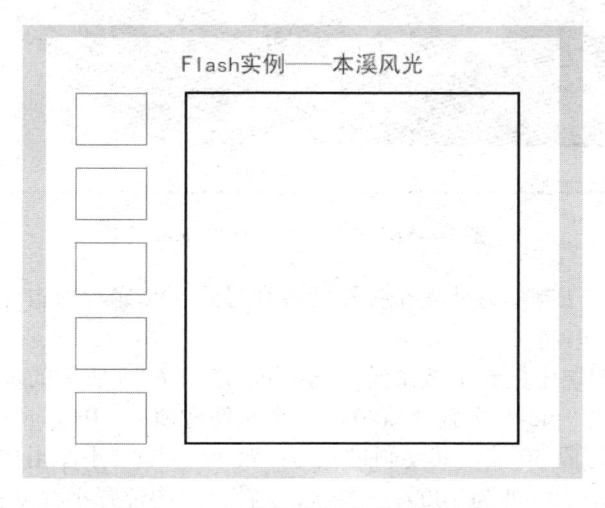

图 1-6-49　绘制标题文字和 5 个矩形

步骤 4：导入图片到库，使用图片制作按钮元件“b01”和影片剪辑元件“pic-01”，效果如图 1-6-50 和图 1-6-51 所示。

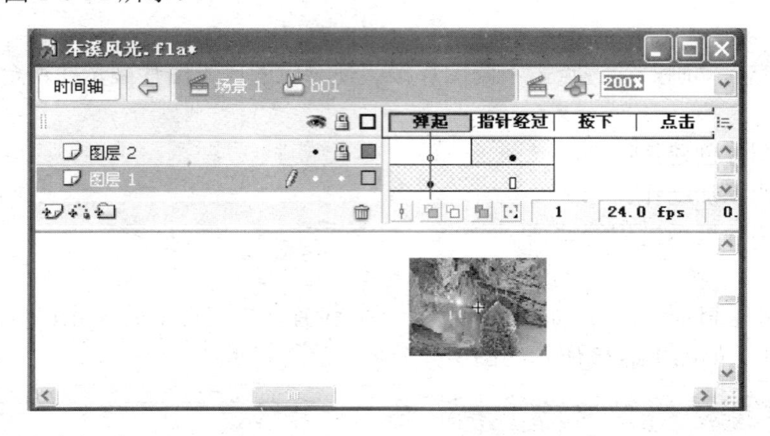

图 1-6-50　按钮元件“b01”

图 1-6-51　影片剪辑元件“pic-01”

步骤 5：同样的方法制作另外 4 个按钮元件和另外 4 个影片剪辑元件，最后在库中包括如图 1-6-52 所示的元件。

步骤 6：在按钮图层中把 5 个按钮元件拖拽到如图 1-6-53 所示的位置。

步骤 7：分别在把“pic-01”到“pic-05”5 个元件拖拽到“01.jpg”到“05.jpg”5 个图层中，创建补间动画，每段 30 帧，其动画过程为：第 1～5 帧（小图由按钮处移动到大矩形框右下角，同时透明度由 20%变为 100%）；第 6、7 帧（小图位置小幅度变化，产生图片急停、启动的效果)；第 7～13 帧（小图从右下角移动到上方，同时变为大图)；第 14、15 帧（大图位置小幅度变化，产生急停的效果)；第 15 帧状态保持到第 30 帧，在第 31 帧的位置插入空白帧。最后把图层“02.jpg”中的帧向后移动 30 帧，图层“03.jpg”中的帧向后移动 60 帧，依次类推，图层“05.jpg”的动作帧移动到 120 帧，最后效果如图 1-6-54 所示。

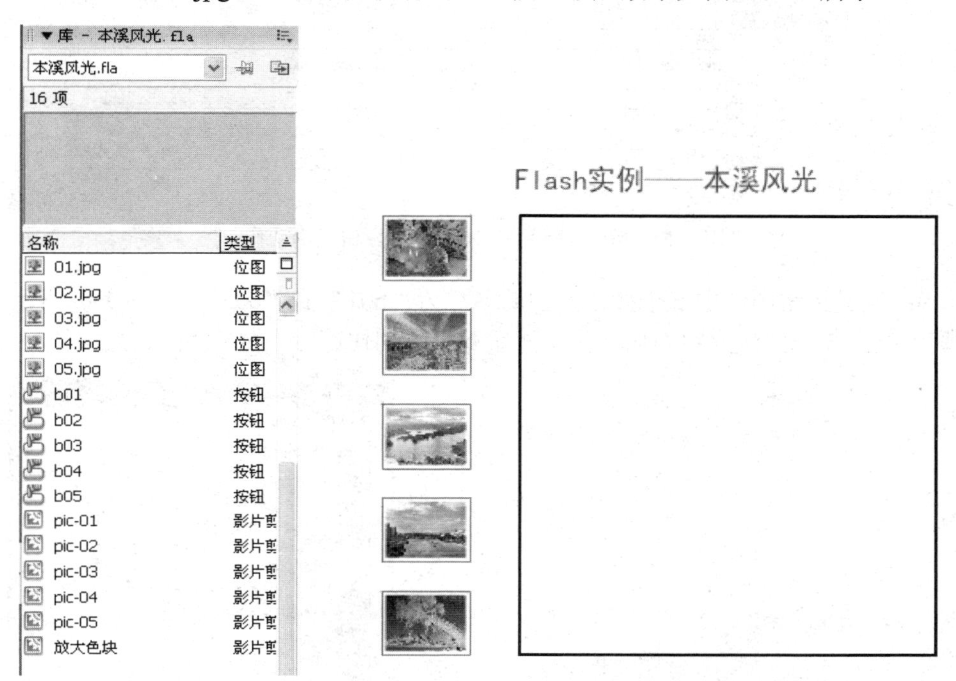

图 1-6-52　库中包含的元件　　　　图 1-6-53　摆放 5 个按钮元件

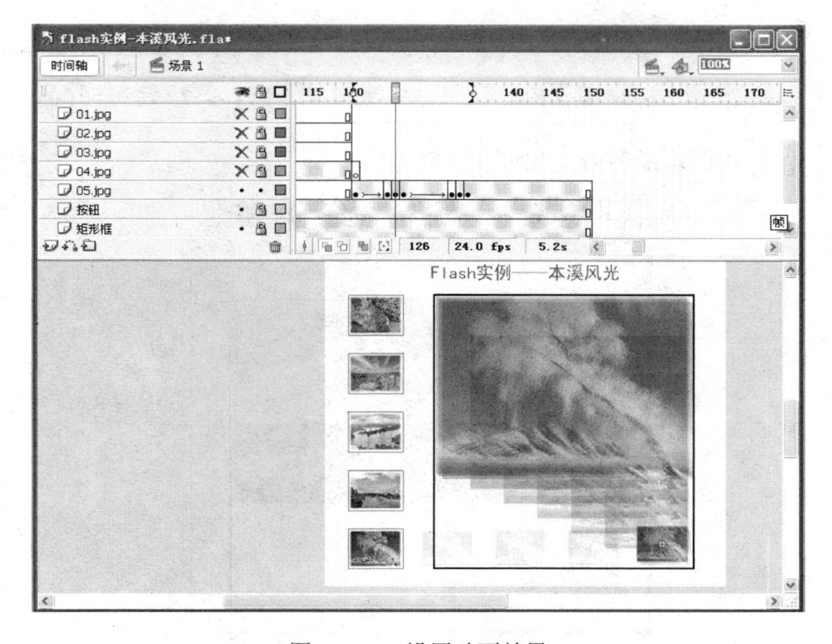

图 1-6-54　设置动画效果

步骤 8：在“帧标签”图层的第 2、31、61、91、121 帧的位置分别插入空白关键帧，设定其帧标签为“01”到“05”。在“action”图层中的第 30、60、90、120、150 帧的位置分别插入关键帧，为其添加 stop 动作。效果如图 1-6-55 所示。

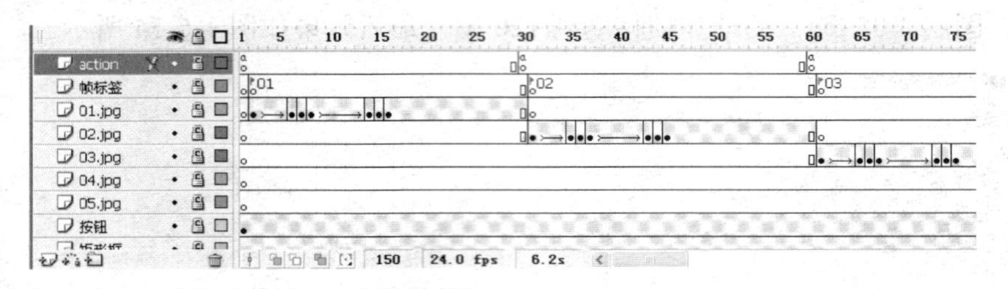

图 1-6-55　在“帧标签”图层加入空白帧及动作

步骤 9：改变按钮图层中 5 个按钮元件的名称为“b01”到“b05”，如图 1-6-56 所示。

步骤 10：为 5 个按钮分别添加动作，按钮 b01 的动作如图 1-6-57 所示。

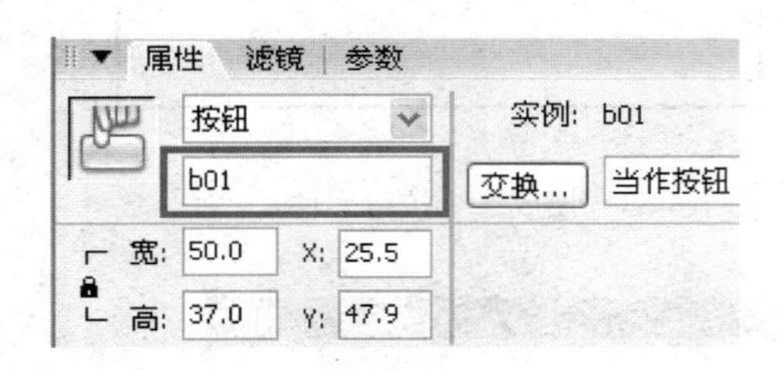

图 1-6-56　改变按钮元件的名称

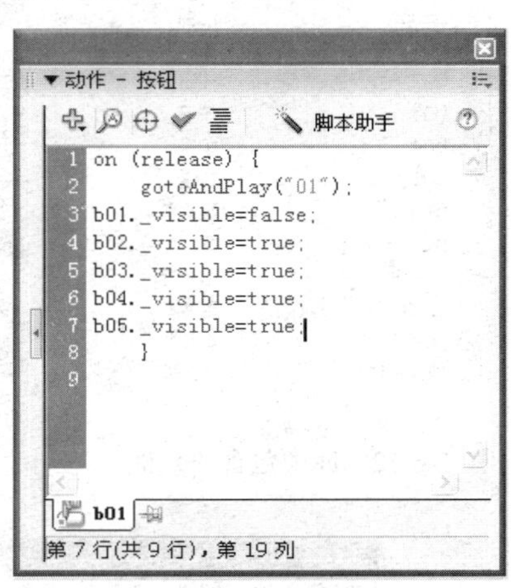

图 1-6-57　按钮 b01 的动作

步骤 11：保存文件，最后效果如图 1-6-58 所示。

图 1-6-58　动画运行效果

拓展与提高

任务 为服装更换色彩，当单击按钮时，服装的颜色将变成按钮的颜色，效果如图 1-6-59 所示。

（1）制作背景。

（2）制作不同颜色的按钮。

（3）在按钮上添加代码。

图 1-6-59 任务效果图

知识链接

（1）ActionScript 脚本语言

Flash 内嵌的脚本语言 ActionScript 不仅能够轻松实现网络前端的交互、整合外部的图形、音频和视频等多媒体元素，而且通过与后台的脚本语言，例如 ASP、JSP、PHP 等结合进行网络前端和后台的数据通信与处理。

（2）动作面板简介

脚本程序只捆绑在关键帧、按钮和影片剪辑的实例上，选中了关键帧、按钮或者影片剪辑的实例时，选择“窗口—动作”或按 F9 键或右击某帧，在弹出的快捷菜单中选择“动作”，就可以打开如图 1-6-60 所示的动作面板添加动作脚本。

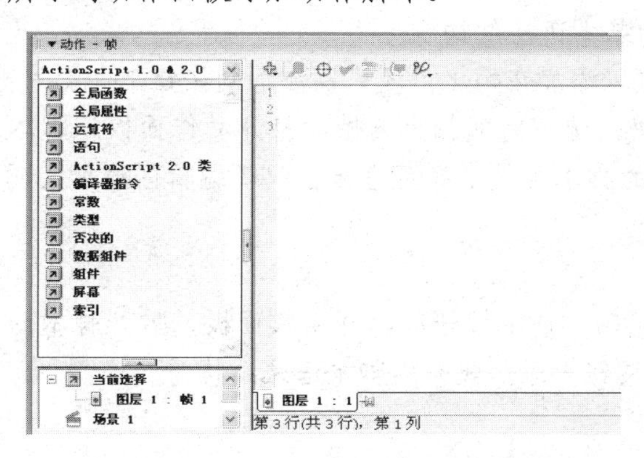

图 1-6-60 动作面板

不同版本 Flash 的脚本函数有所不同。程序代码列表区把所有的脚本函数列为目录树的形式，单击目录树，可以展开子目录树，再单击还可以展开，直到看到带图标的函数语句。双击或用鼠标拖动都可以将函数语句拖到程序代码编辑区，也可以直接在程序代码编辑区中编写程序代码。

（3）动作面板的使用

动作面板有专家模式和脚本助手两种模式。执行以下操作之一，可以添加动作脚本。

① 直接拖动左侧程序代码区代码；

② 双击代码；

③ 单击【增加】按钮（+）；

④ 在专家模式下，在编辑区直接输入代码。

（4）脚本助手

对于使用 ActionScript 的新手，或者那些希望无需学习 ActionScrip 语言及其语法就能添加简单交互性的用户，选择使用【脚本助手】有助于更轻松地向 Flash 文档中添加 ActionScript。

若要用“脚本助手”编写 ActionScript，可以在动作面板左侧双击某一函数名后，单击【脚本助手】按钮，进入“脚本助手”模式，如图 1-6-61 所示，在脚本助手的参数区更改该代码的参数。

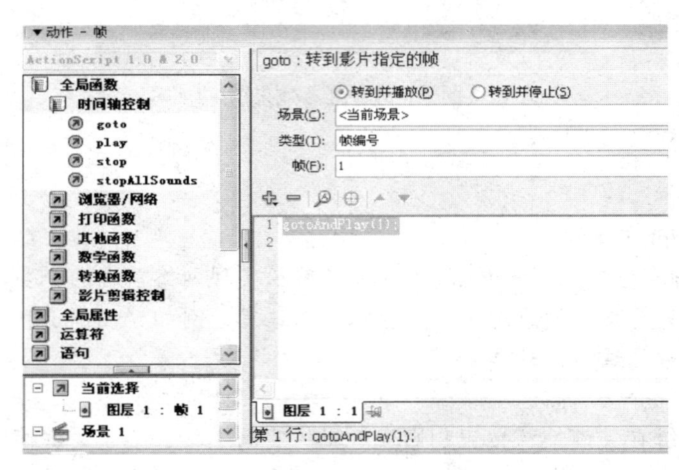

图 1-6-61 脚本助手参数设置

（5）ActionScript 的基本语法结构

Flash 的脚本语句可以添加在帧上，还可以添加到按钮上和影片剪辑上。

① 在帧上添加代码。选中时间轴上的帧，打开动作面板。脚本助手模式下，双击动作面板中“动作工具箱”中的脚本函数，即可直接在代码编辑区添加代码。在帧上添加代码的脚本语法格式为

函数语句;

② 在按钮上添加代码。选中按钮，打开动作面板，展开脚本助手，双击程序代码列表中的脚本函数，可见在按钮上添加代码的脚本语法结构为

```
on(release){
 函数语句;
```

}

③ 在影片剪辑上添加代码。选中影片剪辑，打开动作面板，展开脚本助手，双击程序代码列表中的脚本函数，可见在影片剪辑上添加代码的脚本语法结构为

onCfipEvem(load){

函数语句;

}

（6）基本脚本函数

使动画播放或停止是常见的动画控制，把实现这些功能的函数语句归为基本函数语句，见表 1-6-1。

表 1-6-1　基本脚本函数

函数语句	功　能
gotoAndStop()	播放头到某一帧并停止
gotoAndPlay()	播放头到某一帧并播放
nextFrme()	跳到下一帧并播放
nextSeene()	跳到下一场景并播放
play()	播放
stop()	停止
prevFrame()	跳到前一帧并停止
prevScene()	跳到前一场景并播放
stopAllSounds(i)	停止播放动画中所有声音

上面函数语句中的 gotoAndStop()和 gotoAndPlay()有参数，其他的没有参数。gotoAndStop()和 gotoAndPlay()的语法很相似，以 gotoAndStop()为例说明如下:

语法: gotoAndStop([scene]，frame)

参数说明:

scene: 一个字符串，指定播放头要转到其中的场景的名称，是可选参数。

frame: 表示播放头转到的帧编号的数字，或者表示播放头转到的帧标签的字符串。

例如:

gotoAndStop(“newFrame”);　　　//跳到当前场景帧标签为“newFrame”的帧

gotoAndStop(“sceneTwo”，1);　　//跳到“sceneTwo”场景中的第 1 帧

（7）按钮的函数语句

按钮必须是通过鼠标和键盘的操作来触发捆绑在按钮上的脚本代码。鼠标或键盘对按钮的执行动作过程称为事件。比如鼠标按下一个按钮的过程就是一个事件，释放按钮又是一个事件。这些事件用脚本代码表示见表 1-6-2。

表 1-6-2　按钮事件函数

事件模型	函　数
鼠标按下	on(press)
鼠标按下后释放	on(release)
鼠标在按钮上滑动	on(rollover)

续表

事件模型	函　数
鼠标滑出按钮	on(rollout)
鼠标释放并停在按钮外	on(releaseoutside)
鼠标拖动并在按钮上滑动	on(dragover)
鼠标拖动并滑出按钮	on(dragout)
键盘控制按钮	on(keyPress)

选中要捆绑脚本代码的按钮，打开按钮动作脚本面板，可以直接在代码编辑区书写脚本，也可以展开脚本函数的目录树到“全局函数／影片剪辑控制”，可以看到执行按钮事件的函数语句 on，双击 on 函数语句，在右侧的代码编辑区就可以出现按钮的全部事件模型，如图 1-6-62 所示，可以根据需要进行选择。选好某一事件类型后，就可以在程序代码的花括号内写入代码。

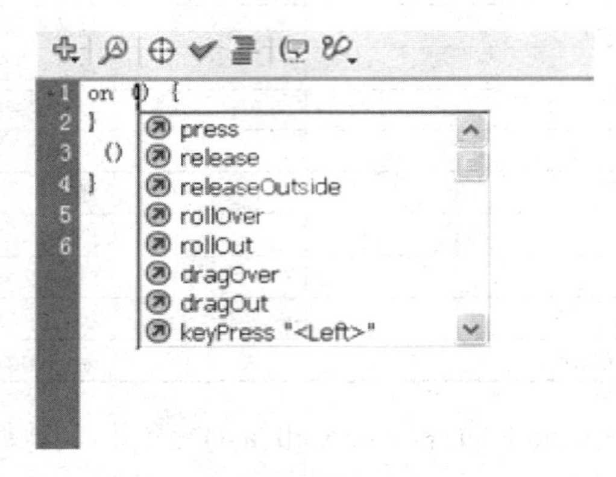

图 1-6-62　鼠标事件

项目 7　Flash 综合项目

任务 1　人物导航

【任务描述】

制作一个个性化的导航条，利用 5 张图片制作成 5 个按钮，单击按钮，即可链接到相应的地址。

【任务设计】

（1）制作按钮。

（2）制作背景。

（3）为按钮添加动作。

【实施方案】

步骤 1：新建文件，命名为“人物导航.fla”，执行【文件】|【导入】|【导入到库】命令，将准备好的素材导入到库中，打开库，将会看到所有的素材，如图 1-7-1 和图 1-7-2 所示。

步骤 2：把位图 button 1 拖拽到场景中来，在图片上右击，在弹出的快捷菜单中选择转换为元件。

步骤 3：用同样的方法将另外的 4 个 button 位图和 background 位图依次转换为元件，这时在库中就能看到这 6 个建好的影片剪辑元件，如图 1-7-3 所示。

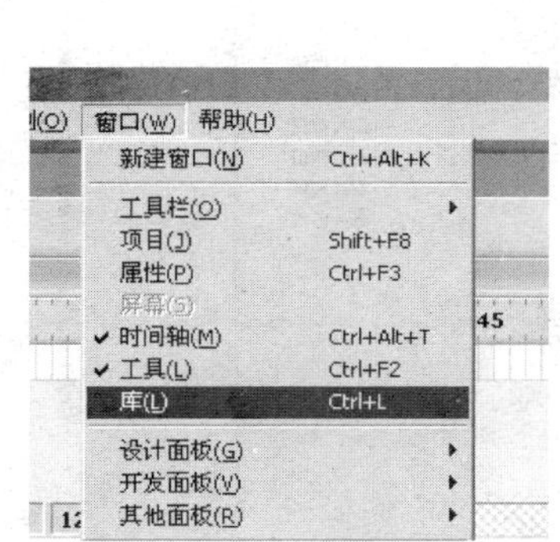

图 1-7-1　打开库菜单

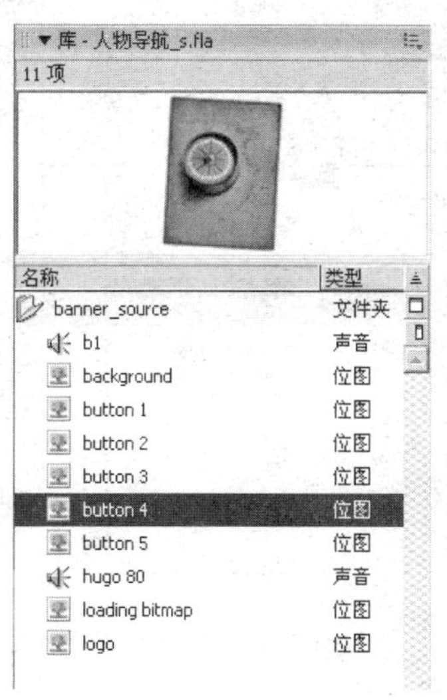

图 1-7-2　库中的素材列表

图 1-7-3　影片剪辑元件列表

步骤 4：在场景中把拖拽进来的位图全部选中并删除，如图 1-7-4 所示。

图 1-7-4　删除场景中的元件

步骤 5：单击库窗口左下角的新建元件按钮，创建一个按钮元件，名称为 button1_btn。在 button1_btn 的图层 1 的点击区右击，插入关键帧，如图 1-7-5 所示。

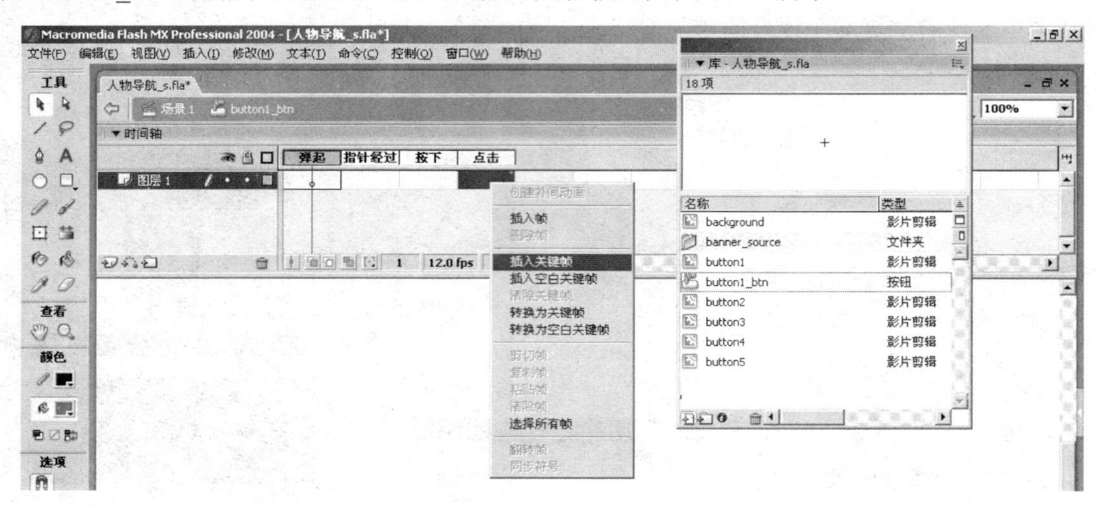

图 1-7-5　插入关键帧

步骤 6：把之前创建好的影片剪辑元件 button1 拖拽进来，相对于舞台水平、垂直居中，如图 1-7-6 所示。

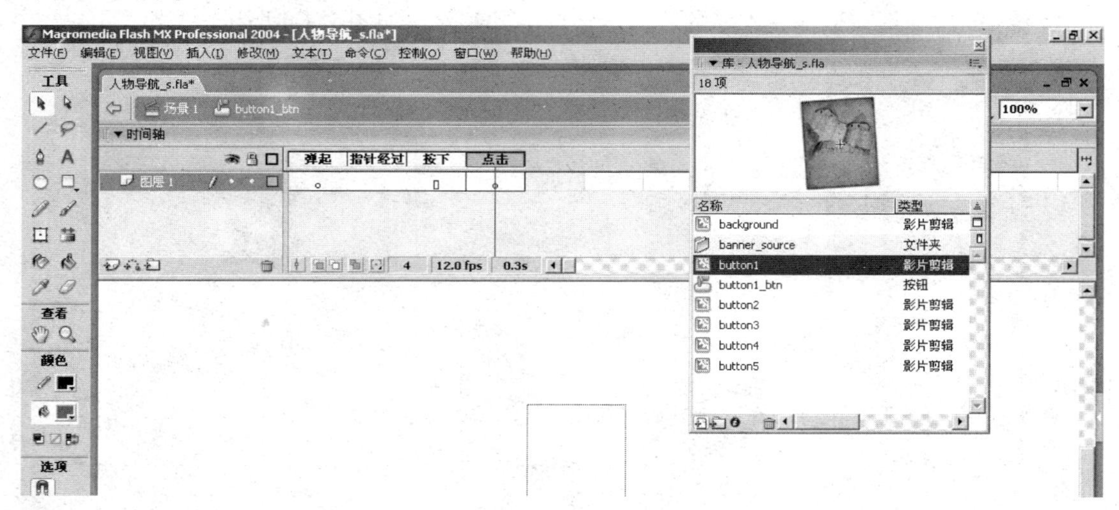

图 1-7-6　拖入场景中的 button1 元件

步骤 7：在时间轴面板的左下角点击插入图层按钮建立一个新的图层 2。在图层 2 的指针经过帧上插入关键帧，把库中的声音文件 b1 拖拽进来，如图 1-7-7 所示。这样按钮 button1_btn 就完成了，时间轴的状态如图 1-7-8 所示。

步骤 8：用同样的方法创建另外 4 个按钮元件。

步骤 9：新建一个图形元件，名称为 home，在元件的图层 1 中输入文本 home，选择合适的字体和大小，并相对于舞台居中。同样的方法再创建 about、photos、hobbies、guestbook 等 4 个图形元件。

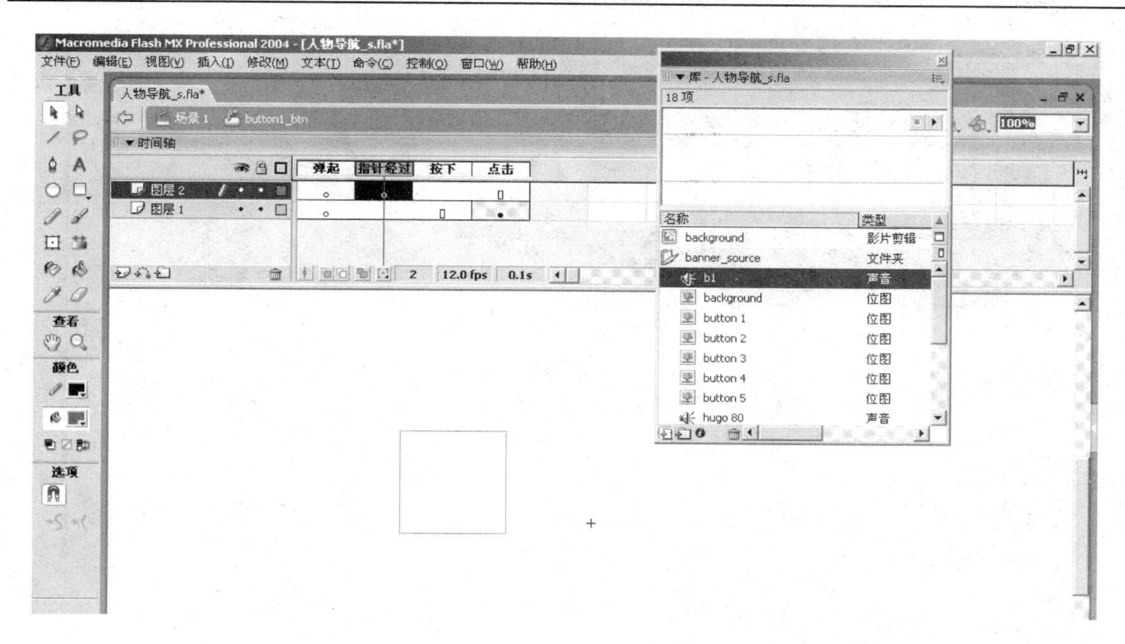

图 1-7-7　在按钮中添加声音

步骤 10：新建影片剪辑 button1_mc，创建 4 个图层，按如图 1-7-9 所示进行命名。

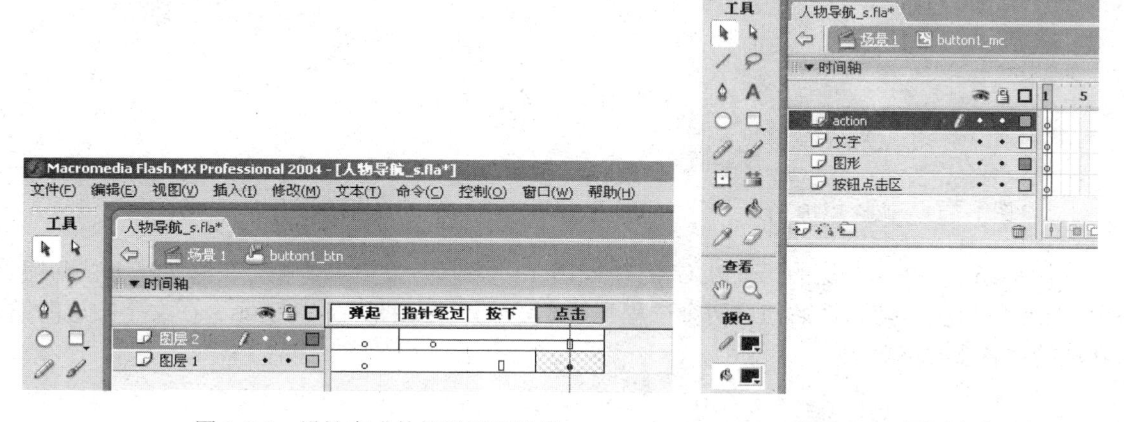

图 1-7-8　设计完成的按钮图层效果

图 1-7-9　图层命名示例

步骤 11：把元件 button1_btn 拖拽到按钮点击区图层的第 1 帧，并相对于舞台水平、垂直居中。

步骤 12：在第 20 帧右击插入帧。把元件 button1 拖拽到图形图层中，并相对于舞台居中。

步骤 13：在第 10、20 帧的位置上分别插入关键帧并创建补间动画，如图 1-7-10 所示。

步骤 14：选中第 10 帧，单击 button1 元件，在属性窗口中的颜色选项选择高级，单击设置按钮。在高级设置窗口中如图 1-7-11 所示调整 RGB 的值。

步骤 15：把图形元件 home 拖拽到文字图层，打开变形窗口，如图 1-7-12 所示，在旋转中输入适当的角度使得文字和图形方向一致。

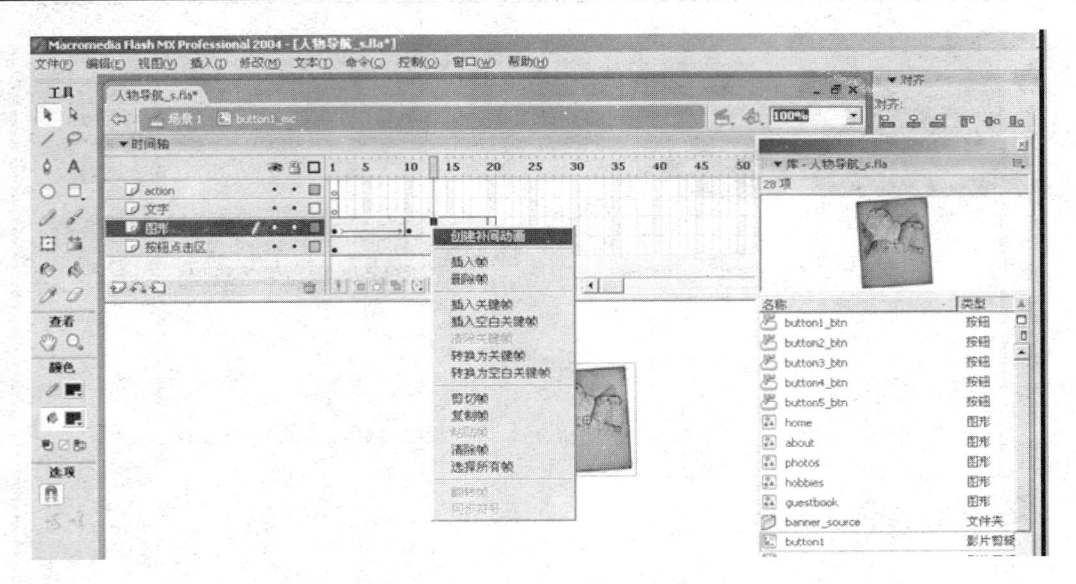

图 1-7-10 创建补间动画

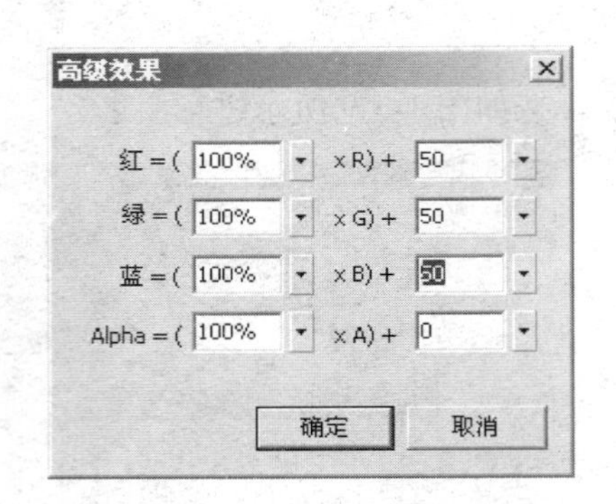

图 1-7-11 调整 RGB 的值

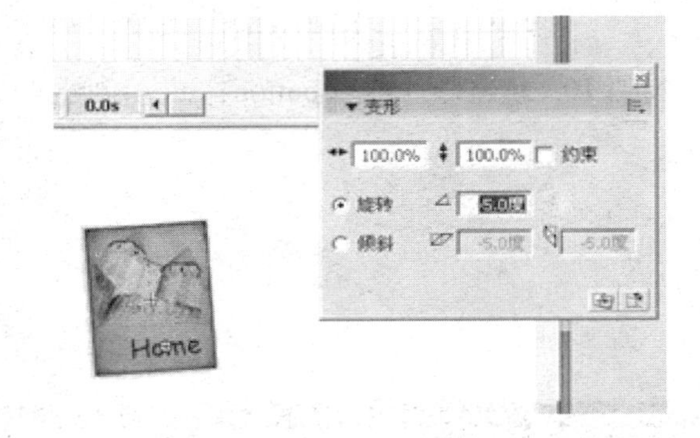

图 1-7-12 对图形元件 home 的设置

步骤 16：在文字图层的第 2 帧右击，插入空白关键帧，复制第 1 帧，在第 3 帧上粘贴帧。重复插入空白关键帧和粘贴帧这两个过程到第 9 帧，效果如图 1-7-13 所示。在文字图层的第 20 帧的位置上插入帧。

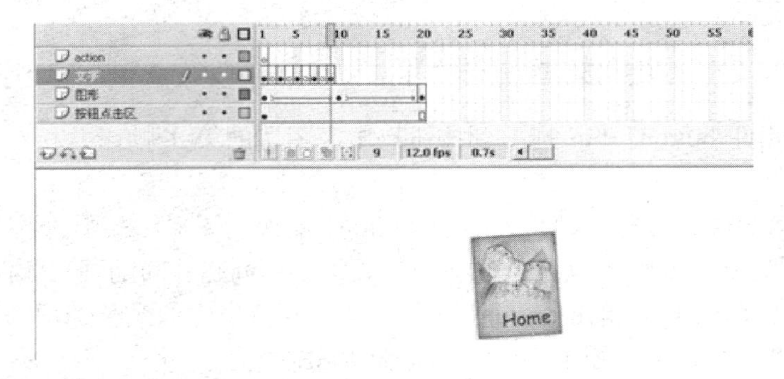

图 1-7-13 插入帧的操作示例

步骤 17：在 action 图层的第 10 帧的位置上插入关键帧，分别选中第 1 帧和第 10 帧，在动作窗口中添加 stop 命令，如图 1-7-14 所示。

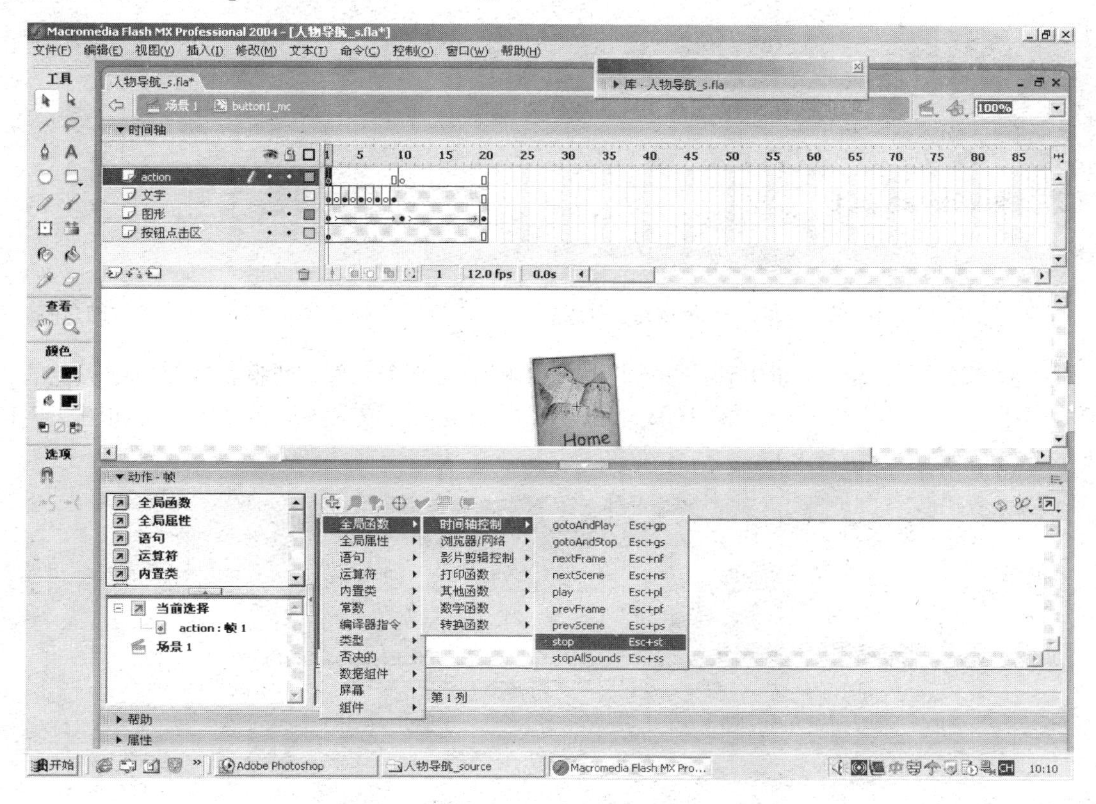

图 1-7-14 操作示意图

步骤 18：选择按钮点击区图层，为了观看方便，把另外 3 个图层都隐藏，点击元件 button1_btn，打开动作窗口，此时的窗口是按钮的动作。添加下列语句。

```
on (rollOver) {
    gotoAndPlay(2);
}
on (releaseOutside, rollOut) {
    gotoAndPlay(11);
}
on (release) {
    getURL("home.html");
}
```

步骤 19：这样 button1_mc 就制作完成，各图层中帧的状态如图 1-7-15 所示。同样的方法创建另外 4 个元件。

步骤 20：创建新元件 button_all_mc，参照如图 1-7-16 所示建立图层并命名。

步骤 21：把元件 background 拖拽到背景图层并相对于舞台居中，把元件 button1_mc 到 button5_mc 分别拖拽到按钮 1 到按钮 5 图层中。在按钮 1 到按钮 5 图层中第 4 帧和第 25 帧的位置分别插入关键帧，创建补间动画。

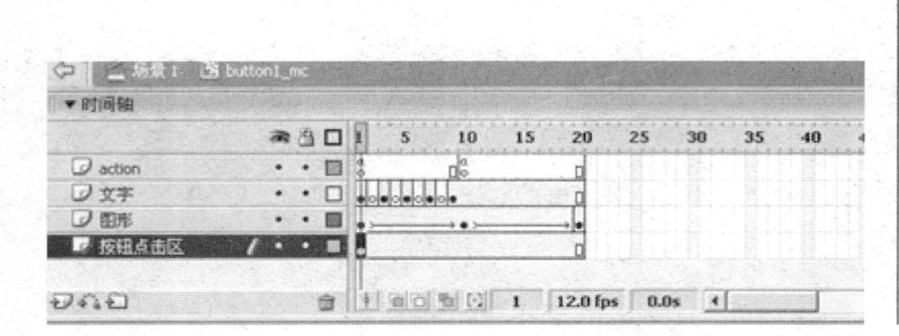

图 1-7-15　button1_mc 按钮设计示例

图 1-7-16　各个图层的命名

步骤 22：同时选中按钮 1 到按钮 5 图层第 4 帧中的 5 个元件，调整属性窗口中颜色的选项为高级，单击设置按钮，调整 RGB 的值。然后调整帧的位置，调整完的状态如图 1-7-17 所示。

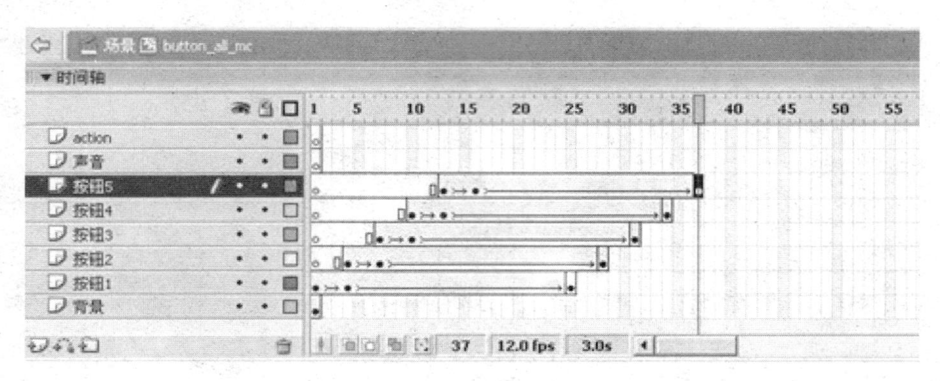

图 1-7-17　帧的设置效果

步骤 23：将另外几个图层插入帧。把声音文件 hugo 80 拖拽到声音图层的第 1 帧，在 action 图层的最后一帧插入关键帧，为该帧添加动作 stop，这样元件 button_all_mc 就完成了。

步骤 24：接下来创建影片剪辑元件 personal page，选择与前面的字体一致，实现逐帧动画，使文字渐渐出现。

步骤 25：接下来创建图形元件 logo_in。元件 logo_in 的制作步骤如下：首先绘制两个同心圆，选择外面的圆环。再绘制一个等腰三角形。对等腰三角形进行复制、旋转、对齐、组合等操作，最后得到 8 个三角形的图形，效果如图 1-7-18 所示。和圆环对齐之后，元件 log_in 就制作完了。

步骤 26：类似的方法创建元件 logo_out，效果如图 1-7-19 所示。

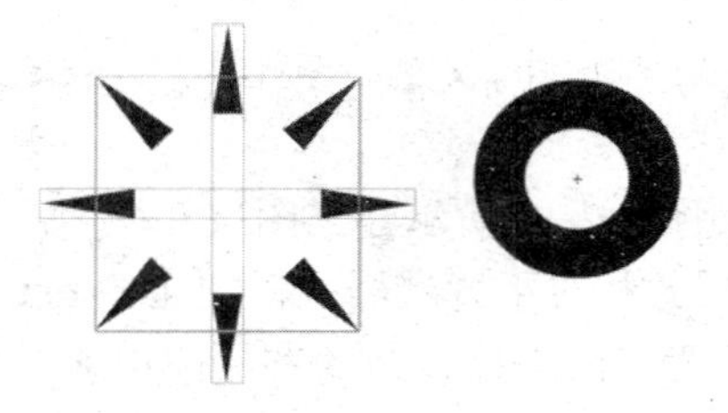

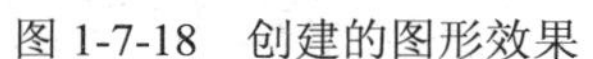

图 1-7-18　创建的图形效果

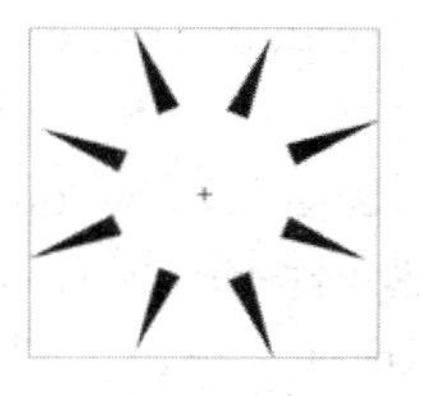

图 1-7-19　创建元件 logo_out 效果

步骤 27：创建影片剪辑元件 logo，把元件 logo_in 和 logo_out 分别拖拽到两个图层中。在第 20 帧插入关键帧，并把两个元件分别旋转一定的角度。在第 80 帧插入帧，元件 logo 就做完了，效果如图 1-7-20 所示。

图 1-7-20　元件 logo 效果图

步骤 28：回到场景中，在场景中如图建立 5 个图层。把元件 background、button_all_m、personal page、logo 分别拖拽到对应的图层，摆放到合适的位置，并且在 action 图层的最后一帧插入关键帧，设为 stop。这样整个动画就制作完成了，效果如图 1-7-21 所示。

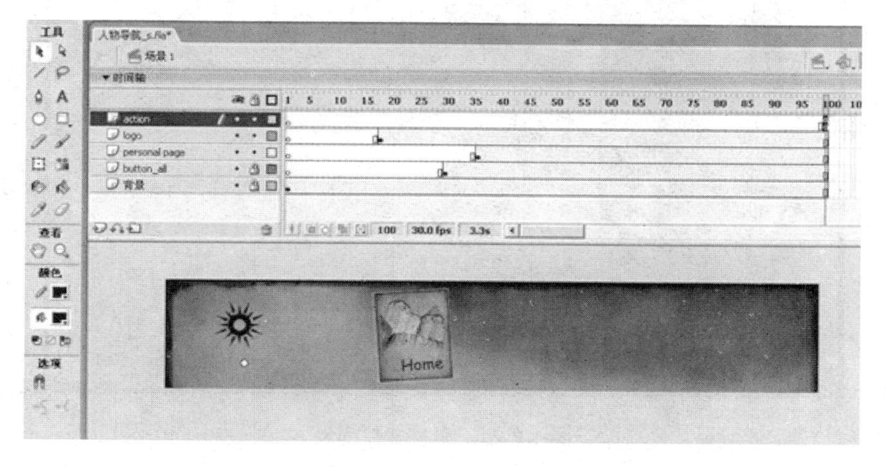

图 1-7-21　场景中各个图层的设置效果

步骤 29：测试动画，效果如图 1-7-22 所示。

图 1-7-22　动画演示效果

任务 2　校园风光

【任务描述】

伴随着音乐声，一些气泡不断上升，线条在变幻，一张张校园风光的图片不断出现。

【任务设计】

（1）导入素材文件。

（2）设计星星元件。

（3）设计气泡元件。

（4）制作背景。

（5）设计动画播放效果。

（6）为动画添加声音。

【实施方案】

步骤 1：新建文件，设置场景为 720px×540px，将准备好的素材文件导入到库中，素材文件如图 1-7-23 所示。

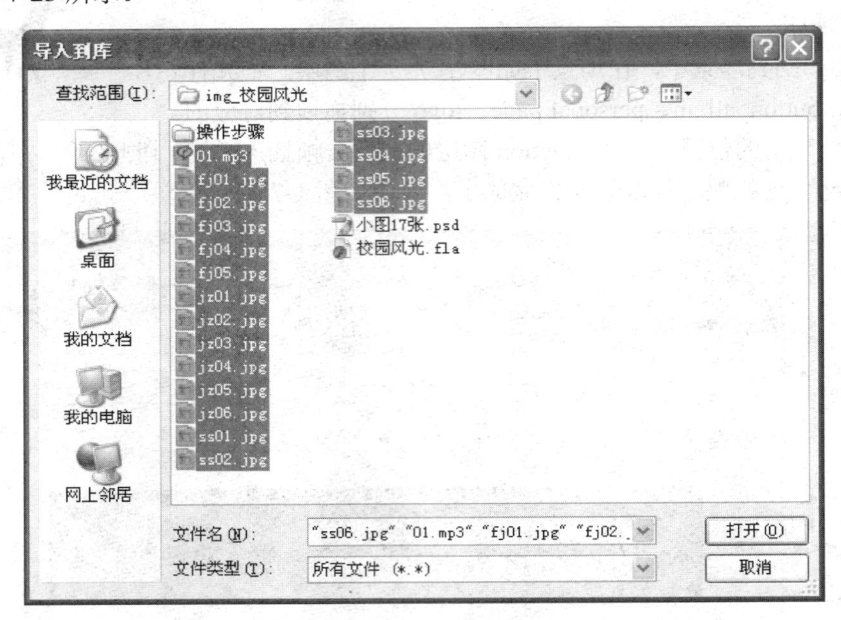

图 1-7-23　素材文件列表

步骤 2：把图片逐个拖拽到场景中，右击，在弹出的快捷菜单中选择转换为元件，把需要的元件都转换完毕。

（1）制作气泡

步骤 3：画一个只有填充色的圆形，并且相对于舞台水平垂直居中，利用混色器向气泡填充颜色，为了观看方便可以暂时把背景色调深一些。

步骤 4：在图层 1 中把刚才做好的气泡元件拖拽进来，创建自下而上的补间动画，应该保证移动的距离略大于场景的高度。

步骤 5：新建图层 2，也把气泡元件拖拽进来，稍稍变小一点，并调整 alpha 值为 60%，也创建向上运动的补间动画，但是运动的距离比图层 1 长一点，看起来上升的更快。

（2）制作星星元件

步骤 6：新建图形元件，命名为“星星”。

步骤 7：绘制一个三角形并填充白色线性渐变色，两端的 alpha 值分别为 0%和 100%，适当修改比例，复制一个并旋转 180 度，调整位置进行组合。

步骤 8：然后继续复制并旋转居中，再复制并缩小一点，加以调整，最后效果如图 1-7-24 所示。

步骤 9：新建元件，制作影片剪辑，为了控制方便可以打开网格，执行【视图】|【网格】|【编辑网格】命令，在对话框中做如图 1-7-25 的设置。

步骤 10：创建 4 个图层，每个图层拖拽进去一个星星元件。每个图层插入两个关键帧，把第二个关键帧的 4 颗星星都聚到中间，创建补间动画，并且前半段让星星旋转，最后一个关键帧让星星的 alpha 值为 0%，如图 1-7-26 所示。

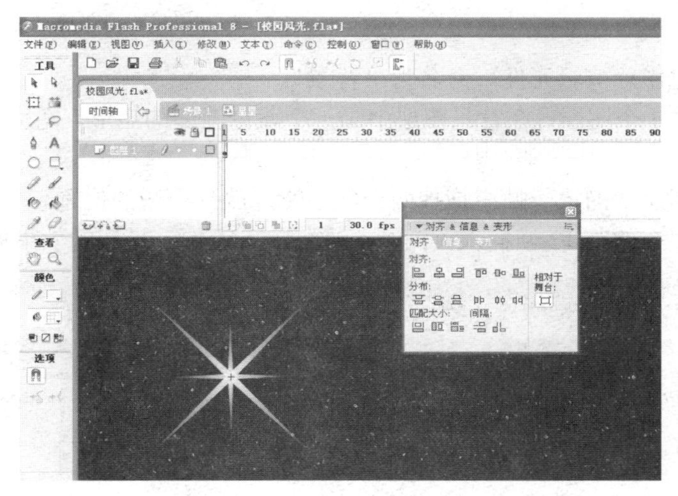

图 1-7-24　制作的星星效果示例

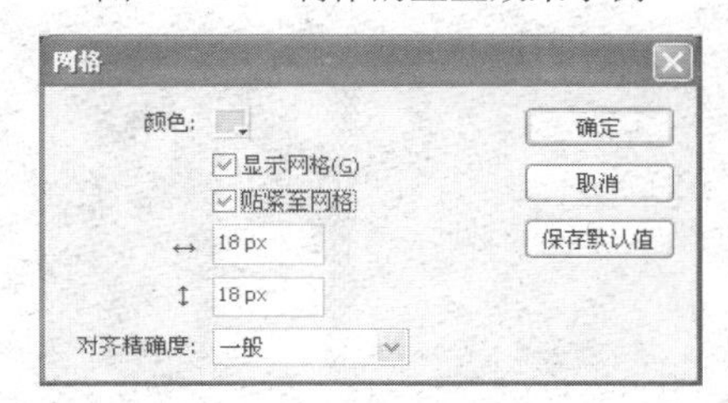

图 1-7-25　网格设置对话框

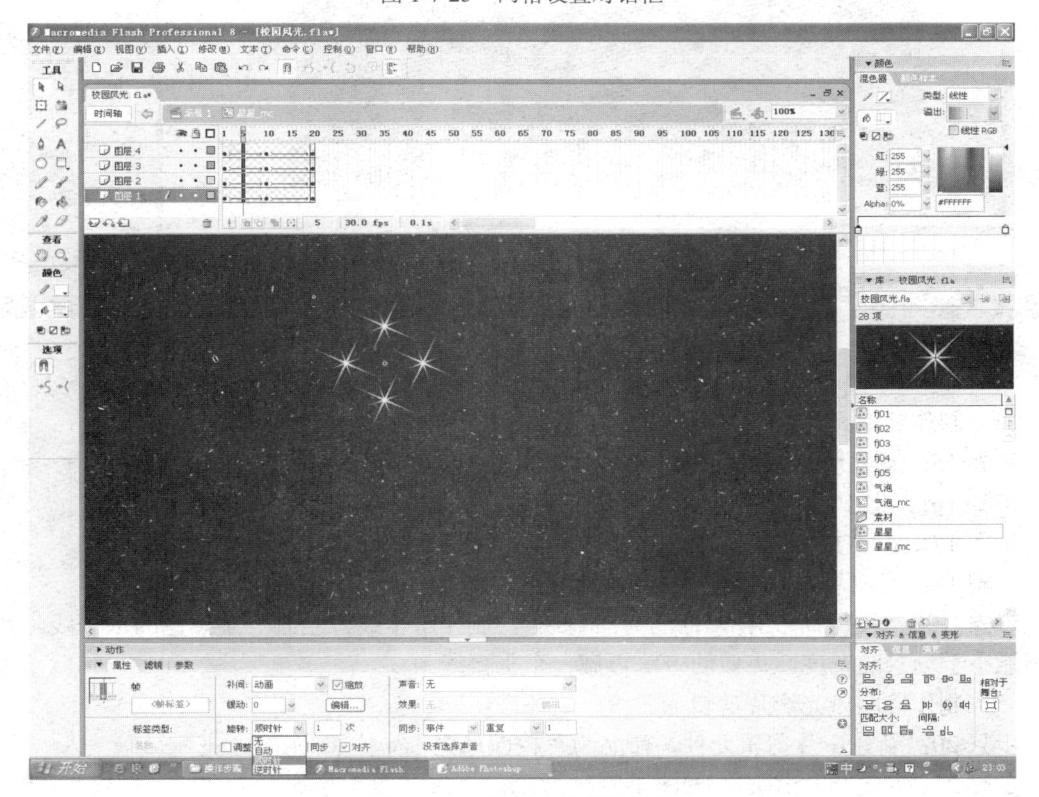

图 1-7-26　场景中的星星效果

（3）制作背景

步骤 11：新建影片剪辑元件，命名为“背景”。

步骤 12：创建 4 个图层，在背景图层中画一个蓝色渐变的矩形，宽度和高度不能小于场景的大小。

步骤 13：在图层 2 的第一帧中拖拽两个气泡影片放到合适的位置。

步骤 14：图层 3 的第 12 帧插入关键帧，重复加入元件。最后的效果如图 1-7-27 所示。

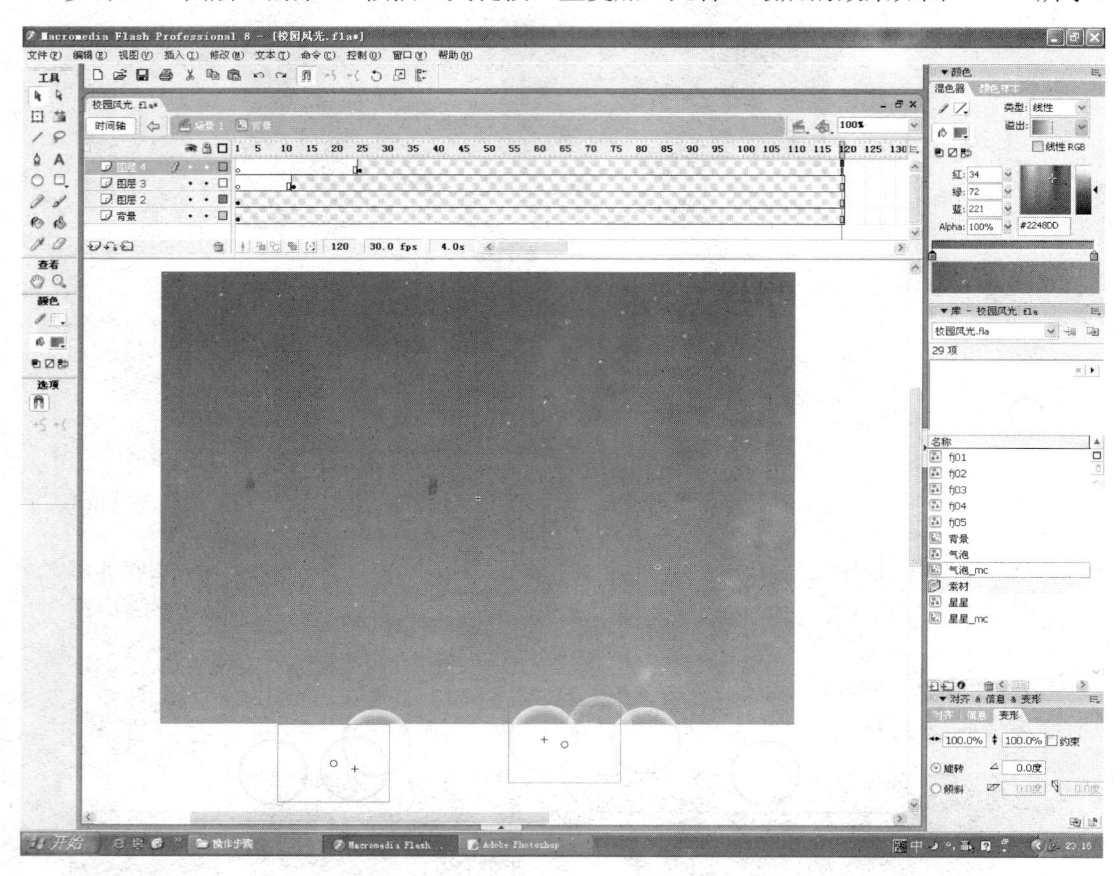

图 1-7-27 背景元件制作效果

（4）制作其他元件：

步骤 15：新建影片剪辑元件，命名为“文字—校园风光”。

步骤 16：创建 2 个图层,命名为“文字”和“星星”。

步骤 17：在“文字”图层输入静态文本，选择合适的字体、大小、颜色。

步骤 18：在“星星”图层则把前面创建的星星影片剪辑元件拖拽到场景中。

步骤 19：新建图形元件，命名为“直线”，制作水平线，绘制一条黑色的水平线，其宽度不能小于场景的宽度。类似的方法再做一个垂直线。

（5）制作校园风光影片剪辑

步骤 20：新建影片剪辑元件，命名为“校园风光”。

步骤 21：创建 8 个图层，如图 1-7-28 所示。

步骤 22：在背景图层把前面做好的背景元件拖拽进来。

步骤 23：在图片和文字图层的第 15 帧插入关键帧，把图片和文字元件分别拖拽进来，如图 1-7-29 所示。

步骤 24：分别在第 20、40、45 帧的位置插入关键帧，把第 15、45 帧的元件颜色的 alpha 值调成 0%，创建补间动画，并在第 46 帧的位置插入空白关键帧，如图 1-7-30 所示。

步骤 25：在第 65 帧的位置插入关键帧，拖拽进来新的图片和文字，然后重复第 15 帧到第 46 帧的做法。依次插入 5 张图片，时间轴如图 1-7-31 所示。

步骤 26：把水平线和垂直线分别放到水平线 1、2、垂直线 1、2 这 4 个图层中，线的位置在场景四周。

图 1-7-28　创建图层

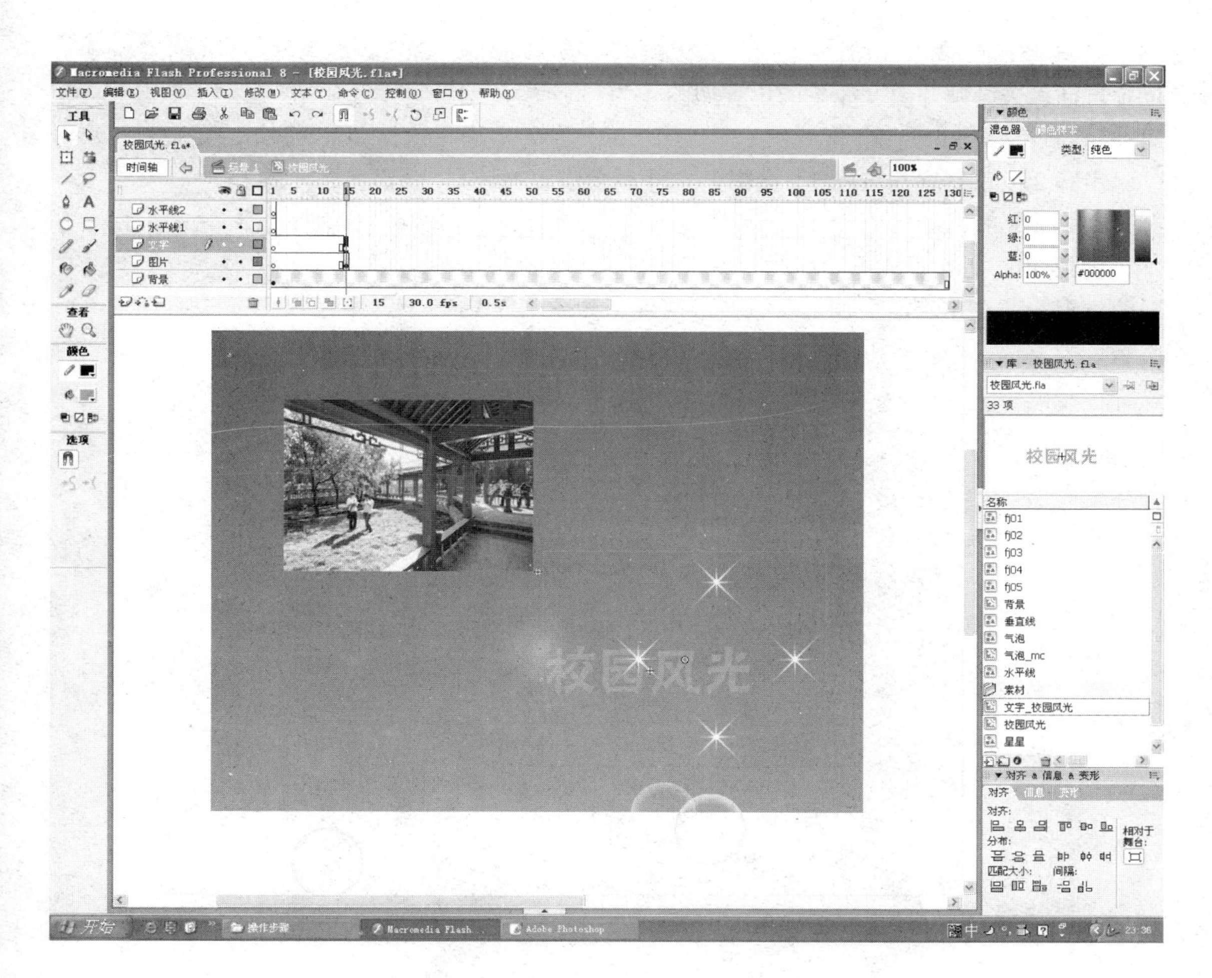

图 1-7-29　拖入场景中的文字和图片

步骤 27：在第 20 帧的位置插入关键帧，分别调整 4 条线的位置如图 1-7-32 所示。

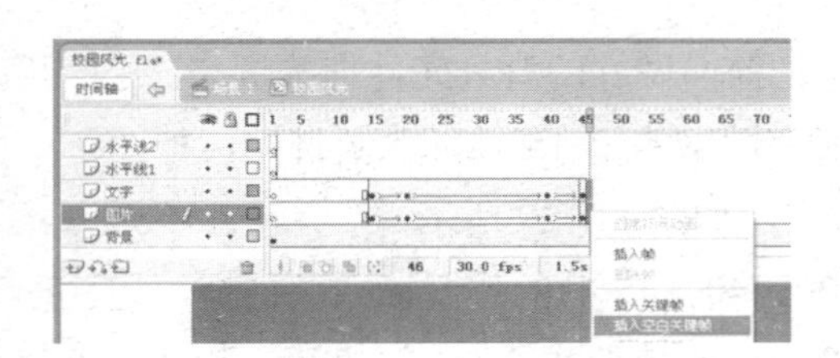

图 1-7-30　对文字层和图片层的设置

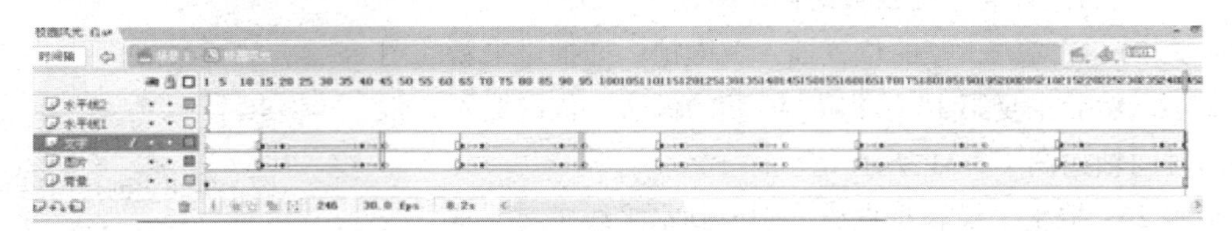

图 1-7-31　时间轴设置效果

步骤 28：在第 40 帧的位置插入关键帧，在第 70 帧的位置再插入关键帧并改变线条的位置如图 1-7-33 所示，创建补间动画。

步骤 29：重复这几步操作，按图 1-7-34 所示设置各帧，一直到第 270 帧。

步骤 30：把 4 条线再次移动到场景外边。改变文字图层的位置，并在声音图层加上背景声音文件，如图 1-7-35 所示。

图 1-7-32　线条和图片的位置关系

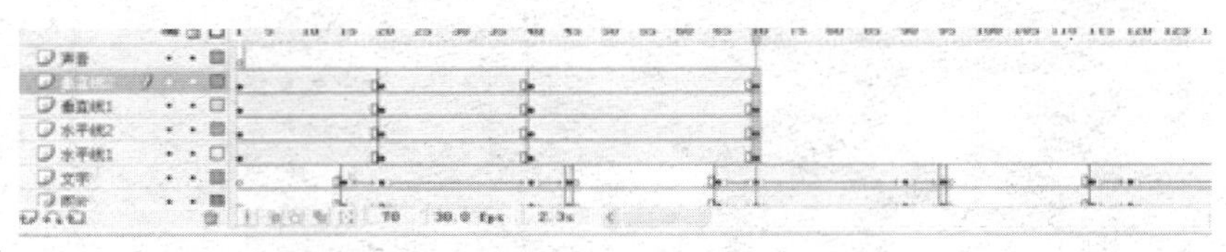

图 1-7-33　线条和图片的位置关系

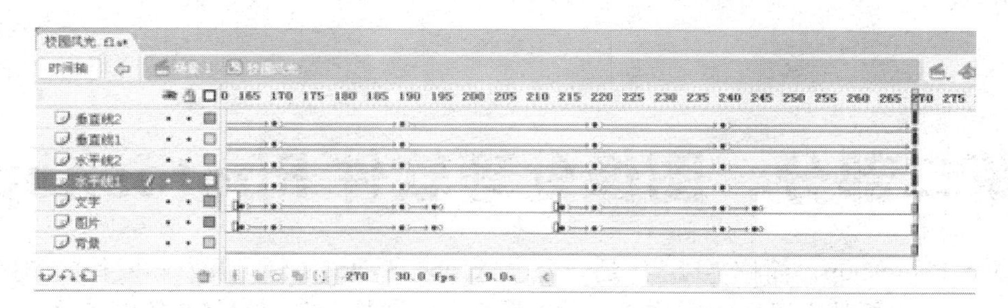

图 1-7-34　帧的设置

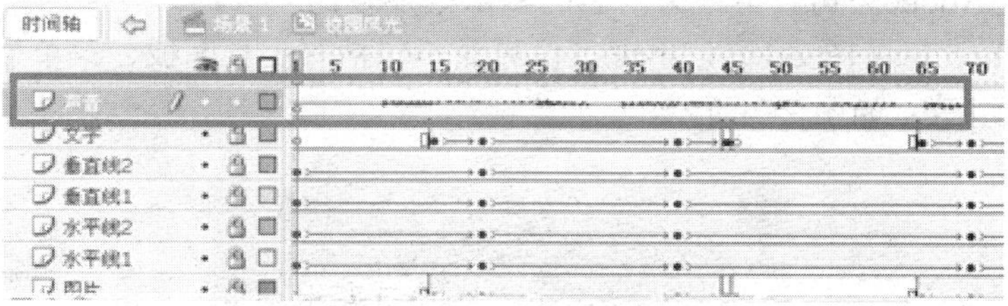

图 1-7-35　添加声音图层

步骤 31：回到场景中，把校园风光的影片剪辑拖拽到图层 1 的第 1 帧，调好位置，就可以观看了。最终效果截图如图 1-7-36。

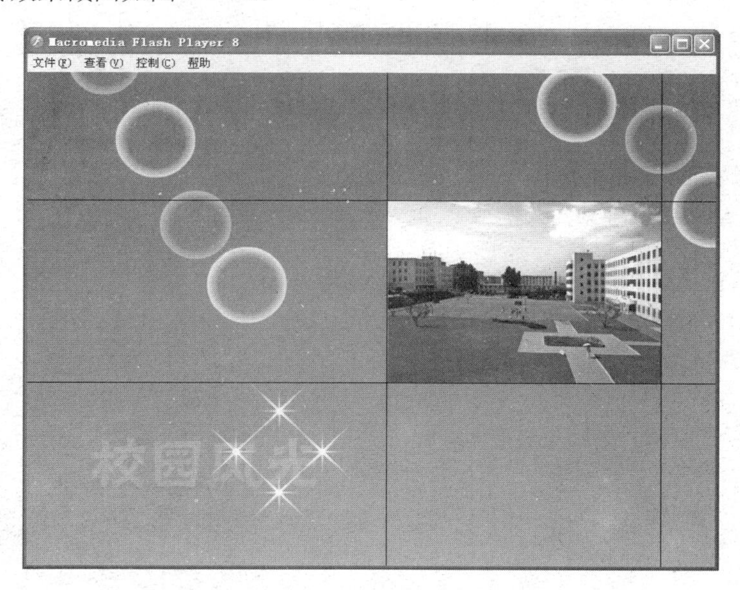

图 1-7-36　动画播放效果

第二部分　图像处理软件 Photoshop

Adobe Photoshop，简称“PS”，是一个由 Adobe Systems 公司开发和发行的图像处理软件。Photoshop 主要处理以像素所构成的数字图像。使用其众多的编修与绘图工具，可以更有效地进行图片编辑工作。2003 年，Adobe 公司将 Adobe Photoshop 8 更名为 Adobe Photoshop CS。Photoshop是Adobe公司旗下最为出名的图像处理软件之一。

启动 Photoshop 后（图 2-1），出现工作界面，包括有工具面板、菜单栏、工具选项栏、垂直停放的面板组等，如图 2-2 所示。

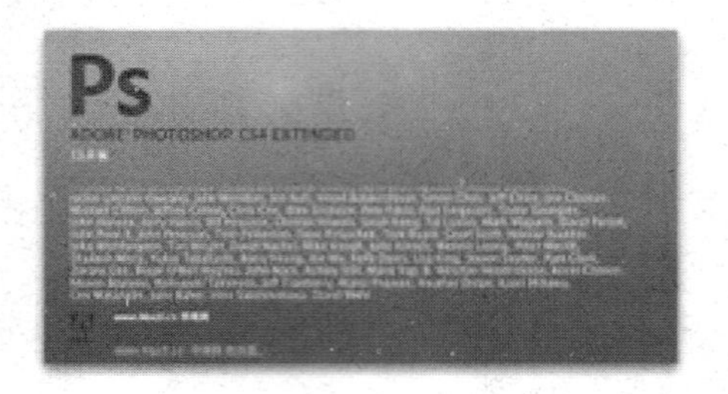

图 2-1　PS 的初始界面

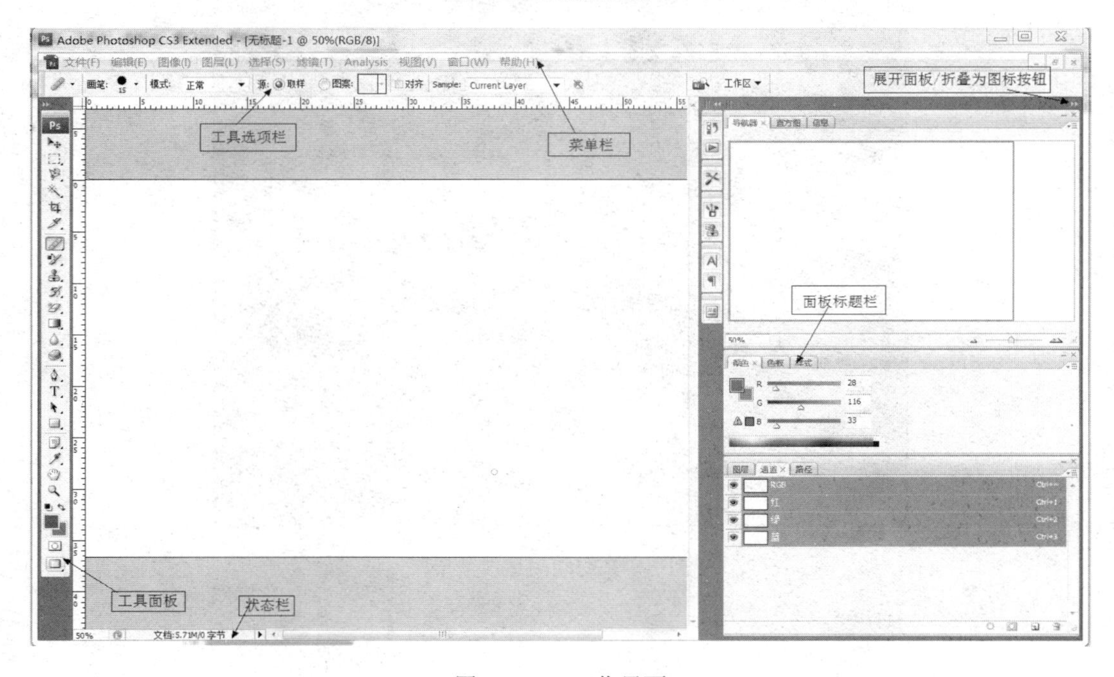

图 2-2　PS 工作界面

多数人对于 Photoshop 的了解仅限于“一个很好的图像编辑软件”，并不知道它的诸多应用方面，实际上，Photoshop 的应用领域很广泛的，在图像、图形、文字、视频、出版等各方面都有涉及。

项目 1　简单图形绘制

通过绘制简单的几何图形，学习 Photoshop 图像文件的操作、图像窗口的操作和辅助工具的使用。

【能力目标】

（1）了解 Photoshop 的界面环境。

（2）熟悉 Photoshop 的基本操作。

（3）掌握【椭圆选框工具】、【渐变工具】的使用。

（4）掌握投影效果的制作。

任务 1　绘制水晶圆形按钮

【任务描述】

绘制水晶圆形按钮，效果如图 2-1-1 所示。

【任务设计】

（1）选择较为亮丽的颜色作为按钮主题色调。

（2）要用选区工具来实现圆形按钮的绘制。

（3）绘制出高亮反光区，实现水晶效果

【实施方案】

步骤 1：新建文件，执行【文件】|【新建】命令（或按 Ctrl+N 键），打开【新建】对话框，参数设置为 500×500 像素，分辨率为 96 像素/英寸，背景为白色，如图 2-1-2 所示。

图 2-1-1　水晶球

步骤 2：新建一个图层得到“图层 1”，执行【图层】|【新建】|【图层】命令（或按 Shift+Ctrl+N 键），或单击【图层面板】中的【创建新图层】按钮，新建一个“图层 1”，如图 2-1-3 所示。

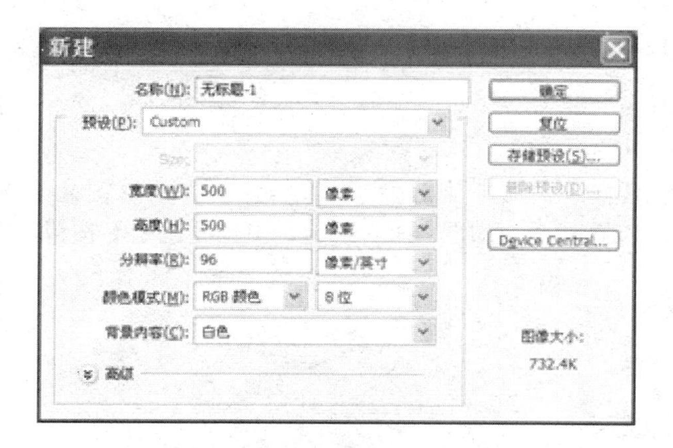

图 2-1-2　新建对话框

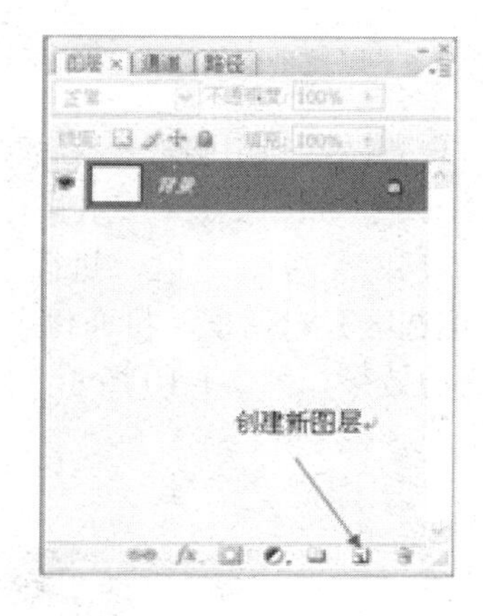

图 2-1-3　创建新图层按钮

步骤 3：设置前景色为浅绿色，单击工具箱中的【设置前景色】按钮，在打开的【拾色器（前景色）】对话框中设置参数，如图 2-1-4 所示。

步骤 4：选择圆形工具，在图层 1 上拖曳鼠标，绘制出一圆形选区，如图 2-1-5 所示，并用前景色填充选区，如图 2-1-6 所示。

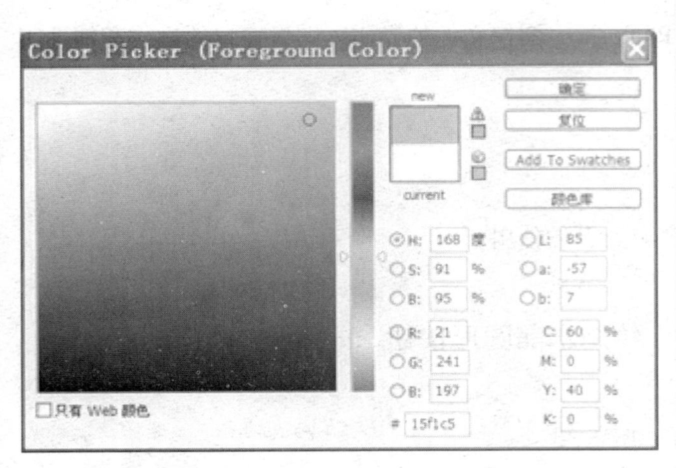

图 2-1-4 设置拾色器参数

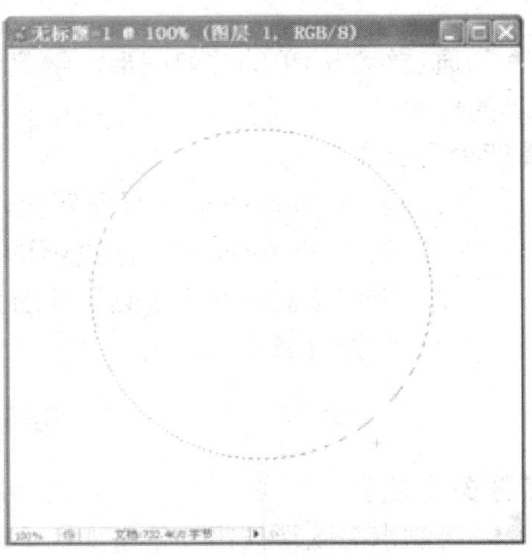

图 2-1-5 绘制圆形选区

步骤 5：执行【选择】|【修改】|【收缩】命令，在弹出的对话框中设置收缩量，如图 2-1-7 所示。

图 2-1-6 用前景色填充选区

图 2-1-7 绘制圆形选区

图 2-1-8 绘制选区

步骤 6：利用圆形选区的减选工具把下面多余的选区减去（不容易一下做好，这个要多试几次），如图 2-1-8 所示。

步骤 7：羽化选区，执行【选择】|【修改】|【羽化】命令（或按 Alt+Ctrl+D 键），打开【羽化选区】对话框，将羽化半径设置为 10 像素，如图 2-1-9 所示，单击【确定】按钮，完成后的效果如图 2-1-10 所示。

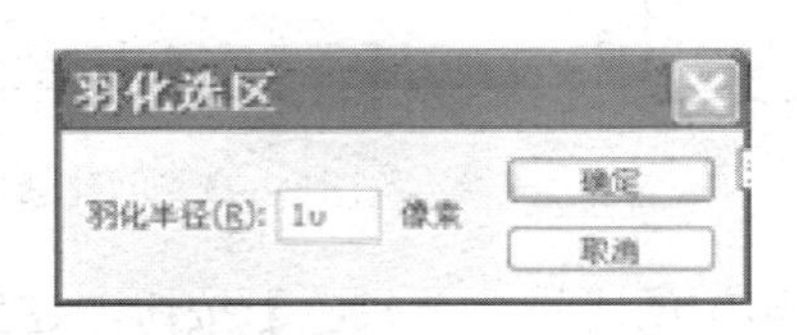

图 2-1-9 设置羽化半径

图 2-1-10 羽化选区

步骤 8：重新设置前景色，设置为白色，并用前景色填充选区，如图 2-1-11 所示。

步骤 9：执行【选择】|【取消选择】命令（或按 Ctrl+D 键）取消选区，完成水晶按钮的绘制，如图 2-1-12 所示。

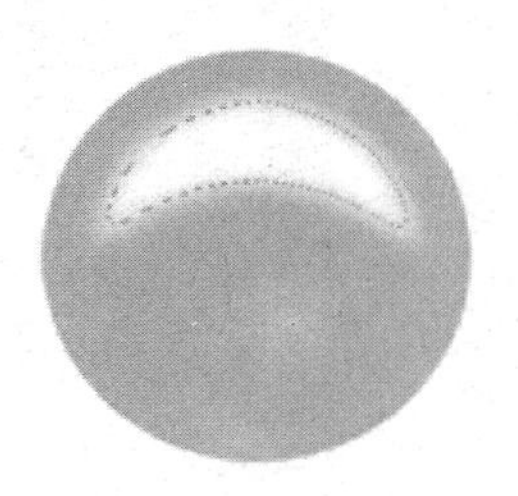

图 2-1-11　填充白色前景色

图 2-1-12　水晶按钮

步骤 10：保存文件，执行【文件】|【存储】命令（或按 Ctrl+S 键），将文件保存为.psd 格式，名称为“圆形水晶按钮”。

步骤 11：另存文件，执行【文件】|【存储为】命令（或按 Shift+Ctrl+S 键），将文件另存为.jpg 格式，名称为“圆形水晶按钮”。

任务 2　绘制球体

【任务描述】

绘制具有立体效果的球体，如图 2-1-13 所示。

【任务设计】

（1）用“椭圆选框工具”绘制球体的形状。

（2）使用“渐变工具”对选区填充渐变，实现立体的效果。

（3）为球体制作投影效果。

【实施方案】

步骤 1：新建文件，执行【文件】|【新建】命令（或按 Ctrl+N 键），打开【新建】对话框，文件宽度、高度、分辨率和色彩模式等参数设置如图 2-1-14 所示。

图 2-1-13　球体效果

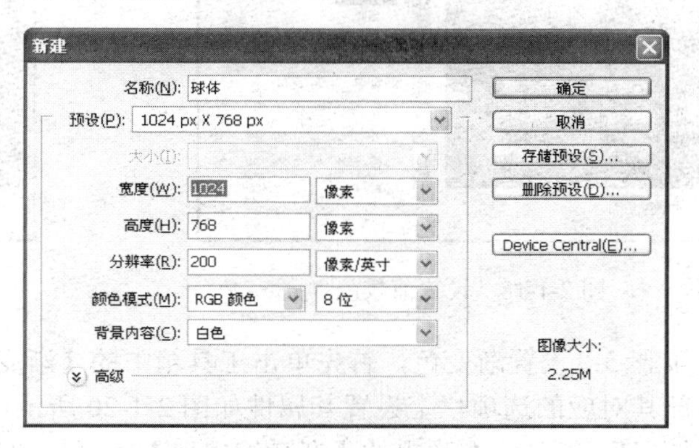

图 2-1-14　设置新建对话框

步骤 2：新建图层，执行【图层】|【新建】|【图层】命令（或按 Shift+Ctrl+N 键），或单击【图层面板】中的【创建新图层】按钮，新建一个“图层 1”，如图 2-1-15 所示。

步骤 3：绘制一个正圆选区，单击工具箱中的【椭圆选框工具】按钮（快捷键 M），在按下 Shift 键的同时拖动鼠标绘制出一个正圆的选区，如图 2-1-16 所示。

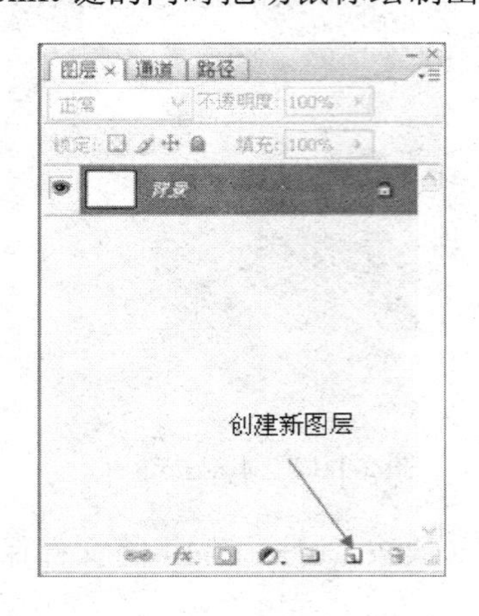

图 2-1-15　新建图层

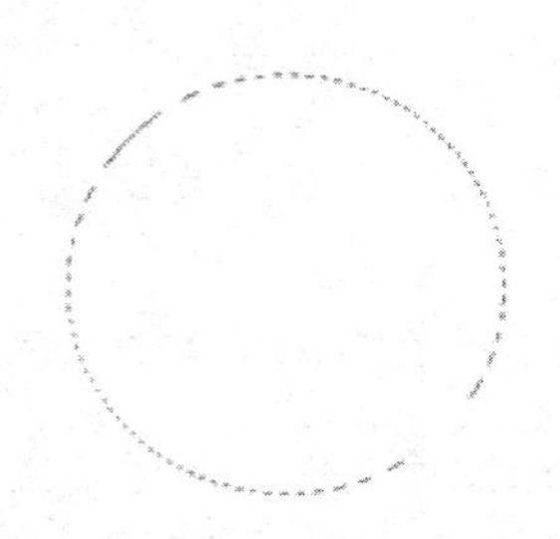

图 2-1-16　绘制圆形选区

步骤 4：设置前景色和背景色，单击工具箱中的【设置前景色】按钮，如图 2-1-17 所示，在打开的【拾色器（前景色）】对话框中将前景色设置为浅灰色（参考值 R 为 156，G 为 154，B 为 154），再单击【设置背景色】，在【拾色器（背景色）】对话框中将背景色设置为白色，如图 2-1-18 和图 2-1-19 所示。

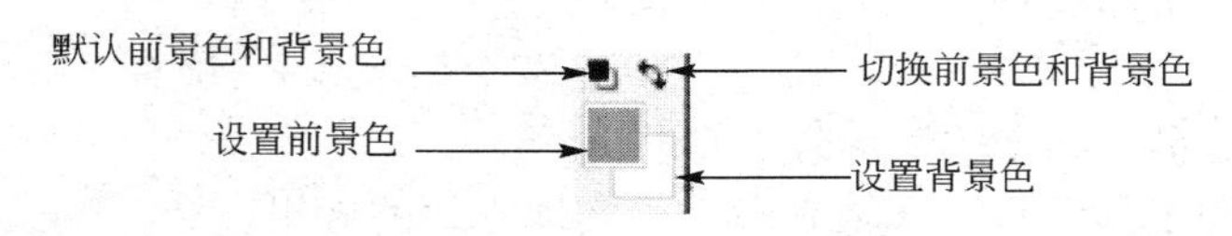

图 2-1-17　设置前景色工具

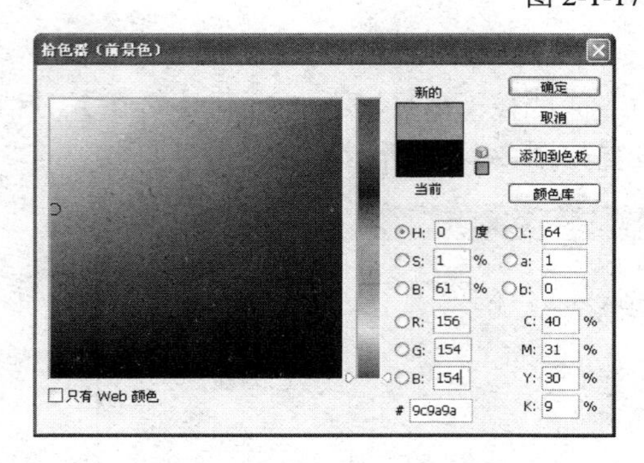

图 2-1-18　设置前景色

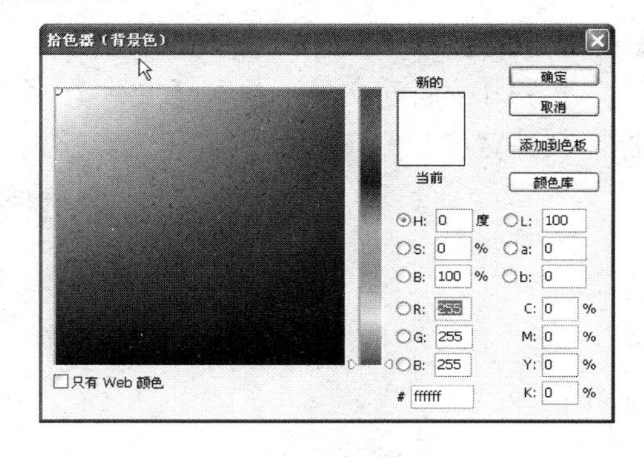

图 2-1-19　设置背景色

步骤 5：设置渐变色，首先单击工具箱中的【渐变工具】按钮（或按 G 键），并在窗口顶部其对应的选项栏上设置其属性如图 2-1-20 所示，单击属性选项栏上的【点按可编辑渐变】按钮，在弹出的【渐变编辑器】对话框中设置渐变效果。

图 2-1-20　设置渐变属性

本例中，需要多种颜色的渐变，这就要增加色标，在渐变色条下方的任意处单击即可，在位置 80%处增加一色标，更改色标颜色需选择要更改颜色的色标，单击对话框中的【更改所选色标颜色】按钮，在【更改色标颜色】对话框中可轻松改变颜色，本例中将 3 个色标从左至右颜色分别设置为白色、浅灰色（R 为 156，G 为 154，B 为 154）、白色，如图 2-1-21 所示。

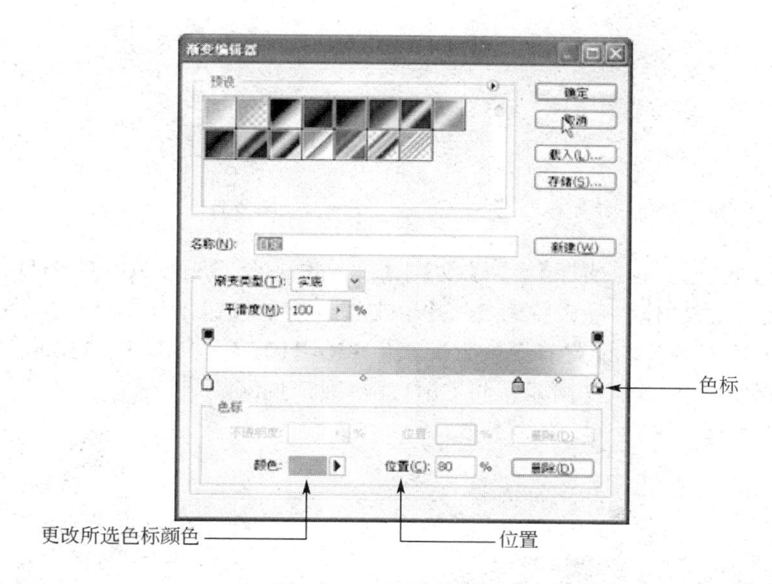

图 2-1-21　渐变编辑器

步骤 6：为选区填充渐变色，渐变色设置完成后，单击【确定】按钮，然后在选区中由左上向右下拉动鼠标（如图 2-1-22 所示的箭头方向），得到一个由白色到黑色再到白色的渐变填充，执行【选择】|【取消选择】命令（或按 Ctrl+D 键）取消选区，此时立体感的球体初具模型，已经具备了“高光”、“阴暗交界部”、“暗部”和“反光”4 个调子，效果如图 2-1-23 所示。

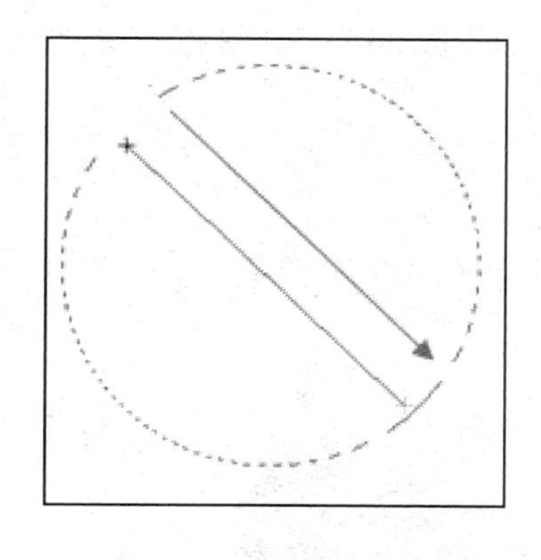

图 2-1-22　鼠标拉动方向

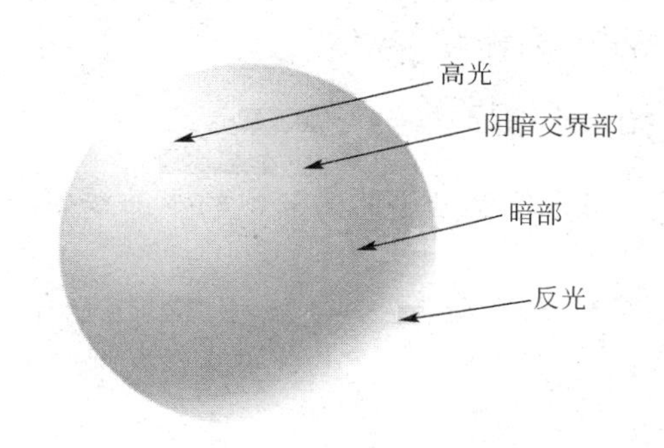

图 2-1-23　四个调子

步骤 7：为球体制作阴影。

（1）绘制影子选区，选中“背景”图层，单击【图层面板】中的【创建新图层】按钮，新建一个“图层 2”，使得“图层 2”位于“图层 1”下方，单击工具箱中的【椭圆选框工具】

按钮，在圆球右下方绘制出一个椭圆的选区，如图 2-1-24 所示，执行【选择】|【变换选区】命令，或右击画布空白处，在弹出的快捷菜单中选择【变换选区】命令，变换选区形状如图 2-1-25 所示，并按 Enter 键确认。

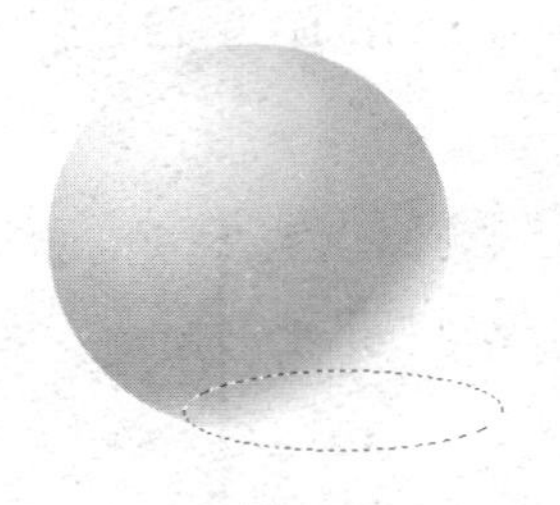

图 2-1-24　绘制椭圆选区

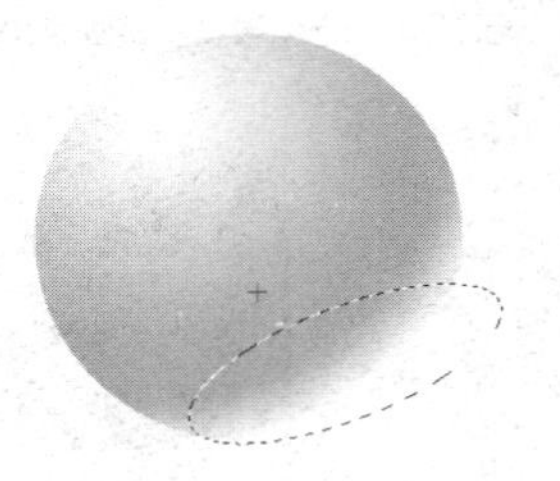

图 2-1-25　变换选区

（2）羽化选区，执行【选择】|【修改】|【羽化】命令（或按 Alt+Ctrl+D 键），打开【羽化选区】对话框，将羽化半径设置为 5，并单击【确定】按钮，如图 2-1-26 所示。

（3）为选区填充颜色，设置前景色为深灰色（R：110，G：110，B：110），并按 Alt+Delete 键填充选区，效果如图 2-1-27 所示，按 Ctrl+D 键取消选区。

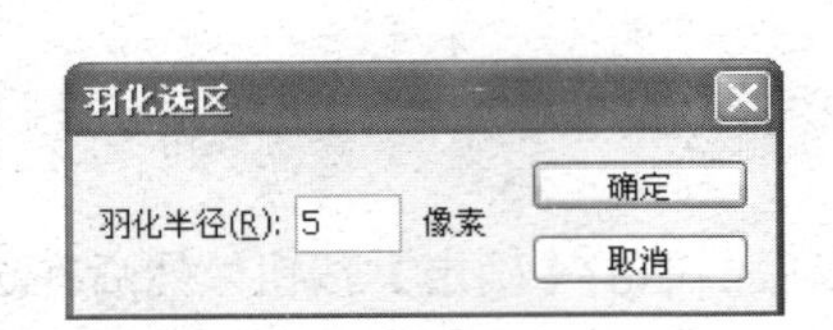

图 2-1-26　羽化设置

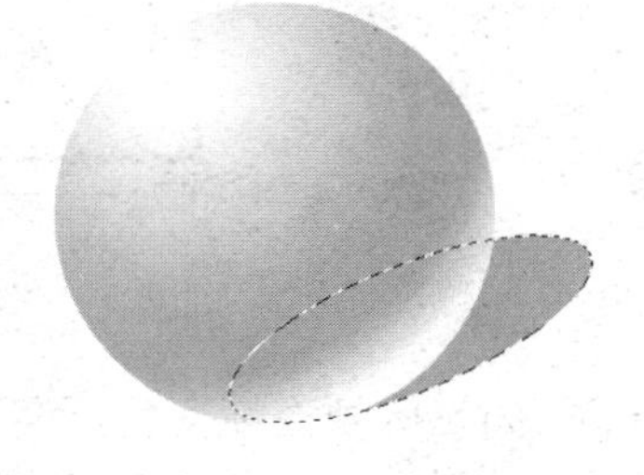

图 2-1-27　填充椭圆选区

步骤 8：保存文件，执行【文件】|【存储】命令（或按 Ctrl+S 键），将文件保存为.psd 格式，名称为“球体”。

步骤 9：另存文件，执行【文件】|【存储为】命令（或按 Shift+Ctrl+S 键），将文件另存为.jpg 格式，名称为“球体”。

拓展与提高

任务 1　绘制一个圆角矩形的水晶按钮，可以试着在按钮中添加上文字，如图 2-1-28 所示。

任务 2　绘制红色小球，如图 2-1-29 所示。

图 2-1-28　按钮效果

图 2-1-29　红球效果

任务 3　绘制一个苹果，如图 2-1-30 所示。

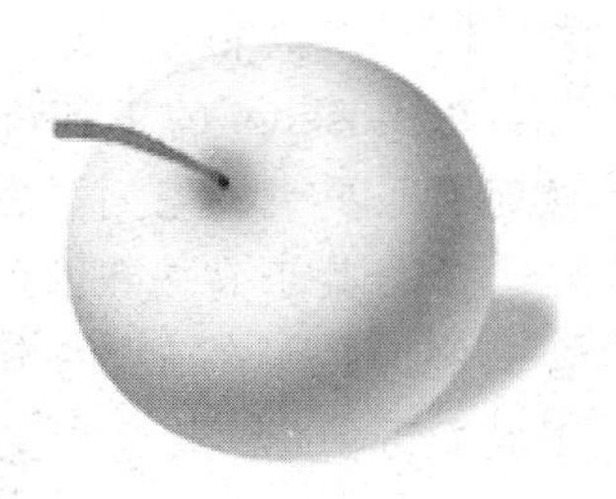

图 2-1-30　苹果效果

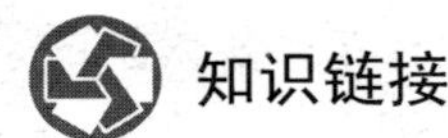

知识链接

1）Photoshop 界面知识解析

（1）菜单和快捷菜单

主菜单位于窗口界面的上方，Photoshop 将所有的功能命令分类，分别放在 10 个不同的菜单中，单击其中一个菜单名，即可打开其下拉菜单命令，如图 2-1-31 所示。

图 2-1-31　Photoshop 主菜单

快捷菜单是为了方便用户操作而产生的，在窗口中右击即可打开快捷菜单，不同的图像编辑状态，其快捷菜单也不同，如图 2-1-32 所示，是选择一个区域后的快捷菜单。

图 2-1-32　Photoshop 快捷菜单

（2）工具箱

Photoshop 的工具箱有了“单列工具箱”和“双列工具箱”的特色，这样在操作大型图像时有了更大的空间，在工具箱中共有 50 多种工具，如图 2-1-33 所示。

单击某工具按钮，即可使用该工具。工具按钮右下方的三角形符号，表示该按钮下还包含其他工具。在工具按钮上按住鼠标左键不放，即可显示隐藏的工具，直接选择某个隐藏的工具即可使用。鼠标指向工具按钮稍等片刻，即可出现该工具的名称提示，如图 2-1-34 所示。

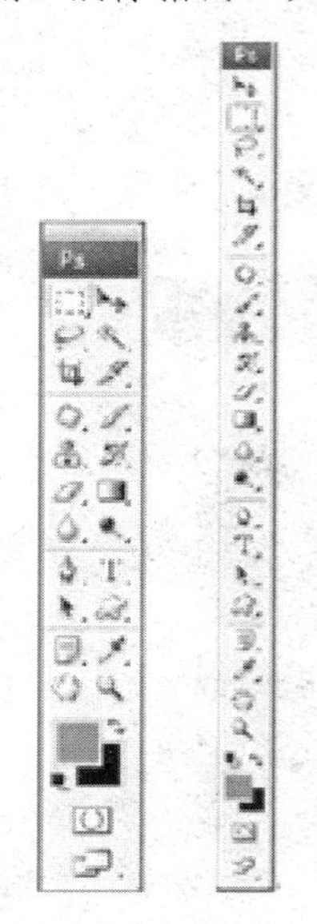

图 2-1-33 Photoshop 的工具

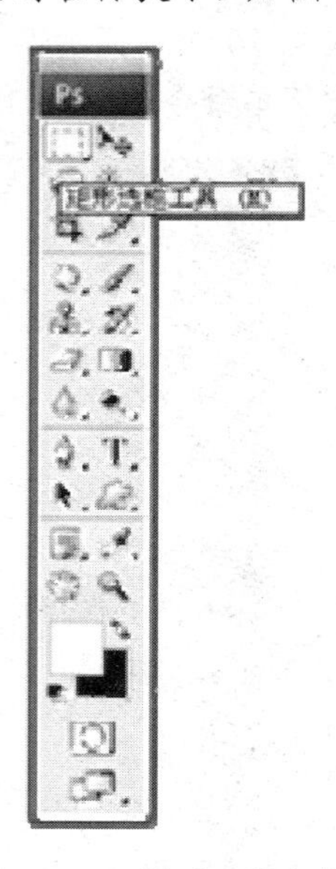

图 2-1-34 显示工具名称

（3）工具属性栏

选择某个工具后，在菜单栏的下方都会显示该工具对应的属性设置。执行【窗口】|【选项】命令，可在隐藏或显示属性栏之间切换。如图 2-1-35 所示是选区工具的属性设置。

图 2-1-35 工具属性栏

（4）浮动面板

浮动面板是非常重要的辅助作图工具，其主要功能是帮助用户完成各种图像处理操作和设置各种参数。默认状态下，控制面板分为 3 组，每一组由数个面板被分散组装定制在一起，它们总是浮动在活动窗口的最上方，供用户随时访问，如图 2-1-36 所示。

Photoshop 新增了直方图面板和图层比较面板。使用直方图面板可方便快捷地了解图像中亮部与暗部的分布状况，也可在直方图面板中查看某个选取区域的色调分布状况。使用图层比较面板，可执行“新建图层比较”命令保存文档中图层显示或隐藏状态，通过这种方式可以查看一个版面的多种效果。对浮动面板可进行调整位置、改变大小等操作，具体如下。

① 要调整面板的大小，只需用鼠标拉动面板的边线即可。

② 要将某面板从面板组中分离出来，只需拖动该面板的标题栏到另一位置即可。

③ 要将拆分开的面板还原，拖动面板到原来的面板组即可。

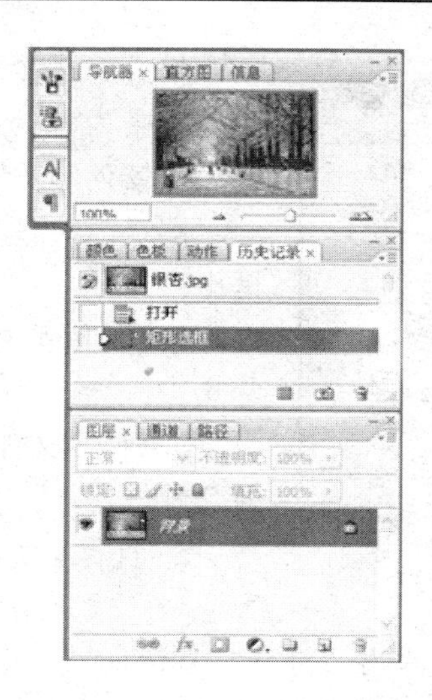

图 2-1-36　浮动面板

④ 要移动面板组，只需拖动面板组的蓝色标题栏即可。

要复位所有面板位置，可通过执行【窗口】|【工作区】|【复位调板位置】命令来实现。

（5）状态栏

状态栏位于每个文档窗口的底部，显示诸如现用图像的当前放大率和文件大小等有用的信息，以及有关现用工具的简要说明，如图 2-1-37 所示。

图 2-1-37　状态栏

用户还可以通过单击文档窗口底部边框中的三角形来查看文档的其他信息，如图 2-1-38 所示。

图 2-1-38　查看文档的其他信息

2）Photoshop 基本操作知识解析

（1）图像文件的操作

① 新建文件。执行【文件】|【新建】命令（也可以按 Ctrl+N 键），打开【新建】对话框，设置各参数后单击【确定】按钮，即可产生一个新的空白文件，如图 2-1-39 所示。

名称：键入新文件的名称。

图像大小：在宽度、高度、分辨率的文本框里输入文件的宽度、高度和分辨率，并在后面的列表中选择单位。

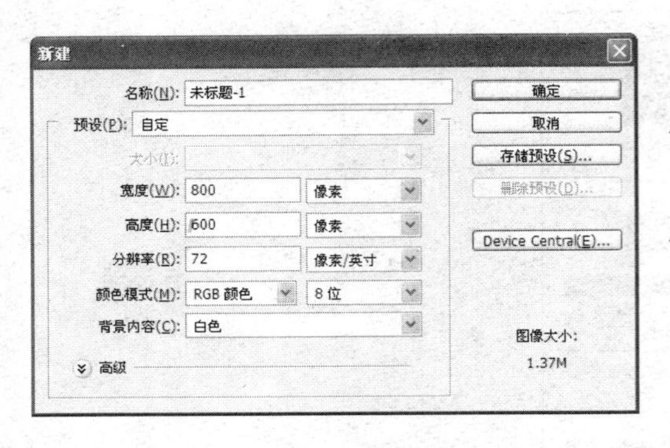

图 2-1-39 【新建】对话框

模式：选择新文件的颜色模式。

背景内容：设置背景的颜色。其选项包括白色、背景色和透明。

高级：可设置“色彩配置文件”与“像素纵横比”。

Photoshop 中以灰白相间的方格表示透明的背景。

② 打开文件。在 Photoshop 里打开文件有下列几种方法：

a. 执行【文件】|【打开】命令，打开文件（也可以按 Ctrl+O 键）。

b. 双击工作界面空白区域可弹出“打开”对话框。

c. 在打开对话框中按 Ctrl 键逐个选择图像文件或按 Shift 键选择文件可选择多个文件，单击【打开】按钮就可将选中的文件打开。

③ 打开为。执行【文件】|【打开】命令可打开指定格式的文件，其对应的组合快捷键是 Ctrl+Alt+O。

④ 最近打开的文件。该功能用于记录软件最近处理过的文件，执行【文件】|【最近打开文件】命令即可在弹出的菜单中选择最近打开过的文件，如图 2-1-40 所示。

图 2-1-40 最近打开的文件

默认状态下，Photoshop 最近打开文件子菜单中只能存储 10 个文件，可通过执行【编辑】|【首选项】|【文件处理】命令，打开【首选项】对话框，将对话框列表中的文件数量进行设置，如图 2-1-41 所示。

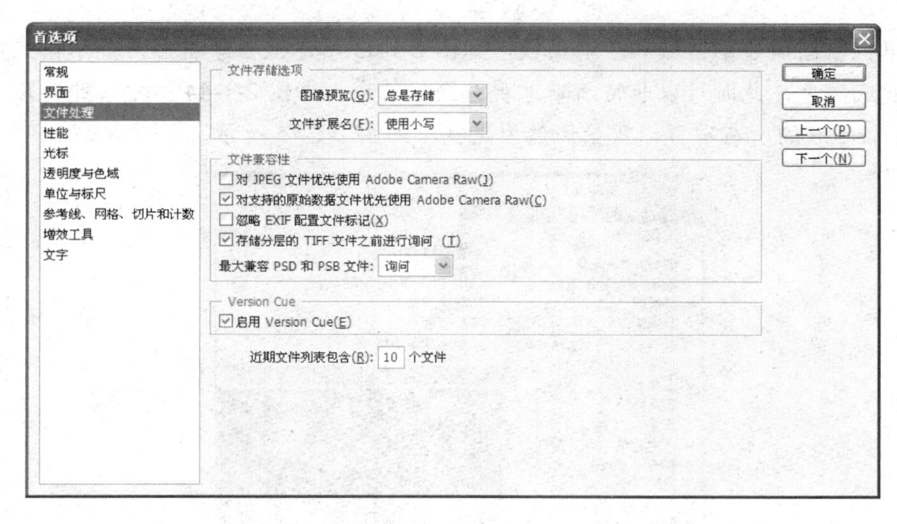

图 2-1-41　设置首选项

⑤ 存储与存储为。如果是第一次存储，执行【文件】|【存储】命令和【存储为】命令没有区别，都将出现【保存为】对话框。对于已经存储过的文件，单击【存储】按钮则会自动将编辑好的部分加入原来已存储的文件中，不会出现【存储为】对话框。【存储】命令对应的快捷键是 Ctrl+S。【存储为】命令用于将原有文件存储为其他格式或另存一个副本。

⑥ 关闭。在 Photoshop 里，关闭文件的方法也有多种。

a. 执行【文件】|【关闭】命令关闭当前文件。

b. 按 Ctrl+W 键或 Ctrl+F4 键关闭文件。

c. 单击要关闭文件窗口的关闭按钮☒关闭文件。

⑦ 退出。退出 Photoshop 的方式有下列几种。

a. 执行【文件】|【退出】命令退出软件。

b. 按 Ctrl+Q 键或 Alt+F4 键退出软件。

单击界面右上角的关闭按钮☒退出软件。

（2）图像窗口操作

① 改变窗口的位置。要改变图像窗口的位置，只需将鼠标置于图像窗口的标题栏上，按住鼠标左键不放并移动鼠标，窗体也会跟着移动，即可将窗口移到屏幕上的任意位置。

② 创建新窗口。在创建新窗口前，首先要了解新窗口和新图像文件之间的区别。创建新图像文件是一个“无中生有”的过程，是在没有图像的基础上创建一个新图像窗口，是一个新文件；创建新窗口是在当前活动窗口外再创建一个或多个窗口，所有窗口中的图像内容随某个窗口内容的改变而改变。其作用是为了查看编辑后的整体效果。如将一个图像文件放大到 500%进行编辑，然后执行【窗口】|【排列】|【为……新建窗口】命令，则会打开一个与原窗口相同的新窗口，再将其中一个窗口缩小到图像完整显示，就可以方便地查看与编辑了，如图 2-1-42 所示。

③ 切换屏幕显示方式。在 Photoshop 的工具箱中有 3 种可互相切换的屏幕显示方式，它们分别是标准模式、全屏显示模式、黑屏显示模式（F 键）。

在标准模式下窗口内可显示 Photoshop 所有项目；当单击全屏显示模式按钮，窗口内只显示菜单栏、图像显示区域和浮动面板，如图 2-1-43 所示；当单击黑屏显示模式按钮▢，窗口背景变成黑色，此时可以非常清晰地观看图像效果，如图 2-1-44 所示，此时按 Tab 键，可隐藏 Photoshop 的所有项目，背景仍然为黑色，如图 2-1-45 所示。

图 2-1-42　创建新窗口

图 2-1-43　标准模式

3）**选区介绍**

在 Photoshop 中如果对图像的某个部分进行色彩调整，就必须有一个指定的过程。这个指定的过程称为选取。选取后形成选区。

（1）选区是封闭的区域，可以是任何形状，但一定是封闭的。不存在开放的选区。

（2）选区一旦建立，大部分的操作就只针对选区范围内有效。如果要针对全图操作，必须先取消选区。

选区是一个重要部分，Photoshop 三大重要部分是选区、图层、路径。这三者是 Photoshop

的精髓所在。

图 2-1-44　黑屏模式

图 2-1-45　隐藏 Photoshop 所有项目

Photoshop 中的选区大部分是靠选取工具来实现的。选取工具共 8 个，集中在工具栏上部。分别是矩形选框工具、椭圆选框工具、单行选框工具、单列选框工具、套索工具、多边形套索工具、磁性套索工具、魔棒工具。其中前 4 个属于规则选取工具。为了满足各种应用的需要，Photoshop 提供了 3 种选区工具，选框工具，套索工具，魔棒工具。这三种作为常用工具存在于工具箱中。其中选框工具包含 4 个按钮，套索工具包含 3 个按钮，平时只有被选择的一个为显示状态，其他的为隐藏状态，我们可以通过右击来显示出所有的按钮。

在 Photoshop 中打开上面的图像，在工具栏选择矩形选框工具，然后在图像中拖动画出一块矩形区域，松手后会看到区域四周有流动的虚线。这样就已经建立好了一个矩形的选区，流动的虚线就是 Photoshop 对选区的表示。虚线之内的区域就是选区。

选区工具的几种运算方式。所谓选区的运算就是指添加、减去、交集等操作。它们以按钮形式分布在公共栏上。分别是：新选区、添加到选区、从选区减去、与选区交叉。选区的添加、减去、交叉运算对8个选取工具都有效。使用方法也相同。

4）羽化介绍

对选择区的边缘做软化处理，其对图像的编辑在选区的边界产生过渡。其范围为0～250，当选区内的有效像素小于50%时，图像上不再显示选区的边界线。

如图2-1-46所示是对不同羽化值选区填充红色的效果。

5）Photoshop中的常用图片格式

JPEG格式是一种有损压缩文件，文件比较小，是网页上常用的图像格式。

PSD（Photoshop Document），是Photoshop的专用格式。这种格式可以存储Photoshop中所有的图层，通道、参考线、注解和颜色模式等信息，保留了所有原图像数据信息，因而修改起来较为方便。但PSD格式所包含图像数据信息较多（如图层、通道、剪辑路径、参考线等），因此比其他格式的图像文件还是要大得多，大多数排版软件不支持PSD格式的文件。

6）5种渐变方式

（1）线性渐变：以直线方式从左色标渐变到右色标，效果如图2-1-47所示。

（2）径向渐变：以圆形图案从左色标渐变到右色标，效果如图2-1-48所示。

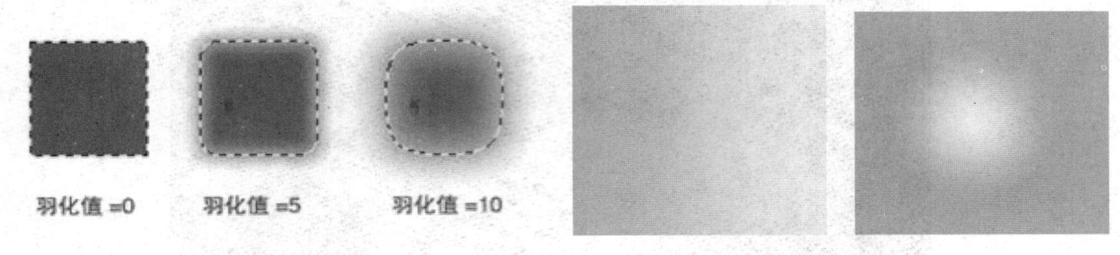

图2-1-46　不同羽化值的填充效果　　图2-1-47　线性渐变　　图2-1-48　径向渐变

（3）角度渐变：右色标以逆时针扫过的角度方式渐变到左色标，如图2-1-49所示。

（4）对称渐变：使用对称线性渐变在起点的两侧渐变，效果如图2-1-50所示。

（5）菱形渐变：以菱形图案从起点向外渐变，终点则定义菱形的一个角，效果如图2-1-51所示。

图2-1-49　角度渐变

图2-1-50　对称渐变

图2-1-51　菱形渐变

7）“三面五调”的知识

表现物体立体感的重要手段是对“三面”和“五调”的刻画。

（1）三面。物体在受光的照射后，呈现出不同的明暗，受光的一面称为亮面，侧受光的一面称为灰面，背光的一面称为暗面，如图2-1-52所示。

（2）五调。在三大面中，根据受光的强弱不同，还有很多明显的区别，形成了 5 个调子。除了亮面的亮调子，灰面的灰调和暗面的暗调之外，暗面由于环境的影响又出现了“反光”。另外在灰面与暗面的交界的地方，它既不受光源的照射，又不受反光的影响，因此挤出了一条最暗的面，称为“明暗交界”，这就是我们常说的“五大调子”，如图 2-1-53 所示。

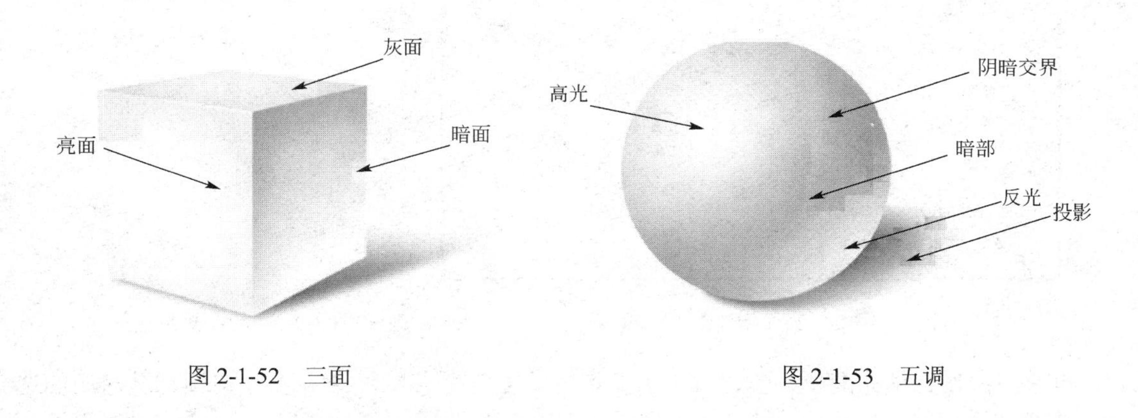

图 2-1-52　三面　　图 2-1-53　五调

项目 2　立体几何图形绘制

通过绘制立体几何图形，强化 Photoshop 图像文件及图像窗口中各工具的基础操作，以及辅助工具、图像显示的控制、变换图像、图像大小的设置和工具使用。

【能力目标】

（1）了解立体几何图形构成，学习基础的几何图形立体效果的制作。

（2）熟练掌握【矩形选框工具】。

（3）掌握【渐变工具】的使用。

（4）掌握变换选区。

任务 1　绘制几何图形圆柱

【任务描述】

本例用矩形选框工具绘制了具有立体效果的圆柱体，如图 2-2-1 所示。

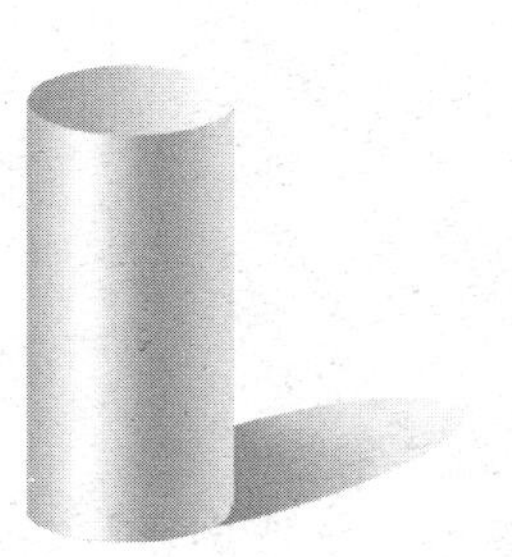

图 2-2-1　圆柱体

【任务设计】

（1）用【矩形选框工具】绘制圆柱体的形状。

（2）使用【渐变工具】对选区填充渐变，实现立体的效果。

（3）为圆柱体制作投影效果。

【实施方案】

步骤 1：新建文件，设置背景色为白色，执行【文件】|【新建】命令（按 Ctrl+N 键），文件宽度、高度、分辨率和色彩模式等参数设置如图 2-2-2 所示。

步骤 2：在新图层绘制一个矩形选区，单击【图层】面板中的【创建新图层】按钮（按 Shift+Ctrl+N 键），新建一个“图层 1”，单击工具箱中的【矩形选框工具】按钮，在图像上绘制出一个矩形的选区，如图 2-2-3 所示。

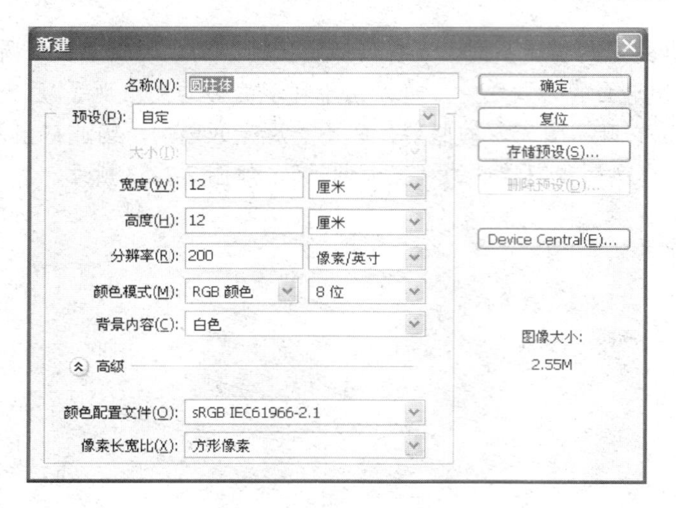

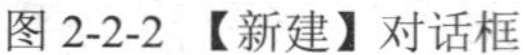

图 2-2-2 【新建】对话框

图 2-2-3 绘制矩形选区

步骤 3：设置填充渐变颜色，单击工具箱中的【渐变工具】，在窗口顶部其对应的选项栏中单击【点按可编辑渐变】按钮，在弹出的【渐变编辑器】对话框中，编辑渐变效果，从左至右的色标值分别为色标 1（R：230，G：228，B：228，位置 0%），色标 2（R：152，G：151，B：151，位置 25%），色标 3（R：255，G：255，B：255，位置 72%），色标 4（R：172，G：172，B：172，位置 100%），如图 2-2-4 所示。

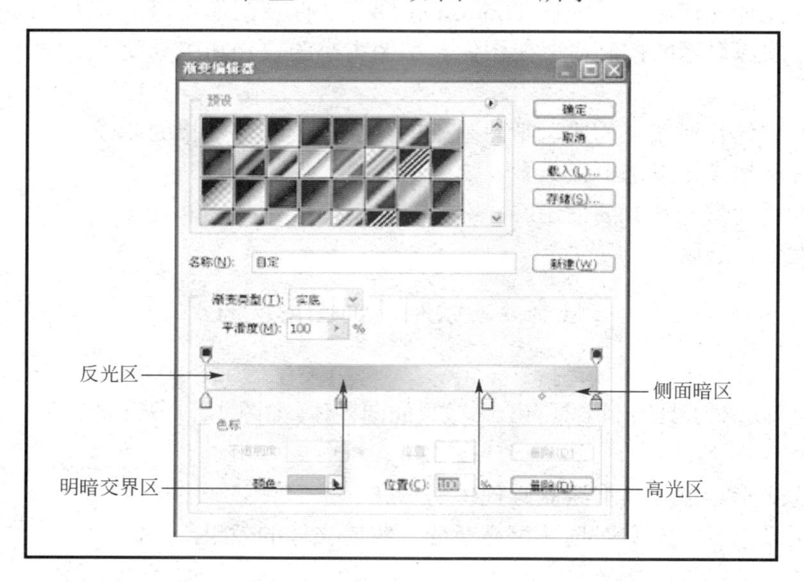

图 2-2-4 设置渐变色

步骤 4：填充选区得到圆柱体，选择线性渐变模式，并在【渐变工具】属性栏将【反向】、【仿色】复选框选中，如图 2-2-5 所示，按下 Shift 键，自左向右拖拽鼠标，创建一个水平的渐变，效果如图 2-2-6 所示。

图 2-2-5 设置渐变属性

步骤 5：在新图层绘制圆柱的顶面，按 Shift+Ctrl+N 键，新建一个图层“图层 2”，单击工具箱中的【椭圆选框工具】按钮，在柱体的上方画一个椭圆选区，将选区的大小和位置变换为如图 2-2-7 所示的效果，使椭圆选区的长轴与圆柱体上边重合，如图 2-2-7 所示，单击工具箱中的【渐变工具】按钮，设置浅灰色（R：148，G：148，B：148）到白色的渐变，在椭圆选区内自左至右拖动鼠标填充选区，效果如图 2-2-8 所示。

图 2-2-6　填充渐变效果

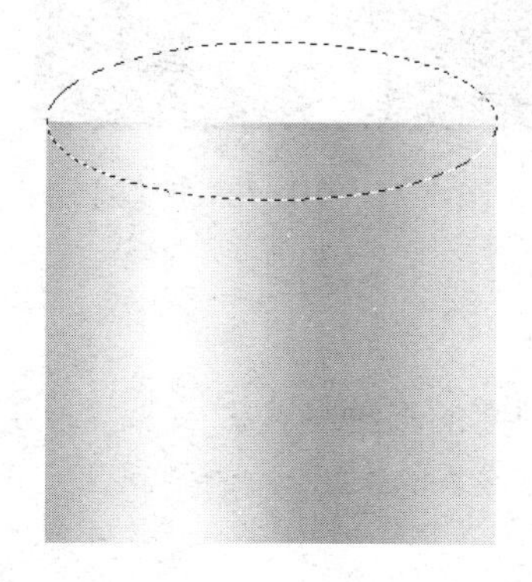

图 2-2-7　绘制圆柱顶面的椭圆选区

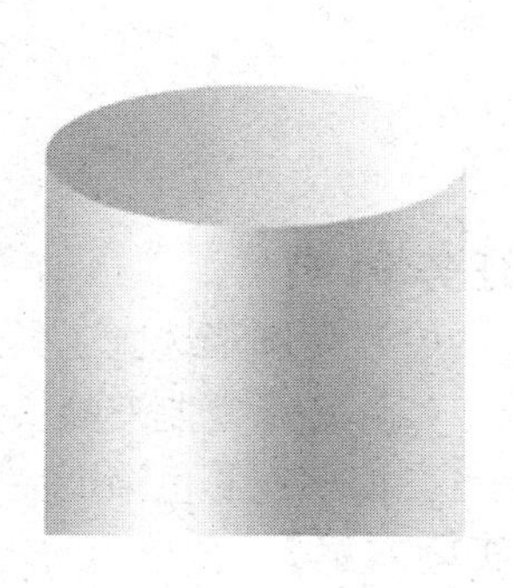

图 2-2-8　填充椭圆选区

步骤 6：修饰圆柱的底部，按住 Ctrl 键的同时单击“图层 2”的缩略图，将“图层 2”载入选区，按↓键移动选区到圆柱的底部，使选区的下半边与圆柱下边相切，如图 2-2-9 所示。

步骤 7：删除掉多余部分，选择“图层 1”，执行【选择】|【反选】命令（按 Ctrl+Shift+I 键），选择其他区域，如图 2-2-10 所示，单击工具箱中的【橡皮擦工具】按钮，擦掉圆柱体下面的两个角，取消选择，效果如图 2-2-11 所示。

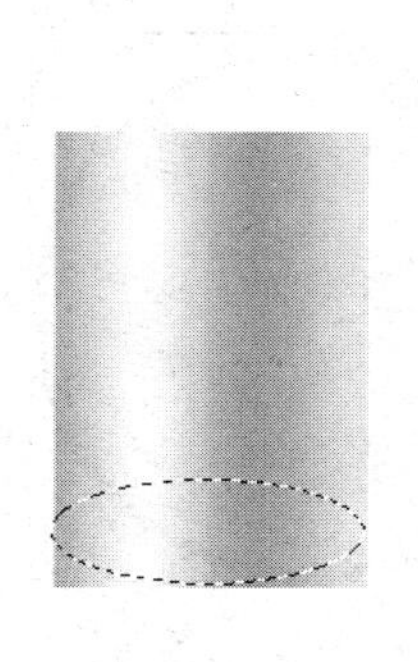

图 2-2-9　修饰圆柱底部

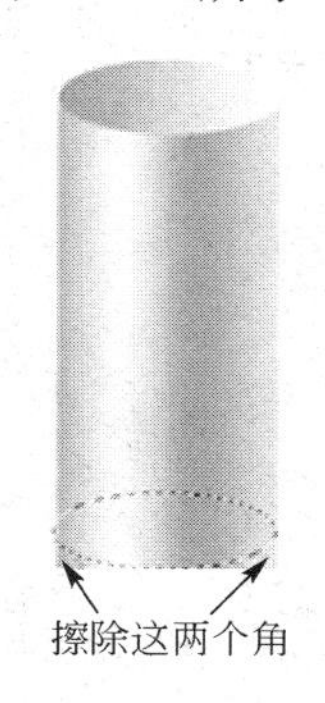

图 2-2-10　擦除多余的角

图 2-2-11　圆柱效果

步骤 8：添加投影效果，按制作球体投影的方法制作出圆柱体的投影效果，从左至右设置色标值。色标 1（R：110，G：110，B：110，位置 40%），色标 2（R：240，G：240，B：240，位置 100%），将投影效果图层 3 拖动到图层 1 底下，并保存文件。

任务 2　绘制美丽花纹

【任务描述】

绘制美丽的花纹，效果如图 2-2-12 所示。

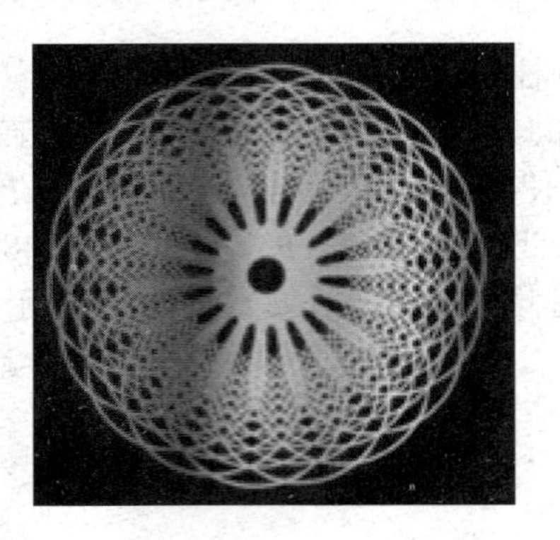

图 2-2-12　美丽花纹的效果

【任务设计】

（1）用圆形选区工具进行描边。

（2）进行复制变换实现圆形图案的多种变换。

（3）填充彩色渐变完成美丽花纹。

【实施方案】

步骤 1：新建文件，先设置背景色为黑色，按 Ctrl+N 键新建宽度、高度均为 12cm，颜色为背景色，分辨率为 200 像素/英寸的文件。

步骤 2：绘制正圆选区并描边，按 Ctrl+Shift+N 键新建“图层 1”，利用【椭圆选框工具】绘制一正圆选区，执行【编辑】|【描边】命令，打开如图 2-2-13 所示的【描边】对话框，设置描边宽度为“1px”，颜色为“白色”，得到如图 2-2-14 所示的圆形边框。

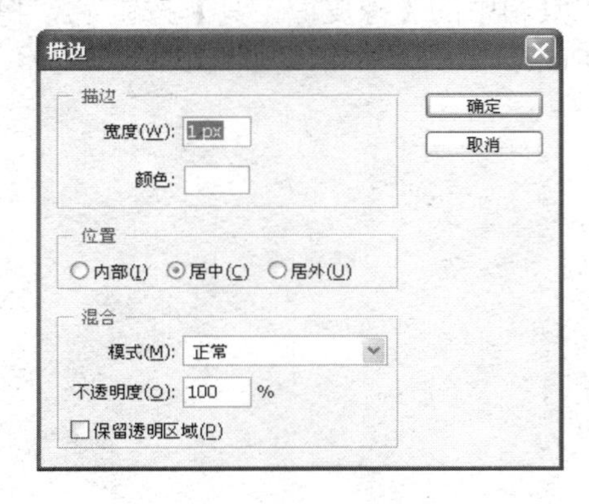

图 2-2-13　设置描边宽度

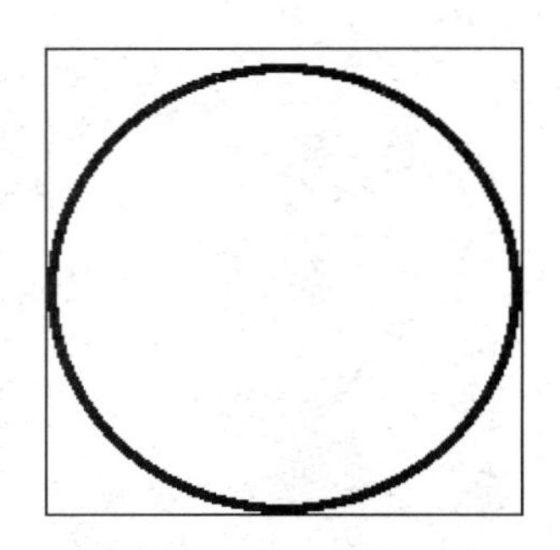

图 2-2-14　为圆形描边

步骤 3：将圆形复制变换，按 Ctrl+Alt+T 键，对圆形进行复制变换，在如图 2-2-15 所示的选项栏中进行设置。选择【保持长宽比】，长宽放大到原来的 110%。

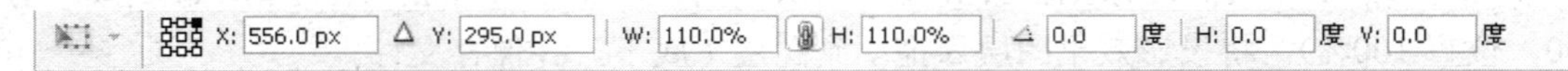

图 2-2-15　设置复制变换属性

步骤 4：画出 6 个渐次增大的圆，按 6 次 Ctrl+Alt+Shift+T 键，得到 6 个渐次增大的圆，如图 2-2-16 所示，选中“图层 1”，执行【选择】|【相似图层】命令将除背景图层外的所有图层全部选中，再执行【图层】|【合并图层】命令（按 Ctrl+E 键），将选中的图层合并。

步骤 5：复制变换得到的合并图形，选中合并得到的图层，按 Ctrl+Alt+T 键，在选项栏中将旋转角度设置为 20 度，并确认变换，如图 2-2-17 所示，然后按 15 次 Ctrl+Alt+Shift+T 键，共得到 16 个旋转的圆环，组成如所示的图形，仿照步骤 4，再次将得到的图层除背景图层外合并成一个图层，如图 2-2-18 所示。

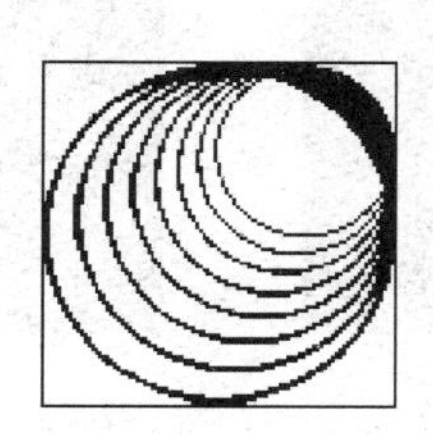

图 2-2-16　6 个渐次增大的圆

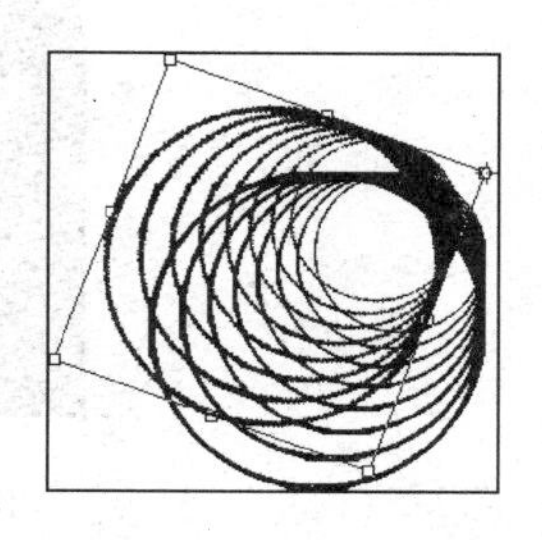

图 2-2-17　进行选择复制变换

步骤 6：为图形填充渐变色，在【图层面板】上按住 Ctrl 键单击合并得到的图层缩略图，将其“载入选区”，如图 2-2-19 所示，用【渐变工具】选择漂亮的渐变预设“色谱”，为选区填充颜色，便可得到最终效果图。

图 2-2-18　得到花纹效果

图 2-2-19　合并图层

拓展与提高

任务 1　红绿灯的制作，效果如图 2-2-20 所示。

简要制作步骤。

（1）新建图层 1（按 Shift+Ctrl+N 键），绘制灯杆。

（2）新建图层 2，绘制连接灯杆和灯箱的两个连接柱。

（3）新建图层 3，绘制灯箱：先绘制矩形选区，利用【渐变工具】为选区填充自左至右、深灰色到浅灰色的线性渐变，然后执行【选择】|【修改】|【收缩】命令，将选区收缩，将收缩后的选区填充自左至右、浅灰色到深灰色的线性渐变。

（4）新建图层 4，绘制红、黄、绿灯。

任务 2　螺旋效果，如图 2-2-21 所示。

提示：先绘制出如图 2-2-22 所示的图形，然后按 Ctrl+Alt+T 键，对图形进行复制变换，变换的参数设置如图 2-2-23 所示。

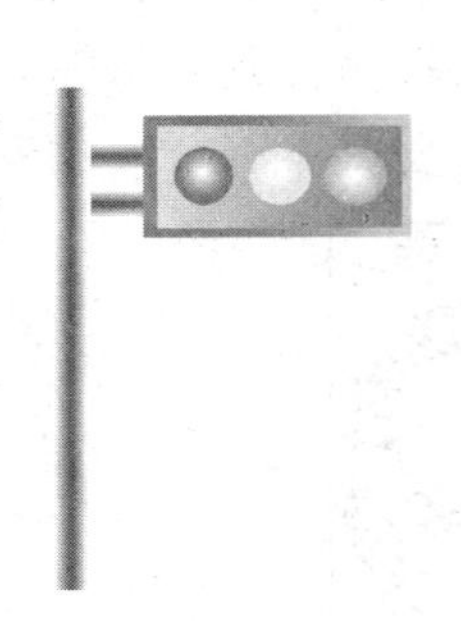

图 2-2-20 红绿灯效果

图 2-2-21 螺旋效果

图 2-2-22 螺旋初始图形

X: 437.0 px Y: 619.0 px W: 90.0% H: 90% 10 度 H: 0.0 度 V: 0.0 度

图 2-2-23 设置变换参数

知识链接

1）选框工具详细解析

使用【选框工具】选择允许选择矩形、椭圆形和宽度为 1 个像素的行和列。

（1）选择选框工具有以下几种。

矩形选框 ：建立一个矩形选区（配合使用 Shift 键可建正方形选区）。

椭圆选框 ：建立一个椭圆形选区（配合使用 Shift 键可建立圆形选区）。

单行 或单列 选框：将边框定义为宽度为 1 个像素的行或列。

（2）在选项栏中指定一个选区选项。

图 2-2-24 设置选区属性

（3）在选项栏中指定羽化设置，为选框工具打开或关闭消除锯齿设置，如图 2-2-24 所示。

（4）对于矩形选框工具或椭圆选框工具，在选择栏中选择一种样式。

正常：通过拖动确定选框比例。

固定长宽比：设置长宽比，输入长宽比的值。例如，若要绘制一个宽是高两倍的选框，请输入宽度 2 和高度 1，如图 2-2-25 所示。

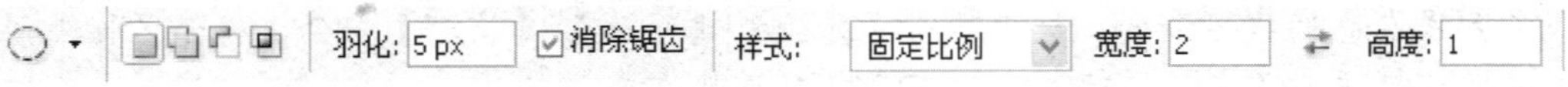

羽化: 5 px 消除锯齿 样式: 固定比例 宽度: 2 高度: 1

图 2-2-25 设置长宽比

固定大小：为选框的高度和宽度指定固定的值，输入整数像素值，如图 2-2-26 所示。

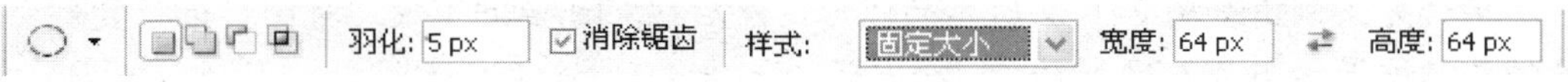

羽化: 5 px 消除锯齿 样式: 固定大小 宽度: 64 px 高度: 64 px

图 2-2-26 设置固定值

（5）建立选区。

① 使用矩形选框工具或椭圆选框工具，直接在要选择的区域上拖移。

② 按住 Shift 键时拖动可将选框限制为方形或圆形。

③ 要从选框的中心拖动它，请在开始拖动之后按住 Alt 键。

④ 对于单行或单列选框工具，在要选择的区域旁边单击，然后将选框拖动到确切的位置。如果看不见选框，则增加图像视图的放大倍数。

2）【编辑】|【变换】

（1）缩放。如果要通过拖动进行缩放，请拖动手柄。拖动角手柄时按住 Shift 键可按比例缩放。要根据数字进行缩放，请在选项栏的“宽度”和“高度”文本框中输入百分比。单击【链接】按钮以保持长宽比。效果如图 2-2-27 和图 2-2-28 所示。

（2）旋转。要通过拖动进行旋转，请将指针移到定界框之外（指针变为弯曲的双向箭头），然后拖动。按 Shift 键可将旋转限制为按 15° 的增量进行。要根据数字进行旋转，请在选项栏的“旋转”文本框中输入度数。效果如图 2-2-29 和图 2-2-30 所示。

图 2-2-27　原始图形

图 2-2-28　缩放效果

图 2-2-29　原始图形

（3）斜切。按 Ctrl+Shift 键并拖动手柄。当定位到边手柄上时，指针变为带一个小双向箭头的白色箭头。如果要根据数字斜切，请在选项栏的 H（水平斜切）和 V（垂直斜切）文本框中输入角度效果如图 2-2-31 和图 2-2-32 所示。

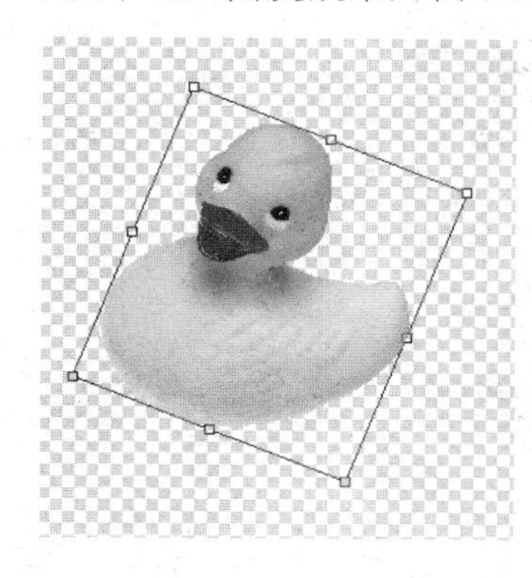
图 2-2-30　旋转效果

图 2-2-31　原始图形

图 2-2-32　斜切效果

（4）扭曲。要相对于外框的中心点扭曲，请按住 Alt 键并拖动手柄。要自由扭曲，可按住 Ctrl 键并拖动手柄，效果如图 2-2-33 和图 2-2-34 所示。

（5）透视。要应用透视，可按住 Ctrl+Alt+Shift 键并拖动角手柄。当放置在角手柄上方时，指针变为灰色箭头。效果如图 2-2-35 和图 2-2-36 所示。

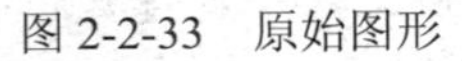
图 2-2-33 原始图形

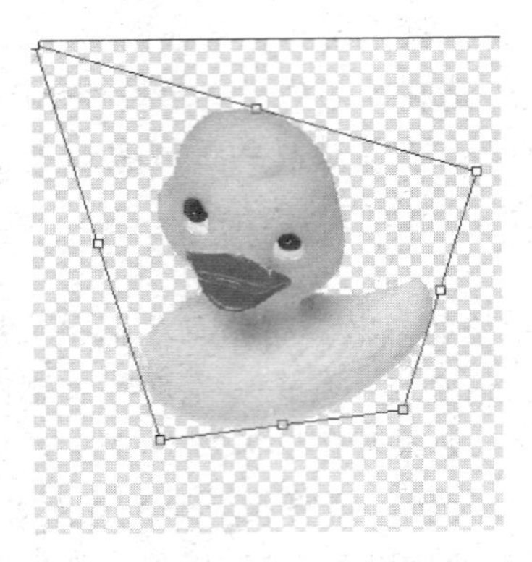
图 2-2-34 扭曲效果

图 2-2-35 原始图形

（6）变形。【变形】命令允许你拖动控制点以变换图像的形状或路径等。也可以使用选项栏中【变形样式】弹出式菜单中的形状进行变形。【变形样式】弹出式菜单中的形状也是可延展的；可拖动它们的控制点。当使用控制点来扭曲项目时，执行【视图】|【显示额外内容】命令可显示或隐藏变形网格和控制点，如图 2-2-37 所示。

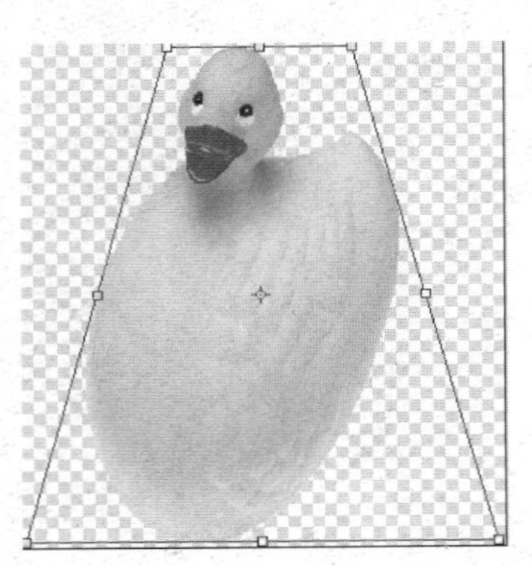
图 2-2-36 透视效果

3）**对图像进行自由变换的步骤**

（1）先选择要变形的对象。

（2）选择变形命令，可执行下列操作之一。

① 执行【编辑】|【变换】|【变形】命令，如图 2-2-37 所示。

② 如果已经选取另一个变换命令或【自由变换】命令，则单击选项栏中的【在自由变换和变形模式之间切换】按钮 。

（3）进行变形操作，请执行下列一个或多个操作：

① 要使用特定形状进行变形，请从选项栏中【变形】弹出式菜单中选取一种变形样式。

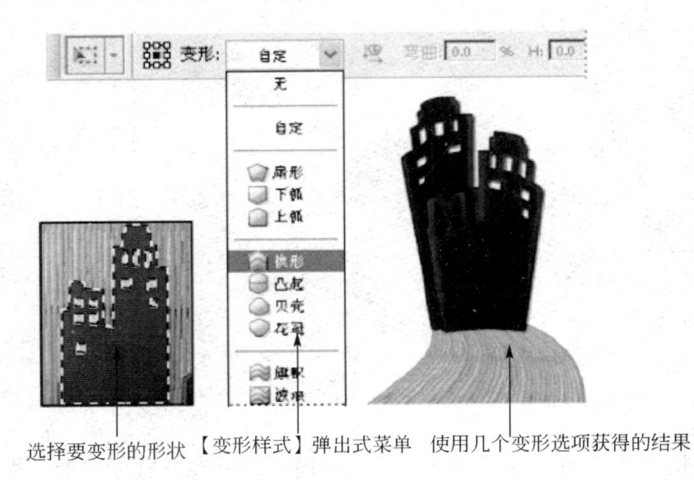

图 2-2-37 变形效果

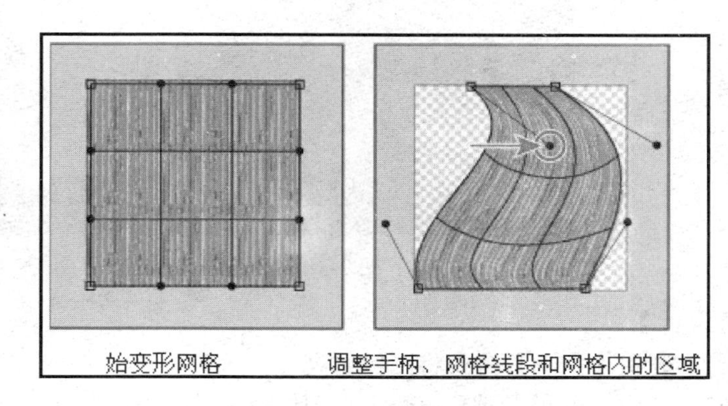

图 2-2-38　拖动控制点使网格变形　　　　图 2-2-39　变形网格

② 要自由变换形状，请拖动控制点、外框或网格的一段或者网格内的某个区域。在调整曲线时，请使用控制点手柄。如图 2-2-38 和图 2-2-39 所示。

③ 要更改从【变形】菜单中选取的一种变形样式的方向，单击选项栏中的【更改变形方向】按钮 。要更改参考点，请单击选项栏中参考点定位符 上的方块。

④ 要使用数字值指定变形量，可在选项栏中的【弯曲】(设置弯曲)、【H】(设置水平扭曲)和【V】(设置垂直扭曲)文本框中输入值，如图 2-2-40 所示。

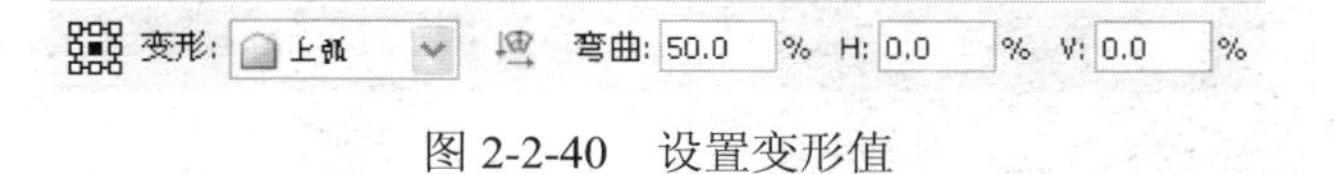

图 2-2-40　设置变形值

(4) 确认或取消变形，执行下列操作之一。

① 确认按 Enter 键或单击选项栏中的【提交】按钮 ✓。

② 取消变换，Esc 键或单击选项栏中的【取消】按钮 ⊘。

项目 3　照片的处理

通过对各种照片进行处理，强化 Photoshop 照片处理功能，使大家掌握纠正偏色照片、制作照片背景、修复照片中的瑕疵以及合成照片的方法。

【能力目标】

(1) 掌握色彩和色调调整的命令使用方法。

(2) 掌握【色相/饱和度】命令的着色功能。

(3) 掌握图像修复工具的使用技巧。

(4) 掌握裁切工具、定义图案，填充图案工具的使用方法。

(5) 初步掌握抠图技巧。

任务 1　偏色图片调整

【任务描述】

本例对灰蒙蒙的照片进行调整，调整后天蓝了，树绿了。调整前后的对比效果如图 2-3-1 所示。

图 2-3-1　纠正偏色照片效果图

【任务设计】

（1）利用【色阶】命令将图像调亮。

（2）利用【色彩平衡】命令丰富图像色彩。

（3）利用【亮度/对比度】命令丰富图像色彩。

【实施方案】

步骤 1：打开文件，执行【文件】|【打开】命令（按 Ctrl+O 键），打开素材文件“风景.jpg”，如图 2-3-2 所示。

步骤 2：调整色彩的明暗度，执行【图像】|【调整】|【色阶】命令（或按 Ctrl+L 键），打开【色阶】对话框，在该对话框中调整【输入色阶】的输入值，如图 2-3-3 所示，单击【确定】按钮。

图 2-3-2　偏色照片

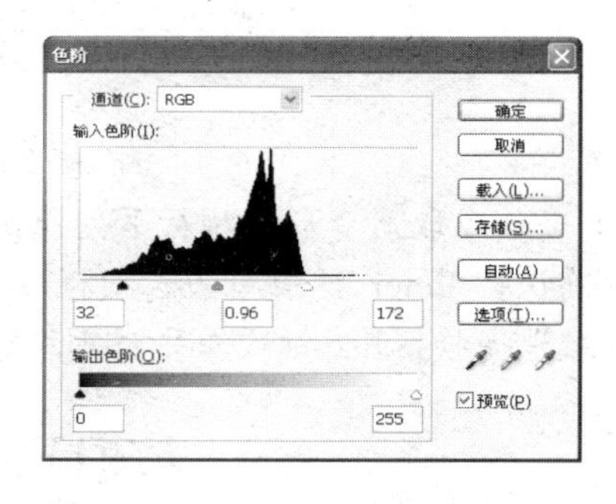

图 2-3-3　调整输入色阶的输入值

步骤 3：补偿照片的颜色，执行【图像】|【调整】|【色彩平衡】命令（或按 Ctrl+B 键），打开【色彩平衡】对话框，在该对话框中首先选择【阴影】调整如图 2-3-4 所示，选择【中间调】调整如图 2-3-5 所示，最后选择【高光】调整如图 2-3-6 所示，单击【确定】按钮。

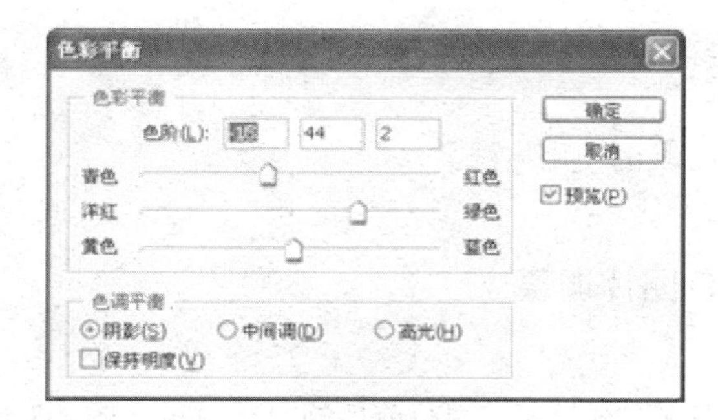

图 2-3-4　调整色彩平衡阴影值

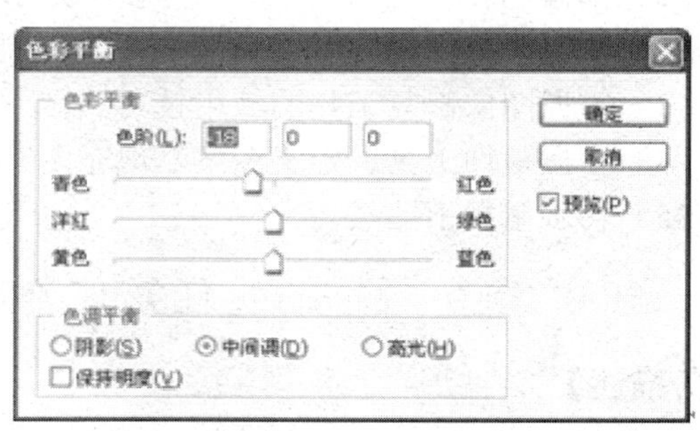

图 2-3-5　调整色彩平衡中间调值

步骤 4：提高清晰度，执行【图像】|【调整】|【亮度/对比度】命令，打开【亮度/对比度】对话框，在该对话框中调整如图 2-3-7 所示，单击【确定】按钮，效果如图 2-3-8 所示，保存文件。

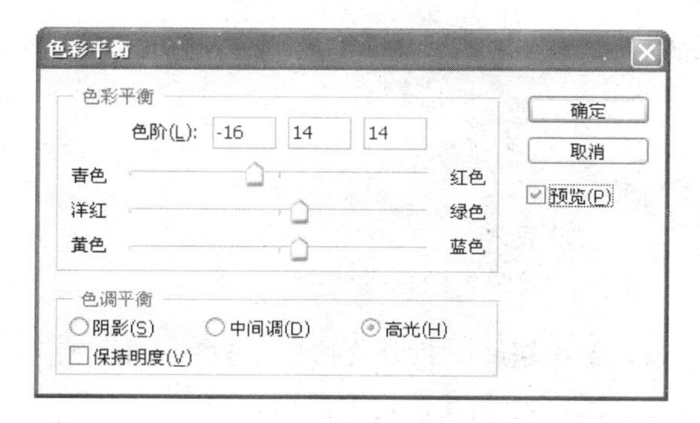

图 2-3-6 调整色彩平衡高光值

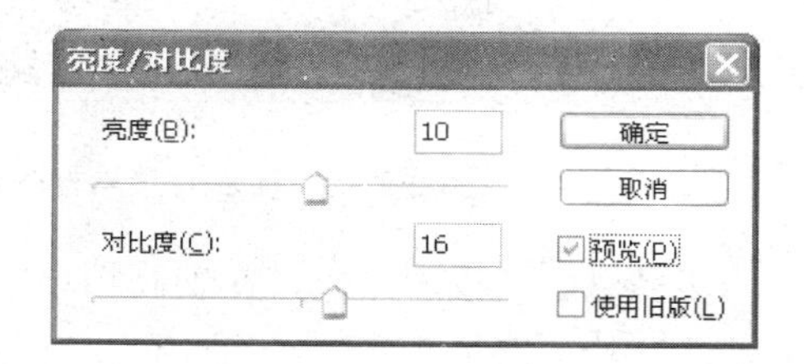

图 2-3-7 调整亮度/对比度值

任务 2 制作淡彩背景的照片

【任务描述】

本例利用淡彩图片作为背景，突出前景图片的色彩和意境，从而产生特殊的艺术效果，这种效果被广泛应用于影楼后期制作中，制作效果如图 2-3-9 所示。

图 2-3-8 最终效果

图 2-3-9 淡彩背景的照片

【任务设计】

（1）利用【色相/饱和度】命令的着色功能，调出淡彩图片。

（2）利用图层效果突出前景图片。

（3）根据图片意境输入文字。

（4）整个画面要求色彩协调，构图完整。

【实施方案】

步骤 1：打开文件，执行【文件】|【打开】命令（或按 Ctrl+O 键），打开素材文件“淡彩背景.jpg”，如图 2-3-10 所示。

步骤 2：复制背景图层，两次在【图层面板】将背景层拖至下方的创建新图层图标按钮上，复制图层“背景 副本”和“背景 副本 2”,并将“背景 副本 2”前的眼睛关闭，隐藏该图层，如图 2-3-11 所示。

图 2-3-10 淡彩背景素材图片

图 2-3-11 隐藏背景副本 2

步骤 3：修改前景色，在工具箱单击【前景色】按钮，打开【拾色器】对话框，使用吸管在照片皮肤处单击，拾取颜色，如图 2-3-12 所示，单击【确定】按钮。

步骤 4：制作淡彩背景，在【图层面板】中选择“背景 副本”，执行【图像】|【调整】|【色相/饱和度】命令，打开【色相/饱和度】对话框，在该对话框中选中“着色”前的复选框，调整如图 2-3-13 所示，单击【确定】按钮。

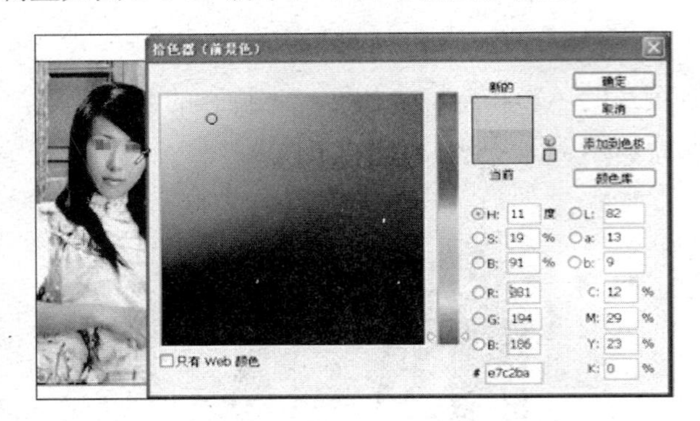

图 2-3-12 修改前景色

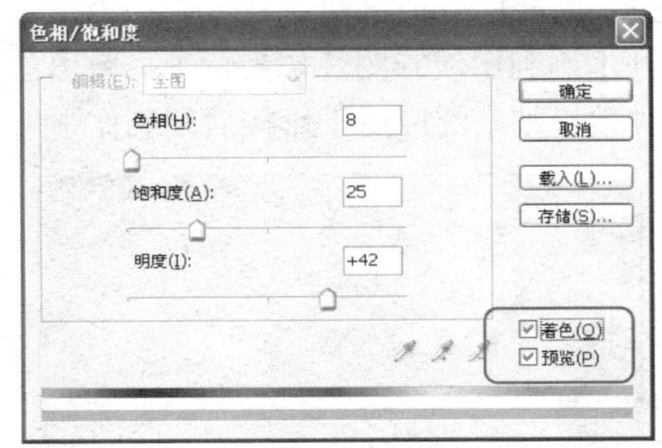

图 2-3-13 调整色相/饱和度

步骤 5：放大背景图片，执行【编辑】|【变换】|【缩放】命令（或按 Ctrl+T 键），拖拽出现在图片四角的正方形小方块，到适当大小后双击确认操作，右击，在弹出的快捷菜单中选择【水平翻转图片】项，如图 2-3-14 所示，最后利用工具箱的【移动工具】，将图片移动到恰当位置，如图 2-3-15 所示。

图 2-3-14 翻转图片

图 2-3-15 移动图片

步骤 6：缩小前景图片，点亮【图层面板】上“背景 副本 2”前面的眼睛，使其可见，同时单击“背景 副本 2”,使该层成为当前工作图层，执行【编辑】|【变换】|【缩放】命令（或按 Ctrl+T 键），拖拉出现在图片四角的正方形小方块，到适当大小后双击鼠标确认操作，最后利用工具箱的【移动工具】按钮，将图片移动到恰当位置，如图 2-3-16 所示。

步骤 7：制作前景图片阴影效果，在【图层面板】双击“背景 副本 2”的图层缩略图，打开【图层样式】对话框，选择【投影】和【内投影】，在显示的投影参数选择暗调颜色为深红色（R：139、G：79、B：59），其他参数设置如图 2-3-17 所示。

图 2-3-16　缩小前景图片

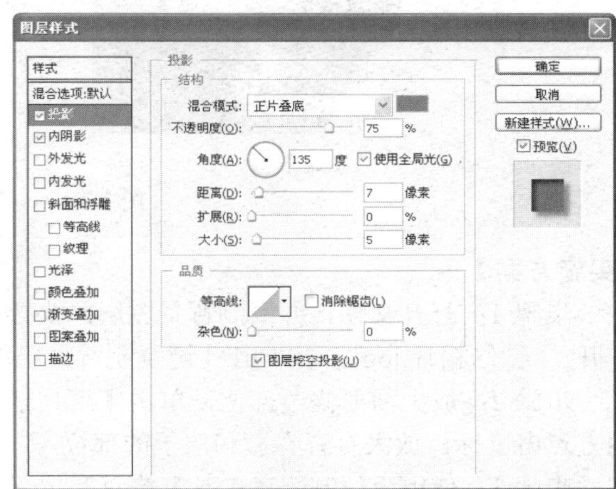

图 2-3-17　投影参数设置

步骤 8：输入文字，在工具箱单击【文字输入工具】按钮，输入文字“Never have I felt so in peace”，选中文字工具，在文字输入工具的【工具选项栏】设置文字字体 Monotype Corsiva、字号 30 点、字型“浑厚”，字色设置和前景阴影图片相同的深红色，如图 2-3-18 所示。

图 2-3-18　设置文字工具的参数

步骤 9：最后单击工具箱的【移动】按钮，将图片移动到恰当位置，完成效果如图 2-3-9 所示，保存图片。

任务 3　简单修复照片中的瑕疵

【任务描述】

本例的女士脸上存大斑点和痣子等瑕疵。分别利用【修复画笔工具】、【修补工具】和【仿制图章工具】3 个工具修复旧照片中的瑕疵，如图 2-3-19 所示。

【任务设计】

（1）利用【修复画笔工具】修复照片中的瑕疵。

（2）利用【修补工具】修复照片中的瑕疵。

（3）利用【仿制图章工具】修复照片中的瑕疵。

（4）体会以上 3 种工具的异同。

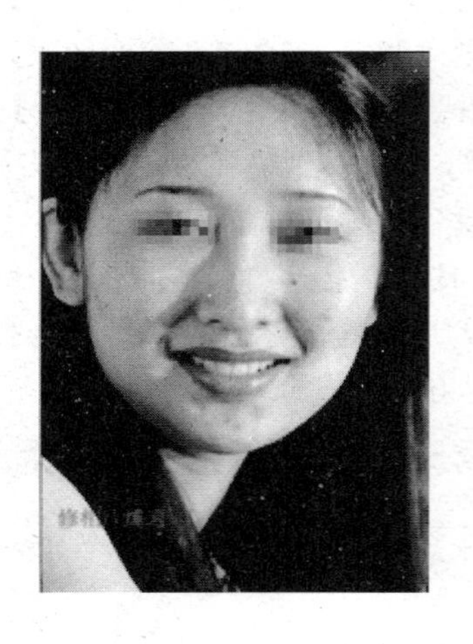

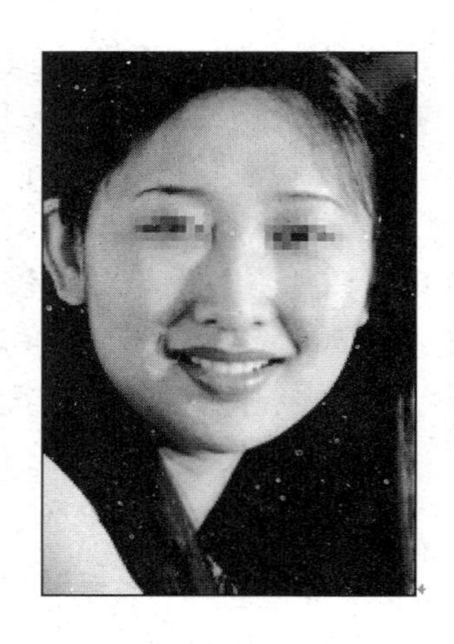

图 2-3-19　照片修复

【实施方案】

步骤 1：打开文件，并复制背景图层，执行【文件】|【打开】命令（或按 Ctrl+O 键），打开 “待修相片.jpg”，按 Ctrl+J 键复制背景层得到图层 1。

步骤 2：放大需要修改部位，单击【工具箱】上的【缩放工具】按钮，在需要修改的地方点击鼠标，放大有青春痘和痦子的部位。

步骤 3：使用【仿制图章工具】修复，按钮【工具箱】上的【仿制图章工具】按钮，设置画笔参数如图 2-3-20 所示，在修复目标周围寻找与修复目标最匹配的位置作为源点，按 Ctrl 键的同时在找到的位置单击，复制源点信息，然后在待修复目标处单击，将源点信息复制到目标位置，如图 2-3-21 所示，重复以上操作，使用周围皮肤将痘和痦子逐步替换下来。

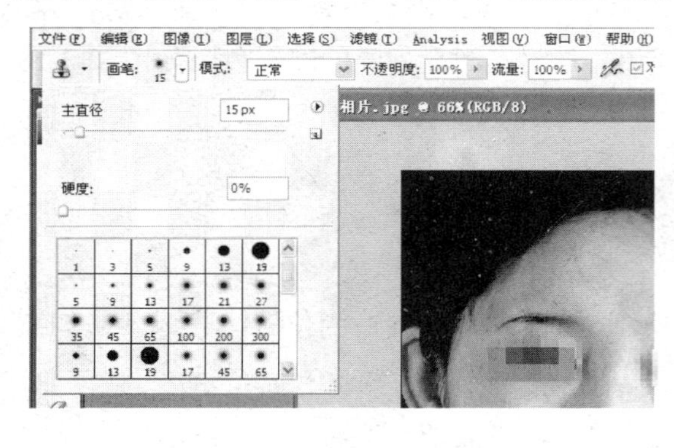

图 2-3-20　设置画笔参数

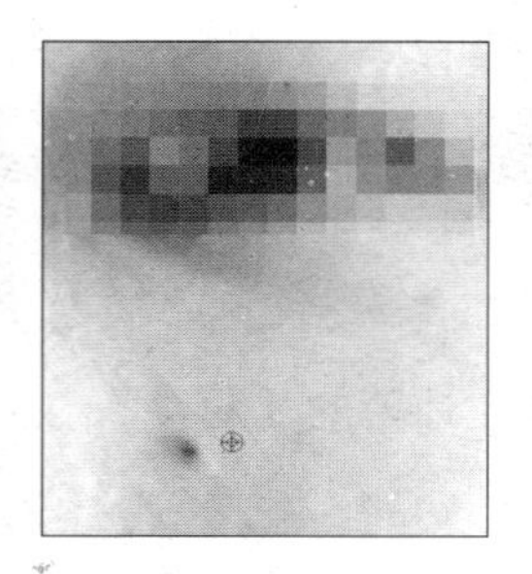

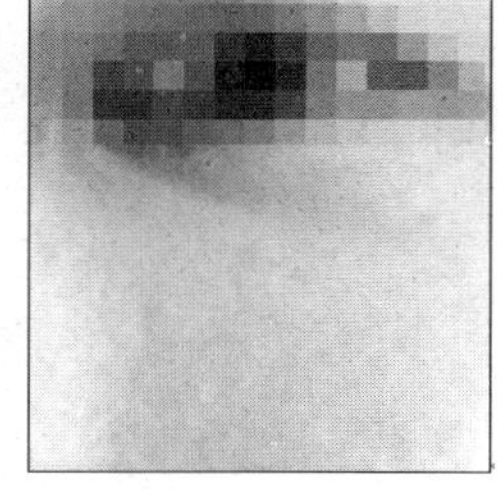

图 2-3-21　修复痦子效果

步骤 4：使用【修复画笔工具】修复，首先从历史记录面板单击快照“待修相片.jpg”,如图 2-3-22 所示，将图像恢复到素材原始状态，新建图层后，单击【工具箱】上的【修复画笔工具】，设置画笔参数如图 2-3-23 所示，使用方法和步骤 4 中的【仿制图章工具】相似。

步骤 5：使用【修补工具】修复，首先从历史记录面板单击快照“待修相片.jpg”，将图像恢复到素材原始状态，单击【工具箱】上的【修补工具】，圈选修复目标，拖移到源点，如图 2-3-24 所示。

步骤 6：利用 3 种工具处理左下角的文字，比较 3 种工具的不同效果，由于此相片偏色，还可以利用第一个案例中学习过的内容纠正偏色，最终效果如图 2-3-25 所示。

图 2-3-22　恢复素材原始状态

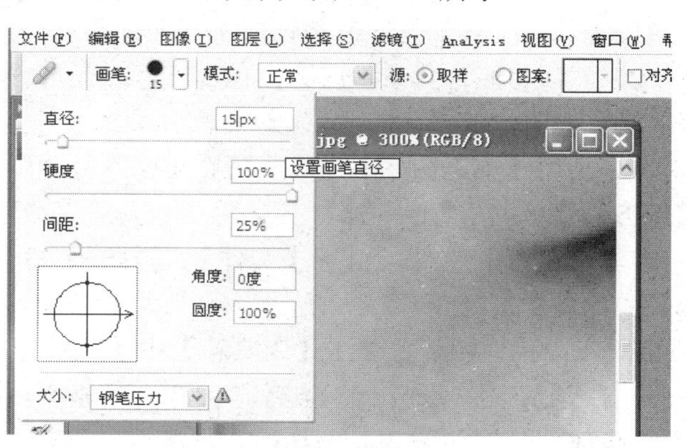

图 2-3-23　设置画笔直径

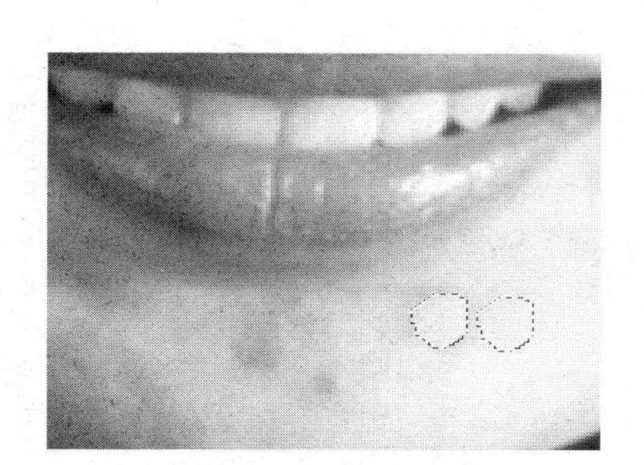

图 2-3-24　修补工具修复效果

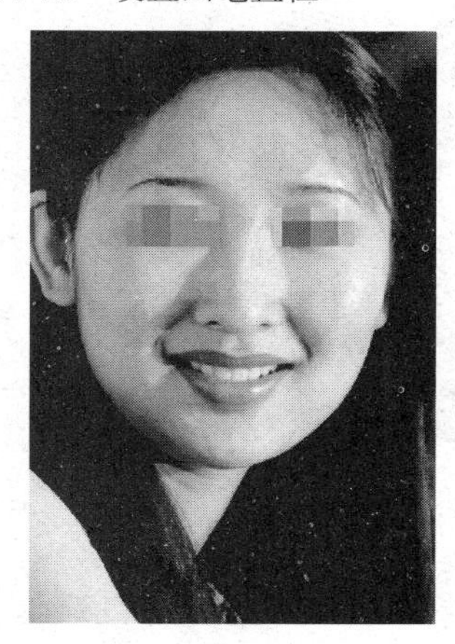

图 2-3-25　修复后的效果图

任务 4　制作证件照片

【任务描述】

证件快照一般 1 寸证件照一版 8 张（图 2-3-26），2 寸证件照一版 4 张，排版在 5 寸相纸上，背景颜色为红色或淡蓝色。本例将照片裁切成一寸证件照规格，然后将照片背景换成为白色，为照片加边框，实现在一张 5 寸相纸排列 8 张一寸证件照片。

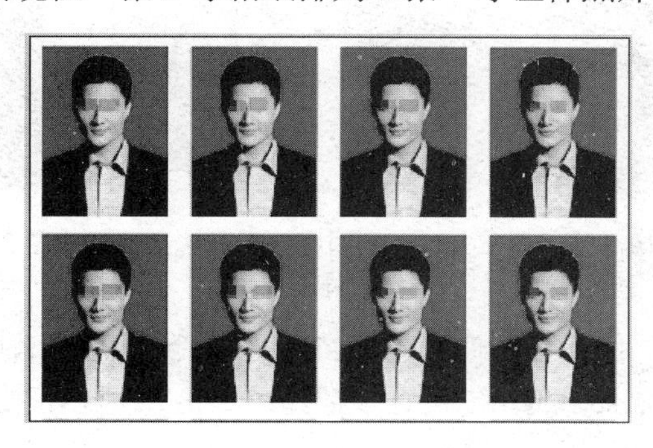

图 2-3-26　证件照片

【任务设计】

（1）【裁切工具】将照片裁切成 1 寸证件照规格。

（2）然后将照片背景换成为白色。

（3）为照片加边框，定义为图案。

（4）利用【填充图案】命令实现在 1 张 5 寸相纸排列 8 张 1 寸证件照片。

【实施方案】

步骤 1：打开文件，执行【文件】|【打开】命令（Ctrl+O），打开素材文件“证件照片 1.jpg”，如图 2-3-27 所示。

步骤 2：裁切图片，单击【工具箱】中的【裁切工具】，在其属性栏设置“宽度”为 2.7cm，“高度”为 3.8cm，“分辨率”为 300 像素/in，如图 2-3-28 所示，在图像中拖动鼠标选中人物头像部分，如图 2-3-29 所示，双击确定选择。

图 2-3-27　证件照素材图片

宽度: 2.7 厘米　高度: 3.8 厘米　分辨率: 300　像素/英寸

图 2-3-28　设置裁切工具参数

步骤 3：使用工具箱中的【魔棒工具】单击白色背景，如图 2-3-30 所示，设置前景色蓝色，使用前景色填充选区，取消选区（按 Ctrl+D 键），效果如图 2-3-31 所示。

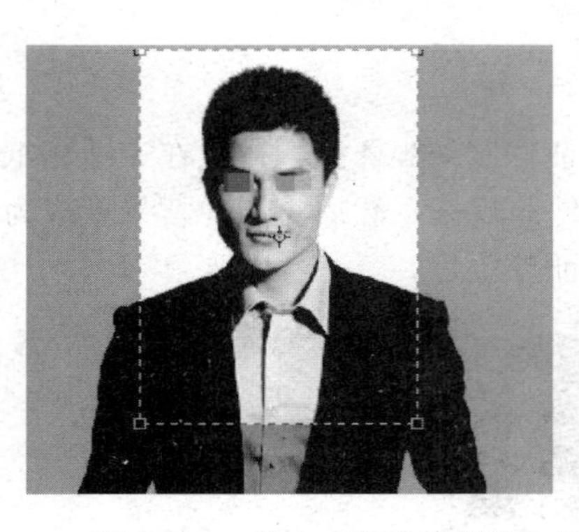

图 2-3-29　选中人物头像部分

图 2-3-30　利用魔棒工具选择白色背景

图 2-3-31　使用前景设填充选区

步骤 4：加白色边框，执行【图像】|【画布大小】命令，打开画布大小对话框，在对话框中将画布宽度和高度各增加 0.5cm，设置参数如图 2-3-32 所示，这样一张 1 寸相片就设置好了，效果如图 2-3-33 所示。

步骤 5：定义图案，执行【编辑】|【定义图案】命令定义图案，如图 2-3-34 所示。

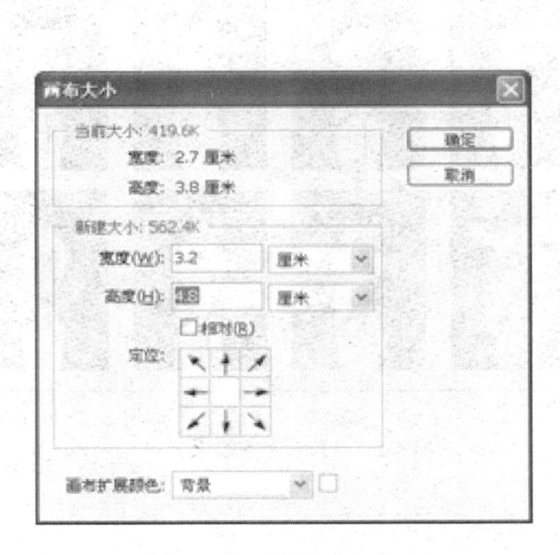

图 2-3-32 设置画布大小

图 2-3-33　一张 1 寸照片效果

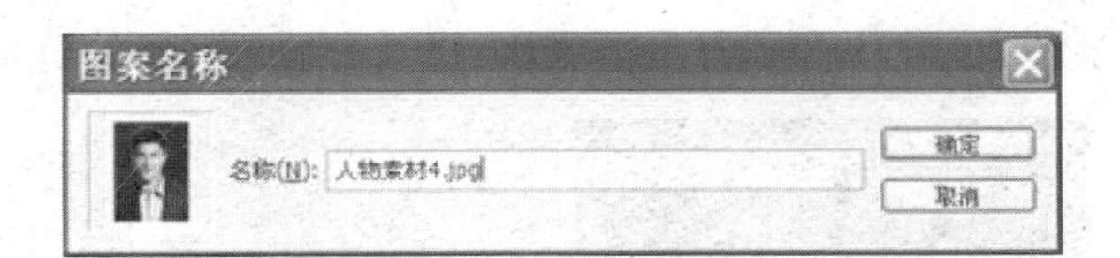

图 2-3-34　定义图案

步骤 6：新建文件，执行【文件】|【新建】命令（或按 Ctrl+N 键），在【新建】对话框中设置参数如图 2-3-35 所示。

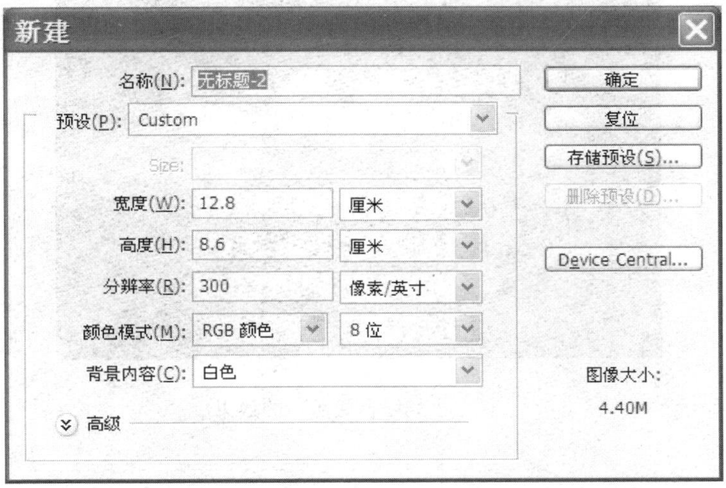

图 2-3-35　设置新建文件参数

步骤 7：图案填充，执行【编辑】|【填充】命令，在【填充】对话框中使用定义的一寸照片图案进行填充,设置如图 2-3-36 所示，效果如图 2-3-37 所示，保存文件。

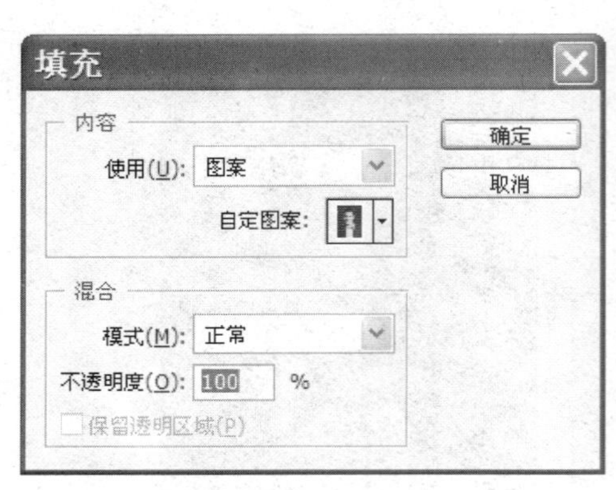

图 2-3-36　填充设置

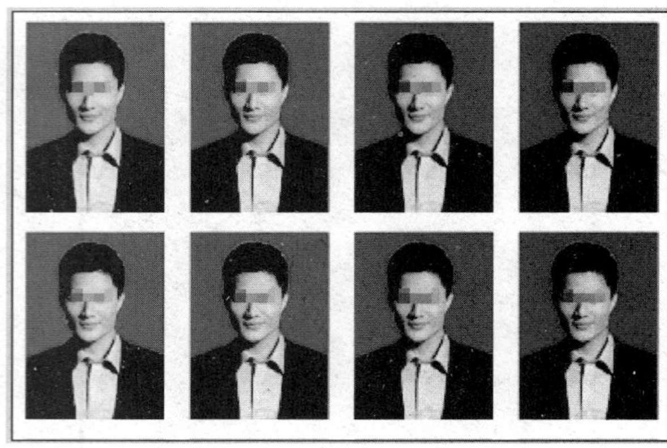

图 2-3-37　最终效果

任务 5　合成照片

【任务描述】

本例将两张色调不同的照片合成为一张照片，使人物融入到新的背景中如图 2-3-38 所示。

图 2-3-38　合成照片的效果

【任务设计】

（1）使用抠图技术将人物抠出。

（2）复制粘贴到背景图片中。

（3）色调调整工具调整图片的色调。

【实施方案】

步骤 1：打开文件，执行【文件】|【打开】命令（或按 Ctrl+O 键），打开素材文件“人

物素材 5.jpg”，如图 2-3-39 所示。

步骤 2：抠选照片中的人物，单击【工具箱】中的【套索工具】右下角的三角标志，在弹出的菜单中选择【磁性套索工具】，如图 2-3-40 所示，在选择的过程中，为了使选择的内容更加精确，可以人为地单击确定新的取样点，当鼠标移动到起点位置时单击，即可顺利完成图像选取，效果如图 2-3-41 所示。

图 2-3-39　人物素材图片

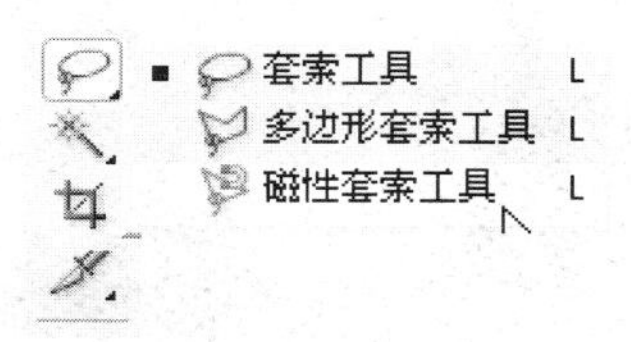

图 2-3-40　选择磁性套索工具

步骤 3：调整边缘，使用属性栏中的【调整边缘】命令，打开调整边缘对话框，设置参数如图 2-3-42 所示，单击【确定】按钮，得到人物轮廓的选区，按 Ctrl+C 键复制选区内容。

图 2-3-41　选取图像

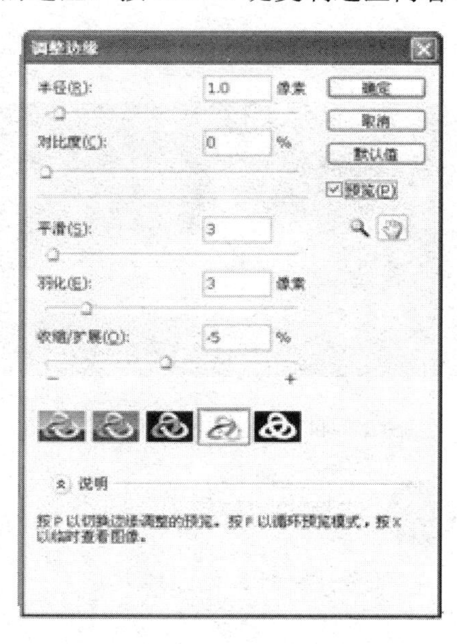

图 2-3-42　设置调整边缘参数

步骤 4：打开文件，执行【文件】|【打开】命令（或按 Ctrl+O 键），打开素材文件“关门山鸣翠谷.jpg”，并与“人物素材 5.jpg”错位放置。

步骤 5：移动抠图，单击“人物素材 5.jpg”窗口，单击【工具箱】中的【移动工具】，将通过抠图抠出来的小宝宝拖动到“关门山鸣翠谷.jpg”中，如图 2-3-43 所示。

步骤 6：调整图像的大小，使用变换命令，调整人物大小和位置，如图 2-3-44 所示。

步骤 7：复制图层 1，生成图层 1 副本，再次调整小朋友的位置，最终完成照片的合成，如图 2-3-45 所示。

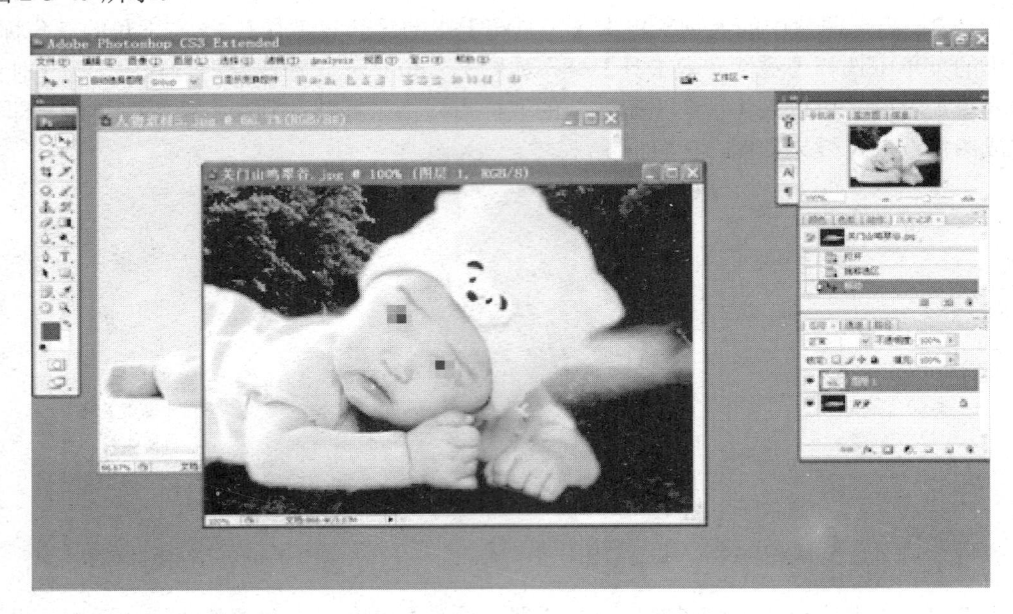

图 2-3-43 移动抠图

图 2-3-44 调整人物大小和位置

图 2-3-45 图片合成的效果

拓展与提高

任务 1 纠正偏色照片。

打开素材文件“人物素材 2.jpg”，如图 2-3-46 所示，本照片的颜色偏暖，明度较低，利用所学的知识调整图像。

任务 2 局部强调调整色彩，如图 2-3-47、图 2-3-48 所示。

制作过程提示。

（1）打开素材文件“素材 3.jpg”，复制背景副本（复制一层，这个好习惯一定要养成）。

（2）执行【选择】|【色彩范围】命令，打开色彩范围后，先在选择里面选择取样颜色，然后点击草莓最红色部分，然后再调整一下颜色容差滑块，以达到精确、准确的效果，选择红色，看色彩范围内的缩略图白色部分就是你需要选择的部分，单击【确定】按钮就会得到

精确的选区（图 2-3-49、图 2-3-50）。

图 2-3-46　人物素材

图 2-3-47　草莓素材

图 2-3-48　强调调整色彩效果

图 2-3-49　设置色彩范围

图 2-3-50　得到精确的选区

（3）在【图像】菜单中的【调整】项中选【色相/饱和度】菜单项，如图 2-3-51 所示。

（4）再次在“色相/饱和度”面板中调整色相如图 2-3-52 所示，取消选区，你会发现只有红色的草莓改变了色相，其他的没有变化。

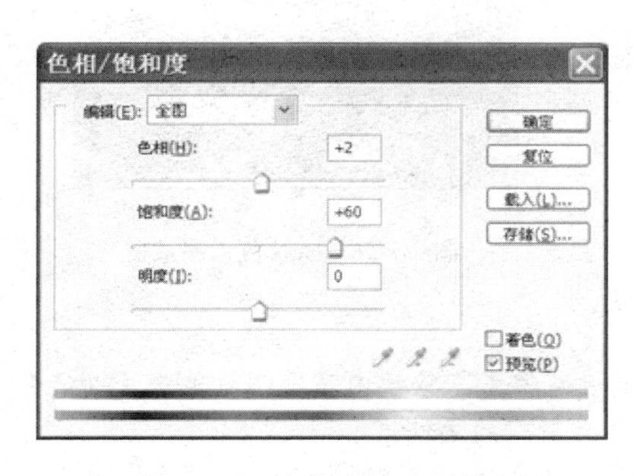

图 2-3-51　色相/饱和度面板

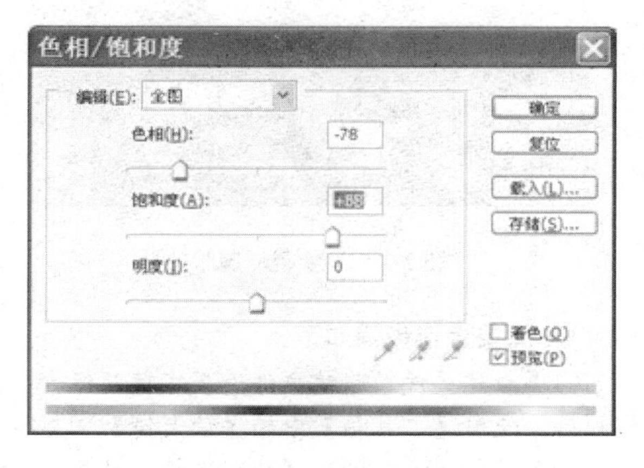

图 2-3-52　调整色相/饱和度

任务 3　修复照片。按照项目介绍的方法，将如图 2-3-53 所示的人物中脸上的痦子去掉。

任务 4　双胞胎小姐妹。打开素材文件“素材 3.jpg”，如图 2-3-54 所示，利用仿制图章工具复制任务图像，实现效果如图 2-3-55 所示。

图 2-3-53　修复照片素材图片

图 2-3-54　任务素材图片

简要制作步骤如下。

（1）建立新图层，选择【仿制图章工具】，并设置参数“不透明度 100％”，样本设置为“所有图层”。

（2）按住 Alt 键在女孩身上选区源点，在目标位置连续擦抹，直到人物全部显示。

（3）使用橡皮擦工具将新图层上女孩的多余部分擦除。

任务 5　使用填充图案制作条纹背景图。本任务将使用已经学习的【定义图案】和【填充图案】工具制作条纹背景图如图 2-3-56 所示。

图 2-3-55　实现双胞胎效果

图 2-3-56　条纹背景图素材

1）简要操作步骤如下。

（1）新建文件，新建文件设置宽度 2 像素，高度 4 像素，背景内容透明，单击【确定】按钮后，使用【工具箱】中的【放大镜】工具放大新建的文件。

（2）制作图案，使用【矩形选框工具】设置参数如图 2-3-57 所示，在画布上单击，得到矩形选区，填充为白色，如图 2-3-58 所示。

（3）定义图案，全选画布（按 Ctrl+A 键），执行【编辑】|【定义图案】命令定义图案，

如图 2-3-59 所示。

图 2-3-57　设置矩形选框工具参数

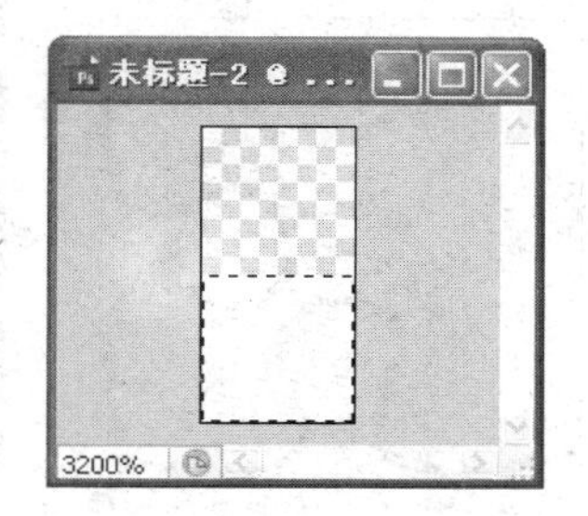

图 2-3-58　为矩形选区填充为白色

（4）打开需要处理的背景图片，设置前景色为白色，新建“图层 1”，在图层 1 使用步骤（3）定义的图案填充，在【图层面板】适当调整 “图层 1” 不透明度填充，效果如图 2-3-60 所示。

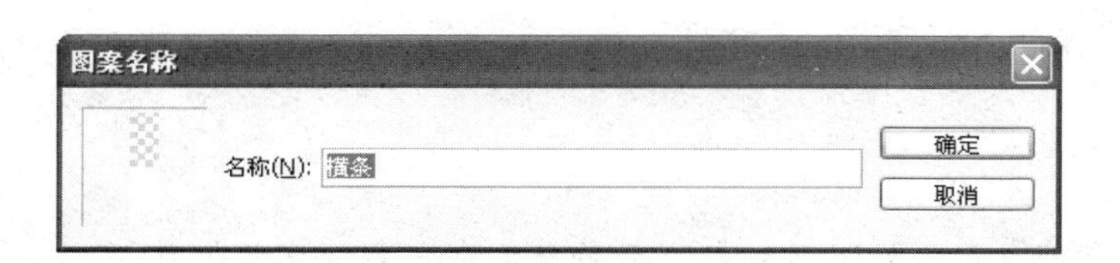

图 2-3-59　定义图案

图 2-3-60　填充图层

2）能力提升 1

制作竖条填充效果，定义图案如图 2-3-61 所示，填充效果如图 2-3-62 所示。

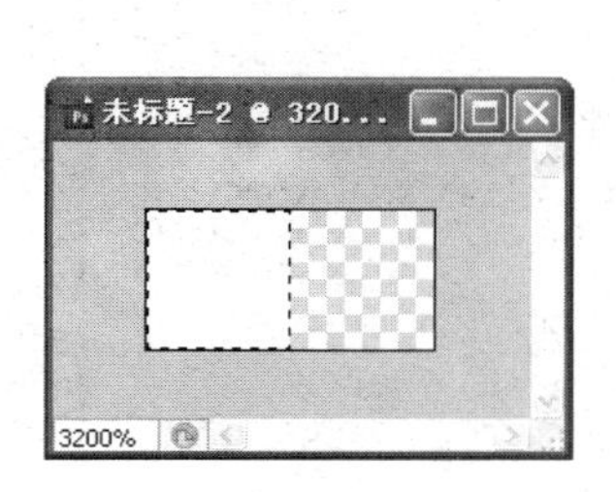

图 2-3-61　定义图案

图 2-3-62　填充效果

3）能力提升 2

制作拼图效果，定义图案如图 2-3-63 所示，填充效果如图 2-3-64 所示。

任务 6　照片合成。使用合适的选择工具抠选照片中的人物合并到素材文件“背景 2.jpg”中如图 2-3-65 所示。

任务 7　照片合成。使用合适的选择工具抠选照片中的人物合并到素材文件“背景 3.jpg”中，如图 2-3-66 所示。

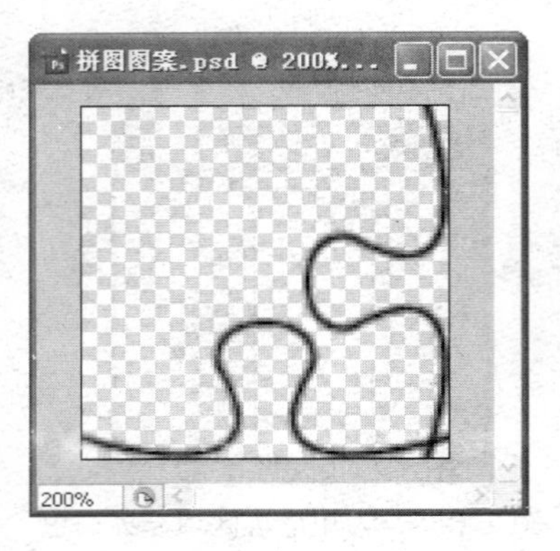

图 2-3-63　定义图案

图 2-3-64　填充效果

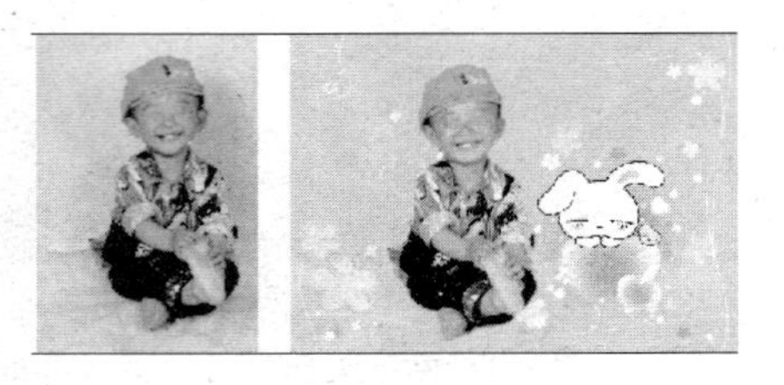
图 2-3-65　照片合成素材

图 2-3-66　照片合成素材

知识链接

展开【图像】|【调整】菜单，可以看到如图 2-3-67 所示的色调和色彩的调整工具。

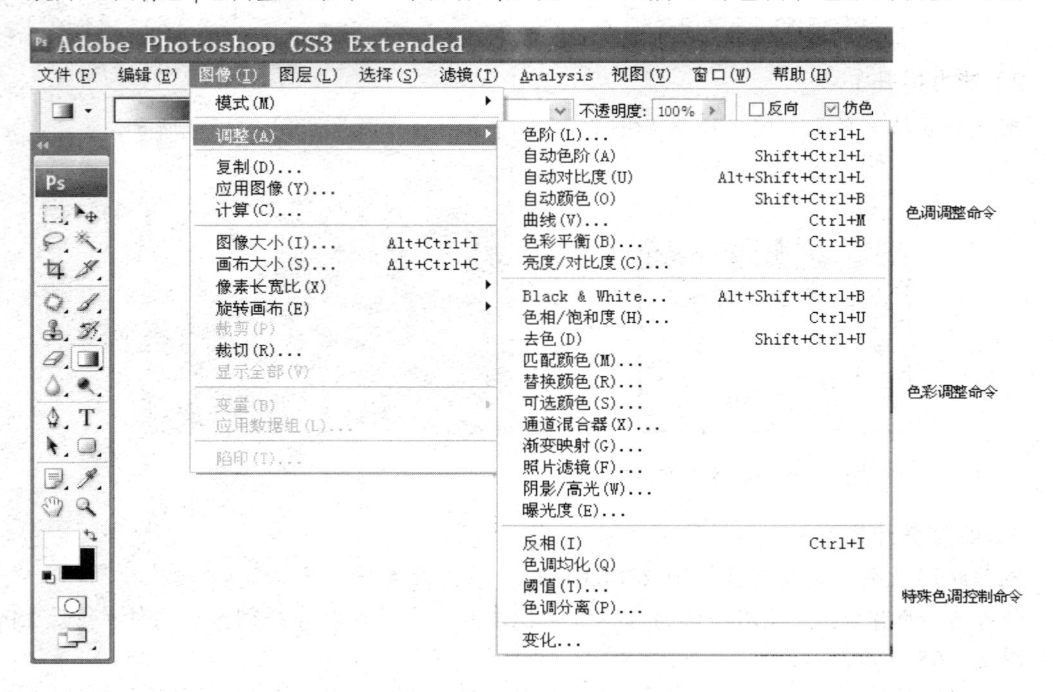

图 2-3-67　色调和色彩调整工具

1)【色阶】(Ctrl+L)

通过调整色彩的明暗度来改变图像的明暗及反差效果，色阶的取值范围在 0（像素为全黑）到 255（像素为全白）之间，可以利用滑块或者输入数值的方式调整输入及输出的色阶值，如图 2-3-68 所示。

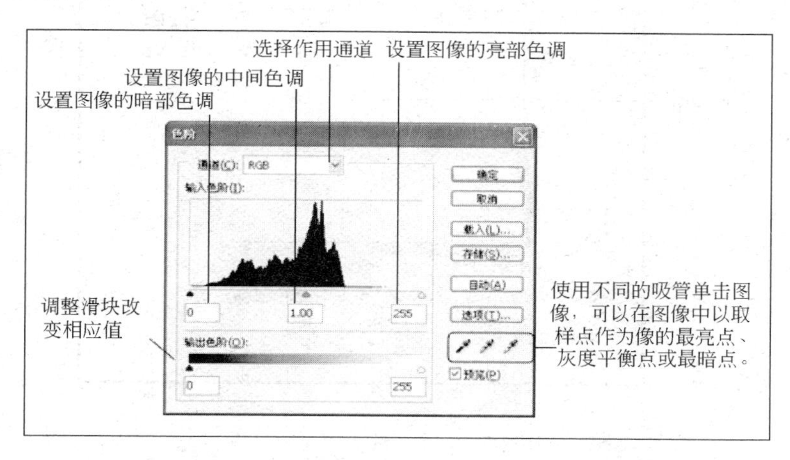

图 2-3-68 【色阶】对话框

2)【色彩平衡】(Ctrl+B)

该对话框可以改变图像中颜色的组成，但是不能精确地控制单个颜色成分，只能对图像进行粗略调整，不过这种方法简单又直接，在很多时候给图像处理工作带来很大方便，如图 2-3-69 所示。

（1）调整颜色之间的平衡度，在色彩平衡对话框中，青色和红色、洋红和绿色、黄色和蓝色遥遥相对(互为补色)，这意味着，当红色成分增加时，相对的青色成分会慢慢减少，其他两组同理。

（2）选中【阴影】、【中间调】和【高光】中的某一项，修改其中的颜色，使它们偏向于某种色原，若增加绿色成分，减少洋红，增加蓝色成分减少黄色成分，整幅图绿意盎然，生机勃勃。

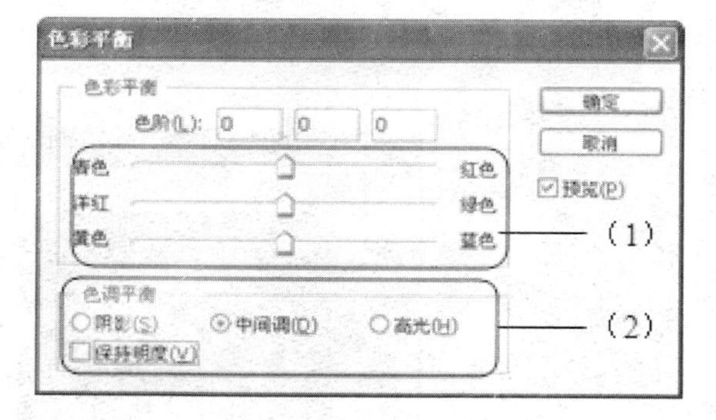

图 2-3-69　色彩平衡对话框

3)【亮度/对比度】

该对话框是对图像的色调范围进行调整的最简单方法，与【曲线】和【色阶】不同，该命令可一次调整图像中的所有像素（高光、阴影和中间调），前面曾利用这个命令增加图像的亮色调和暗色调的对比度，使图像的色彩清晰、层次分明。

4)【曲线】(Ctrl+M)

曲线命令和色阶命令的功能非常相似，都是用来调整图像色彩的明暗度和反差的，色阶命令是针对整体图像的明暗度，曲线命令则是针对色彩的浓度和明暗度进行调整，甚至变换色度，如图 2-3-70 所示。

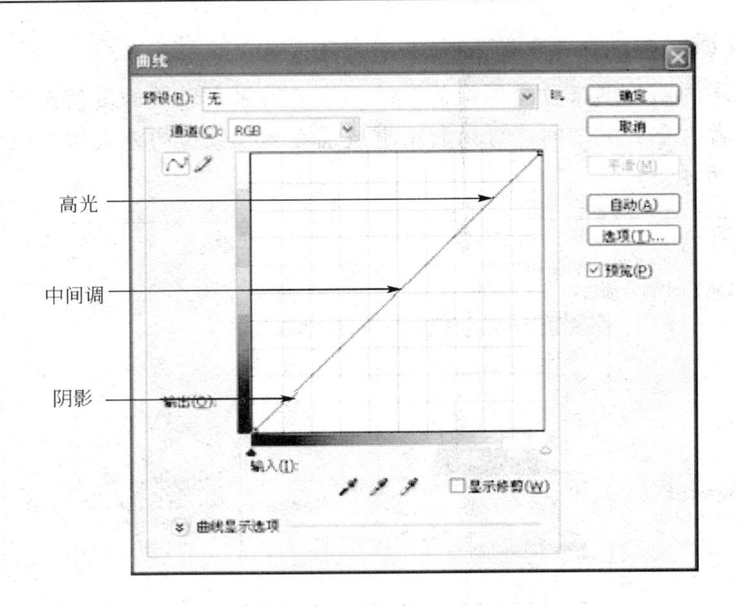

图 2-3-70 【曲线】对话框

5）拾色器

使用拾色器如图 2-3-71 所示，可以设置前景色、背景色和文本颜色，也可以为不同的工具、命令和选项设置目标颜色，在拾色器中，可以使用 4 种颜色模型来选取颜色，即 HSB、RGB、Lab 和 CMYK，本书主要讲解 HSB 模式（色相/饱和度/亮度）。

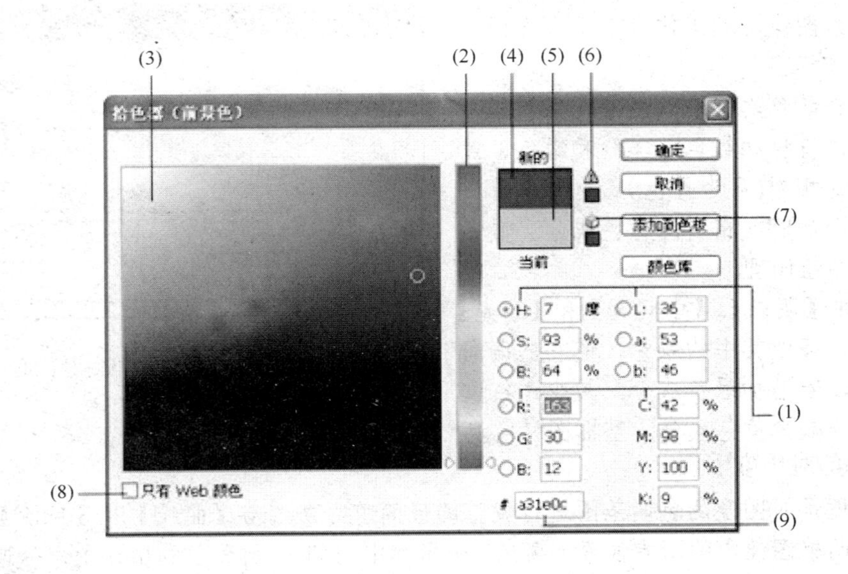

图 2-3-71 【拾色器】对话框

（1）颜色模型：拾色器的 H 方式其实就是 HSB 取色方式。

（2）色谱：就是色相，可以通过颜色滑块选择颜色的色调。

（3）色域：色域大框包含了饱和度和明度，其中横方向是饱和度，竖方向是明度，在色域框内单击鼠标可以拾取颜色，也可以使用鼠标在图片上拾取颜色，例如我们在制作“淡彩背景的照片”任务中拾取了模特脸部皮肤的较亮部分的颜色。

（4）原稿颜色。

（5）调整后的颜色。

（6）“溢色”警告图标：颜色是可打印色域之外的颜色即不可打印的颜色。

（7）“非 Web 安全”警告图标：颜色不是 Web 安全颜色，以前，很多计算机显示器最多支持 256 色，因此出现了 216 种 Web 安全颜色，以保证网页的颜色能够正确显示，

（8）“Web 颜色”选项。

（9）当前选择的颜色值。

6）安装字体

在设计中往往要用到一些特殊的字体，可以从网络上或光盘得到这些后缀为 ttf 的字体文件，安装字体的方法非常简单，首先选中字体文件，单击【复制】命令，打开【开始】|【所有程序】|【控制面板】|【字体】，将字体文件粘贴到的字体文件夹即可。

7）【色相/饱和度】（Ctrl+U）

【色相/饱和度】对话框如图 2-3-72 所示。

（1）色相-H

色相是纯色，红橙黄绿青蓝紫都是指色相，它基本上是 RGB 模式全色度的饼状图如图 2-3-73 所示，有时色相也称为色调，对于“色相”，输入一个值或拖移滑块，直至对颜色满意为止，其值为−180～+180。

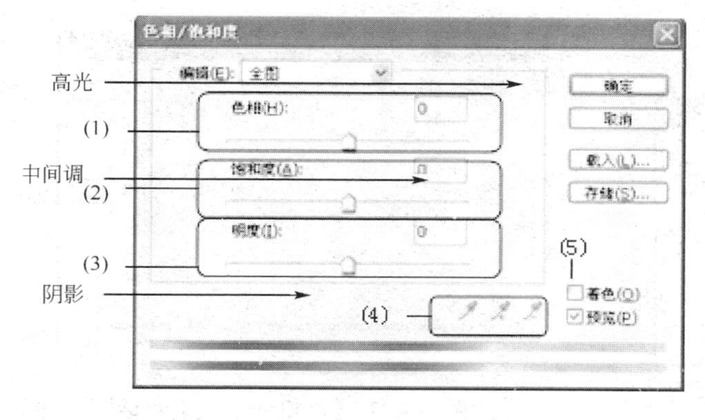

图 2-3-72　【色相/饱和度】对话框

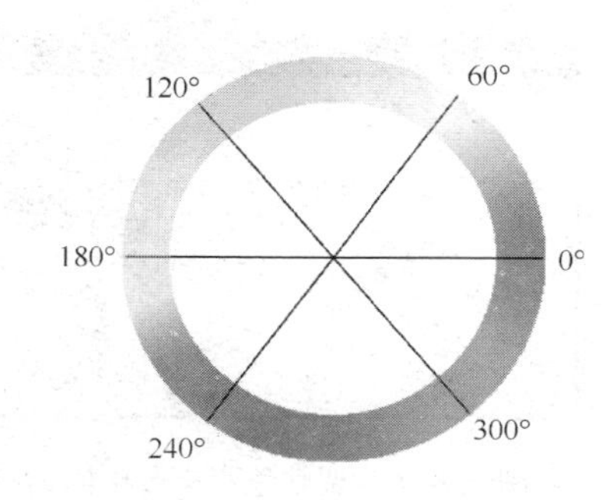

图 2-3-73　色相

（2）饱和度−S

饱和度：表示色彩的纯度，相当于家庭电视机的色彩浓度，饱和度高色彩较艳丽，饱和度低色彩就接近灰色，其值为−100～+100。

（3）亮度−B

亮度是颜色的相对明暗程度，等同于彩色电视机的亮度，亮度高色彩明亮，亮度低色彩暗淡，亮度最高得到纯白，最低得到纯黑，其值为−100～+100。

8）【阴影/高光】

当照片曝光不足时，使用这个命令可以轻松校正，它不是简单的将图像变亮或变暗，而是基于阴影或高光区周围的像素进行协调地增亮和变暗。

9）【黑白】（Alt+Shift+Ctrl+B）

将彩色图像转换为灰度图像，同时保持对各颜色的转换方式的完全控制，也可以通过对

图像应用【色调】来为灰度着色，通过颜色滑块调整图像中特定颜色的灰色调，将滑块向左拖动或向右拖动分别可使图像的原色的灰色调变暗或变亮，如图 2-3-74 所示。

调整色彩平衡如图 2-3-75 和图 2-3-76 所示。

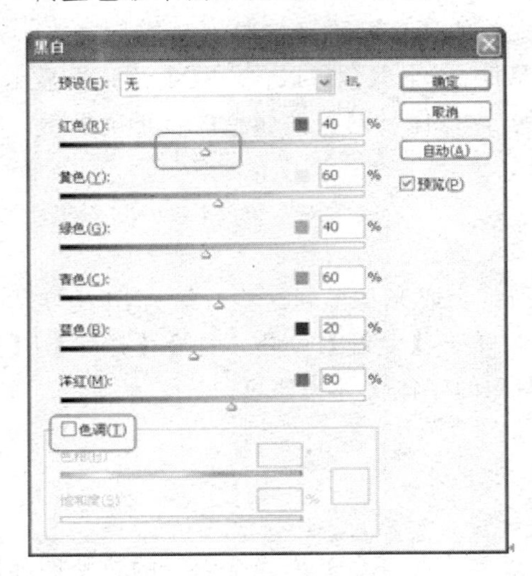

图 2-3-74 【黑白】对话框

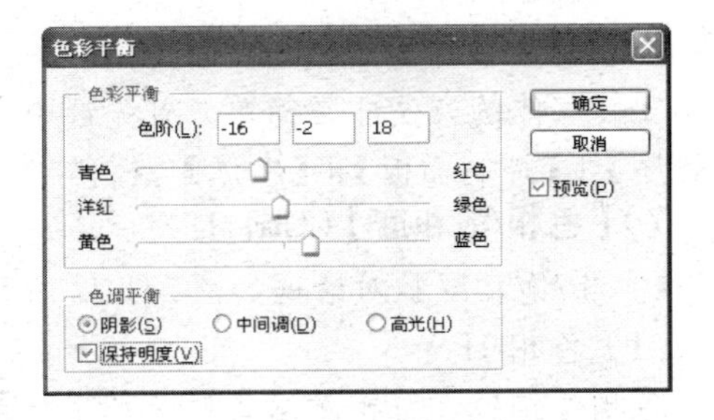

图 2-3-75 调整色彩平衡阴影值

调整色相/饱和度如图 2-3-77 所示。

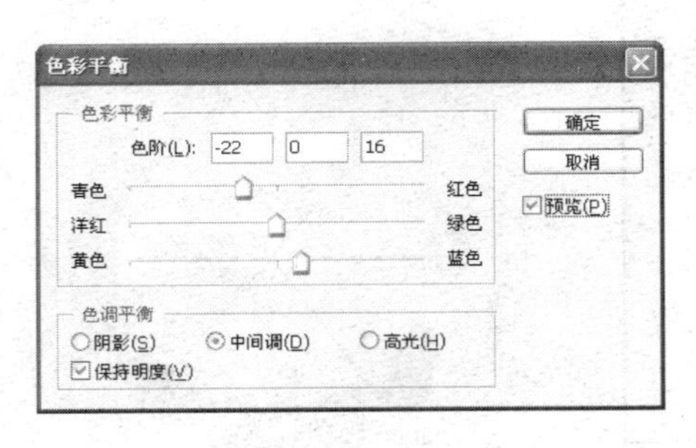

图 2-3-76 调整色彩平衡中间调值

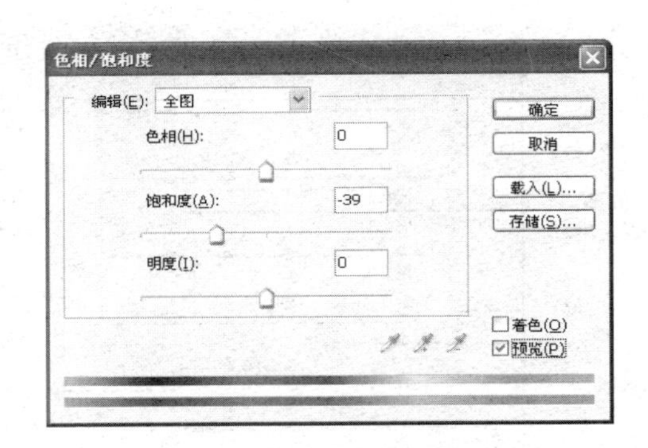

图 2-3-77 【色相/饱和度】对话框

10）仿制图章工具、修复画笔工具、修补工具和污点修复画笔工具

这四个工具虽然各有各的用处，但基本上工作原理相似。

（1）修复画笔工具和修补工具具有自动匹配颜色过渡的功能，使修复后的效果自然融入到周围的图像中，保留着图像原有的纹理和亮度。

（2）仿制图章工具只是把局部的图像复制到另一处。当修复大面积相似颜色的瑕疵时，使用修复画笔工具是非常有优势的。然而当对图像的边缘部分进行修复还是需要使用仿制图章工具。

（3）污点修复画笔工具继承了修复画笔工具的自动匹配的优秀功能，而且将这个功能进一步加强可以进行近似匹配，该功能使用选区边缘周围的像素来查找要用作选定区域修补的图像区域。这个工具不需要定义原点，只要确定好修复的图像的位置，就会在确定的修复位置边缘自动找寻相似的图像进行自动匹配。

11）历史记录面板

（1）动作。当打开一个文档后，历史记录面板会自动记录每一个所做的动作（视图的缩放动作除外）。每一动作在面板上占有一格，称为状态，如图 2-3-78 所示。Photoshop 默认的状态为 20 步。单击面板上任意一个状态，就可回复到该状态。

图 2-3-78　状态记录

（2）快照。打开一个文档时，Photoshop 默认设置一个快照，如本例中“素材 1.jpg”。快照就是被保存的状态，单击历史记录面板底下的【创建新快照】按钮，就可把当前状态作为快照形式保存下来，它保存的是一个状态。

（3）历史记录画笔。历史记录画笔的作用是可以还原某个状态的某部分。在修复的过程中可以为做过的工作建立快照，在发生错误以后单击相应快照，使用历史画笔在错误处涂抹可以回到建立快照的状态。这一点可以弥补当操作多步后，不能从历史记录里进行恢复的缺陷。

12）关于证件照

我国规定证件照照片标准及规格：相片须是直边正面免冠彩色本人单人半身证件照，光面相纸、背景颜色为白色或淡蓝色，着白色服装的请用淡蓝色的背景颜色，着其他颜色服装的最好使用白色背景，人像要清晰，层次丰富，神态自然，公职人员不着制式服装，儿童不系红领巾。尺寸为 48mm × 33 mm；头部宽度为 21～24 mm；头部长度为 28～33 mm。

（1）相关参数证件照的相关参数见表 2-3-1。

表 2-3-1　相关参数

照片规格（in）	cm	像素	数码相机类型
1	2.5×3.5	413×295	
身份证大头照	3.3×2.2	390×260	
2	3.5×5.3	626×413	
小 2 寸（护照）	4.8×3.3	567×390	
5	5×3.5	12.7×8.9	1200×840 以上 100 万像素
6	6×4	15.2×10.2	1440×960 以上 130 万像素
7	7×5	17.8×12.7	1680×1200 以上 200 万像素
8	8×6	20.3×15.2	1920×1440 以上 300 万像素
10	10×8	25.4×20.3	2400×1920 以上 400 万像素
12	12×10	30.5×20.3	2500×2000 以上 500 万像素
15	15×10	38.1×25.4	3000×2000 600 万像素

（2）常见证件照的对应尺寸。

1 英寸=25mm×35mm

2 英寸=35mm×49mm

3 英寸=35mm×52mm

港澳通行证=33mm×48mm

赴美签证=50mm×50mm

日本签证=45mm×45mm

大二寸=35mm×45mm

护照=33mm×48mm

毕业生照=33mm×48mm

身份证=22mm×32mm

驾照=21mm×26mm

车照=60mm×91mm

13）选择工具

常用于抠图的选择工具有【套索工具】、【多边形套索工具】、【磁性套索工具】、【魔棒工具】、【路径工具】以及【选择】|【色彩范围】命令，快速蒙版与通道等，它们各自有自己的优势，见表 2-3-2。可以根据需要选择使用工具。抠图是件细致工作，往往要反复修改才能得到一个精确的选区。

表 2-3-2　各种抠图工具的特点

按钮	工具名称	特　长
	矩形选取工具	拖动鼠标产生一个矩形选区。拖动的时候按住 Shift 键则画出一个正方形选区
	圆形选取工具	拖动鼠标产生一个圆形选区。拖动的时候按住 Shift 键则画出一个正圆形选区
	纵向单一像素选取工具	以图像高度在垂直方向上产生宽度为 1 像素的选区
	横向单一像素选取工具	以图像宽度在水平方向上产生高度为 1 像素的选区
	自由曲线选择工具	自由选择工具，用鼠标徒手画出选区
	自由选择工具	自由选择工具，一步一步用折线连接成一个选区
	磁性选择工具	将相似的颜色进行分类的选取工具
	魔棒选择工具	自动将相似颜色选取出来，非常好用的工具。它和磁性选择工具的区别，试一试就知道啦
	路径工具	勾画出曲线路径，再转换成选区
	快速选择工具	使用可调整的圆形画笔笔尖快速“绘制”选区

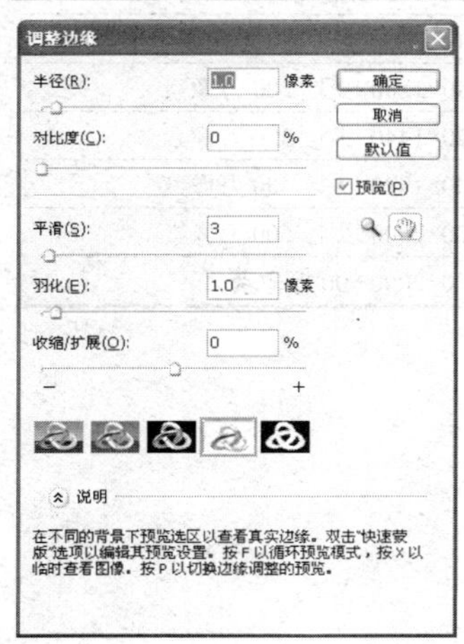

图 2-3-79　【调整边缘】对话框

14）调整边缘

可以提高选区边缘的品质并能对照不同的背景查看选区以便轻松编辑。创建选区后，单击选择工具属性栏中的【调整边缘】，设置用于调整选区的选项如图 2-3-79 所示。

（1）半径。决定选区边界周围的区域大小，将在此区域中进行边缘调整。增加半径可以在包含柔化过渡或细节的区域中创建更加精确的选区边界，如短的毛发中的边界。

（2）对比度。锐化选区边缘并去除模糊的不自然感，增加对比度可以移去由于“半径”设置过高而导致在选区边缘附近产生的过多杂色。

（3）平滑。减少选区边界中的不规则区域（“山峰和低谷”），创建更加平滑的轮廓，输入一个值或将滑块在 0～100 之间移动。

（4）羽化。在选区及其周围像素之间创建柔化边缘过渡。输入一个值或移动滑块以定义羽化边缘的宽度（0～250 像素）。

（5）收缩/扩展。收缩或扩展选区边界，输入一个值或移动滑块以设置一个介于 0～100%的数以进行扩展，或设置一个介于 0～-100%的数以进行收缩，这对柔化边缘选区进行微调很有用，收缩选区有助于从选区边缘移去不需要的背景色。

项目 4　图层的应用

一个图层可以简单地理解为一张带有图像的胶片，一幅有许多图层的图像可以理解为一组互相重叠的胶片，上一层没有图像的区域为透明区域，透过透明区域可以看到下一层乃至背景图层。通过更改图层的顺序和属性，可以改变图像的合成效果。

【能力目标】

（1）熟练掌握图层的【不透明度】和【色彩平衡】。

（2）掌握混合模式的应用。

（3）掌握去色、反相。

任务 1　亮丽效果

【任务描述】

通过修改图层的不透明度和色彩平衡，利用不同尺寸的矩形产生亮丽的图案设计效果，如图 2-4-1 所示。

【任务设计】

（1）修改图层的不透明度。

（2）修改图层的色彩平衡。

（3）利用不同尺寸的矩形产生亮丽的图案设计效果。

【实施方案】

步骤 1：打开文件，执行【文件】|【打开】命令（或按 Ctrl+O 键），打开素材文件“蘑菇.jpg”。

步骤 2：复制图层，选择矩形选区工具，选取一长方形选区，如图 2-4-2 所示。按 Ctrl+J 键复制背景图层，得图层 1。

图 2-4-1　亮丽的效果

图 2-4-2　选择矩形选区

步骤 3：对图层 1 调色，对图层 1 执行【图像】|【调整】|【色彩平衡】命令（或按 Ctrl+B 键），数值为“色阶：+100 –100 –100”，其他参数为默认，如图 2-4-3 所示。

步骤 4：修改新图层的不透明度，在【图层面板】不透明度: 100% 位置处，调整新图层的不透明度为 30%，得到效果如图 2-4-4 所示。

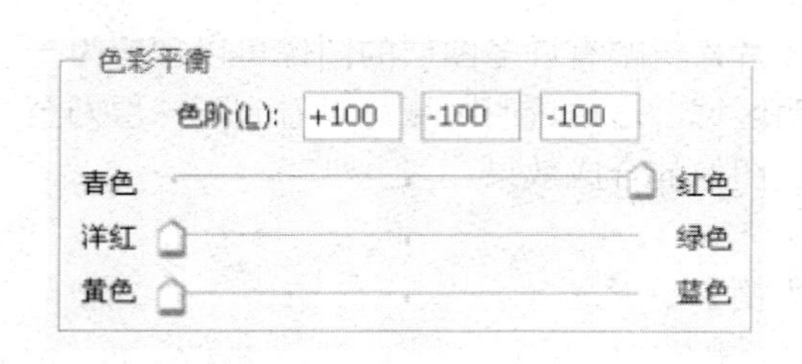

图 2-4-3　设置色彩平衡色阶值

图 2-4-4　修改新图层的不透明度

步骤 5：分别做另外 3 块图案，先选中背景图层，再重复执行第 2 步，选区的位置如图 2-4-5 所示，重复第 3 步，色彩平衡参数值分别设置为“图层 2 色阶：–100，+100，+100”、“图层 3 色阶：–100，+100，–100”、“图层 4 色阶：–100，–100，+100”，图层的不透明度都修改为 30%，所得的效果如图 2-4-5 和图 2-4-6 所示。

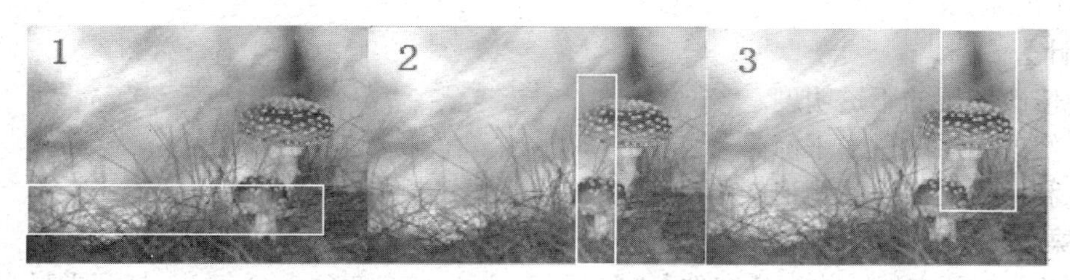

图 2-4-5　三块矩形的效果图

步骤 6：制作白色底层，选中背景图层，单击【创建新图层】按钮（或按 Ctrl+Shift+N 键），在背景图层上方新建的图层“图层 5”，按 X 键，将前景色和背景色复位，填充白色。

步骤 7：输入文字，设置前景色为蓝色，使用文字工具 T 输入文字，大字字号为 72 点，字体为楷书；小字字号为 34 点，字体为黑体，最终效果如图 2-4-1 所示。

任务 2　混合模式制作沙海天使

【任务描述】

本例是通过使用图层混合模式轻松的将昏暗的荒漠变成了蔚蓝的大海效果，如图 2-4-7 所示。

【任务设计】

（1）图层混合模式【差值】的设置。

（2）图形的【正片叠底】效果的实现。

图 2-4-6　效果图

图 2-4-7　沙海天使效果

【实施方案】

步骤 1：新建文件，执行【文件】|【新建】命令（或按 Ctrl+ N 键），新建一幅名为“沙海天使”的 RGB 模式空白图像，参数设置为宽度为 500 像素，高度为 375 像素，分辨率为 200 像素/英寸，文档背景为白色。

步骤 2：打开文件，执行【文件】|【打开】命令（或按 Ctrl+ O 键），打开“荒漠.jpg”的素材文件，如图 2-4-8 所示。

步骤 3：复制图层，在第一幅“荒漠”图片中按 Ctrl+A 键选中图片，然后按 Ctrl+C 键进行复制，到新建的“沙海天使”图像中按 Ctrl+ V 键进行粘贴,得到图层 1。

步骤 4：调整图层 1 混合模式，在图层面板中修改图层 1 的混合模式，如图 2-4-9 所示，昏暗的荒漠立即变成了蔚蓝的大海，效果如图 2-4-10 所示。

图 2-4-8　荒漠图片

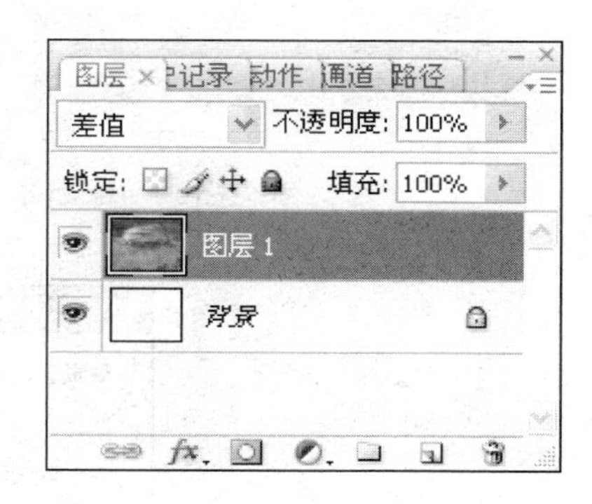

图 2-4-9　修改图层 1 的混合模式

步骤 5：复制人物图层，打开 “天使.jpg”素材图片如图 2-4-11 所示，将“人物”图片移动复制到新建的“沙海天使”图像中，得到图层 2，并将人物移动调整到适当位置（可利用不透明度），如图 2-4-12 所示。

步骤 6：调整图层 2 混合模式，在图层面板中将图层 2 的改为“正片叠底”，如图 2-4-13 所示，然后执行【图像】|【调整】|【亮度/对比度】命令，参数设置如图 2-4-14 所示，最后使用变形工具适当调整人物大小，用移动工具调整人物到适当位置，最终效果如图 2-4-7

所示。

图 2-4-10　沙漠变为大海的效果

图 2-4-11　天使图片

图 2-4-12　调整任务位置

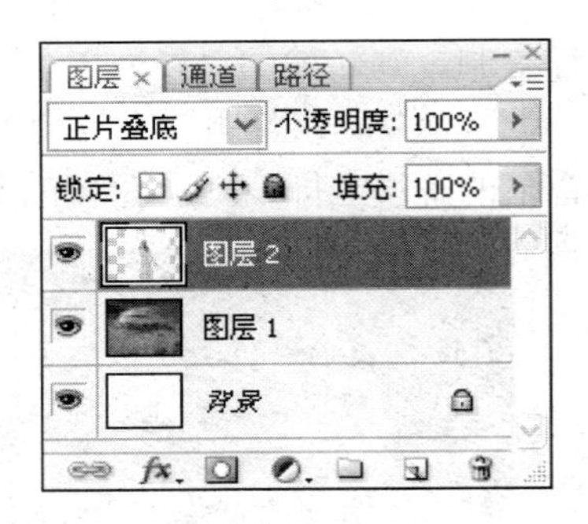

图 2-4-13　设置正片叠底效果

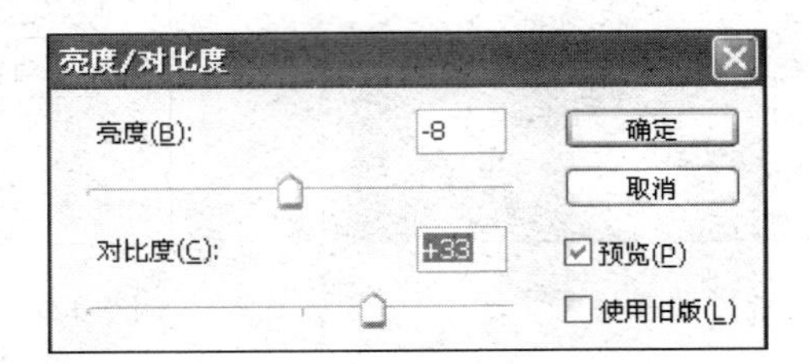

图 2-4-14　设置亮度对比度

拓展与提高

任务 1　根据以上教程，使用“素材.jpg”，制作出如图 2-4-15 所示的效果。

提示：输入文本之后，单击文本属性栏上的 按钮，可实现文本的横向/竖向排列的转换。

任务 2　滤色效果。打开附带素材“花神背景.jpg”和“ 花神 1.jpg”的素材文件，利用所学知识将素材照片做【滤色】效果，图像处理的要自然，效果如图 2-4-16 所示。

简要制作过程：

（1）将人物拖入背景图片。

（2）调整人物图层为【滤色】，如图 2-4-16 所示。

图 2-4-15　亮丽的效果图

图 2-4-16　花海天使效果图

任务 3　梦境。效果如图 2-4-17 所示。

打开素材“头像.jpg”和 “侏罗纪.jpg”素材文件，如图 2-4-18、图 2-4-19 所示，利用所学得【图层混合模式】知识将两幅图片合成，图像处理的要自然。

图 2-4-17　梦境效果图

图 2-4-18　头像图片

简要制作过程如下。

（1）复制“侏罗纪.jpg”素材图片到“头像.jpg”图片中，得到图层 1，调整大小，并调整图层为【颜色加深】，调整其不透明度为 82%。

（2）选中背景层，利用【魔棒工具】将人物头部的黑色部分变为选区，选中图层 1，按 Ctrl+C 及 Ctrl+V 键复制、粘贴得到图层 2，调整图层 2 为【差值】，调整其不透明度为 45%。

如图 2-4-20 所示。

图 2-4-19　侏罗纪图片

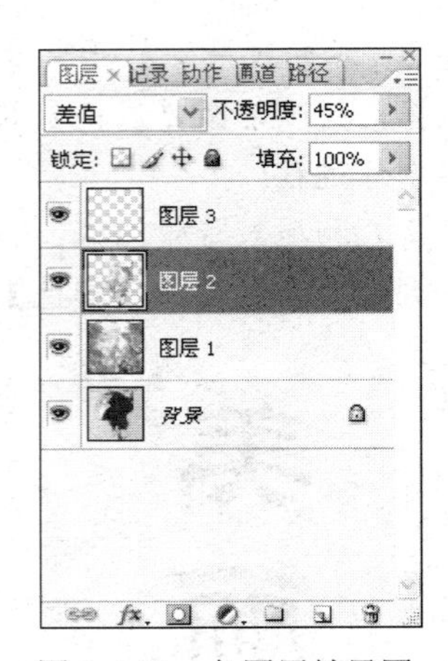

图 2-4-20　各图层效果图

（3）新建图层 3，设前景色为白色，选择画笔工具，笔尖形状为星形，在画布中适当位置添加星辰的效果，最终效果如图 2-4-17 所示。

知识链接

图层混合模式列表：混合模式对比图，如图 2-4-21 所示。

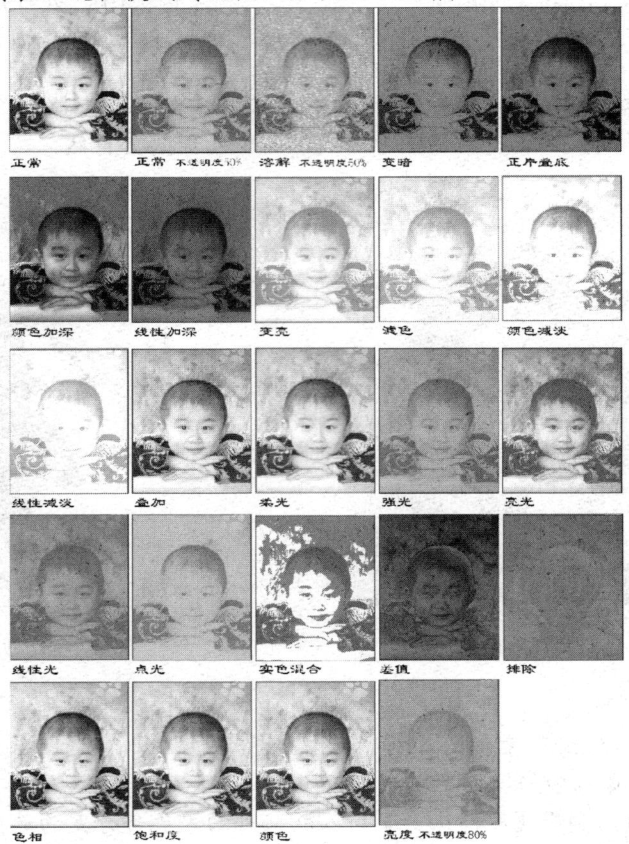

图 2-4-21　混合模式对比图

1)【正常】

编辑或绘制每个像素，使其成为结果色，这是默认模式（在处理位图图像或索引颜色图像时，“正常”模式也称为阈值）。

2)【溶解】

编辑或绘制每个像素，使其成为结果色。但是，根据任何像素位置的不透明度，结果色由基色或混合色的像素随机替换。

3)【变暗】

查看每个通道中的颜色信息，并选择基色或混合色中较暗的颜色作为结果色。比混合色亮的像素被替换，比混合色暗的像素保持不变。

4)【正片叠底】

即查看每个通道中的颜色信息，并将基色与混合色复合，结果色总是较暗的颜色。任何颜色与黑色复合产生黑色。任何颜色与白色复合保持不变。当用黑色或白色以外的颜色绘画时，绘画工具绘制的连续描边产生逐渐变暗的颜色。

5)【颜色加深】

查看每个通道中的颜色信息，并通过增加对比度使基色变暗以反映混合色。与白色混合后不产生变化。

6)【线性加深】

查看每个通道中的颜色信息，并通过减小亮度使基色变暗以反映混合色。与白色混合后不产生变化。

7)【差值】

查看每个通道中的颜色信息，并从基色中减去混合色，或从混合色中减去基色，具体取决于哪一个颜色的亮度值更大。与白色混合将反转基色值，与黑色混合则不产生变化。

8)【排除】

创建一种与“差值”模式相似但对比度更低的效果，与白色混合将反转基色值，与黑色混合则不发生变化。

9)【色相】

用基色的亮度和饱和度以及混合色的色相创建结果色。

10)【饱和度】

用基色的亮度和色相以及混合色的饱和度创建结果色，在无饱和度的区域上用此模式绘画不会产生变化。

11)【颜色】

用基色的亮度以及混合色的色相和饱和度创建结果色，这样可以保留图像中的灰阶，并且对于给单色图像上色和给彩色图像着色都会非常有用。

12)【亮度】

用基色的色相和饱和度以及混合色的亮度创建结果色，此模式创建与“颜色”模式相反的效果。

项目 5 路径的运用

【能力目标】

（1）了解路径的基本知识。

（2）掌握画笔的基本用法与路径描边。

（3）掌握绘制路径。

任务1　路径抠图

【任务描述】

将如图2-5-1所示的素材图片中的心形图案抠出，加以使用。

【任务设计】

（1）【钢笔工具】的属性设置。

（2）利用【钢笔工具】选择任意形态的图像。

【实施方案】

步骤1：打开文件，执行【文件】|【打开】命令（或按Ctrl+O键），打开的“双心图案.jpg”。

步骤2：确定节点，选择【钢笔工具】，在属性栏中选择路径模式，然后在心形边缘处单击，确定第一个节点，如图2-5-2所示。

图2-5-1　心形图案素材

图2-5-2　确定节点

步骤3：绘制节点，将鼠标放置在合适的位置，并在单击鼠标左键的同时按下鼠标进行拖拽，出现平滑的曲线效果，如图2-5-3所示。

步骤4：绘制下一个节点，用【钢笔工具】在图像中单击，确定第二个节点，如图2-5-4所示。

图2-5-3　绘制节点

图2-5-4　绘制第二个节点

步骤5：建立心形路径，依此方法，将图片中的心形选出来。

步骤6：保存路径，在【路径面板】中可以看到刚刚绘制的路径曲线的默认名称及缩略图，如图2-5-5所示，双击默认名称“工作路径”，在弹出的对话框中输入路径1，单击【确定】按钮保存路径。

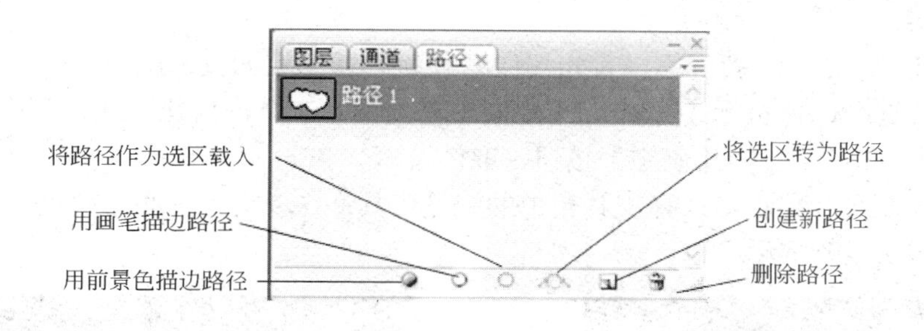

图 2-5-5　路径面板

步骤 7：将路径转化为选区，在【路径面板】中单击【将路径作为选区载入】按钮，将路径转化为选区，如图 2-5-6 所示。

步骤 8：执行【文件】|【新建】命令，在“双心图案.jpg”中用移动工具将抠出来的心形拖动到新建的文件中，也可以对“双心图案.jpg”选区中的内容进行复制，粘贴，完成抠图任务。

任务 2　绘制飞翔字

【任务描述】

Photoshop 提供了很多画笔效果，结合路径使用画笔的动态颜色和动态形状可以做出很多美丽的效果，本例使用画笔的渐隐效果为路径描边，以得到文字飞翔的效果，如图 2-5-7 所示。

图 2-5-6　将路径转化为选区

图 2-5-7　文字的飞翔效果

【任务设计】

（1）运用【自定义形状工具】在“填充像素”模式下绘制图案。

（2）运用【自定义形状工具】在“路径”模式下绘制路径。

（3）将绘制的图案定义为新画笔。

（4）新画笔描边绘制出的路径，得到漂亮的图案。

【实施方案】

步骤 1：打开文件，执行【文件】|【打开】命令（或按 Ctrl+O 键），打开素材文件“fly.jpg”。

步骤 2：书写文本，按 D 键，再按 X 键，将前景色设置为白色，选择工具箱中的横排文本工具T，输入单词及一些符号（建议字号为170，字体为Franklin Gothic Medium），将自动生成文字图层，如图2-5-8所示。

步骤3：将文本定义为新画笔，首先按住Ctrl键在【图层面板】单击文字图层前的缩略图，载入文字的选区，再执行【编辑】|【定义画笔预设】命令，打开【画笔名称】对话框，为新画笔命名为“fly”，单击【确定】按钮，取消选区。

步骤4：绘制飞行路径，选择工具箱中的钢笔工具，以文字中心为起点，绘制一个不封闭路径，如图2-5-9所示。

图2-5-8　书写文本

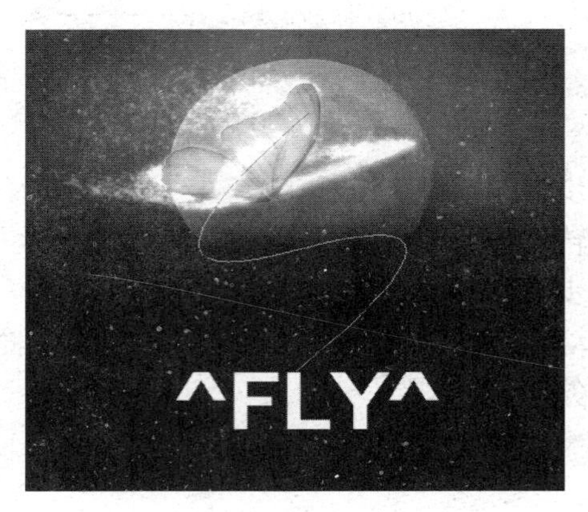

图2-5-9　绘制路径

步骤5：设置画笔，在【工具箱】中选择【画笔工具】，单击属性栏中的【切换画笔调板】按钮，在“画笔笔尖形状”选项中，选择前面设置的笔尖“fly”,主直径不变，调整间距为1%，如图2-5-10所示；单击【形状动态】选项，在控制选项中选择“渐隐”，设置步长为1200，最小直径为1%，如图2-5-11所示。

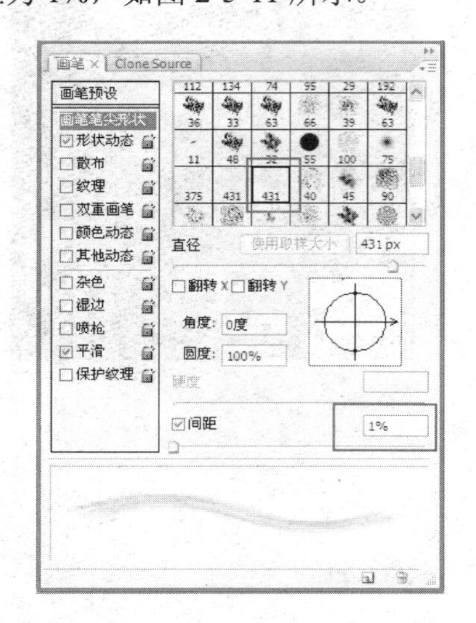

图2-5-10　设置画笔的笔尖形状

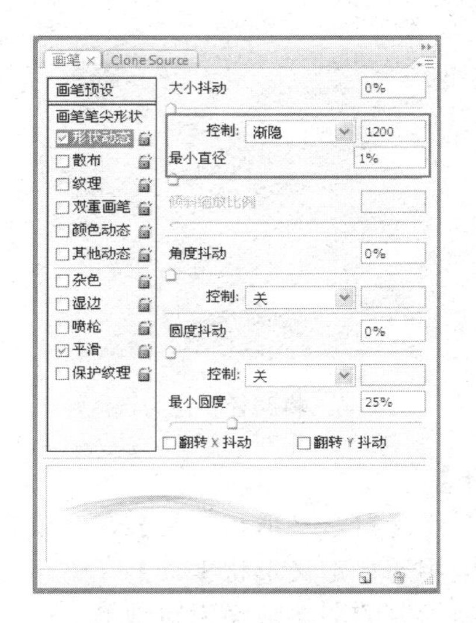

图2-5-11　设置形状动态值

步骤6：描边路径，按Ctrl+Shift+N键，新建图层1，选择画笔工具，将前景色设置为白色，然后切换到【路径面板】，在路径面板中单击【画笔描边路径】按钮，在路径上将产生渐隐效果，如图2-5-12所示。

步骤 7：设置渐变填充，选择【工具箱】中的【线性渐变填充工具】，单击属性栏中的色块打开【渐变编辑器】对话框，在渐变条添加 3 个色标，从左至右设置色标的颜色值，色标 1 浅蓝(R：142，G：206，B：254，位置 0%)，色标 2 浅黄（R：249，G：249，B：100，位置 25%），色标 3 浅绿（R：153，G：252，B：94，位置 50%），色标 4 粉红（R：246，G：105，B：234，位置 75%），色标 5 橘红（R：255，G：132，B：0，位置 100%），如图 2-5-13 所示。

图 2-5-12　描边路径

图 2-5-13　设置渐变填充

步骤 8：为描边路径填充渐变色，在【图层面板】中选择图层 1，将【锁定透明像素】按钮按下，在该图层中自下向上拖动鼠标为飞翔效果添加渐变色，隐藏路径，完成制作，保存文件。

任务 3　制作蝴蝶相框

【任务描述】

相框制作是 Photoshop 的经典例子，为自己的照片绘制一个精美的相框，是 Photoshop 使用者经常制作的效果。本例制作一个蝴蝶形相框（图 2-5-14），但在制作过程中不需要绘制蝴蝶形。在自定义形状工具的列表中，Photoshop 的开发者预置了很多形状，只要在路径状态下绘制，然后再使用需要的画笔描边路径即可。

图 2-5-14　蝴蝶相框

【任务设计】

（1）运用【自定义形状工具】在“填充像素”模式下绘制图案。

（2）运用【自定义形状工具】在“路径”模式下绘制路径。

（2）并将绘制的图案定义为画笔，用新画笔描边绘制出的路径。

【实施方案】

步骤 1：新建文件，执行【文件】|【新建】命令（或按 Ctrl+N 键），新建一个名称“蝴蝶相框”，宽“7 英寸”、高“5 英寸”、分辨率“200 像素/英寸”、色彩模式“RGB”、背景“白色”的文件。

步骤 2：绘制蝴蝶结形图案，设置前景色为黑色，背景色为白色，选择自定形状工具，模式为填充像素，追加全部形状（从选项栏中的“自定形状”弹出式调板中选择一个形状。如果在调板中找不到所需的形状，请单击调板右上角的箭头，然后选取其他类别“all”的形状。当询问您是否替换当前形状时，请单击“替换”以仅显示新类别中的形状，或单击【追加】按钮以添加到已显示的形状中），选择形状为蝴蝶结形，如图 2-5-15 所示。新建图层 1，在新图层中绘制一个较小的蝴蝶结形，如图 2-5-16 所示。

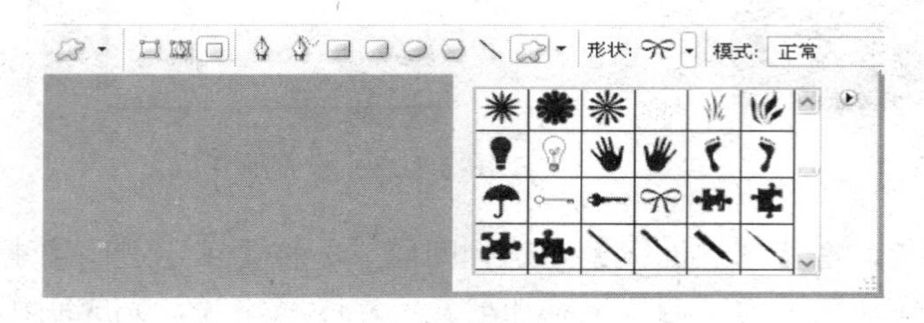

图 2-5-15 选择蝴蝶结形形状

图 2-5-16 绘制蝴蝶结形

步骤 3：定义蝴蝶结形画笔，使用矩形选择工具将蝴蝶结形圈选，执行【编辑】|【定义画笔预设】命令，打开【画笔名称】对话框，为新画笔命名为“蝴蝶结”，如图 2-5-17 所示。单击【确定】按钮，可将所画的蝴蝶结添加到画笔预设列表中，然后将画布中的蝴蝶结图案删除。

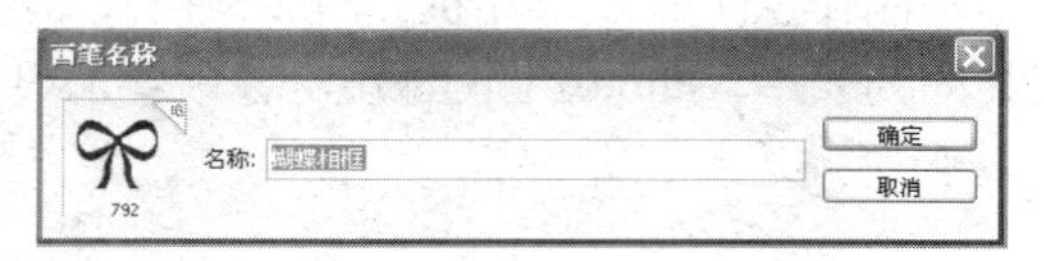

图 2-5-17 定义蝴蝶结形画笔

步骤 4：绘制蝴蝶形路径，选择自定形状工具，模式为路径，选择形状为蝴蝶形，如图 2-5-18 所示，在图像窗口中绘制一个蝴蝶形路径，如图 2-5-19 所示。

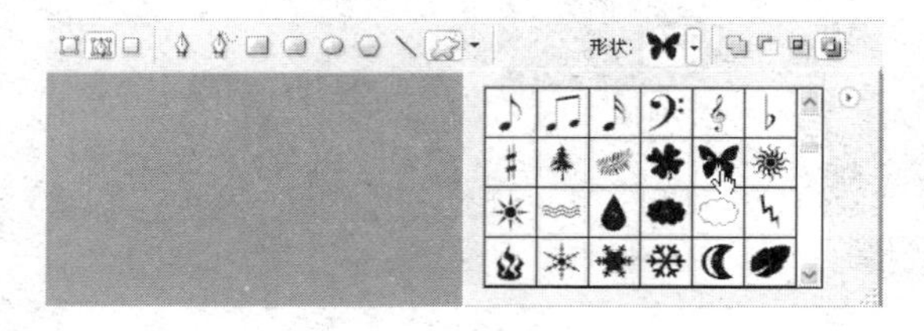

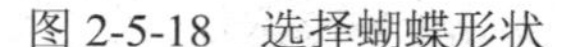

图 2-5-18 选择蝴蝶形状

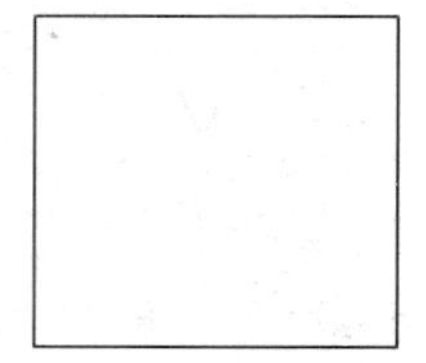

图 2-5-19 绘制蝴蝶形路径

步骤 5：为路径描边，选择画笔工具，在其属性栏中单击按钮，打开【画笔面板】，在画笔列表中选择前面设置的蝴蝶结形画笔，调整其“主直径”为 50 像素，“间距”为 100%，如图 2-5-20 所示。在路径面板中单击【用画笔描边路径】按钮，如图 2-5-21 所示，蝴蝶结形将按设置分布在路径上，如图 2-5-22 所示。

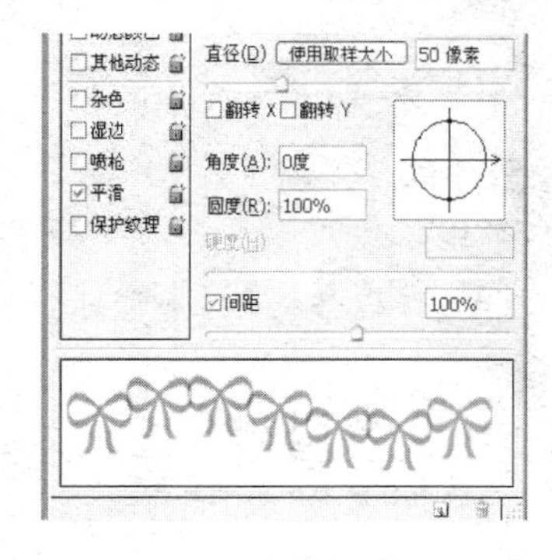

图 2-5-20　设置蝴蝶结形画笔

图 2-5-21　用画笔描边路径

图 2-5-22　绘制蝴蝶形路径

步骤 6：修饰描边，打开【样式面板】，在列表中单击【毯子（纹理）】按钮，如图 2-5-23 所示，单击该样式将其应用到“图层 1”。

步骤 7：添加照片，将路径转换为选区，保留选区不动，打开“女孩.jpg”，按 Ctrl+A 键全选图像，按 Ctrl+C 键复制图像；选择“蝴蝶相框”文件，将复制的图像将自动粘贴到选区中并产生“图层 2”，在【图层面板】将“图层 2”移到“图层 1”的下方，如图 2-5-24 所示。

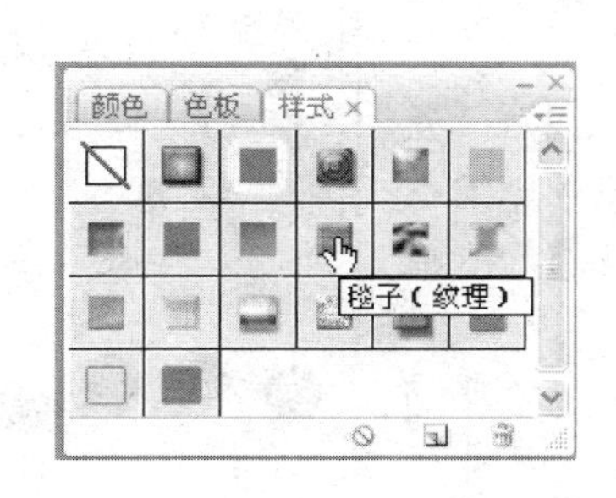

图 2-5-23　选择样式

图 2-5-24　添加照片

步骤 8：调整图像，在【图层面板】选择图层 2，打开自由变换调节框，按住“Ctrl+Shift”从中心将图像按比例缩小，调整至合适比例后，按“Enter”键确定，即可得到如图 2-5-14 所示的效果，保存文件。

拓展与提高

任务 1　选取器皿如图 2-5-25 所示。

（1）用钢笔工具钩选出器皿的外形。

（2）与效果图进行对比。

任务 2　制作邮票效果如图 2-5-26 所示。

图 2-5-25　选取器皿效果

图 2-5-26　制作邮票效果

简要制作步骤如下。

（1）新建文件，执行【文件】|【新建】命令（或按 Ctrl+N 键），新建一个宽“10cm”、高“10cm”、分辨率“200 像素/in”、色彩模式“RGB”、背景“黑色”的文件。

（2）绘制邮票外形，按 Ctrl+Shift+N 键新建图层 1，将前景色设置为白色，选择矩形工具，模式为路径，绘制一个矩形路径，并在【路径面板】中保存。按 Ctrl+Enter 键将路径转换为选区，按 Ctrl+Delete 键填充前景色，作为邮票底色。

（3）选区转换为路径，在【路径面板】中单击【从选区生成工作路径】，将选区转换为路径。

（4）描边路径，编辑锯齿效果，设置画笔属性，如图 2-5-27。单击【路径面板】中的【用画笔描边路径】，绘制出邮票的锯齿效果，如图 2-5-27 所示。

（5）制作蓝色内框，按 Ctrl+Shift+N 键新建图层 2，设置前景色为蓝色（R：179，G：245，B：255），用变换等比缩小路径，单击【路径面板】中的【用前景色填充路径】，隐藏路径。

（6）对内框描边，执行【编辑】|【描边】命令，宽度 5 像素，颜色设置为紫色（R：120，G：89，B：159），居外，为蓝色底图加上描边效果。

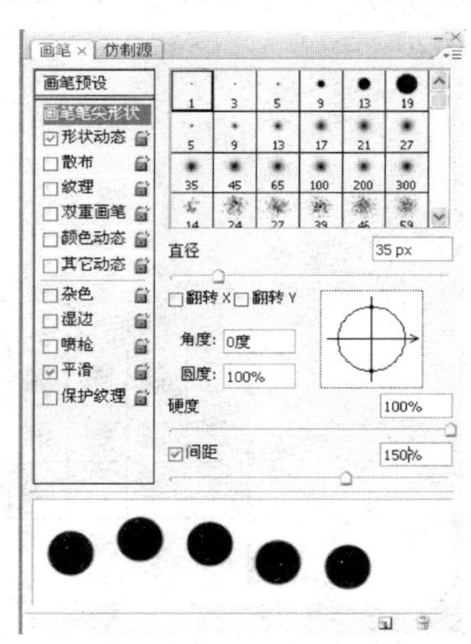

图 2-5-27　绘制邮票的锯齿效果

（7）打开素材的“花.psd”，并移入文件中。

（8）编辑阴影效果，输入文字，完成制作。

任务 3　丝带字，效果如图 2-5-28 所示。

简要制作步骤如下。

（1）新建文件，执行【文件】|【新建】命令（或按 Ctrl+N 键），新建一个宽为 10cm、高为 8 cm、分辨率为 200 像素/in、色彩模式为 RGB、背景为白色的文件。

（2）用钢笔绘制路径，如图 2-5-29 所示。

（3）描边路径，用主直径为 1 像素的画笔描边刚画好的路径(前景为黑色)，将路径隐藏。

（4）定义画笔，将刚刚描边得到的图案定义成画笔。

（5）设置画笔属性，按 Ctrl+Shift+N 键新建图层 1，选择刚才定义的画笔，调出画笔预设，进行如图 2-5-30 所示的设置，注意“使用取样大小”修改为 60，间距修改为 1%。

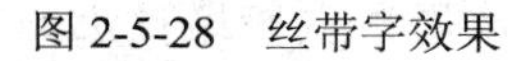

图 2-5-28　丝带字效果

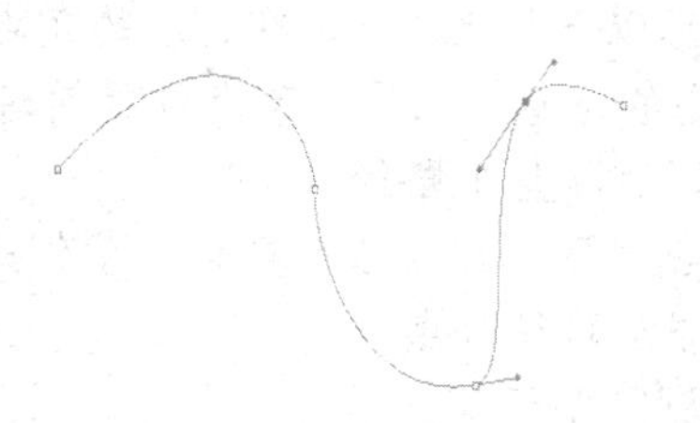

图 2-5-29 绘制路径

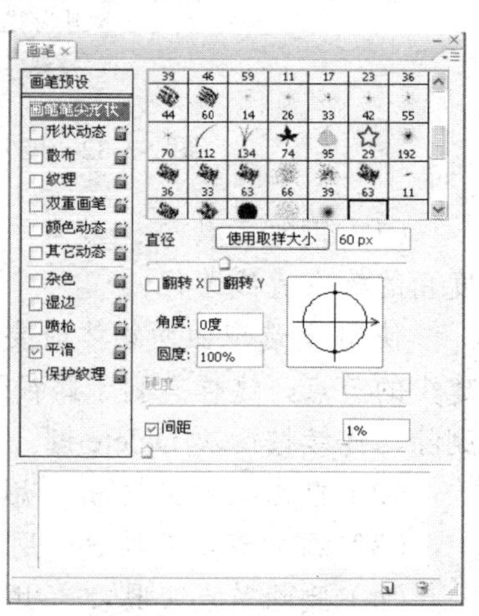

图 2-5-30　设置画笔属性

（6）绘制图形，设置自己喜欢的前景色，然后便可随意绘画。

任务 4　为自己的照片制作喜欢的相框，如图 2-5-31 所示。

图 2-5-31　相框

知识链接

1）钢笔工具和路径选择工具

展开钢笔工具，可以看到如图 2-5-32 所示的工具。

展开路径选择工具，可以看到如图 2-5-33 所示的工具。

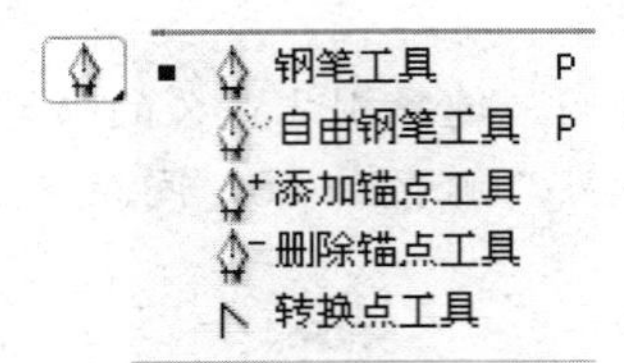

图 2-5-32　展开钢笔工具

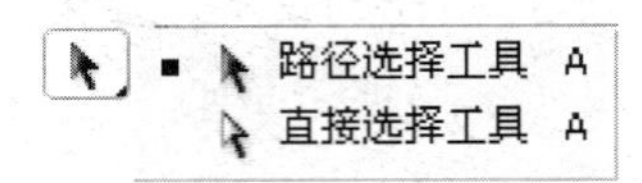

图 2-5-33　展开路径选择工具

（1）钢笔工具：最常用的路径创建工具，按 Shift 键，可以绘制水平、垂直或倾斜 45 度角的标准直线路径。

使用选取曲面物体时要注意以下几点。一是在轮廓的角点处创建节点；二是尽可能创建少的节点，这样有利于路径形态的调整；三是当节点位置创建不正确时，按 Delete 键可以删除，连续按两次 Delete 键，可以删除整个路径。

（2）自由钢笔工具：用于创建随意路径或沿图像轮廓创建路径。

（3）添加节点工具：用于添加路径节点。

（4）删除节点工具：用于删除路径节点。

（5）转换点工具：用于调节路径的平滑角和转角形态。当第一次用调整路径上的节点，节点上的两条方向线处于同时移动的状态时，按住 Alt 键可以使两条方向线各自独立地移动。

（6）路径选择工具：用于选取整个路径。

（7）直接选择工具：用于点选或框选路径节点。按 Ctrl 键的同时,单击路径也可以显示路径节点。

2）路径

路径由一个或多个直线段或曲线段组成。节点标记路径段的端点。在曲线段上，每个选中的节点显示一条或两条方向线，方向线以方向点结束。方向线和方向点的位置决定曲线段的大小和形状。移动这些元素将改变路径中曲线的形状。路径可以是闭合的，没有起点或终点（例如圆圈）；也可以是开放的，有明显的起点和终点（例如波浪线），如图 2-5-34 所示的曲线，A 为路径曲线段；B 为方向点；C 为方向线；D 为选中的节点；E 为未选中的节点。

平滑曲线被称为平滑点的节点连接如图 2-5-35 左图所示；锐化曲线路径由角点连接如图 2-5-36 右图所示。

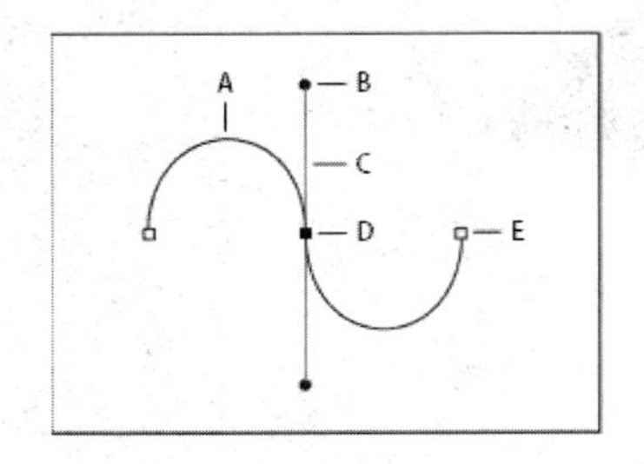

图 2-5-34　路径曲线

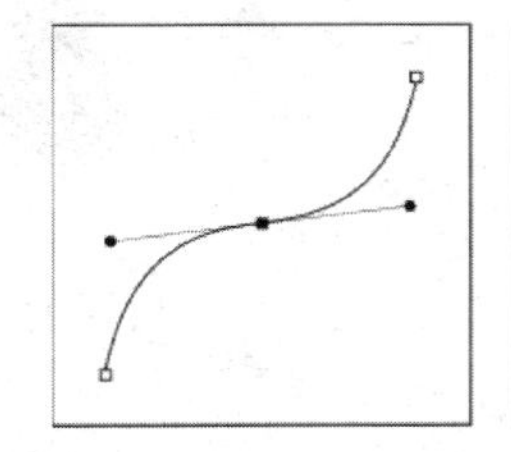
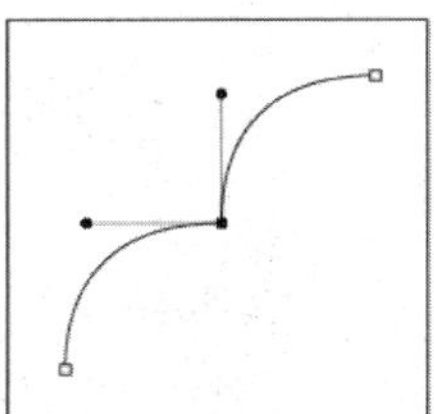

图 2-5-35　平滑曲线和锐化曲线

当在平滑点上移动方向线时，将同时调整平滑点两侧的曲线段。当在角点上移动方向线时，只调整与方向线同侧的曲线段如图 2-5-36 所示。

3）钢笔工具创建直线段

用“钢笔”工具可以绘制的最简单路径是直线，方法是通过单击“钢笔”工具创建两个节点。继续单击可创建由角点连接的直线段组成的路径，如图 2-5-37 所示。

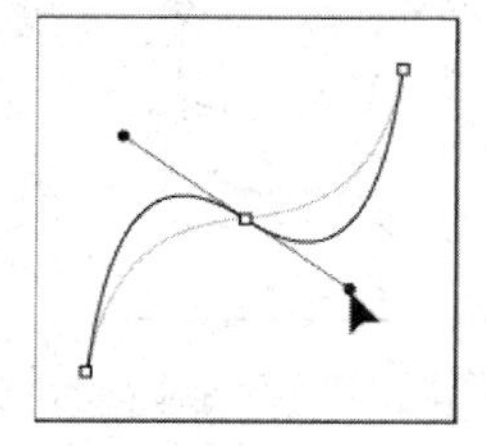
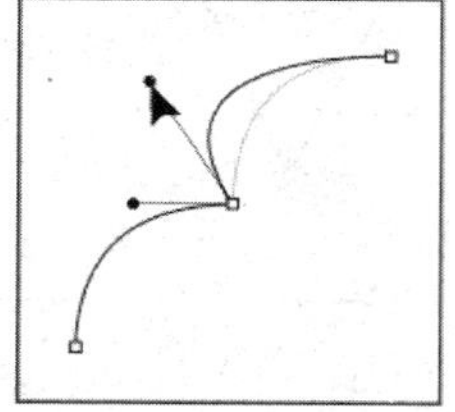

图 2-5-36　移动方向线效果

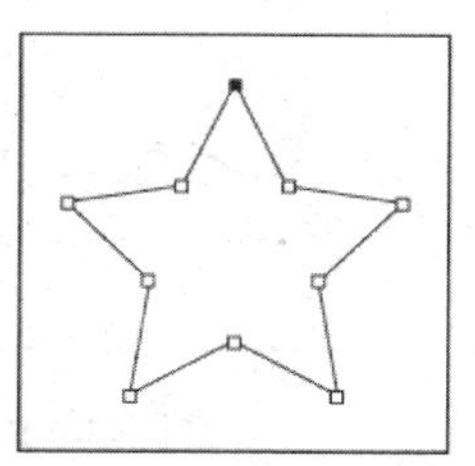

图 2-5-37　钢笔工具绘制直线

将钢笔工具定位到所需的直线段起点并单击，以定义第一个节点（不要拖动）。继续单击可以为其他直线段设置节点。最后添加的节点总是显示为实心方形，表示已选中状态。当添加更多的节点时，以前定义的节点会变成空心并被取消选择。

4）用钢笔工具绘制曲线

可以通过如下方式创建曲线。在曲线改变方向的位置添加一个节点，然后拖动构成曲线形状的方向线。方向线的长度和斜度决定了曲线的形状。

将钢笔工具定位到曲线的起点，并按住鼠标左键。此时会出现第一个节点，同时钢笔工具指针变为一个箭头。（在 Photoshop 中，只有在开始拖动后，指针才会发生改变。）拖动以设置要创建的曲线段的斜度，然后松开鼠标左键。

一般而言，将方向线向计划绘制的下一个节点延长约 1/3 的距离如图 2-5-38 所示，A 为定位“钢笔”工具；B 为开始拖动（鼠标按钮按下）；C 为拖动以延长方向线。

若要创建 C 形曲线，则向前一条方向线的相反方向拖动。然后松开鼠标左键如图 2-5-39 所示，A 为开始拖动第二个平滑点；B 为向远离前一条方向线的方向拖动；C 为松开鼠标左键后的结果。

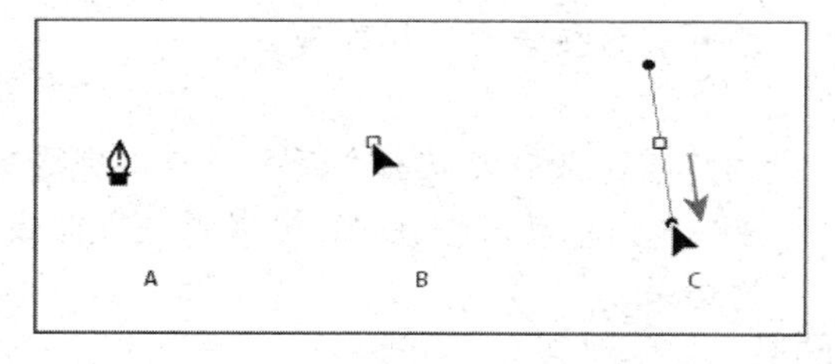

图 2-5-38　钢笔工具

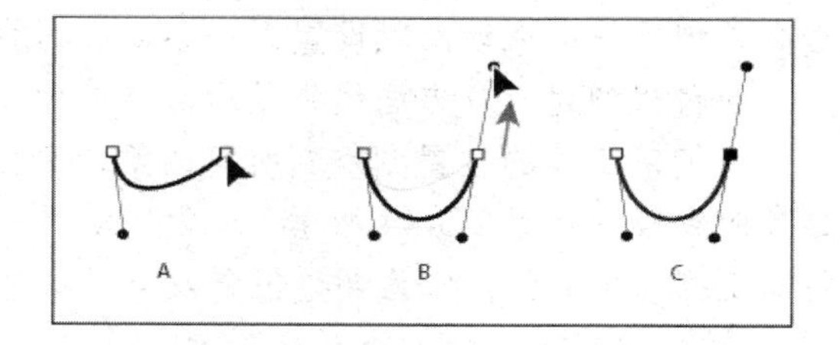

图 2-5-39　创建 C 形曲线

若要创建 S 形曲线，则按照与前一条方向线相同的方向拖动，然后松开鼠标左键，如图 2-5-40 所示，A 为开始拖动新的平滑点；B 为按照与前一条方向线相同的方向拖动；C 为松开鼠标左键后的结果。

5）在平滑点和角点之间进行转换

选择要修改的路径。

选择转换点工具 ⊾，（或使用钢笔工具并按住 Alt 键）。注：要在已选中直接选择工具的情况下启动转换节点工具，将指针放在节点上，然后按 Ctrl+Alt 键。

将转换点工具 放置在要转换的节点上方，然后执行以下操作之一。

（1）要将角点转换成平滑点，可向角点外拖动，使方向线出现，如图 2-5-41 所示。

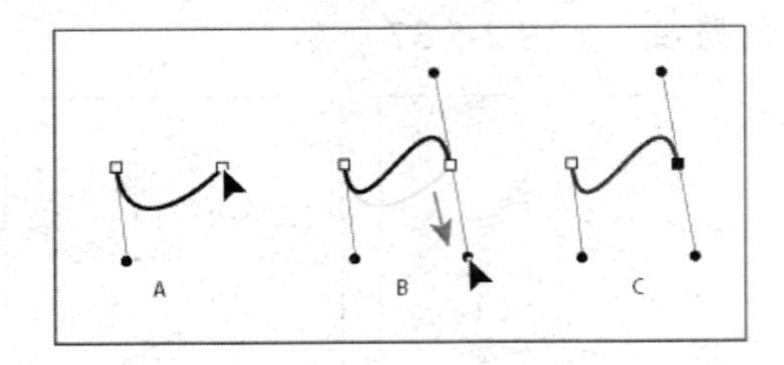

图 2-5-40　创建 S 形曲线

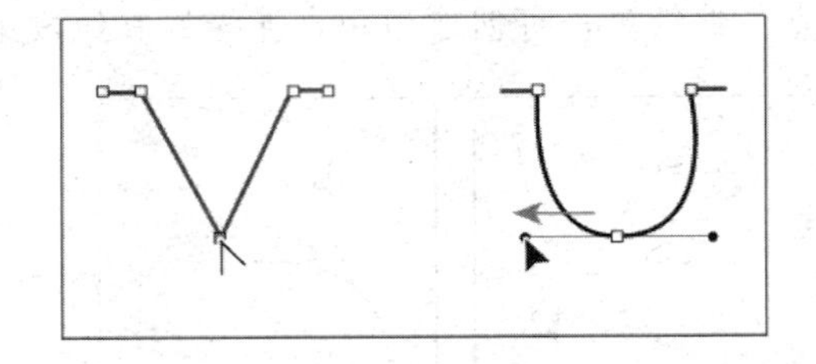

图 2-5-41　将方向点拖动出角点以创建平滑点

（2）如果要将平滑点转换成没有方向线的角点，单击平滑点，如图 2-5-42 所示。

（3）要将没有方向线的角点转换为具有独立方向线的角点，应首先将方向点拖动出角点（成为具有方向线的平滑点）。仅松开鼠标左键，然后拖动任一方向点。

（4）如果要将平滑点转换成具有独立方向线的角点，可单击任一方向点，如图 2-5-43 所示。

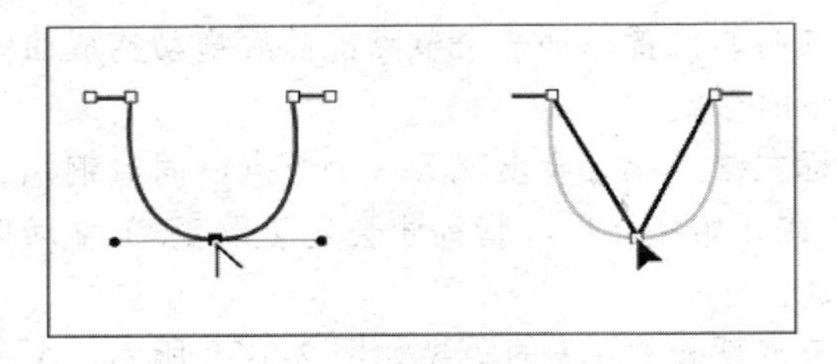

图 2-5-42　单击平滑点以创建角点

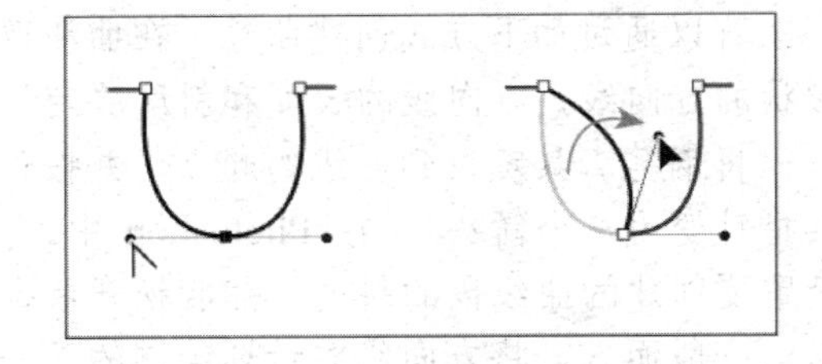

图 2-5-43　将平滑点转换为角点

6）绘制由角点连接的两条曲线段

使用钢笔工具拖动以创建曲线段的第一个平滑点。

调整钢笔工具的位置并拖动以创建通过第二个平滑点的曲线，然后按住 Alt 键并将方向线向其相反一端拖动，以设置下一条曲线的斜度。松开键盘按键和鼠标左键。

此过程通过拆分方向线将平滑点转换为角点。

将钢笔工具的位置调整到所需的第二条曲线段的终点，然后拖动一个新平滑点以完成第二条曲线段，如图 2-5-44 所示，A 为拖动新的平滑点；B 为拖动时按住 Alt 键以拆分方向线，并向上摆动方向线；C 为调整位置及第三次拖动后的结果。

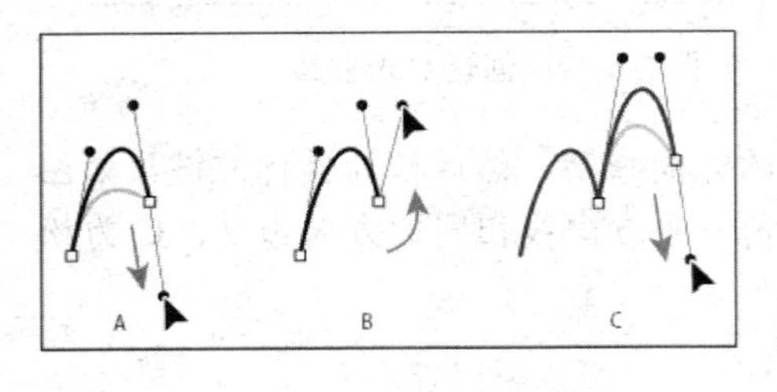

图 2-5-44　绘制两条曲线

7）画笔

创建画笔并设置绘画选项，可以通过单击选项栏中的画笔调板按钮打开“画笔”调板。

（1）画笔形状动态

动态形状决定描边中画笔笔迹的变化，无动态形状和有动态形状的画笔描边。在“画笔”调板中，选择调板左侧的“动态形状”，可以编辑画笔的动态形状，如图 2-5-45 所示。

① 大小抖动和控制。指定描边中画笔笔迹大小的改变方式。要指定抖动的最大百分比，请通过输入数字或使用滑块来输入值。要指定希望如何控制画笔笔迹的大小变化，可从【控

制】菜单中选取一个选项。

（a）无形状动态画笔笔尖　　（b）有形状动态画笔笔尖

图 2-5-45　画笔形状

关。指定不控制画笔笔迹的大小变化。

渐隐。按指定数量的步长在初始直径和最小直径之间渐隐画笔笔迹的大小。每个步长等于画笔笔尖的一个笔迹。值的范围为 1～9999。例如，输入步长数 10 会产生 10 个增量的渐隐。

钢笔压力、钢笔斜度或光笔轮。可依据钢笔的压力、斜度或拇指轮的位置以在初始直径和最小直径之间改变画笔笔迹的大小。

② 最小直径。指定当启用“大小抖动”或“大小控制”时画笔笔迹可以缩放的最小百分比，可通过输入数字或使用滑块来输入画笔笔尖直径的百分比值。

倾斜缩放比例。指定当“大小抖动”设置为“钢笔斜度”时，在旋转前应用于画笔高度的比例因子。可以键入数字，或者使用滑块输入修改画笔直径的百分比值。

③ 角度抖动和控制。指定描边中画笔笔迹角度的改变方式。要指定抖动的最大百分比，请输入一个是 360 度的百分比的值。要指定希望如何控制画笔笔迹的角度变化，可从【控制】菜单中选取一个选项。

关。指定不控制画笔笔迹的角度变化。

渐隐。按指定数量的步长为 0～360 度的渐隐画笔笔迹角度。

钢笔压力、钢笔斜度、光笔轮、旋转。依据钢笔的压力、斜度、钢笔拇指轮位置或钢笔的旋转角度改变画笔笔迹的角度。

初始方向。使画笔笔迹的角度基于画笔描边的初始方向。

方向。使画笔笔迹的角度基于画笔描边的方向。

④ 圆度抖动和控制。指定画笔笔迹的圆度在描边中的改变方式。要指定抖动的最大百分比，请输入一个指明画笔长短轴之间的比率的百分比。要指定希望如何控制画笔笔迹的圆度，可从【控制】菜单中选取一个选项。

关。指定不控制画笔笔迹的圆度变化。

渐隐。按指定数量的步长在 100% 和“最小圆度”值之间渐隐画笔笔迹的圆度。

钢笔压力、钢笔斜度、光笔轮、旋转。依据钢笔压力、钢笔斜度、钢笔拇指轮位置或钢笔的旋转在 100% 和“最小圆度”值之间改变画笔笔迹的圆度。

⑤ 最小圆度。指定当“圆度抖动”或“圆度控制”启用时画笔笔迹的最小圆度。输入一个指明画笔长短轴之间的比率的百分比。

（2）画笔散布

“画笔散布”可确定描边中笔迹的数目和位置，如图 2-5-46 所示。

图 2-5-46　无散布的画笔描边与有散布的画笔描边

① 散布和控制：指定画笔笔迹在描边中的分布方式。当选择“两轴”时，画笔笔迹按径向分布。当取消选择“两轴”时，画笔笔迹垂直于描边路径分布。要指定散布的最大百分比，可输入一个值。要指定希望如何控制画笔笔迹的散布变化，可从【控制】菜单中选取一个选项。

关。指定不控制画笔笔迹的散布变化。

渐隐。按指定数量的步长将画笔笔迹的散布从最大散布渐隐到无散布。

钢笔压力、钢笔斜度、光笔轮、旋转。依据钢笔压力、钢笔斜度、钢笔拇指轮位置或钢笔的旋转来改变画笔笔迹的散布。

② 数量。指定在每个间距间隔应用的画笔笔迹数量。

③ 数量抖动和控制。指定画笔笔迹的数量如何针对各种间距间隔而变化。要指定在每个间距间隔处涂抹的画笔笔迹的最大百分比，可输入一个值。要指定希望如何控制画笔笔迹的数量变化，可从【控制】菜单中选取一个选项。

关。指定不控制画笔笔迹的数量变化。

渐隐。按指定数量的步长将画笔笔迹的数量从“数量”值渐隐到 1。

钢笔压力、钢笔斜度、光笔轮、旋转。依据钢笔压力、钢笔斜度、钢笔拇指轮位置或钢笔的旋转来改变画笔笔迹的数量。

（3）纹理画笔选项

纹理画笔利用图案使描边看起来像是在带纹理的画布上绘制的一样如图 2-5-47 所示。

（a）无纹理的画笔描边

（b）有纹理的画笔描边

图 2-5-47　纹理画笔

单击图案样本，然后从弹出式调板中选择图案。设置下面的一个或多个选项。

① 反相。基于图案中的色调反转纹理中的亮点和暗点。当选择“反相”时，图案中的最亮区域是纹理中的暗点，因此接收最少的油彩；图案中的最暗区域是纹理中的亮点，因此接收最多的油彩。当取消选择“反相”时，图案中的最亮区域接收最多的油彩；图案中的最暗区域接收最少的油彩。

② 缩放。指定图案的缩放比例。可输入数字或者使用滑块来输入图案大小的百分比值。为每个笔尖设置纹理，将选定的纹理单独应用于画笔描边中的每个画笔笔迹，而不是作为整

体应用于画笔描边。必须选择此选项，才能使用“深度”变化选项。

③ 模式。指定用于组合画笔和图案的混合模式。

④ 深度。指定油彩渗入纹理中的深度。可输入数字或者使用滑块来输入值。如果是100%，则纹理中的暗点不接收任何油彩。如果是 0%，则纹理中的所有点都接收相同数量的油彩，从而隐藏图案。

⑤ 最小深度。指定将“深度控制”设置为“渐隐”、“钢笔压力”、“钢笔斜度”或“光笔轮”并且选中“为每个笔尖设置纹理”时油彩可渗入的最小深度。

⑥ 深度抖动和控制。指定当选中“为每个笔尖设置纹理”时深度的改变方式。要指定抖动的最大百分比，可输入一个值。要指定希望如何控制画笔笔迹的深度变化，可从【控制】菜单中选取一个选项。

关。指定不控制画笔笔迹的深度变化。

渐隐。按指定数量的步长从“深度抖动”百分比渐隐到“最小深度”百分比。

钢笔压力、钢笔斜度、光笔轮、旋转。依据钢笔压力、钢笔斜度、钢笔拇指轮位置或钢笔旋转角度来改变深度。

（4）双重画笔

双重画笔组合两个笔尖来创建画笔笔迹。将在主画笔的画笔描边内应用第二个画笔纹理；仅绘制两个画笔描边的交叉区域。在“画笔”调板的“画笔笔尖形状”部分设置主要笔尖的选项。从“画笔”调板的“双重画笔”部分中选择另一个画笔笔尖，然后设置以下任意选项，如图 2-5-48 所示。

（a）单笔尖创建的画笔描边

（b）双重笔尖创建的画笔描边

图 2-5-48　双重画笔

① 模式。选择从主要笔尖和双重笔尖组合画笔笔迹时要使用的混合模式。

② 直径。控制双笔尖的大小。以像素为单位输入值，或者单击【使用取样大小】来使用画笔笔尖的原始直径(只有当画笔笔尖形状是通过采集图像中的像素样本创建的时，“使用取样大小”选项才可用)。

③ 间距。控制描边中双笔尖画笔笔迹之间的距离。要更改间距，可输入数字或使用滑块来输入笔尖直径的百分比。

④ 散布。指定描边中双笔尖画笔笔迹的分布方式。当选中“两轴”时，双笔尖画笔笔迹按径向分布。当取消选择“两轴”时，双笔尖画笔笔迹垂直于描边路径分布。要指定散布的最大百分比，可输入数字或使用滑块来输入值。

⑤ 数量。指定在每个间距间隔应用的双笔尖画笔笔迹的数量。键入数字，或者使用滑块来输入值。

（5）颜色动态画笔选项

颜色动态决定描边路线中油彩颜色的变化方式，如图 2-5-49 所示。

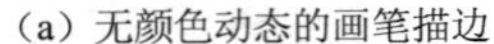

（a）无颜色动态的画笔描边　　（b）有颜色动态的画笔描边

图 2-5-49　颜色动态画笔

① 前景/背景抖动和控制。指定前景色和背景色之间的油彩变化方式。要指定油彩颜色可以改变的百分比，可输入数字或使用滑块来确定值。要指定希望如何控制画笔笔迹的颜色变化，可从【控制】菜单中选取一个选项。

关。指定不控制画笔笔迹的颜色变化。

渐隐。按指定数量的步长在前景色和背景色之间改变油彩颜色。

钢笔压力、钢笔斜度、光笔轮、旋转。依据钢笔压力、钢笔斜度、钢笔拇指轮位置或钢笔的旋转来改变前景色和背景色之间的油彩颜色。

② 色相抖动。指定描边中油彩色相可以改变的百分比。可输入数字或者使用滑块来确定值。较低的值在改变色相的同时保持接近前景色的色相. 较高的值增大色相间的差异。

③ 饱和度抖动。指定描边中油彩饱和度可以改变的百分比。可输入数字或者使用滑块来确定值。较低的值在改变饱和度的同时保持接近前景色的饱和度。较高的值增大饱和度级别之间的差异。

④ 亮度抖动。指定描边中油彩亮度可以改变的百分比。可输入数字或者使用滑块来确定值。较低的值在改变亮度的同时保持接近前景色的亮度。较高的值增大亮度级别之间的差异。

⑤ 纯度。增大或减小颜色的饱和度。可输入数字，或者使用滑块来确定一个–100~100的百分比。如果该值为–100，则颜色将完全去色；如果该值为 100，则颜色将完全饱和。

（6）其他动态画笔选项

其他动态选项确定油彩在描边路线中的改变方式，如图 2-5-50 所示。

（a）无动态绘画的画笔描边　　（b）有动态绘画的画笔描边

图 2-5-50　其他动态画笔

① 不透明度抖动和控制。指定画笔描边中油彩不透明度如何变化，最高值是选项栏中指定的不透明度值。要指定油彩不透明度可以改变的百分比，可输入数字或使用滑块来确定值。要指定希望如何控制画笔笔迹的不透明度变化，可从【控制】菜单中选取一个选项。

关。指定不控制画笔笔迹的不透明度变化。

渐隐。按指定数量的步长将油彩不透明度从选项栏中的不透明度值渐隐到 0。

钢笔压力、钢笔斜度或光笔轮。可依据钢笔压力、钢笔斜度或钢笔拇指轮的位置来改变颜料的不透明度。

② 流量抖动和控制。指定画笔描边中油彩流量如何变化，最高值是选项栏中指定的流量值。要指定油彩流量可以改变的百分比，可输入数字或使用滑块来确定值。要指定希望如何控制画笔笔迹的流量变化，可从【控制】菜单中选取一个选项。

关。指定不控制画笔笔迹的流量变化。

渐隐。按指定数量的步长将油彩流量从选项栏中的流量值渐隐到 0。

钢笔压力、钢笔斜度或光笔轮。可依据钢笔压力、钢笔斜度或钢笔拇指轮的位置来改变颜料的流量。

8）设置画笔笔尖形状选项

用户可以自定画笔的笔尖形状。在选择画笔工具后，在【画笔】面板的左侧选择【画笔笔尖形状】，然后选择要使用下列一个或多个选项自定的画笔笔尖：可以在【画笔】调板中设置以下画笔笔尖形状选项：

① 直径。控制画笔大小。输入以像素为单位的值，或拖动滑块来确定，如图 2-5-51 所示。

② 使用取样大小。将画笔复位到它的原始直径。只有在画笔笔尖形状是通过采集图像中的像素样本创建的情况下，才可用此选项。

③ 翻转 X。改变画笔笔尖在其 X 轴上的方向，如图 2-5-52 所示，A 处在默认位置的画笔笔尖；B 为选中了“翻转 X”时的画笔笔尖；C 为选中了“翻转 X”和“翻转 Y”时的画笔　　笔尖。

图 2-5-51　具有不同直径值的画笔描边

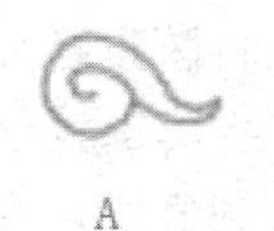

图 2-5-52　将画笔笔尖在其 X 轴上翻转

④ 翻转 Y。改变画笔笔尖在其 Y 轴上的方向如图 2-5-53 所示，A 处在默认位置的画笔笔尖；B 为选中了“翻转 Y”时的画笔笔尖；C 为选中了“翻转 Y”和“翻转 X”时的画笔笔尖。

⑤ 角度。指定椭圆画笔或样本画笔的长轴从水平方向旋转的角度，如果要更改角度，可输入度数，或在预览框中拖动水平轴，效果如图 2-5-54 所示。

图 2-5-53　将画笔笔尖在其 Y 轴上翻转

图 2-5-54　带角度的画笔创建雕刻状描边

⑥ 圆度。指定画笔短轴和长轴之间的比率，如果要更改圆度，可输入百分比值，或在预览框中拖动点。100% 表示圆形画笔，0% 表示线性画笔，介于两者之间的值表示椭圆画笔，如图 2-5-55 所示。

⑦ 硬度。控制画笔硬度中心的大小，如果要更改硬度，可输入数字，或者使用滑块输入画笔直径的百分比值，不能更改样本画笔的硬度，如图 2-5-56 所示。

图 2-5-55　调整圆度以压缩画笔笔尖形状

图 2-5-56　具有不同硬度值的画笔描边

⑧ 间距。控制描边中两个画笔笔迹之间的距离。如果要更改间距，可输入数字，或使用滑块输入画笔直径的百分比值。当取消选择此选项时，光标的速度将确定间距如图 2-5-57 所示。

9）形状工具的应用

形状工具如图 2-5-58 所示。

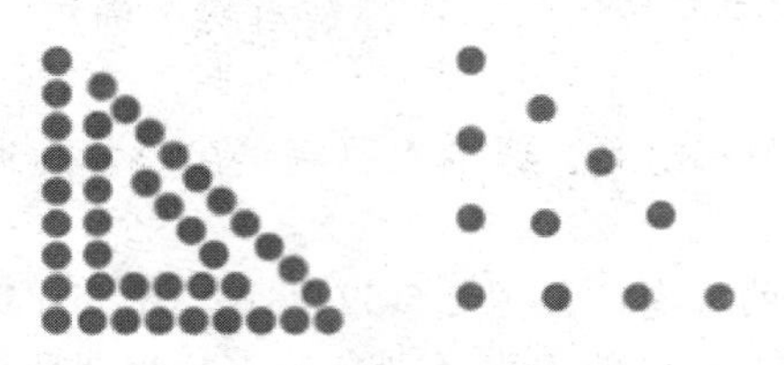

图 2-5-57　增大间距可使画笔急速改变

图 2-5-58　形状工具

（1）矩形工具：用于绘制矩形路径或矢量图形。

（2）圆角矩形工具：用于绘制圆角矩形路径或矢量图形。

（3）椭圆工具：用于绘制椭圆路径或矢量图形。

（4）多边形工具：用于绘制多边形路径或矢量图形。

（5）直线工具：用于绘制直线路径或矢量图形。

（6）自定形状工具：可以选择系统自带的自定义形状图案绘制各种样式的路径或矢量图形，也可以自己定义各种不同的形状。在使用自定义形状绘制图像时，按住 Shift 键可以绘制与选择图案等比例的图像。

项目 6　通道与蒙版

【能力目标】

（1）了解图层蒙版的分类。

（2）掌握多个通道的应用。

（3）掌握快速蒙版的使用。

（4）重点掌握图层蒙版的运用。

任务 1　合成照片

【任务描述】

本例首先统一两张照片的色调和色彩，粗选小羊的轮廓，再精确修改小羊选区，最后退出快速蒙版，复制小羊到风景图片中，将两张色调不同的照片合成为一张照片，如图 2-6-1 所示。

图 2-6-1　合成照片

【任务设计】

（1）使用色调调整工具统一两张照片的色调和色彩。

（2）使用【磁性套索工具】粗选图片轮廓。

（3）利用快速蒙版建立选区，精确修改选区。

（4）合成两张照片。

【实施方案】

步骤 1：打开素材并勾选小羊，打开“小羊.jpg”，右击【工具箱】中的【套索工具】按钮，在弹出的快捷菜单中选择【磁性套索工具】，如图 2-6-2 所示。使用【磁性套索工具】，把鼠标放置在“小羊”身体轮廓的任意位置处单击，确定取样点，之后沿小羊外轮廓移动鼠标，此时系统会自动吸附小羊的外轮廓，同时创建选取路径。当鼠标移动到起点位置时单击，即可完成图像选取，效果如图 2-6-3 所示。

步骤 2：进入快速蒙版编辑模式，单击【工具箱】中的【以快速蒙版模式编辑】按钮（或按 Q 键），将图像切换到快速蒙版编辑模式，选区被转换为快速蒙版。在蒙版中未被选中的区域被默认颜色红色覆盖，没有被红色覆盖的区域则是选中区域，如图 2-6-4 所示。

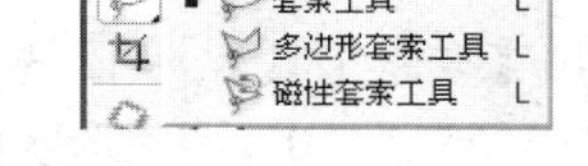

图 2-6-2　选择磁性套索工具

图 2-6-3　选择小羊

图 2-6-4　快速蒙版编辑模式

步骤 3：修改蒙版，使用【缩放工具】将选中的局部放大，寻找选区中还需修改之处，如图 2-6-5 所示，使用【画笔工具】，根据需要在属性栏中设置“主直径”和“硬度”，如图 2-6-6 所示。设置前景色为白色，在需要去除蒙版的位置（即需要增加选区的位置）涂抹，将蒙版擦除。然后将前景色设置为黑色，在需要添加蒙版的位置（即需要减去选区的位置）涂抹，为此处添加蒙版。

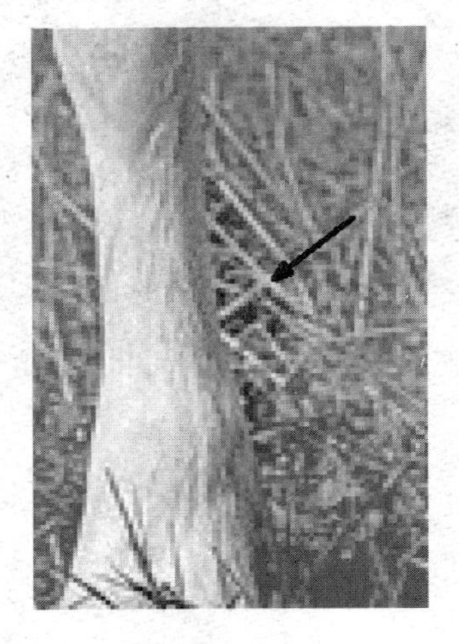

图 2-6-5　放大选区

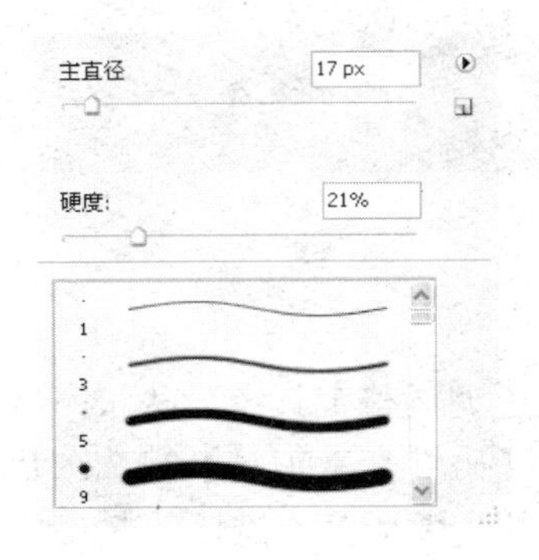

图 2-6-6　设置画笔主直径和硬度

步骤 4：退出快速蒙版编辑模式，单击【工具箱】中的【以快速蒙版模式编辑】按钮（或按 Q 键）将图像切换回标准编辑模式，修改后的蒙版被转换为选区。

步骤 5：羽化选区并复制选区内容，执行【选择】|【修改】|【羽化】命令（或按 Ctrl+Alt+D 键），打开【羽化选区】对话框，设置“半径”为 2，单击【确定】按钮，然后按 Ctrl+C 键复制选区内容。

步骤 6：打开背景素材，执行【文件】|【打开】命令（或按 Ctrl+O 键），打开素材文件“风景.jpg”。

步骤 7：调整风景背景的色阶，执行【图像】|【调整】|【色阶】命令（或按 Ctrl+L 键），打开【色阶】对话框，在该对话框中调整【输入色阶】的输入值为“22、1.00、166”，单击【确定】按钮。

步骤 8：调整风景背景的色彩平衡，执行【图像】|【调整】|【色彩平衡】命令（或按 Ctrl+B 键），打开【色彩平衡】对话框，在该对话框中调整参数为“−13、9、8”，单击【确定】按钮。

步骤 9：粘贴小羊素材，按 Ctrl+V 键粘贴小羊的图像，然后执行【编辑】|【变换】|【水平翻转】命令，翻转小羊,使用【移动工具】将小羊移动到恰当位置。

步骤 10：为小羊蹄部遮盖青草，选择【仿制图章工具】，设置画笔属性，大小为 60，硬度为 0%，并在属性栏【样本】项选择【所有图层】，按下 Ctrl 键同时在小羊蹄部周围青草处单击取样，在小羊蹄部单击鼠标为小羊蹄部遮盖青草。

步骤 11：创建小羊的阴影，完成实例，选择背景风景图层，用【套索工具】圈选小羊身体左下部，按 Ctrl+Alt+D 键打开【羽化选区】对话框，设置“半径”为 10，调整选区内【亮度/对比度】，输入值为“亮度-60，对比度 0”为小羊添加阴影，最终效果如图 2-6-7 所示。

任务 2　制作儿童艺术照

【任务描述】

本例将 4 张儿童照片和一张模板合成一张儿童艺术照（图 2-6-8），利用图层蒙版制作更加精美的图片。

图 2-6-7　合成照片效果图

图 2-6-8　儿童艺术照

【任务设计】

（1）为图层添加蒙版。

（2）在蒙版中使用径向渐变。

（3）使用图层蒙版，合成图像。

【实施方案】

步骤 1：打开素材，执行【文件】|【打开】命令（或按 Ctrl+O 键），打开 “模板.jpg” 和 “儿童 01.jpg”。

步骤 2：选取人物范围，激活儿童 01，使用【矩形选框工具】，将儿童的头部选中，如图 2-6-9 所示。

图 2-6-9　选中儿童的头部

步骤 3：拖动素材并调整尺寸，使用【移动工具】将选区中的内容拖至“模板”文件中，得到“图层 1”，调整图像大小，如图 2-6-10 所示，按 Enter 键确定。

步骤 4：为图层 1 添加图层蒙版，在【图层面板】中，选中图层 1，单击【添加图层蒙版】按钮，为“图层 1”添加图层蒙版。如图 2-6-11 所示。

步骤 5：为蒙版层填充渐变效果，选择工具箱中的【渐变填充工具】，单击属性选项栏上的【点按可编辑渐变】按钮，在弹出的【渐变编辑器】对话框的渐变“预设”列表中选择“从前景色到背景色”，然后在属性栏中将【径向渐变】按钮按下，在图层 1 中从脸部中间向外拖动鼠标，填充蒙版如图 2-6-12 所示，效果如图 2-6-13 所示。

步骤 6：继续修饰儿童 01，单击工具箱中的【画笔工具】按钮，单击属性选项栏上的【画笔预设选取器】按钮 画笔: 13，在弹出的对话框中将画笔主直径设为 13，在图层 1 中将模板圆环之外的儿童照片涂掉，效果如图 2-6-14 所示。

图 2-6-10　拖动素材并调整尺寸

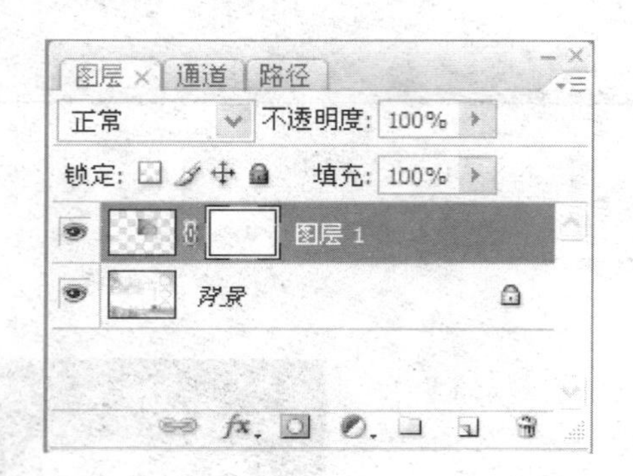

图 2-6-11　为图层 1 添加图层蒙版

图 2-6-12　为蒙版填充渐变效果

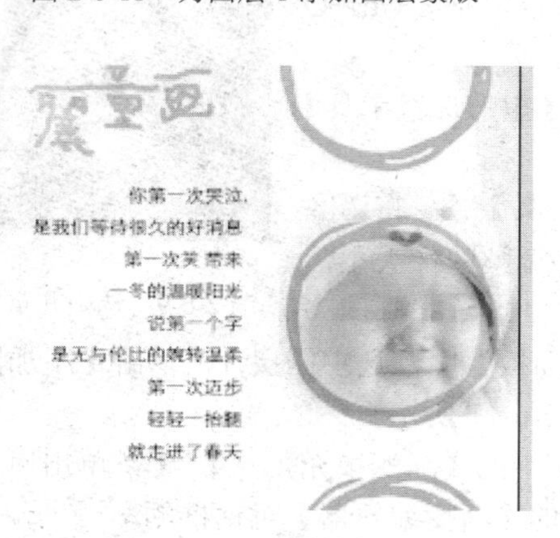

图 2-6-13　蒙版效果图

图 2-6-14　修饰蒙版

步骤 7：继续添加儿童 02 和儿童 03，按 Ctrl+O 键打开“儿童 02.jpg”，再按 Ctrl+O 键打开“儿童 03.jpg”，用同样方法处理这两张照片，效果如图 2-6-15 所示。

步骤 8：继续添加儿童 04，按 Ctrl+O 键打开“儿童 04.jpg”， 选取人物范围，单击【矩形选框工具】![]，将儿童的头部选中，如图 2-6-16 所示，用移动工具将儿童头部拖动到模板文件中，调整头部的位置及大小，为图层 4 添加蒙版，为蒙版层填充渐变效果，如图 2-6-17 所示，完成最后效果如图 2-6-18 所示。

图 2-6-15　添加儿童 02 和儿童 03 效果图

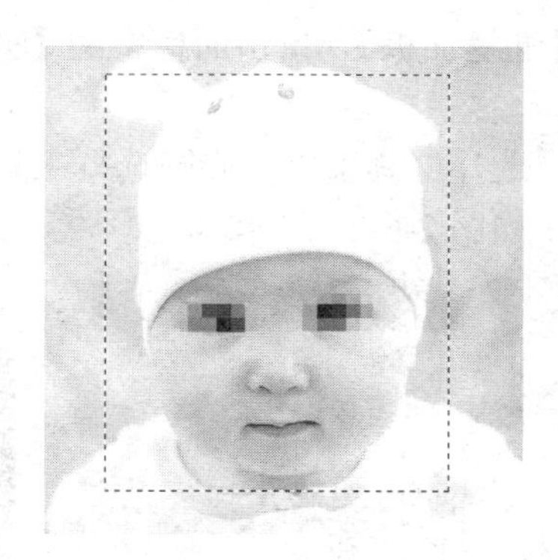

图 2-6-16　选中儿童的头部

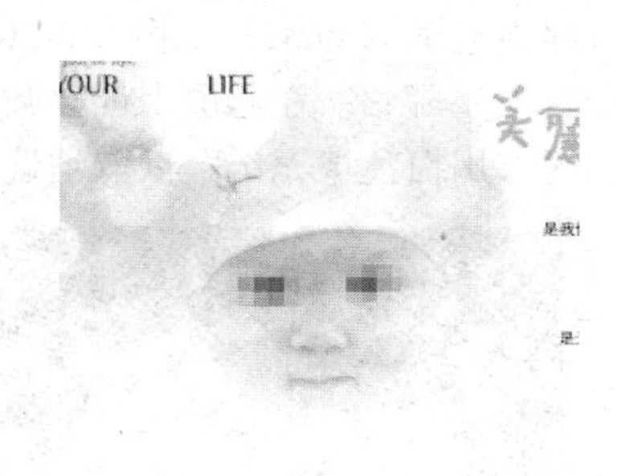

图 2-6-17　将选中区域拖拽至模板中

图 2-6-18　完成效果

任务 3　波尔卡点

【任务描述】

本任务利用通道模板实现波尔卡点的效果，如图 2-6-19 所示。

【任务设计】

（1）在通道中编辑图像得到选区。

（2）对选区进行填充。

（3）填加图层样式得到波尔卡点效果。

【实施方案】

步骤 1：新建文件，执行【文件】|【新建】命令（或按 Ctrl+N 键），把名称命名为“波卡尔点”，并调整宽度为“600”像素，高度为“600”像素，分辨率为“120 像素/英寸”，颜色模式“RGB”。

步骤 2：创建新通道，打开【通道面板】，单击面板中的【创建新通道】按钮 ，创建新通道 Alpha1，如图 2-6-20 所示。

步骤 3：在通道上创建圆形，选择工具箱中的椭圆选框工具，在图像中创建一个椭圆选区，用白色填充选区后取消选择，如图 2-6-21 所示。

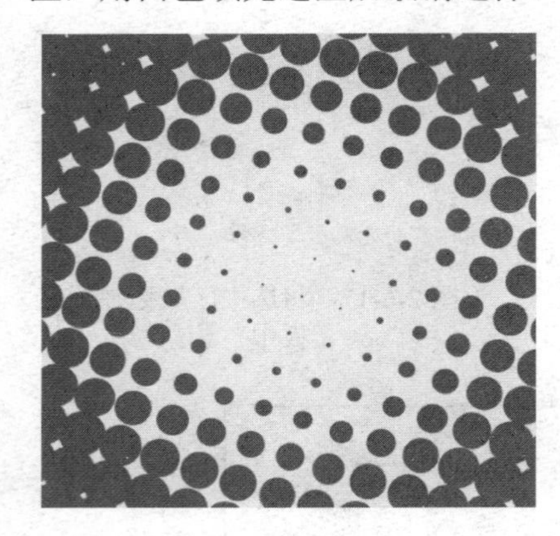

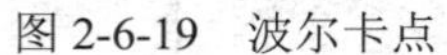

图 2-6-19　波尔卡点

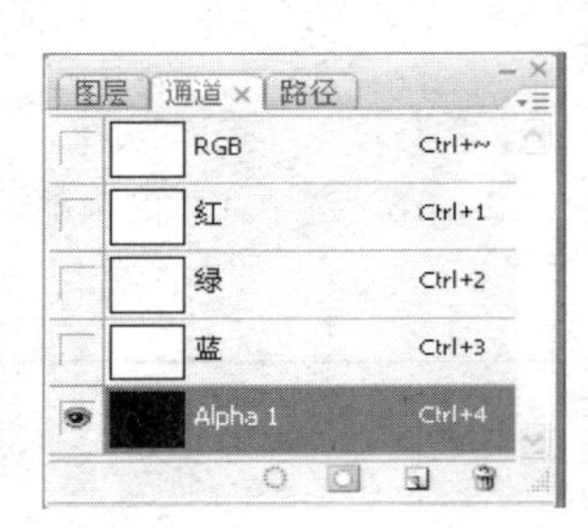

图 2-6-20　创建新通道

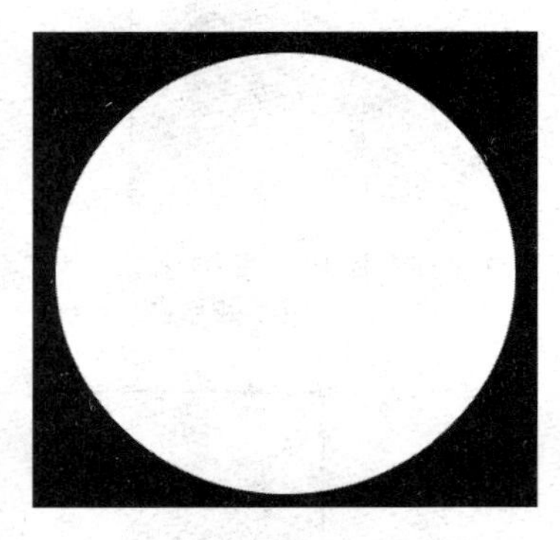

图 2-6-21　在通道上创建圆形

步骤 4：添加模糊效果，执行【滤镜】|【模糊】|【高斯模糊】命令，在打开的【高斯模糊】对话框中设置【半径】为 45 像素，如图 2-6-22 所示，单击【确定】按钮，效果如图 2-6-23 所示。

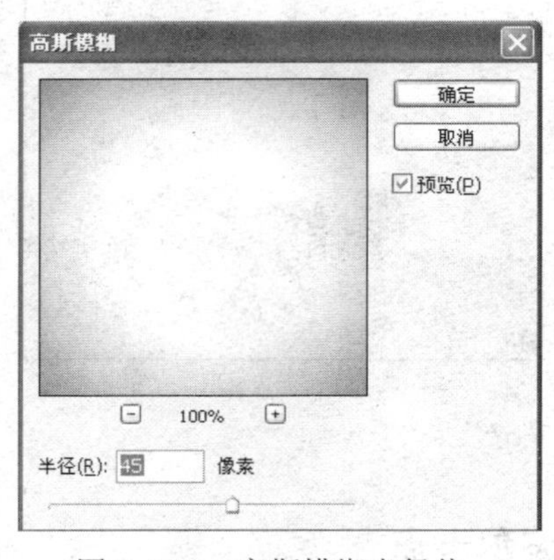

图 2-6-22　高斯模糊半径值

图 2-6-23　高斯模糊效果

步骤 5：制作彩色半调效果，执行【滤镜】|【像素化】|【彩色半调】命令，在打开的【彩色半调】对话框中设置【最大半径】为 25 像素，如图 2-6-24 所示。单击【确定】按钮，效

果如图 2-6-25 所示。

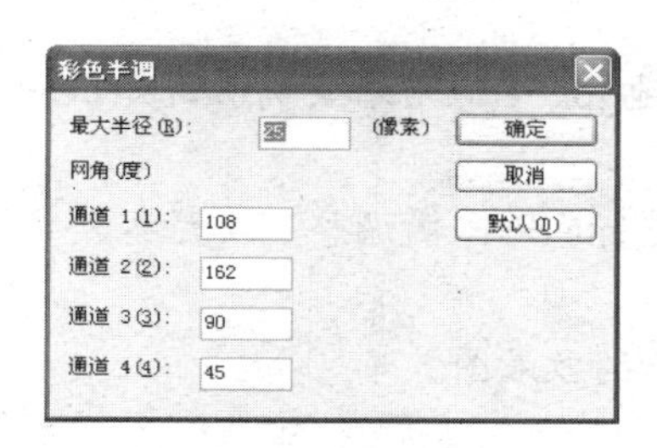

图 2-6-24　设置彩色半调值

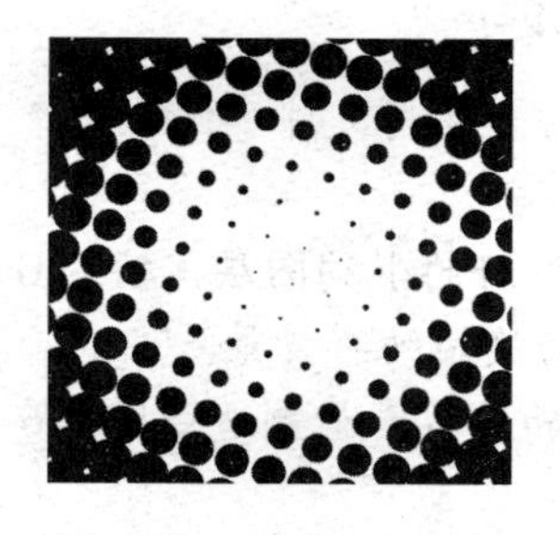

图 2-6-25　彩色半调效果

步骤 6：将通道载入选区，按下 Alt 键的同时在【通道面板】中单击“Alpha 1”通道，载入“Alpha 1”通道选区，单击【通道面板】的 RGB 复合通道，回到 RGB 模式，此时的图像效果如图 2-6-26 所示。

步骤 7：新建图层，在【图层面板】中新建“图层 1”，将前景色设为黄色，用前景色填充选区，如图 2-6-27 所示。

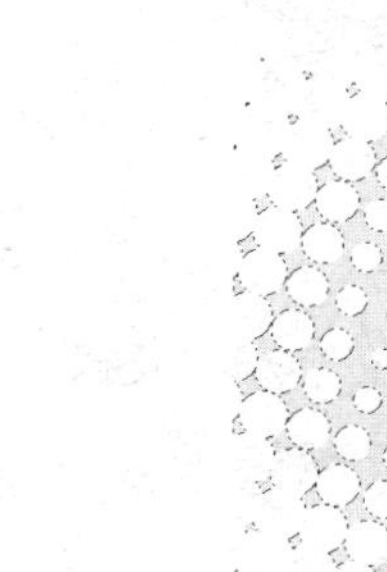

图 2-6-26　将通道载入选区　　图 2-6-27　用前景色填充选区

步骤 8：填充背景色，取消选区，在【图层面板】选择“背景”层为当前层，将前景色设为蓝色，用蓝色填充背景图层，填充效果如图 2-6-28 所示。

步骤 9：添加图层样式，在【图层面板】双击“图层 1”前的缩略图，在打开的【图层样式】对话框中选择【投影】，参数保持默认值，如图 2-6-29 所示，单击【确定】按钮，完成本实例的制作，保存文件。

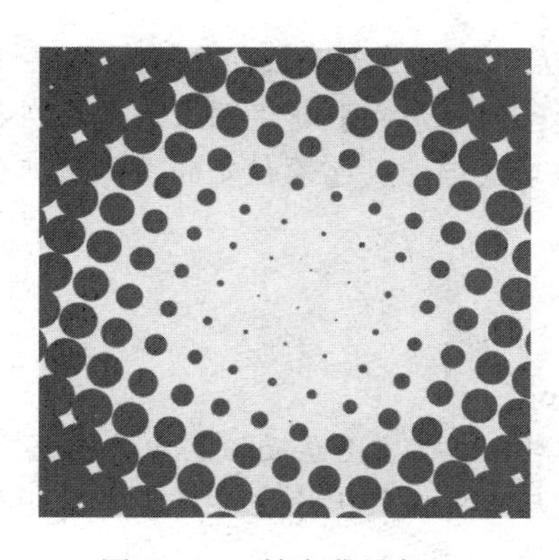

图 2-6-28　填充背景色

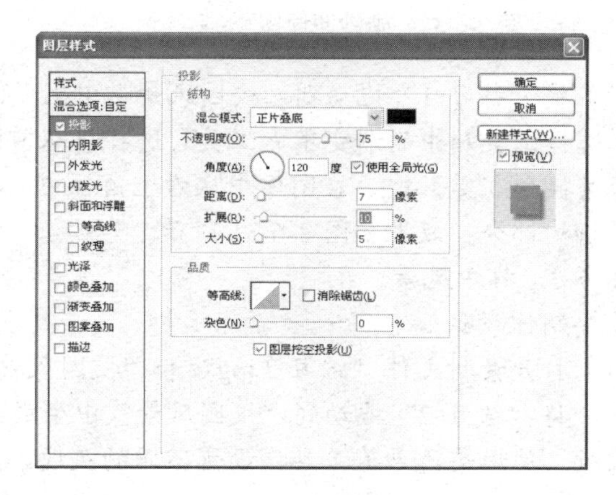

图 2-6-29　添加图层样式

拓展与提高

任务 1　打开素材文件“小狗.jpg”和“草地.jpg”，运用本实例所讲知识，完成如图 2-6-30 所示的效果图。

提示：对抠好的小狗图层，按 Ctrl+B 键进行色彩平衡调整。设置参数“–100、50、10”。

任务 2　巧换婚纱照背景。

利用提供的练习素材制造如图 2-6-31 所示的效果图。

图 2-6-30　合成效果图

图 2-6-31　更换婚纱照背景效果

简要制作步骤如下。

（1）打开素材文件“练习 1.jpg”和“校园风景.jpg”，如图 2-6-32 和图 2-6-33 所示。

图 2-6-32　婚纱照原图

图 2-6-33　校园风景原图

（2）将“练习 1”拖动到“校园风景”中生成图层 1，在【图层面板】中为图层 1 添加蒙版。选择工具箱中的渐变填充工具，选择【从前景色到背景色】渐变预设，然后在属性栏中选择【径向渐变】，在图像中从右上角往中间拖动鼠标，黑色蒙版处的图像被遮住，仅显示了柳树部分。效果如图 2-6-31 所示。

任务 3　杯中风景。

简要制作步骤如下。

（1）打开素材文件“练习 2.jpg”和“校园风景.jpg”。

（2）将“练习 2”拖动到“校园风景”中生成图层 1，在【图层面板】中为图层 1 添加图层蒙版。使用柔角画笔工具，设置不同的灰度，然后在玻璃杯上涂抹，产生半透明效果，如图 2-6-34 所示。

图 2-6-34　杯中风景

任务 4　风景剪影。

简要制作步骤如下。

（1）打开素材文件“校园风景.jpg”，按 Ctrl+J 键复制背景层得到“图层 1”。

（2）使用蓝色填充背景层。

（3）为图层 1 添加图层蒙版，并填充蒙版为黑色，全部遮蔽校园风景。

（4）设置前景色为白色，选择【自定义形状工具】，在属性栏设置为“像素填充” □，选择合适的形状在画布上拖曳，得到剪影效果。

（5）调整剪影底图位置。在【图层面板】选择被蒙版层“校园风景”的缩略图则可以移动校园风景的位置，从而恰当的显示剪影底图内容。如果选择图层蒙版缩略图可以对图层蒙版修改、移动，相关内容参考知识解析 5。最终效果如图 2-6-35 所示。

任务 5　制作斜向波尔卡点效果（图 2-6-36）。

图 2-6-35　风景剪影

图 2-6-36　斜向波尔卡点效果

简要制作步骤如下。

（1）按 Ctrl+O 键打开素材文件“花神.jpg”。

（2）在【通道面板】创建新通道 Alpha1。

（3）使用渐变工具，设置填充方式为“线性渐变”，自画布右下角向中心拖拉填充，填充后【通道面板】如图 2-6-37 所示。

（4）制作彩色半调效果，在打开的【彩色半调】对话框中设置【最大半径】为 25 像素。

（5）首先将通道载入选区，然后按 Shift+Ctrl+I 键反选选区。

（6）单击【通道面板】的 RGB 复合通道，回到 RGB 模式。

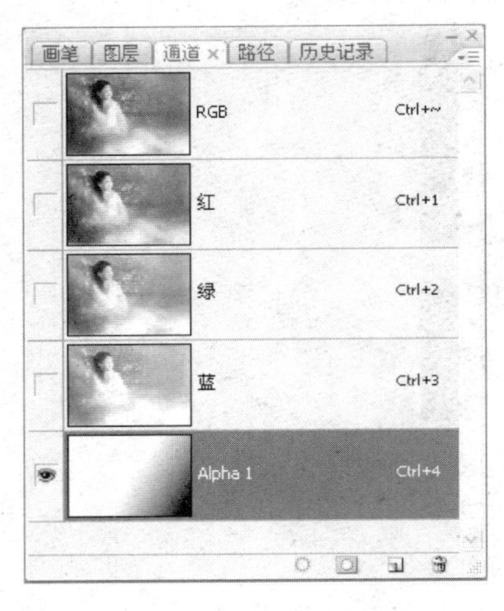

图 2-6-37　填充蒙版效果

（7）在【图层面板】新建图层 1，按 D 键设置默认前景色和背景色，按 Ctrl+Del 键使用背景色填充画布。

（8）设置图层 1 不透明度为 50%，最终效果如图 2-6-36 所示。

知识链接

1）快速蒙版

快速蒙版用来覆盖在图像上面保护被选取或指定的区域不受编辑操作的影响，起到遮蔽的作用。这与选区功能是相同的，二者之间可以相互转换，但又是有区别的。

快速蒙版可以通过选区来转换，也可以用笔刷来精确画出选区。在快速蒙版编辑状态下，一般以白色表示选区，红色表示非选区。可以使用画笔工具修改选区，如果设置前景色为白色，在需要增加选区的位置涂抹，可以将蒙版擦除从而增加选区。如果将前景色设置为黑色，在需要减去选区的位置涂抹，为此处添加蒙版从而减少选区。如果将前景色设置为灰色，使用画笔涂抹，可以产生羽化选区的效果。也可以对快速蒙版执行各种滤镜效果，产生特殊效果的选区。快速蒙版是临时的，要储存选区，必须借助于通道。

2）图层蒙版

（1）图层蒙版可以理解为在当前图层上面覆盖一层玻璃片，然后用各种绘图工具在蒙版上（既玻璃片上）涂色（只能涂黑白灰色），如图 2-6-38 所示。

（2）图层蒙版涂灰色使蒙版变为半透明，透明的程度由涂色的灰度深浅决定，如图 2-6-39 所示。

图 2-6-38　图层蒙版的效果

图 2-6-39　图层蒙版的灰色效果

（3）蒙版有以下优点。

① 修改方便，图层蒙版可以删除、移动、修改，不会因为使用橡皮擦或剪切删除而造

成不可返回的遗憾。

② 可运用不同滤镜，以产生一些意想不到的特效。

（4）蒙版的主要作用有遮蔽、抠图、图层间的融合、淡化图层边缘。

（5）使用图层蒙版时要注意以下两点。

① 背景层不能添加图层蒙版。

② 在【图层面板】选择图层蒙版缩略图才可以对图层蒙版修改，如图 2-6-40 所示。如果选择的是被蒙版缩略图则修改的是被蒙版层。

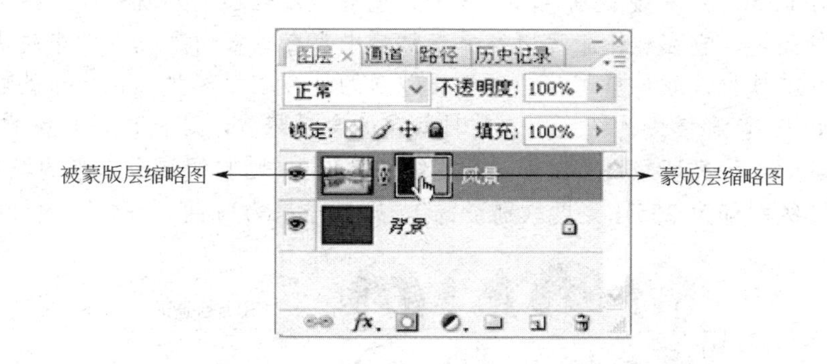

图 2-6-40　蒙版层和被蒙版层缩略图

3）通道

通道可以保存图像的颜色信息，还可以存储选区和载入选区备用。通道作为图像的组成部分，是与图像的格式密不可分的，图像颜色、格式的不同决定了通道的数量和模式，对于不同图像模式的图像，其通道的数量是不一样的。在 Photoshop 中，通道主要涉及 3 个模式：RGB 颜色模式、CMYK 颜色模式和 Lab 颜色模式，如图 2-6-41 所示。

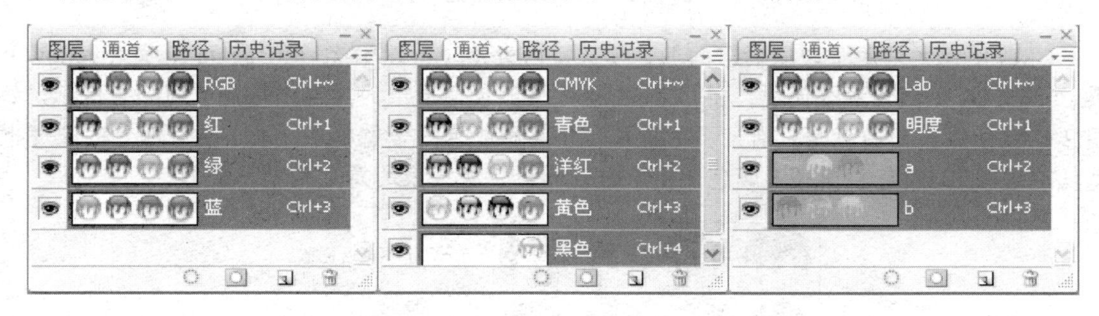

图 2-6-41　通道的 3 种颜色模式

通道分为以下两类。

① 复合通道（compound channel）。复合通道不包含任何信息，实际上它只是同时预览并编辑所有颜色通道的一个快捷方式。例如图 2-6-41 中的 RGB 通道、CMYK 通道和 Lab 通道都为复合通道。

② 颜色通道（color channel）。颜色通道把图像分解成一个或多个色彩成分，图像的模式决定了颜色通道的数量，如图 2-6-41，RGB 模式有 3 个颜色通道（红、绿、蓝），CMYK 模式有 4 个颜色通道（青色、洋红、黄色和黑色），Lab 模式有 a，b 两个颜色通道，它们包含

了所有将被打印或显示的颜色。颜色通道以 256 级黑白的灰度图来表示颜色的分布，一个黑白的图像能直接看出色阶的分布状况。

首先分析一下 RGB 色彩模式，该模式是由自然界中光的三原色的混合原理发展而来的，RGB 分别代表红色（Red）、绿色 （Green）、蓝色（Blue）。RGB 模式的图像支持多个图层，在该色彩模式下，观察通道面板可以发现该模式下有红、绿、蓝 3 个颜色通道和一个由 3 个颜色通道混合得到的复合通道构成。单独观察红绿蓝通道的其中一个通道，可以看到颜色以黑白的灰度图来表示，如图 2-6-42 所示。在八位深的情况下每个颜色通道中的一个像素能够显示 2 的 8 次方（256）种亮度级别，因此 3 个颜色通道混合在一起就可以产生 256 的 3 次方（1670 多万）种颜色，它在理论上可以还原自然界中存在的任何颜色。图中越黑的地方表示某种颜色分布的就越少，颜色就越暗，而相反越白的地方表示某种颜色分布的就越多，颜色就越亮。即在 RGB 色彩模式的图像中，某种颜色的含量越多，那么这种颜色的亮度也越高。例如，如果 3 种颜色的亮度级别都为 0（亮度级别最低），则它们混合出来的颜色就是黑色；如果它们的亮度级别都为 255（亮度级别最高），则其结果为白色。

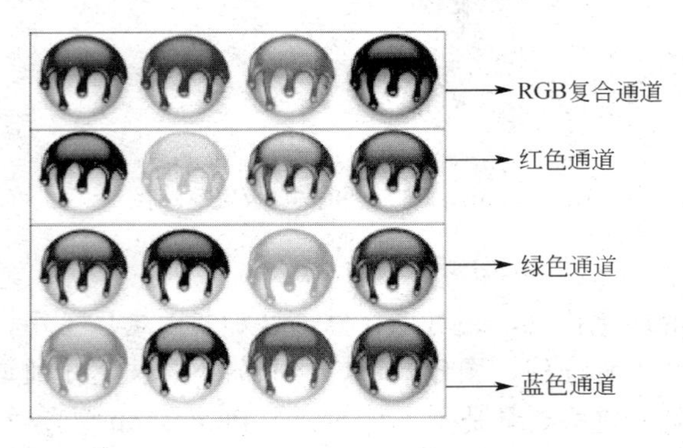

图 2-6-42　RGB 通道

CMYK 模式是用于印刷输出的颜色模式，由青（cyan）、洋红（magenta）、黄（yellow）、黑（black）4 种颜色混合而成。在 CMYK 模式里颜色通道中的黑色才是油墨的分布信息，如图 2-6-43 所示，而白色是没有油墨的区域，即某种颜色的含量越多，那么这种颜色的亮度也越低，这跟 RGB 色彩模式下颜色通道中白色和黑色所代表的意义是不一样的。

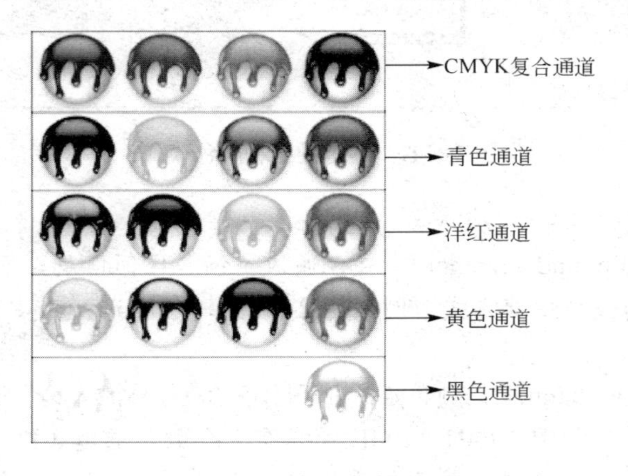

图 2-6-43　CMYK 通道

③ 专色通道（spot channel）。专色通道是用于印刷输出的通道，专色通道跟 CMYK 模式下的颜色通道很相似，都是以黑色来表示有油墨的区域，白色表示无油墨区域，灰度则表示某种油墨的分布密度。专色通道中存储了某一种特定油墨的分布信息，它可以使用除了青色、洋红、黄色、黑色以外的颜色来绘制图像。例如，在图片中需要额外点缀烫金或亮银等装饰色，则可以把需装饰的图像信息保存在专色通道中，那么当包括了专色通道的图像制版出片的时候，就需要比正常情况多出一张记录专色通道信息的片子。

④ Alpha 通道（alpha channel）。Alpha 通道是计算机图形学中的术语，指的是特别的通道。Alpha 通道主要用于存储选区信息，用 256 级黑白的灰度图记录选区信息，控制图层的显示范围，并不会影响图像的显示和印刷效果。当图像输出到视频，Alpha 通道也可以用来决定显示区域。前面学习的图层蒙版和快速蒙版都是临时 Alpha 通道。在 Photoshop 中，包括所有的颜色通道和 Alpha 通道在内，一个图像最多可有 24 个通道。

第三部分　Dreamweaver 模块

Dreamweaver 是由 Macromedia 公司所开发的著名网站开发工具。它使用所见即所得的接口，也有 HTML 编辑的功能。它现在有 Mac 和 Windows 系统的版本。Dreamweaver 可以用最快速的方式将 Fireworks，FreeHand，或 Photoshop 等档案移至网页上。使用检色吸管工具选择荧幕上的颜色可设定最接近的网页安全色。对于选单，快捷键与格式控制，都只要一个简单步骤便可完成。Dreamweaver 能与您喜爱的设计工具，如 Playback Flash，Shockwave 和外挂模组等搭配，不需离开 Dreamweaver 便可完成，整体运用流程自然顺畅。除此之外，只要单击便可使 Dreamweaver 自动开启 Firework 或 Photoshop 来进行编辑与设定图档的最佳化。使用网站地图可以快速制作网站雏形、设计、更新和重组网页。改变网页位置或档案名称，Dreamweaver 会自动更新所有链接。使用支援文字、HTML 码、HTML 属性标签和一般语法的搜寻及置换功能使得复杂的网站更新变得迅速又简单，Dreamweaver 主界面如图 3-1 所示。

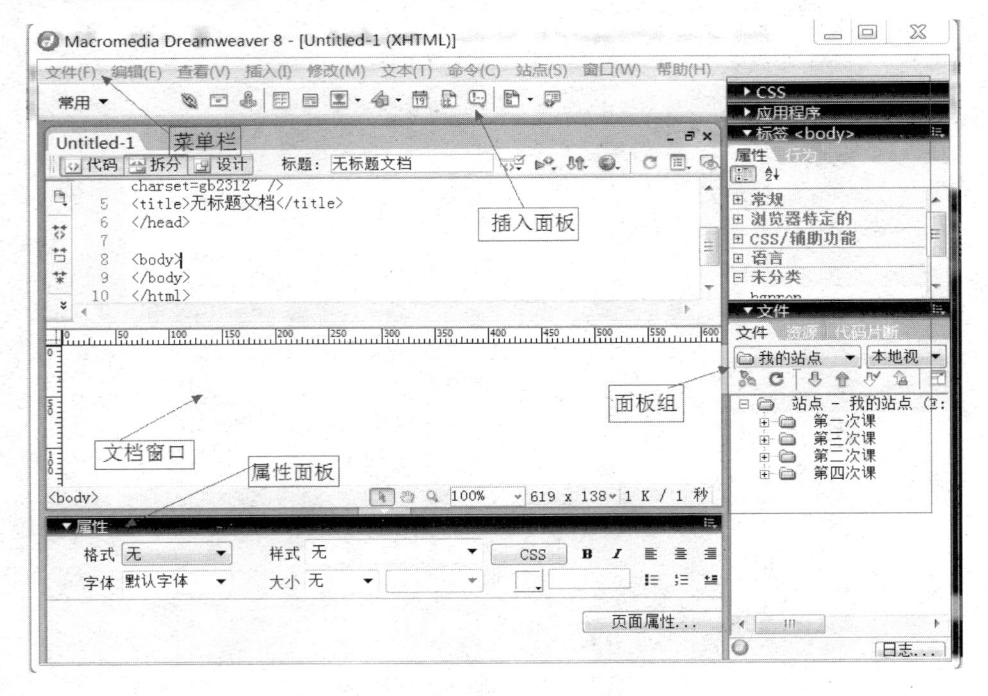

图 3-1　Dreamweaver 主界面

项目 1　班级主页的建立

使用 Dreamweaver 制作班级主页的首页及其相关的链接页面。

【能力目标】

（1）了解简单静态网站的基本组成，了解网页的相关概念。

（2）了解 HTML 语言的基本结构。

（3）熟悉利用 Dreamweaver 创建简单网页的方法，能在网页中插入文字、图片、表格、链接，并对其进行相应的设置。

任务 1 班级主页中首页的制作

【任务描述】

制作班级主页的首页，通过该任务了解简单静态网站的基本组成，理解网页的相关概念。掌握利用 Dreamweaver 创建简单网页的方法，能在网页中插入文字、图片、表格、链接，并对其进行相应的设置，最终首页效果如图 3-1-1 所示。

图 3-1-1 班级主页效果图

【任务设计】

（1）新建 html 页面，命名为 index.htm。

（2）创建 images 文件夹，并复制图片文件。

（3）设置首页的标题和背景。

（4）插入一个宽 800 像素的 2 行 3 列的表格，设置背景颜色、边框颜色、行高列宽、边框粗细等。

（5）输入网页名称和导航文字，添加链接，分别链接到 index.htm、jianjie.htm、zhaopian.htm、liuyan.htm，并对链接样式进行设置。

（6）输入图片和文字。

（7）通过 marquee 标签实现图片的走马灯效果。

【实施方案】

步骤 1：打开 Dreamweaver，执行【创建新项目】|【HTML】命令，如图 3-1-2 所示，保存到对应的文件夹中，文件名为“index.htm”，如图 3-1-3 所示。

步骤 2：在 index.htm 文件所在的文件夹中创建 images 文件夹，并向其中复制相关的图片文件，这时在 Dreamweaver 主界面右侧的“文件”窗口中就可以看到文件夹的关系如图 3-1-4 所示。

图 3-1-2　创建新项目 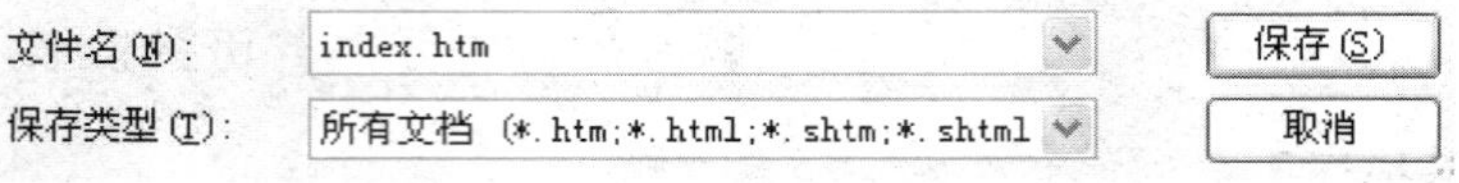　　　　图 3-1-3　设置文件名

步骤 3：单击【页面属性】按钮，如图 3-1-5 所示，设置标题为“班级主页实例”，背景图像为“bg.jpg”。

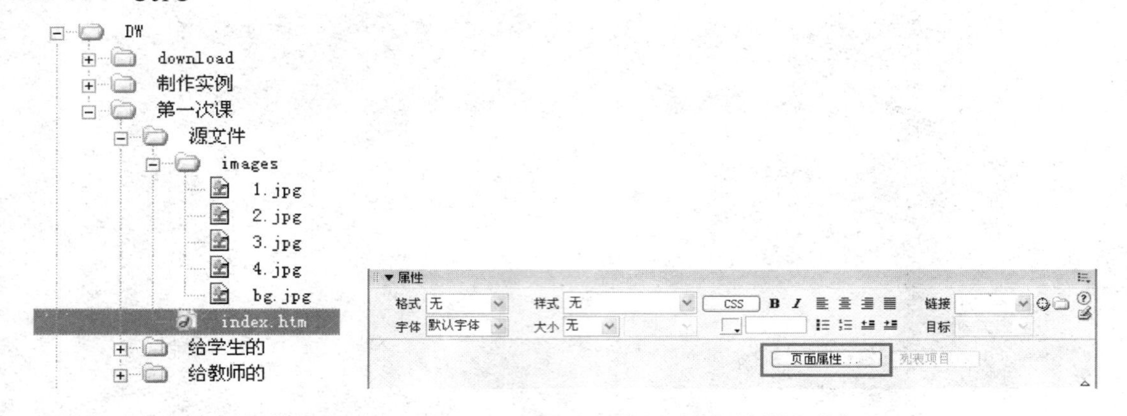

图 3-1-4　文件夹关系图　　　　图 3-1-5　【页面属性】按钮

（1）标题为“班级主页实例”如图 3-1-6 所示。

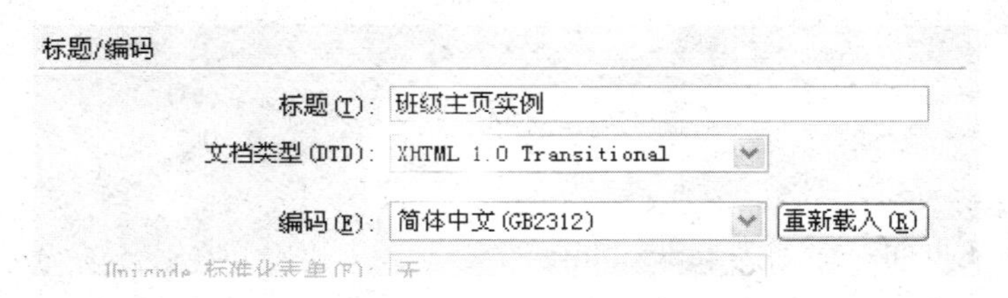

图 3-1-6　设置标题

（2）背景图像为“bg.jpg”，如图 3-1-7 所示。

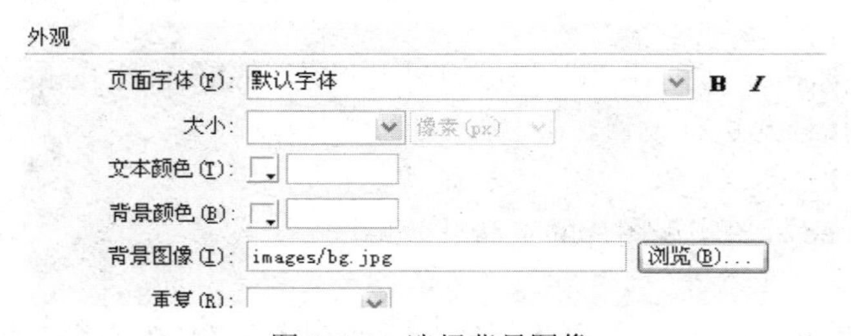

图 3-1-7　选择背景图像

步骤 4：在网页中插入一个 2 行 3 列的表格，宽度 800 像素，边框粗细 5 像素，居中对齐，边框的背景颜色“ffffff”，边框颜色“0099cc”，如图 3-1-8 所示。

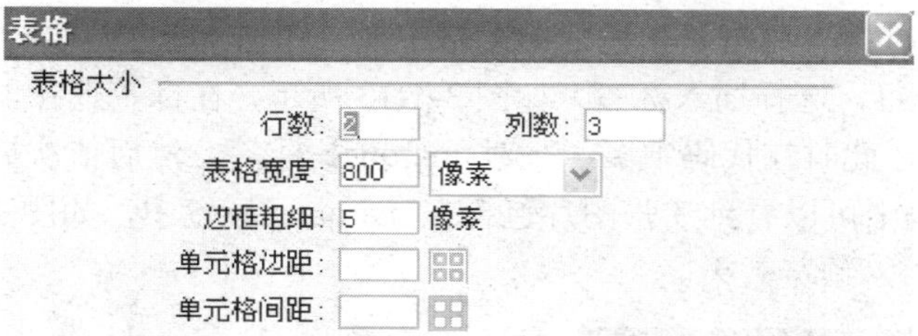

表格

表格大小

行数：2　列数：3

表格宽度：800　像素

边框粗细：5　像素

单元格边距：

单元格间距：

图 3-1-8　设置表格属性

合并第一行的 3 个单元格，第二行中间单元格背景白色，其余单元格背景颜色“0099cc”，表格第一行高 100 像素，左右两列宽 50 像素。设置后页面效果如图 3-1-9 所示。

图 3-1-9　表格效果

步骤 5：在表格第一行输入文字，白色、居中、标题格式“标题一”，分别创建 4 个链接，index.htm，jianjie.htm，zhaopian.htm，liuyan.htm，发现链接文件样式改变，在页面属性中调整链接样式如图 3-1-10 所示，得到的效果如图 3-1-11 所示。

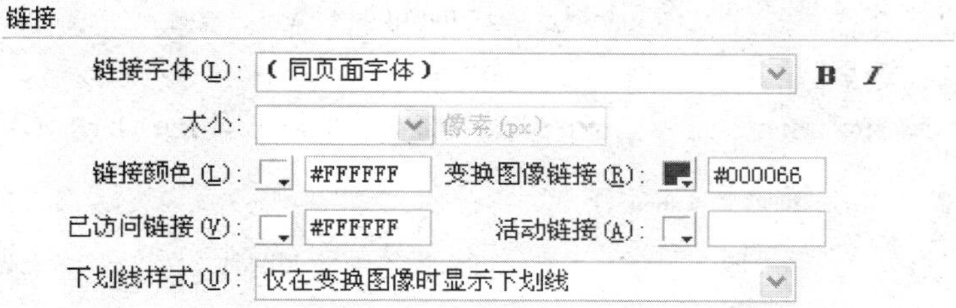

链接

链接字体(L)：（同页面字体）　B　I

大小：　像素(px)

链接颜色(L)：#FFFFFF　变换图像链接(R)：#000066

已访问链接(V)：#FFFFFF　活动链接(A)：

下划线样式(U)：仅在变换图像时显示下划线

图 3-1-10　调整链接样式

中药ZG111班班级主页

首页 | 班级简介 | 照片欣赏 | 访客留言

图 3-1-11　链接效果

步骤 6：在第二行第二列背景白色的单元格中插入图像（图 3-1-12），并输入适当的文字。

步骤 7：另起一行，选择插入标签，如图 3-1-13 所示，在标签选择器中选择 html 标签中的“marquee”插入，此时在代码中多了一对 marquee 标签，然后依次插入 3 张图片，如图 3-1-14 所示，从代码中可以看到 3 张图片包含在 marquee 标签中，如图 3-1-15 所示，得到滚动的图片，保存页面，预览效果。

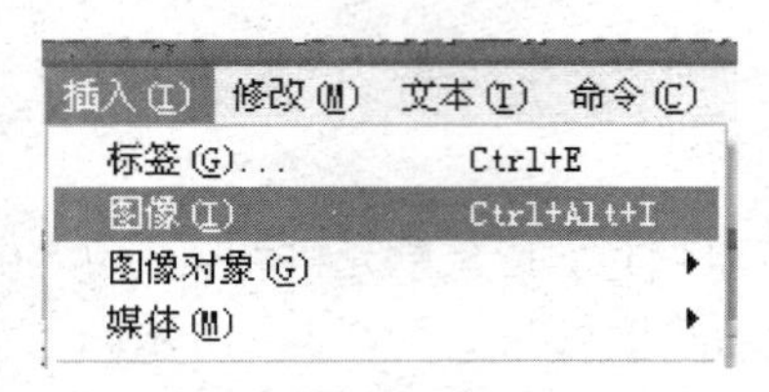

图 3-1-12　插入图像

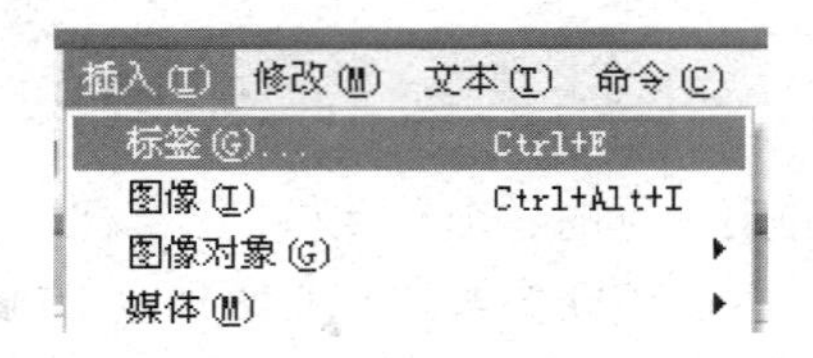

图 3-1-13　插入标签

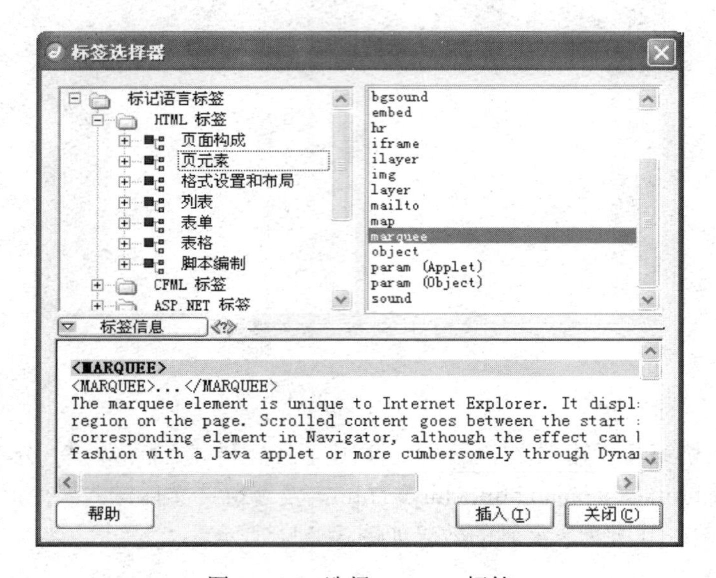

图 3-1-14　选择 marquee 标签

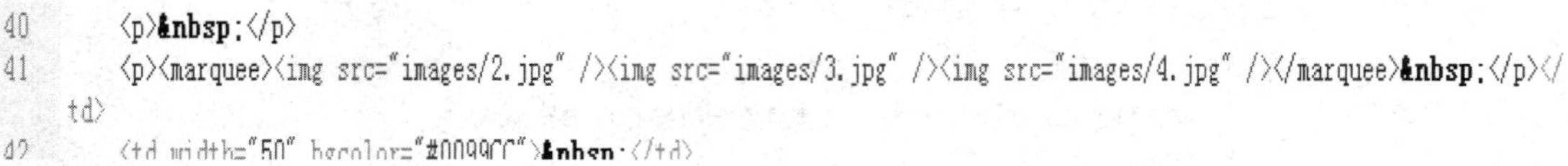

```
40      <p> </p>
41      <p><marquee><img src="images/2.jpg" /><img src="images/3.jpg" /><img src="images/4.jpg" /></marquee> </p></
    td>
42      <td width="50" bgcolor="#0099CC"> </td>
```

图 3-1-15　在 marquee 标签中插入图片

任务 2　班级主页中其他页面的制作

【任务描述】

创建班级简介、照片欣赏、访客留言 3 个页面，依次命名为 jianjie.htm、zhaopian.htm、liuyan.htm，照片欣赏页面中单击图片会链接到对应的完整图片，实现访客留言页面。

【任务设计】

（1）创建多个页面。

（2）单击图片链接到对应的完整图片。

（3）插入表单实现的制作。

【实施方案】

步骤 1：制作班级简介页面。

（1）在 Dreamweaver 中打开上一个任务创建的首页文件 index.htm，执行【文件】|【另存为】命令，将其另存为“jianjie.htm”。

（2）修改布局表格第一行中的标题为“班级简介”。

（3）在布局表格第 2 行第 2 列的单元格（白色背景）中输入相应的内容并保存，最终效果如图 3-1-16 所示。

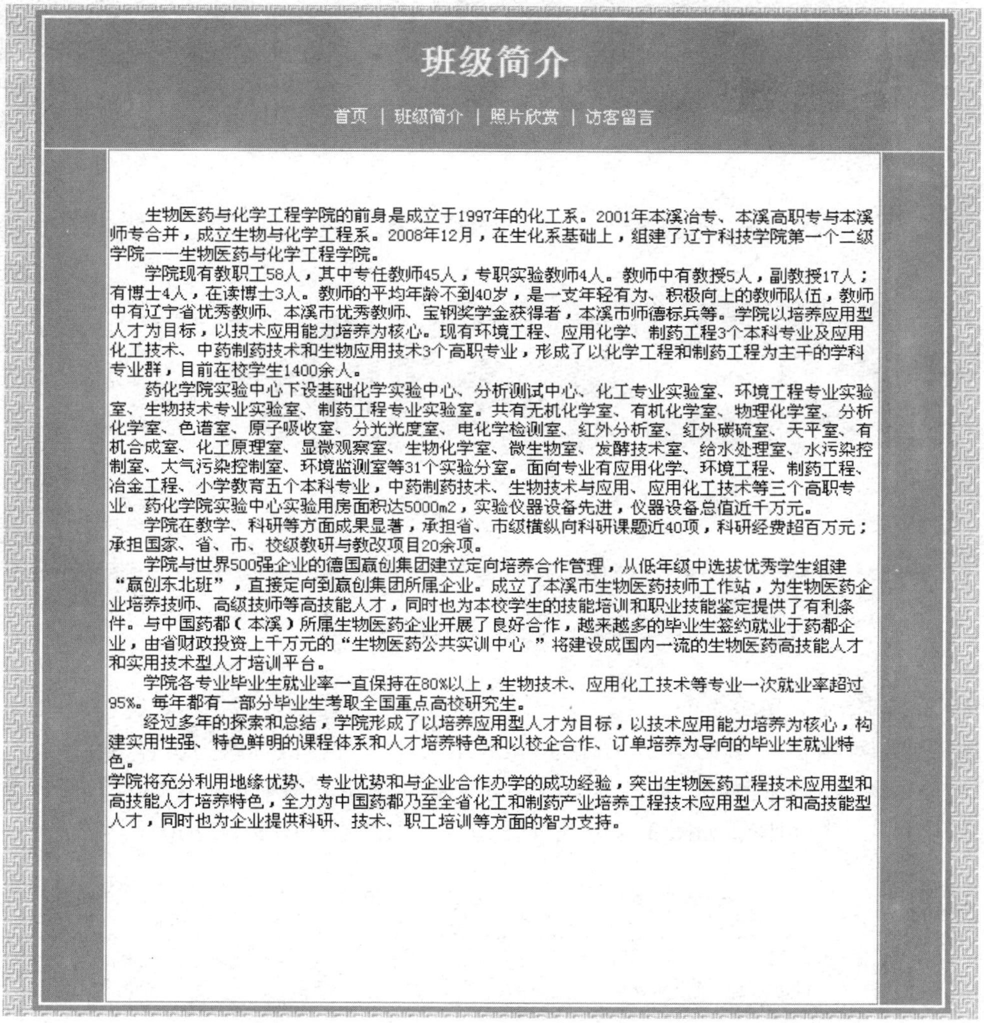

图 3-1-16 输入班级简介内容

步骤 2：制作照片欣赏页面。

（1）类似步骤 1，将 index.htm 另存为“zhaopian.htm”。

（2）修改布局表格第 1 行中的标题为“照片欣赏”。

（3）在布局表格第 2 行第 2 列的单元格（白色背景）中插入图片，如图 3-1-17 所示，对图片设置链接，最终效果如图 3-1-18 所示。

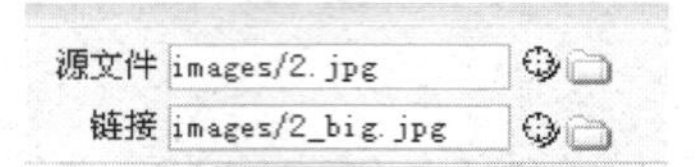

图 3-1-17　插入源文件和链接文件图片

图 3-1-18　图片链接效果

步骤 3：制作访客留言页面。

（1）类似步骤 1，将 index.htm 另存为“liuyan.htm”，并修改标题为访客留言。

（2）插入表格，边框为 0，如图 3-1-19 所示。在对应单元格中执行【插入】|【表单】命令，选择插入文本域和按钮如图 3-1-20 所示，最终页面效果如图 3-1-21 所示。

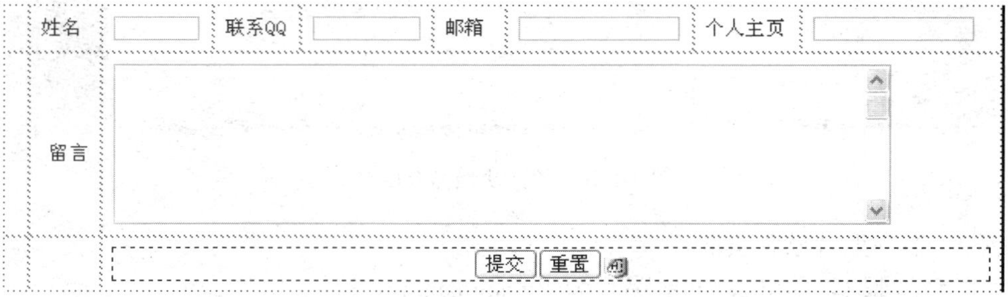

姓名		联系QQ		邮箱		个人主页	
留言							
	提交 重置						

图 3-1-19　访客留言页面

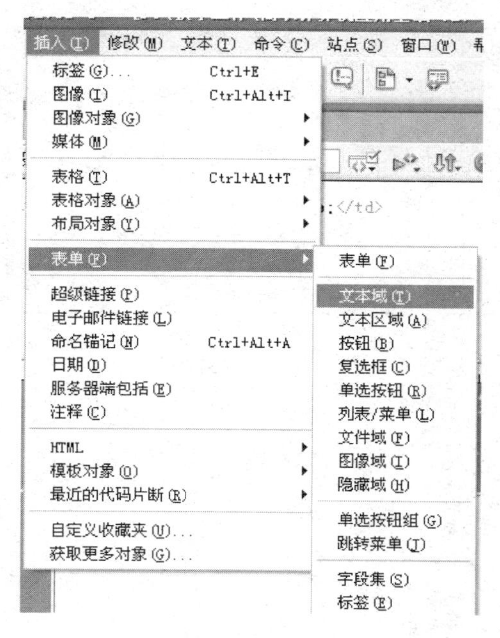

图 3-1-20　插入文本域

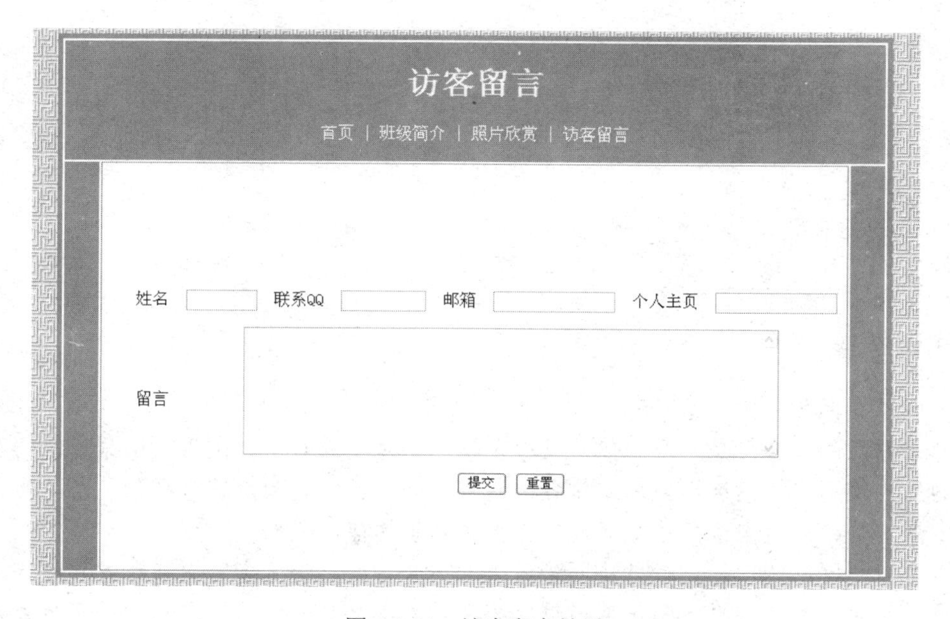

图 3-1-21　访客留言效果

拓展与提高

任务 1　了解 HTML 语言的基本格式，熟悉常用的 HTML 标签的含义，进一步熟悉 Dreamweaver 的工作界面。

制作一个网页，包括如图 3-1-22 所示的表格。

任务 2　制作一个网页，添加表单对象，最后效果如图 3-1-23 所示。

推荐歌曲

歌手名称	歌曲名称	试听	收藏
郑秀文	大暴走		
张惠妹	勇敢		
萧亚轩	爱上爱		
苏永康	你对他的好		
刘德华	如果有一天		
Twins	下一站天后		
伍思凯	爱的钢琴手		

图 3-1-22　表格效果

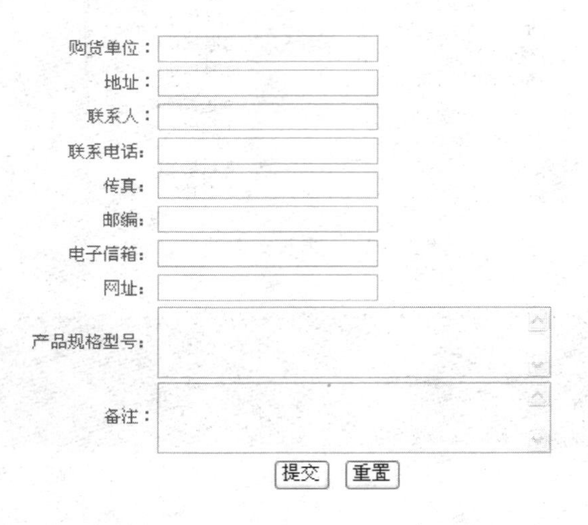

图 3-1-23　制作表单对象效果

知识链接

（1）网站与网页

网站是网页的集合，是一个整体，其中包括一个首页和若干个网页。网站设计者先把整个网站的结构规划好，然后再分别制作各个网页。大多数网站为浏览者提供一个首页，首页再链接多个网页。一般来说，一个网站是由很多网页构建而成的。

首页是一个网站的门面，也是访问量最大的一个页面，浏览者可以通过首页进入网站的各个分页。因此，网站首页的制作是很重要的，它给浏览者一个第一印象，首页也奠定了网站的主题和整个基调，使浏览者进入首页就能清楚地知道该网站所要传递的信息。

网站中常见的文件结构如图 3-1-24 所示，files 文件夹中包括相关的网页文件；images 文件夹中包括图片文件；other 文件夹中包括除了网页文件和图片文件的其他类型的文件；index.htm 为网站的首页。

图 3-1-24　网站中常见的文件结构

从网页是否执行程序来分，可分为静态网页和动态网页这两种类型。

静态网页一般以.htm 或.html 为后缀结尾的，俗称 HTML 文件。本模块对应的项目都是进行制作静态网页的讲解。

动态网页内含有程序代码，运行于服务器端的程序、网页和组件等都属于动态网页，动态网页中显示的内容一般取决于对应的数据库，其内容可以动态更新。在网络中看到的动态网页通常是以.asp、.jsp、.php 等后缀结尾的。

（2）什么是 HTML

HTML 超文本标记语言 (Hyper Text Markup Language) 是用来描述网页的一种语言，它不是编程语言，而是一种标记语言。

标记语言是一套标记标签(markup tag)，HTML 使用标记标签来描述网页。HTML 标记标签通常被称为 HTML 标签(HTML tag)。HTML 标签是由尖括号包围的关键词，比如<html>; HTML 标签通常是成对出现的，比如<b>和</b>，成对的标签中的第一个标签是开始标签，第二个标签是结束标签。

HTML 文档用来描述网页，也被称为网页，其扩展名是.html 或.htm，对于一个 HTML 文档来说，包含了 HTML 标签和纯文本。

Web 浏览器的作用是读取 HTML 文档,并以网页的形式显示出来。浏览器不会显示 HTML 标签，而是使用标签来解释页面的内容。

例如:

```
<html>
<body>
<h1>什么是 html</h1>
<p>超文本标记语言 (Hyper Text Markup Language) </p>
</body>
</html>
```

例子中各文本解释如下:

<html>与</html>之间的文本用于描述网页，<body>与</body>之间的文本是可见的页面内容，<h1>与</h1>之间的文本被显示为 1 号标题，<p>与</p>之间的文本被显示为段落。

① 表单。表单在网页中主要负责数据采集功能。一个表单有 3 个基本组成部分：表单标签、表单域、表单按钮。

② 表单标签<form></form>。表单标签用于申明表单，定义采集数据的范围，也就是<form>和</form>里面包含的数据将被提交到服务器或者电子邮件里。

③ 表单域。表单域包含了文本框、多行文本框、密码框、隐藏域、复选框、单选框和下拉选择框等，用于采集用户的输入或选择的数据，下面介绍几种常见的表单域对象。

a. 文本框。文本框是一种让浏览者自己输入内容的表单对象，通常被用来填写单个字或者简短的回答，如姓名、地址等。

代码格式：<input type="text" name="..." size="..." maxlength="..." value="...">

属性解释：type="text"定义单行文本输入框；name 属性定义文本框的名称；size 属性定义文本框的宽度，单位是单个字符宽度；maxlength 属性定义最多输入的字符数；value 属性定义文本框的初始值。

b. 多行文本框。多行文本框也是一种让浏览者自己输入内容的表单对象，只不过能让浏览者填写较长的内容。

代码格式：<TEXTAREA name="..." cols="..." rows="..." wrap="VIRTUAL"> </TEXTAREA>

属性解释：name 属性定义多行文本框的名称；cols 属性定义多行文本框的宽度，单位是单个字符宽度；rows 属性定义多行文本框的高度，单位是单个字符宽度；wrap 属性定义输入内容大于文本域时显示的方式，可选值如下。默认值是文本自动换行；当输入内容超过文本域的右边界时会自动转到下一行，而数据在被提交处理时自动换行的地方不会有换行符出现；Off，用来避免文本换行，当输入的内容超过文本域右边界时，文本将向左滚动，必须用 Return 才能将插入点移到下一行； Virtual，允许文本自动换行。当输入内容超过文本域的右边界时会自动转到下一行，而数据在被提交处理时自动换行的地方不会有换行符出现； Physical，让文本换行，当数据被提交处理时换行符也将被一起提交处理。

c. 密码框。密码框是一种特殊的文本域，用于输入密码，当浏览者输入文字时，文字会被星号或其他符号代替，而输入的文字会被隐藏。

代码格式：<input type="password" name="..." size="..." maxlength="...">

属性解释：type="password"定义密码框；name 属性定义密码框的名称；size 属性定义密码框的宽度，单位是单个字符宽度；maxlength 属性定义最多输入的字符数。

d. 复选框。复选框允许在待选项中选中一项以上的选项。每个复选框都是一个独立的元素，都必须有一个唯一的名称。

代码格式：<INPUT type="checkbox" name="..." value="...">

属性解释：type="checkbox"定义复选框；name 属性定义复选框的名称；value 属性定义复选框的值。

e. 单选框。当需要浏览者在待选项中选择唯一的答案时，就需要用到单选框了。

代码格式：<input type="radio" name="..." value="...">

属性解释：type="radio"定义单选框；name 属性定义单选框的名称，单选框都是以组为单位使用的，在同一组中的单选项都必须用同一个名称；value 属性定义单选框的值，在同一组中，它们的域值必须是不同的。

f. 下拉选择框。下拉选择框允许用户在一个有限的空间设置多种选项。

代码格式：<select name="..." size="..." multiple><option value="..." selected>...</option> ... </select>

属性解释：size 属性定义下拉选择框的行数；name 属性定义下拉选择框的名称；multiple 属性表示可以多选，如果不设置本属性，那么只能单选；value 属性定义选择项的值；selected 属性表示默认已经选择本选项。

g. 表单按钮。表单按钮控制表单的运作。

h. 提交按钮。提交按钮用来将输入的信息提交到服务器。

代码格式：<input type="submit" name="..." value="...">

属性解释：type="submit"定义提交按钮；name 属性定义提交按钮的名称；value 属性定义按钮的显示文字。

i. 复位按钮。复位按钮用来重置表单。

代码格式：<input type="reset" name="..." value="...">

属性解释：type="reset"定义复位按钮；name 属性定义复位按钮的名称；value 属性定义

按钮的显示文字。

j. 一般按钮。一般按钮用来控制其他定义了处理脚本的处理工作。

代码格式：<input type="button" name="..." value="..." onClick="...">

属性解释：type="button"定义一般按钮；name 属性定义一般按钮的名称；value 属性定义按钮的显示文字；onClick 属性，也可以是其他的事件，通过指定脚本函数来定义按钮的行为。

项目 2　企业主页的制作

利用已有的图形素材，通过布局表格对网页中的内容进行精确的定位，来制作效果美观的企业主页。

【能力目标】

（1）理解网页中多张图片的组成。

（2）掌握在 Dreamweaver 中插入布局表格的方法。

（3）了解 CSS 的定义方法。

任务　制作企业网站的首页

【任务描述】

利用已有的图片素材，通过布局表格对图片进行精确的定位，实现最终的首页效果。通过这个任务来掌握表格的精确控制及 CSS 的使用，如图 3-2-1 所示。

图 3-2-1　企业网站首页效果图

【任务设计】

（1）插入表格。

（2）在对应单元格中插入相应图片。

（3）嵌套表格、文字等内容。

【实施方案】

步骤 1：新建 html 页面，保存在指定文件夹下，命名为 index.htm，文件关系如图 3-2-2 所示。

步骤 2：插入一个宽 700 像素的 6 行 3 列的表格如图 3-2-3 所示，调整后效果如图 3-2-4 所示。

图 3-2-2　新建 html 页面

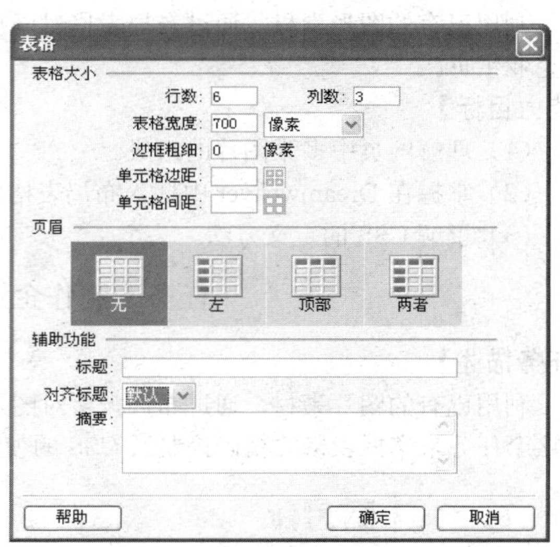

图 3-2-3　插入表格

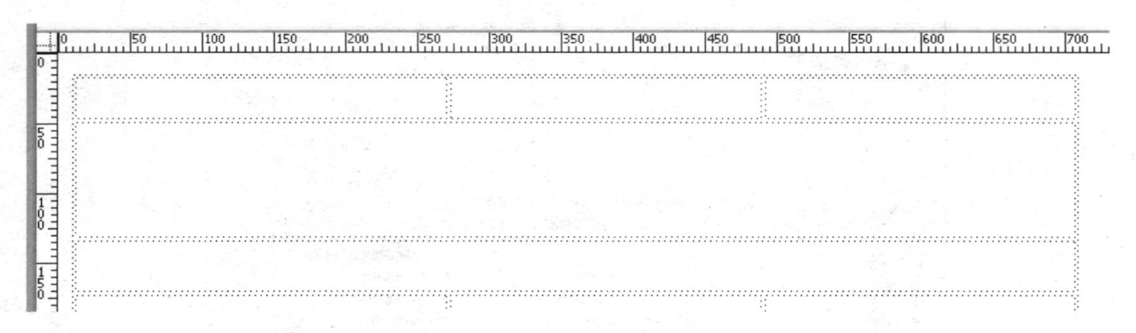

图 3-2-4　表格效果图

步骤 3：在表格的前两行插入图片，第三行设置背景图片，适当调整第 3 行的高度，效果如图 3-2-5 所示。

步骤 4：在表格的第 4、第 5 行中的 6 个单元格中插入嵌套表格，目的是对文字对象进行更为精确的定位，效果如图 3-2-6 所示。其中 A、F 两个单元格中的嵌套表格指定表格的宽度、高度；B、C、D 三个单元格中的嵌套表格除了指定表格的宽度、高度之外，还需要指定第一行的高度，同时为 B、C 两个嵌套表格的第一行修改背景颜色。

图 3-2-5 在表格中插入图片

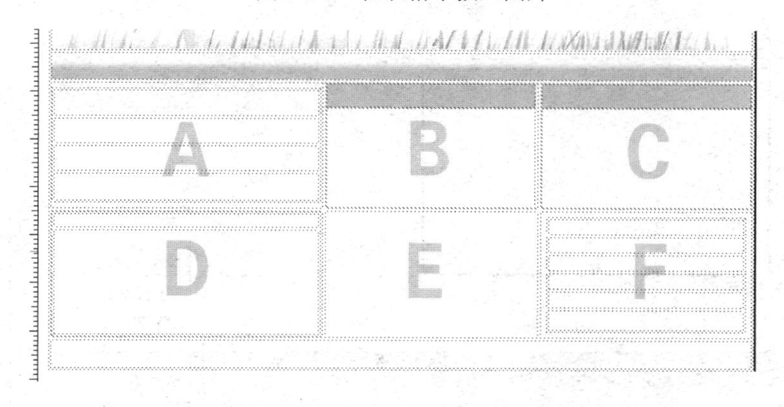

图 3-2-6 插入嵌套表格效果

步骤 5：接下来为 B、C 两个嵌套表格添加边框，在 CSS 样式窗口中如图 3-2-7 所示，新建 CSS 规则，类型及定义如图 3-2-8 所示，为其定义如图 3-2-9 所示的边框规则，确定后在 CSS 样式窗口中可以看到新规则如图 3-2-10 所示。

图 3-2-7 CSS 样式窗口

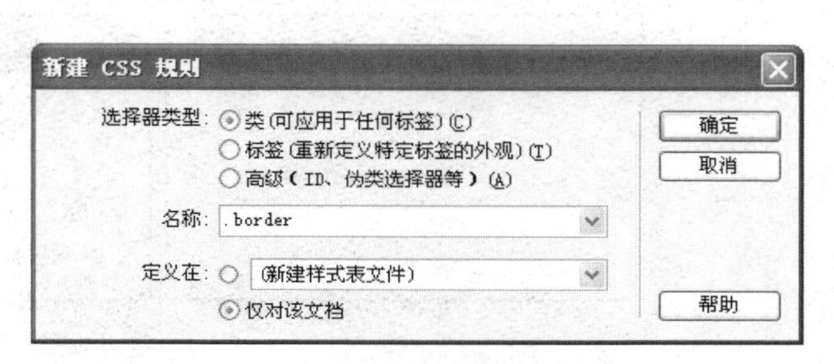

图 3-2-8 新建 CSS 规则

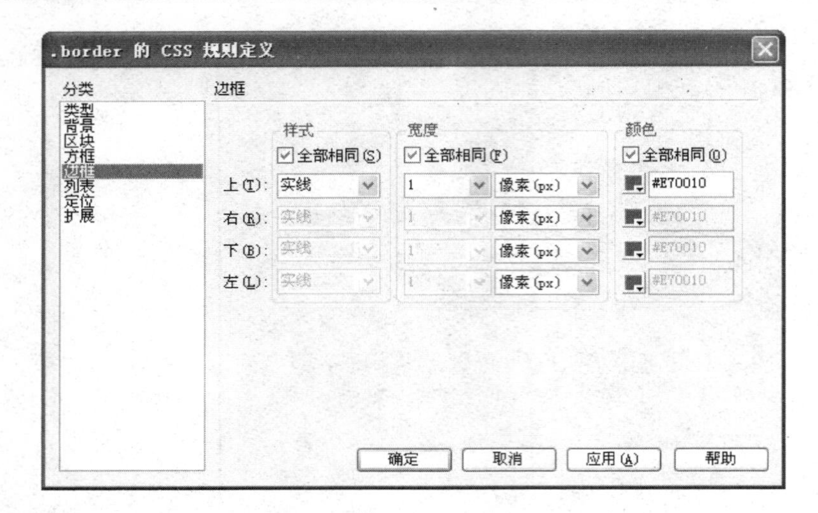

图 3-2-9 定义边框规则

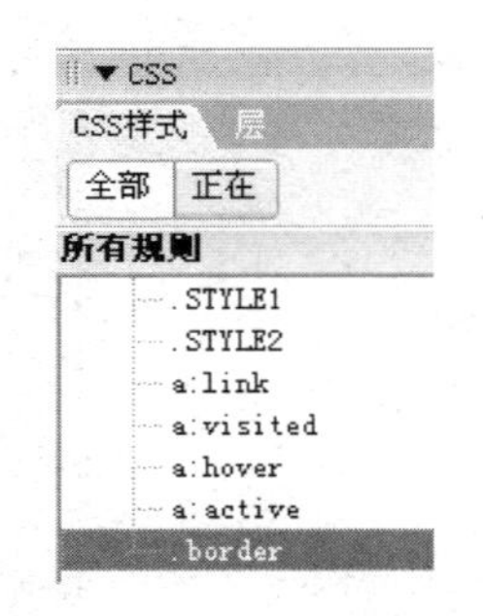

图 3-2-10 定义的新规则

步骤 6：选择对应的表格，在属性窗口中的类选择刚定义的“border”规则如图 3-2-11 所示，最终效果如图 3-2-12 所示。

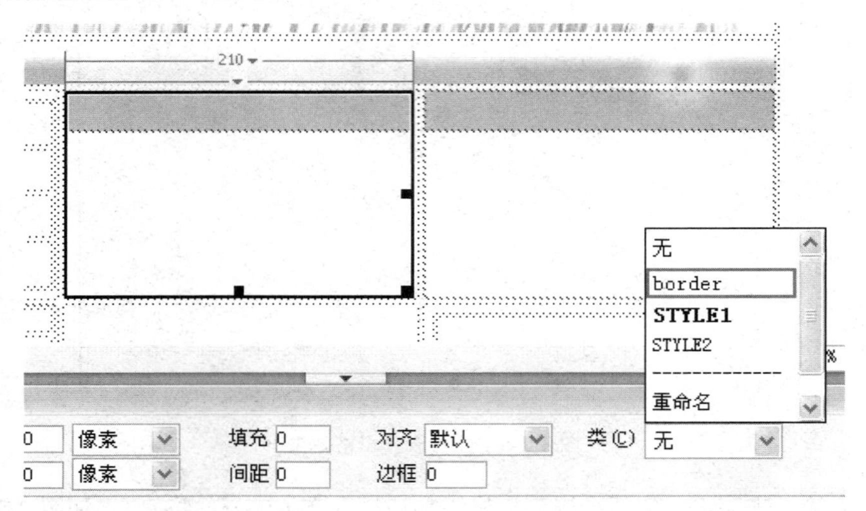

图 3-2-11 选择定义的规则

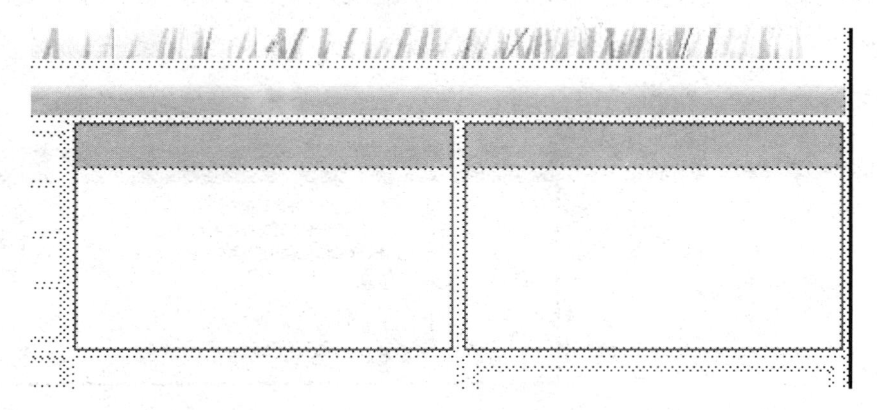

图 3-2-12 使用新规则制作的边框效果

步骤 7：在对应位置插入图片，在 B、C 两个嵌套表格的第 2 行中在插入两个嵌套表格，效果如图 3-2-13 所示。

图 3-2-13　插入嵌套表格效果

步骤 8：输入相应文字并添加链接，导航文字为 14px，其他文字为 12px，最后一行插入一个水平线（hr），如图 3-2-14 所示。

图 3-2-14　输入文字及水平线效果

步骤 9：通过 marquee 标签实现热点新闻中文字的走马灯效果，参数如图 3-2-15 所示，保存文件，测试网页。

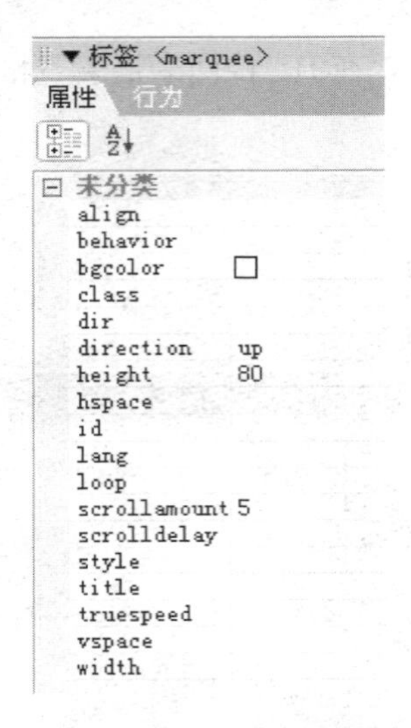

图 3-2-15 文字走马灯效果的参数设置

拓展与提高

任务 利用素材图片，结合本任务的方法，制作如图 3-2-16 和图 3-2-17 所示的企业网站首页和关于我们两个页面。

图 3-2-16 企业网站首页效果图

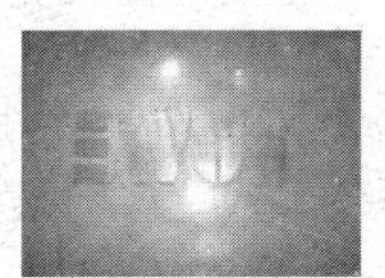

图 3-2-17　关于我们页面效果图

知识链接

（1）表格运用的注意点

表格（table）是页面的重要元素,是页面排版的主要手段。尽管 DHTML 中的层(layer)也可以实现网页元素的自由定位，但是表格显然更加方便编辑与修改。熟练掌握和运用表格的各种属性，可以让页面看起来赏心悦目。

表格的嵌套并不是表格处理最困难的地方，无论多复杂的版面，悉心琢磨一番总能找到解决的办法。需要考虑的是：用什么样的嵌套排版方式使网页的下载速度达到最快。

浏览器在读取网页 html 原代码时，是读完一整个 table 再将它显示出来。也就是说从<table>标签开始，要读到</table>标签时，才将表格中的内容显示在屏幕上。而且显示也有优先级，先读到的先显示。这样的话，如果一个大表格中含有多个子表格，必须等大表格读完，才能将子表格一起显示出来。当访问一些站点时，等待多时无结果，按“停止”按钮却一下显示出页面就是这个原因。因此，在设计页面表格时，应该做到：①整个页面不要都套在一个表格里，尽量拆分成多个表格；②单一表格的结构尽量整齐；③表格嵌套层次尽量要少。实验证明：越复杂，嵌套层次越多的表格下载速度越慢。

（2） 层叠样式表（CSS）

层叠样式表（CSS，Cascading Style Sheets）是一系列格式设置规则，控制 Web 页面内容的外观。使用 CSS 设置页面格式时，请将内容与表现形式分开。页面内容（即 HTML 代码）驻留在 HTML 文件自身中，而用于定义代码表现形式的 CSS 规则驻留在另一个文件（外部样式表）或 HTML 文档的另一部分（通常为文件头部分）中。使用 CSS 可以非常灵活并更好地控制具体的页面外观，从精确的布局定位到特定的字体和样式。

CSS 允许用户控制 HTML 无法独自控制的许多属性。例如，可以为选定的文本指定不同的字体大小和单位（像素、磅值等）。通过使用 CSS 以像素为单位设置字体大小，还可以确保在多个浏览器中以更一致的方式处理页面布局和外观。

除设置文本格式外，还可以使用 CSS 控制 Web 页面中块级别元素的格式和定位。例如，可以设置块级元素的边距和边框、其他文本周围的浮动文本等。

CSS 格式设置规则由两部分组成：选择器和声明。选择器是标识格式元素的术语（如 P、H1、类名或 ID），声明用于定义元素样式。在下面的示例中，H1 是选择器，介于括号({}) 之间的所有内容都是声明：

H1 {font-size: 16 pixels;font-family: Helvetica;font-weight: bold;}

声明由两部分组成：属性（如 font-family）和值（如 Helvetica）。上面的 CSS 规则为 H1 标签创建了一个特定的样式：链接到此样式的所有 H1 标签的文本都将是 16 个像素大小、Helvetica 字体和粗体。

① 术语 cascading。表示向同一个元素应用多种样式的能力。例如，可以创建一个 CSS 规则来应用颜色，创建另一个 CSS 规则来应用边距，然后将两者应用于页面上的同一个文本。所定义的样式向下“层叠”到 Web 页面上的元素，并最终创建您想要的设计。

② CSS 的主要优点。CSS 提供了便利的更新功能；更新一处的 CSS 规则时，使用已定义样式的所有文档的格式都会自动更新为新样式。

③ 在 Dreamweaver 中可以定义以下样式类型。自定义 CSS 规则（也称为类样式）使您可以将样式属性应用于任何文本范围或文本块。（请参见应用类样式。）

HTML 标签样式重定义特定标签（如 h1）的格式。创建或更改 h1 标签的 CSS 样式时，所有用 h1 标签设置了格式的文本都会立即更新。

④ CSS 选择器样式（高级样式）。重新定义特定元素组合的格式设置，或重新定义 CSS 允许的其他选择器表单的格式设置（例如，每当 h2 标题出现在表格单元格内时都应用选择器 td h2）。高级样式还可以重新定义包含特定 id 属性的标签的格式设置（例如，#myStyle 定义的样式可应用于包含属性值对 id="myStyle"的所有标签）。

⑤ CSS 规则可以位于以下位置。外部 CSS 样式表是一系列存储在一个单独的外部 CSS (.css)文件（并非 HTML 文件）中的 CSS 规则。利用文档文件头部分中的链接，该文件被链接到 Web 站点中的一个或多个页面。

内部（或嵌入式）CSS 样式表是一系列包含在 HTML 文档文件头部分的 style 标签内的 CSS 规则。

内联样式是在标签的特定实例中在整个 HTML 文档内定义的。

项目 3　校园网页面的制作

利用 Photoshop 的切片工具对校园网首页图片进行处理并保存为网页，再用 Dreamweaver 对网页进行编辑。

【能力目标】

（1）理解【切片工具】的作用。

（2）熟悉 Photoshop 中【切片工具】的使用。

任务 1 校园网首页的制作

【任务描述】

利用 Photoshop 对已有的图片进行切片，保存为 HTML 文件后通过 Dreamweaver 进行编辑，效果如图 3-3-1 所示。

图 3-3-1 校园网首页切片效果图

【任务设计】

（1）按要求切图。

（2）创建相应网页并进行相应的编辑。

【实施方案】

步骤 1：在 Photoshop 中打开校园网站首页的 psd 文件，对其进行必要的修改如图 3-3-2 所示。

图 3-3-2 校园网首页

步骤 2：根据首页文件的结构利用【切片工具】对图片进行切图，效果如图 3-3-3 所示。

图 3-3-3　对图片进行切图

步骤 3：执行【文件】|【存储为 Web 所用格式】命令，在弹出的对话框中单击“存储”按钮，如图 3-3-4 所示，保存类型为“html 和图像”格式。

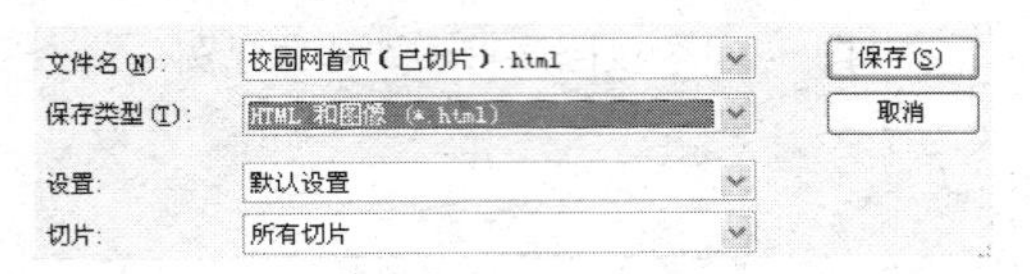

图 3-3-4　存储切片

步骤 4：在 Dreamweaver 中对保存的网页进行修改，去掉不需要的文字切片，效果如图 3-3-5 所示。

图 3-3-5　修改网页

步骤 5：在对应的位置通过插入嵌套表格，在单元格中插入文字的方法完善页面内容并编辑链接，如图 3-3-6 所示，保存网页，测试网页。

图 3-3-6 网页最终效果图

任务 2 校园网二级页面的制作

【任务描述】

在任务 1 制作的校园网首页的基础上，制作相应的二级页面，并建立必要的链接，如图 3-3-7 所示是二级页面院系设置的编辑效果图。

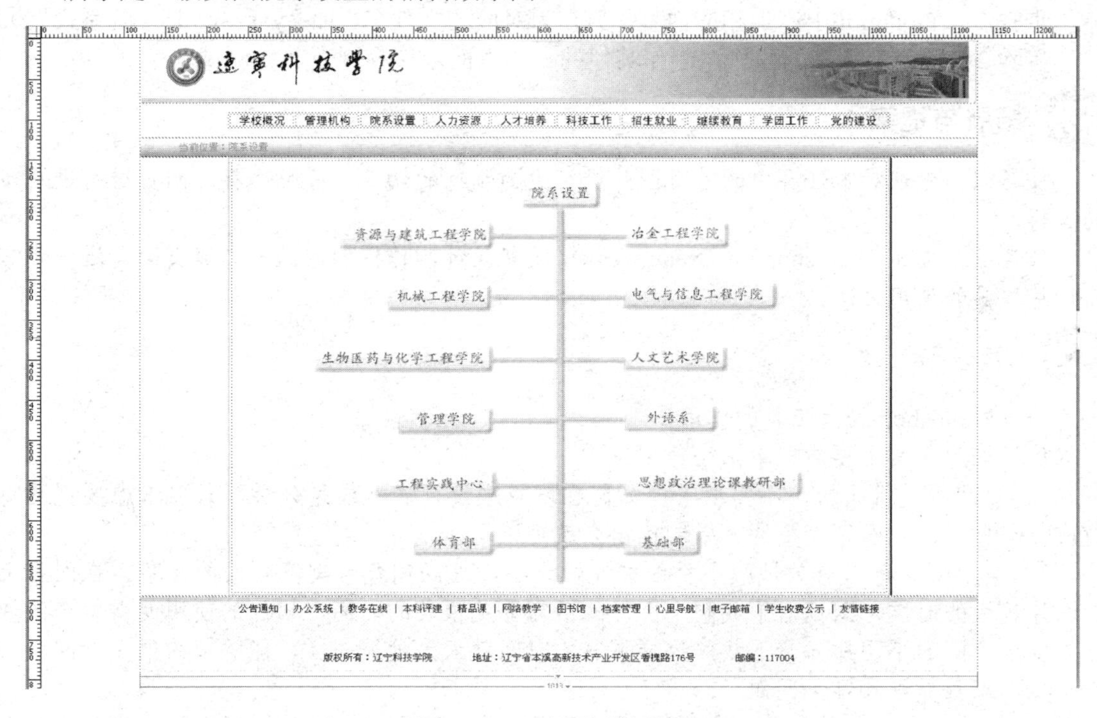

图 3-3-7 二级网页效果图

【任务设计】

（1）二级页面的效果一般要与首页保持一致，尤其是校园网这一类的网站，风格统一更为重要。

（2）完善各个二级页面的内容，对于其页面结构不需要做太多的调整。

【实施方案】

步骤 1：打开任务一制作的首页文件，保留顶部和底部的页面公共部分，对中部区域进行编辑，留出空白位置，效果如图 3-3-8 所示，保存为“ej.html”作为二级页面模板。

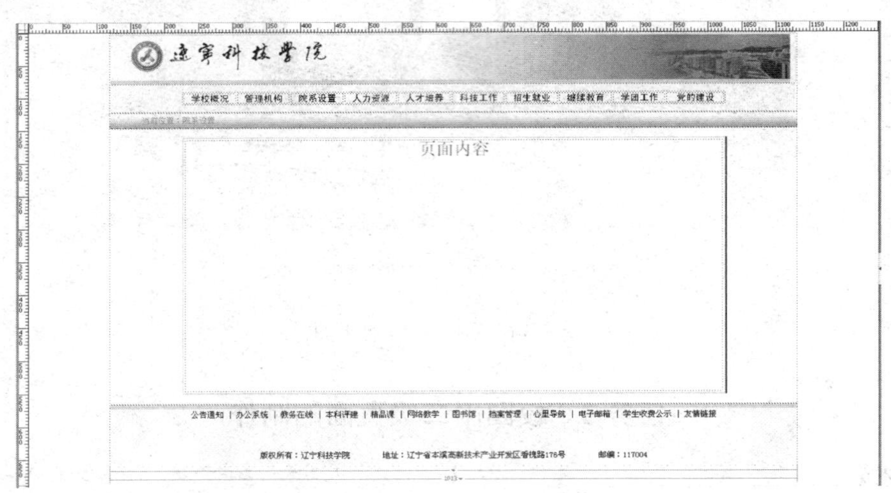

图 3-3-8　二级页面模板

步骤 2：在 ej.html 中添加相应内容，另存为对应的文件名，如“yxsz.html”（院系设置）。

步骤 3：重复步骤 2 的操作，制作其他的二级页面，保存网页，并测试。

拓展与提高

任务 1　尝试对本任务中的首页图片进行更为细致的切片，并对保存的网页进行进一步的编辑。

任务 2　通过 Photoshop 和 Dreamweaver 重新设计制作校园网的一二级页面，进一步掌握切片工具的使用方法。

知识链接

（1）Photoshop 切片工具的作用

使用切片工具主要有以下两个作用。

① 对网页进行布局，不需要考虑如何在网页中设计表格或是分层，只要考虑要把网页做成什么样子，把网页完整的效果制作出来就可以了。

② 使用切片可以有效地减小页面文件的大小，提高浏览者浏览页面的体验。在网页上的图片较大的时候，浏览器下载整个图片的话需要花很长的时间，切片的使用使得整个图片分为多个不同的小图片分开下载，这样下载的时间就大大地缩短了，能够节约很多时间。

（2）切片原则和常见问题

① 切片是生成表格的依据，切片的过程要先总体后局部，即先把网页整体切分成几个

大部分，再细切其中的小部分。

② 对于渐变的效果或圆角等图片特殊效果，需要在页面中表现出来的，要单独切出来。

③ 在 Dreamweaver 中进行编辑时，少用图片，如果能用背景颜色代替的就使用背景颜色，能使用图案的也尽可能使用图案平铺来形成背景。

④ 根据颜色范围来切。如果一个区域中颜色对比的范围不是很大的，就只有几种颜色，这样的话就应该单独地把它切出来，如果一个区域中就一种颜色,写代码的时候就可以直接用背景色来表示。颜色过多的话也没有关系，很多时候都要用到渐变的效果，应该把切片数量切的多一些尽量把单个切片控制在一个颜色范围的轮廓内。

⑤ 切片大小。把网页的切片切的越小越好，这是有道理的。切片越小的话可以加快网页下载图片的速度，让多个图片同时下载而不是只下载一个大图片，所以切片大小要根据需要来切，标志等主要部分尽量切在一个切片内，防止显示遇到特殊情况时显示一部分，圆角表格部分要根据显示区域的大小来切，控制好边缘和边，有时候切出来的切片并不是直接插入到 Dreamweaver 了事，而需要在 Dreamweaver 中编辑，比如有的图片应该设置成背景图片。

⑥ 切片区域完整性。保证完整的一部分在一个切片内，例如某区域的标题文字，以后修改时方便。

⑦ 导出类型。颜色单一过渡少的，应该导出为 GIF，颜色过渡比较多，颜色丰富的应该导出为 JPG，有动画的部分应该导出为 GIF 动画。

⑧ 保留源文件。即使页面做好了，也要保留带切片层的源文件，说不上哪天要改某一个部分，例如文字什么的，直接修改单独导出所用的切片就可以了。

（3）删除图片时表格出面错位如何办

在 Dreamweaver 中进行编辑时，删除图片的时候记住图片的长宽，如果表格出面了，则再插入一个相同长宽的表格。

（4）在 Dreamweaver 中如何自定义表格的长宽

使用表格长宽一样的图片作为单元格的背景。

（5）如何在图片上输入文字

把图片设置成背景。

（6）网页页面的尺寸多大才合适

许多的网页设计在进行网页布局设计时，进行界面网页的宽度尺寸设计都比较迷茫，800 × 600 尺寸及 1024 × 768 尺寸的分辨率下，网页应该设计为多少像素才合适呢？太宽就会出现水平滚动条了，下面就网页设计的标准尺寸进行讲解。

① 800 × 600 下，网页宽度保持在 778 以内，就不会出现水平滚动条，高度则视版面和内容决定。

② 1024 × 768 下，网页宽度保持在 1002 以内，如果满框显示的话,高度是 612～615 之间就不会出现水平滚动条和垂直滚动条。

③ 在 Photoshop 里面做网页可以在 800 × 600 状态下显示全屏，页面的下方又不会出现滑动条，尺寸为 740 × 560 左右。

④ 在 Photoshop 里做的图到了网上就不一样了，颜色等方面，因为 Web 上面只用到 256 安全色，而 Photoshop 中的大部分模式的图片所对应的色域很宽颜色范围很广，所以自然会有失色的现象。

（7）文件命名的原则

以最少的字母达到最容易理解的意义

索引文件统一使用 index.html 或 index.htm 文件名（小写），主内容页为 main.html。

按导航名称的英语翻译取单一单词为名称。例如：关于我们\aboutus，信息反馈\feedback，产品\product，所有单英文单词文件名都必须为小写，所有组合英文单词文件名第二个起第一个字母大写；所有文件名字母间连线都为下划线。

（8）图片命名原则

以图片英语字母为名，大小写原则同（7）。例如：网站标志的图片为logo.gif。鼠标感应效果图片命名规范为"图片名+_+on/off"。例如：menu1_on.gif/menu1_off.gif。

项目4　建立和管理站点

Dreamweaver中提供了建立站点和对站点进行管理的方法，方便用户对站点中的文件进行编辑管理。

【能力目标】

（1）掌握站点的创建方法，使用向导和高级模式设置站点。

（2）熟悉建立站点文件和文件夹结构及管理本地站点。

任务　建立和管理站点

【任务描述】

制作一个能够被公众浏览的网站，首先需要在本地磁盘上制作这个网站，然后把这个网站上传到Internet的Web服务器上，放置在本地磁盘上的网站被称为本地站点，处于Internet上的Web服务器里的网站被称为远程站点。Dreamweaver提供了对本地站点和远程站点强大的管理功能。

Dreamweaver可以有效地建立并管理多个站点，搭建站点有两种方法：一是使用向导完成；二是利用高级设定完成。

【任务设计】

（1）在Dreamweaver中使用向导创建站点，使用高级模式创建站点。

（2）对站点结构进行构建，对本地站点进行管理。

【实施方案】

步骤1：使用向导新建站点。

（1）创建新项目，选择Dreamweaver站点，如图3-4-1所示。

图3-4-1　创建Dreamweaver站点

（2）按提示一步步向下进行，创建本地站点，如图 3-4-2～图 3-4-7 所示。

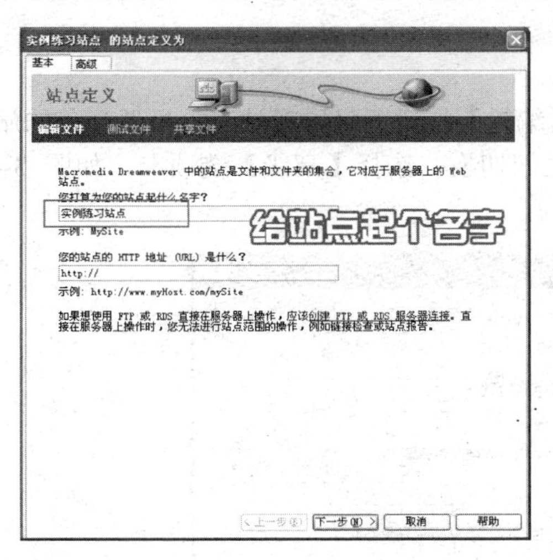

图 3-4-2　定义站点名字

图 3-4-3　基本设置

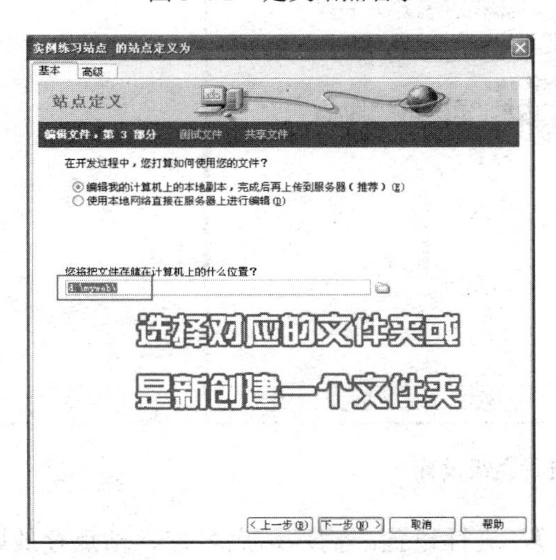

图 3-4-4　选择文件存储位置

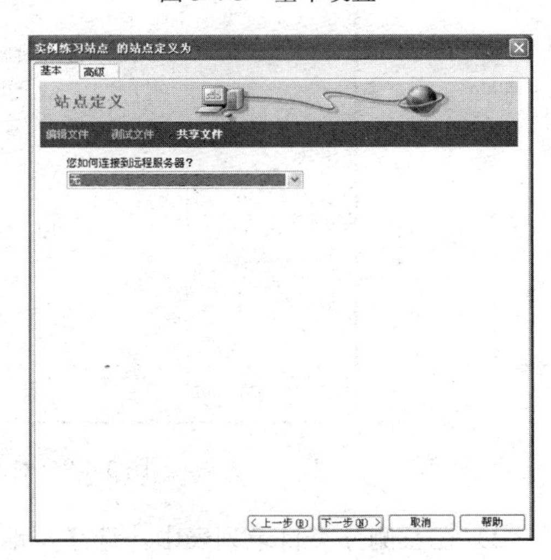

图 3-4-5　如何链接到远程服务器

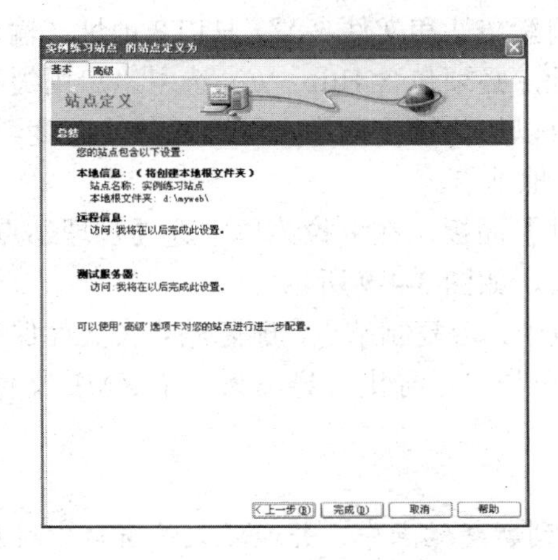

图 3-4-6　完成站点定义

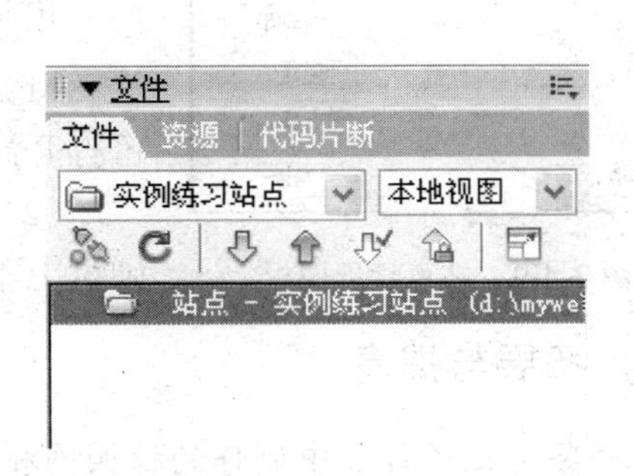

图 3-4-7　定义站点文件示意

（3）完成后，在文件窗口可以看到新建的站点。这时新建的网页保存时默认会保存到这里。

步骤2：使用高级模式新建站点。

（1）在站点窗口中双击站点名称，或单击【编辑】按钮，可以对站点管理器当前的站点进行编辑。在【基本】和【高级】的设置面板之间切换，选择【高级】选项卡，如图3-4-8所示。

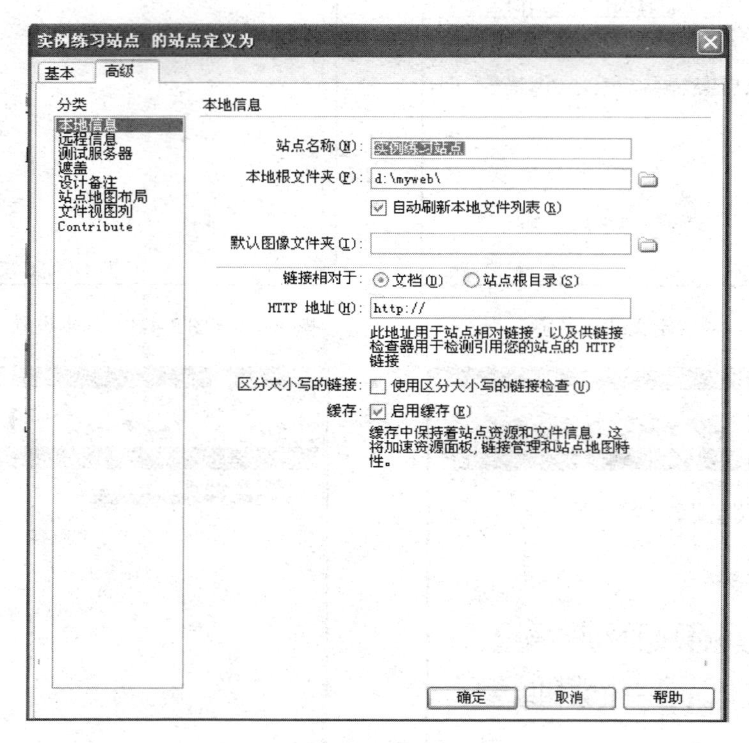

图3-4-8 对站点进行高级设置

（2）在左侧分类目录列表中，选【本地信息】，进行设置。输入站点名称、站点存放路径（可直接输入或选择路径）保存站点，选中“自动刷新本地文件列表（可自动刷新文件和文件夹）”，HTTP地址（输入网站在互联网上的网址，必须包含Http：//）选中“启用缓存”后创建缓存，这样可以加快链接和站点管理任务的速度。

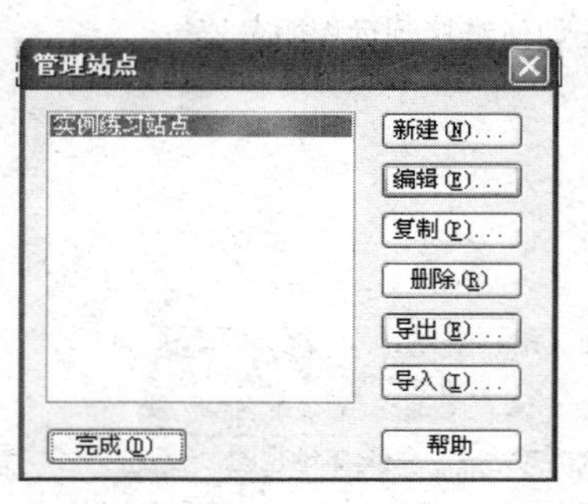

图3-4-9 站点管理面板

步骤3：管理本地站点。

（1）打开【文件】面板，在下拉菜单中选【管理站点】，可打开站点管理面板，如图3-4-9所示。

（2）在管理站点中，可复制站点，删除站点（文件保存在硬盘上不会被删），可导入，导出（导出为一个XML文件）。

拓展与提高

任务 把项目3中制作的校园网相关文件添加到新建站点中，并通过文件窗口中对应的站点对其进行编辑。

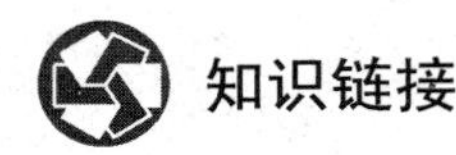

知识链接

Dreamweaver 中有以下常见问题。

（1）在 Dreamweaver 中，如何输入一个空格呢？

Dreamweaver 中对空格输入的限制是针对“半角”文字状态而言的，因此通过将输入法调整到全角模式就可以避免了，方法是：打开中文输入法（以人工智能 ABC 为例），按 Shift+Space 键就可以切换到全角状态。

此外，还可以直接在源代码中加入代表空格的 HTML 代码“ ”；输入一定长度的文字对象后，然后调整文字的颜色与当前的背景颜色相同等等，不过注意的是后者在一些浏览器中可能显示上有点问题。

（2）如何在浏览器地址栏前添加自定义的小图标？

你是不是记得在浏览新浪网站的首页时，在地址 www.sina.com.cn 前会显示一个“大眼睛”的小图标。而默认情况下，这个图标是一个 IE 浏览器的指定图片。

我们需要预先制作一个图标文件，大小为 16×16 像素。文件扩展名为 ico，然后上传到相应目录中。在 HTML 源文件“<head></head>”之间添加如下代码：

<Link Rel="SHORTCUT ICON" href="http: //图片的地址（注意与刚才的目录对应）">

其中的“SHORTCUT ICON”即为该图标的名称。当然如果用户使用 IE5 或以上版本浏览时，就更简单了，只需将图片上传到网站根目录下，即可自动识别！

（3）本来设计很好的网页，为什么在浏览器窗口最小化时会发生改变？

这应该是个很值得大家注意的问题，也就是说，在全屏状态下浏览网页内容时，一点问题也没有。当我们使用窗口的最小化命令或手动的调整窗口的大小时，问题就慢慢出现了。网页内容会把当前窗口作为显示范围，依次下挫。举个例子，和在记事本中有“自动换行”和“没换行”的差别是完全一样的。

为解决这个问题，我们必须从网页的布局说起。一般情况下，网页内容的定位大多是通过表格来实现的，因此问题的“毛病”也就出在表格上。Dreamweaver 在表格的高度和宽度的设定选择上提供了两种不同的类型：百分比和像素。其中百分比的使用将会产生前面说到的那个毛病，将其全部更正为像素单位的实际大小就可以了。

（4）怎么才能为图片添加指定颜色的边框？

对于没有边框的图片而言，直接插入到网页中，在显示效果上是相当差的。在 Dreamweaver 中给图片加上边框很容易，因为这里有一个“Border”属性，可以让你直接设置边框的宽度。宽度设好了，你一定会问，颜色呢？面板上并没有提供颜色的选择呀！其实这里有一个技巧问题，用鼠标选择图片对象，注意不是单击选中，而是拖动选择，就像设定文字颜色一样进行就可以了。

（5）如何添加图片及链接文字的提示信息？

在我们浏览网页时，当鼠标停留在图片对象或链接上时，在鼠标的右下有时会出现一个提示信息框。对目标进行一定的注释说明。在一些场合，这个作用是很重要的。

添加图片提示信息的方法：选中图片对象，在属性面板里你会发现有个【Alt】文本框。默认情况下，该文本框是空白的。在这里录入需要的提示内容就可以了。

链接提示的制作就没这么简单了。因为 Dreamweaver 中没有直接提供该功能，因此需要通过添加 HTML 代码来实现。

在<a href="" >中添加“title”属性。title=提示内容即可。

（6）如何把自己的 ZIP 或其他类型的文件供别人下载？

在不少初级网页制作者看来，好像通过单击完成下载是件很“神秘”的事，实际上远非如此。在 Dreamweaver 中凡是不被浏览器识别的格式文件（HTM，HTML，ASP，PHP，PERL，SHTML 等以外的）作为链接目标时，默认的操作都是下载。

只需要把要浏览者下载的文件名写好，然后制作一个到目标文件的链接，注意目录一定不要搞错。

（7）怎样才能够保证网页中文字不跟随浏览器字体大小设置而变动？

大家都知道，在 IE 浏览器的功能设置中，有一个可以自由设置窗口内容字体大小的功能，这样由于不同浏览者的习惯问题，呈现在他们面前的网页有时也会不同。

比如你可能本来设计时用的是 2 号字体，结果由于用户对浏览器的额外设定，变得更大了，这时显示效果上就出问题了。

那么解决的办法就是将网页内容定性的强制在某个合适的大小上。即不容许字体变化。通过 CSS 样式表对字体进行强制性控制就可以实现这个要求了。

（8）如何以新窗口的形式打开目标链接？

以新窗口打开，顾名思义，也就是在不覆盖当前窗口的前提下，另外打开一个浏览器窗口。可以直接在连接代码中<a href="" >加入“Target=_blank”。

如果你的 HTML 比较差的话，在 Dreamweaver 属性面板上同样提供了这个设置，当你在 Link 文本框中键入文件名时，后面的 Target 下拉框同时也被激活了，选择最上的“blank”就可以了。

（9）如何让网页载入时，像许多商业网站那样，弹出一个广告窗口？

这在不少大型商业网站中是经常见到的。在 Dreamweaver 中可以轻松通过 Behavior 行为实现。

既然是载入，我们就可以把整个网页内容视为事件对象。在 Dreamweaver 的编辑窗口中单击左下角的“<body>”标签，选中全部网页内容。

单击【快速启动板】中的 Behavior 按钮，进入行为面板，选择 Open Browse Window 项，这时你还可以对窗口样式进行自定义，比如大小，工具按钮的保留等。另外还有一点就是别忘了对应的事件是“Onload”。

（10）制作一个网页，让它可以每隔 5min 自动刷新一次，如何实现？

上网浏览时，我们经常会遇到一些网页。在隔一段时间没有响应时，它会自动刷新一次。除了可以起到提醒浏览者的目的外，当新的刷新地址不是当前 URL 时，实现的就是自动跳转的功能。

无论是重复刷新，还是自动跳转。在网页设计中，都是相当实用的操作。下面介绍它们的制作方法。

选择 Dreamweaver“Object”面板的“Head”部分，注意默认情况下，显示的是 Common 的“内容”。

单击上面的 Refresh 按钮，其中“Delay”文本框中输入刷新延迟的时间（单位：s），“Action”为刷新指定的目标 URL。因为现在是刷新当前页面，直接选单选项“Refresh This Document”即可。

（11） 如何定义网页的关键字（Keyword）？

当用户使用搜索引擎搜索合适内容的网页时，关键字起着一个不容忽视的作用。大多的搜索服务器会每隔一段时间自动探测网络中是否有新网页产生，并按关键字进行记录，以方便用户查询。为了使你的网页出现在搜索引擎的查询返回列表中，在设计制作网页时，关键字的定义就尤为重要了。

同样在“Head”面板部分，单击 Keywords 按钮，录入需要逐个定义的关键字即可，注意每个关键字以“;”号隔开，数目没有限制。

（12）如何安排不支持“框架”的浏览器的显示内容？

目前的浏览器类型很多，因此设计网页时最先考虑到的往往是“这个东西是不是在不同的浏览器中都能显示好呢？”。框架就是一个例子！只需要在源代码中加入下面的内容就可以了。

< BODY><noframes> ---本网页中包含有框架结构，如果您不能正常显示的话，请下载新的浏览器版本或更换主流浏览器--- < /noframes></ BODY>

（13）如何避免别人把你的网页放在框架中？

一些居心不良的人，经常偷着窃取别人的劳动成果，比如把别人精心制作的网页以子页的形式放到自己的框架中。那么怎样避免自己的网页内容被“盗用”呢？你只需要在网页源代码的<head></head>之间加入以下代码内容：

<script language=“javascript”><!--if (self!=top){top.location=self.location;} -->< /script>

（14）为什么水平线不能设置颜色？

在 Dreamweaver 中，当通过菜单“Insert” - “Horizonal Rule”插入水平线时，在属性面板中你会发现并没有提供关于水平线颜色的设置，所以需要的话，我们只能直接进入源文件更改了。

<hr color="对应颜色的代码">

（15）如何设置可以关闭当前窗口的功能？

这里我们可以先输入用来标示的文字“关闭窗口”，用鼠标拖动选中它，在“Link”文本框中输入“/”，同时切入源代码窗口，在链接代码中输入该事件-onclick= “javascript: window.close(); return false;”。

完整的代码为< a href= “/” onclick= “javascript: window.close(); return false;” >关闭窗口< /a>

当然也可以将文字“关闭窗口”换成其他的对象，比如图片，按钮等！

（16）怎样制作定时自动关闭的窗口？

上面提到了个关闭窗口的功能，那么现在的自动关闭又是怎么实现的呢？在源代码<body>后加入下面的代码：

< script LANGUAGE=“javascript”> <!--setTimeout('window.close();', 10000); --> < /script>

其中的 set Timeout 是一个用来设定延迟时间的函数，这里 10000 表示 10s。

（17）怎么添加背景音乐？

在微软公司的网页工具——Frontpage 中，有关于背景音乐的设置功能，那么 Dreamweaver 显然没有做到这点，因此要使用的话，只能在源代码中手动添加了。在使用前，提醒大家一点，使用背景音乐一定要注意网页文件的大小，不能顾此失彼。代码如下：

< EMBED src=“music.mid”autostart=“true”loop=“2”width=“80”height=“30”>

其中 src 指定音乐文件的位置，autostart 为音乐文件上传后的动作，true 表示自动开始播放，false 不播放（默认值）。

（18）如何隐藏浏览器中状态栏的 URL 地址信息？

浏览网页，当鼠标停留在链接上方时，在下面的状态栏中会自动显示该链接目标地址，考虑到安全方面的问题，有时我们需要把它重置为“零”，即设为空白。现在只需要在链接代码中做一些改动就可以实现了，例如：

< a href=http: //tech.163.com/school onMouseOver="window.status='none';return true">网易学院< /a>

（19）如何改变状态栏里的提示文字？

默认情况下，当网页被载入时，在状态栏里将显示该网页的地址等信息。想不想让它变得更有魅力呢？在 Dreamweaver “Behavior” 行为板中，单击 “+” 号选择 “Set Text Set” 下的 “Text Of Status Bar” 选项，在 “Set Text of Status Bar” 窗口中输入类似 “欢迎你光临本网站——网管留言” 等 Message 信息。

（20）怎样制作规范的电子邮件链接？

所谓的“电子邮件链接”即是当我们单击它时，浏览器会自动调用默认使用的邮件客户端程序发送电子邮件。输入“有问题 MAIL ME”字样，鼠标拖拉选中，切换到【属性】面板，在 link 文本框中键入如下命令：

Mailto: XXX@163.com? Subject=网友来信&bc=其他电子邮件地址&bcc=其他电子邮件地址。其中 Mailto 为邮件链接的协议，Subject 为邮件的标题，bc 是同时抄送的邮件地址，bcc 代表的也就是暗送了。

（21）如何制作“空链接”？

空链接也就是没有链接对象的链接，在空链接中，目标 URL 是用 “#” 来表示的。也就是说制作链接时，只要在【属性】面板的 link 文本框中输入#标记，它就是个空链接了。

空链接的出现涉及到多方面的因素，比如一些没有定期完成的页面，又为了保持页面显示上的一致（链接样式与普通文字样式的不同），就可以使用它了。

（22）单击空链接时，页面往往重置到页首端，如何处理？

在浏览器里，当单击空链接时，它会自动将当前页面重置到首端，从而影响用户正常的阅读内容，我们当然希望它能保持不动。这时，你可以用代码 “javascript: void(null)” 代替原来的 “#” 标记，回头看看，这个问题已经解决了。

（23）如何同时在一个图片上制作很多个链接？

这个问题也就是我们平常说的“图片热点”（Image HOT）了，当然在 Dreamweaver 里还有另外一个名字叫“图像热区域”。

选中图片，这时在【属性】面板左下的位置，有一个 Map 工具栏，其右边是三个用来圈定不同区域的按钮，以其中的矩形工具为例，选中后，鼠标停留在图片上会以一种 “+” 的形状显示出来，代表可以左右拖拉，完成后依次你可以完成多个热点区域的链接制作。注意各区域不可重叠。

（24）怎样制作可以响应鼠标事件的翻转图片？

在许多网页中，我们经常会看到一些栏目标题，当鼠标滑过时，能变成另外的样子。其实它们中很多是通过两张不同的图片来实现的，也就是所谓的“翻转图片”效果。

当然首先要提前准备两张大小完全一样的图片，以确保翻转时不会有什么视觉上的不适，单击 Object 面板上的“Rollover Image”弹出【翻转图片设置】窗口，分别单击 Browse 按钮确定“Original image”和“Rollover image”的地址，注意一定要选中下面的【Preload Rollover image】复选框，否则在鼠标滑过的瞬间，会产生一定的下载延迟而影响效果。

（25）如何制作一条宽度为 1 的细线？

在 Dreamweaver 中，尽管水平线是以“Line”形式出现的，但在制作细线时，它表现的并不尽如人意，主要是过粗，没有需要的细腻感！可以采取变通的方法以表格的应用来实现。

在网页中插入一个 1 行 1 列的表格，将表格的“cellpadding”“cellspacing”都设置为“0”，同时将单元格的“bgcolor”设定为红色，当然也可以使用其他的颜色来代替，“height”设定高度为 1。

还有最关键的一步，查看源代码，将< td>< /td>中的内容清空即可。

（26）如何制作一个边框为 1 的方格？

很明显，我们现在还是要通过表格的设置来完成。或许你会说，这还不简单嘛！建立一个 1 行 1 列的表格，然后将它的“Border”值设为 1 不就可以了。实际上，用这种方法制作的表格根本不是所说的边框为 1 的方格，而是要“粗”得多！

同样先插入一个 1 行 1 列的表格，将表格的“border”、“cellpadding”设置为“0”，“cellspacing”设置为“1”。设定表格的“bgcolor”为红色（即为边框的颜色），同时设定单元格的“bgcolor”为白色（即同背景色），就完成了边框为 1 的方格。

参考文献

[1] 汪瑞，陈彦东．战胜 FlashMX 快易 60 讲．北京：清华大学出版社，2011．
[2] 网冠科技．FlashMX 创意设计．北京：机械工业出版社 ，2010．
[3] 刘小伟．PHOTOSHOP 广告创意与设计实例教程．北京：清华大学出版社，2012．
[4] 刘宏．Flash CS4 动画设计与制作．北京：化学工业出版社，2012．
[5] 范丽娟．计算机平面设计基础项目教程．北京：化学工业出版社，2012．
[6] 战忠丽．Photoshop CS5 平面设计项目化教程．北京：化学工业出版社，2012．